人类历史上最伟大的成功励志经典

人性的优点

全集

[美] 戴尔·卡耐基◎著　达夫◎编译

中国华侨出版社

图书在版编目（CIP）数据

人性的优点全集 /（美）卡耐基著；达夫编译 .— 北京 : 中国华侨出版社，2014.5（2014.11 重印）
ISBN 978-7-5113-4616-2

Ⅰ .①人… Ⅱ .①卡… ②达… Ⅲ .①成功心理—通俗读物 Ⅳ .① B848.4-49

中国版本图书馆 CIP 数据核字（2014）第 105857 号

人性的优点全集

著　　者：［美］戴尔·卡耐基
编　　译：达　夫
责任编辑：文　丹
封面设计：李艾红
文字编辑：龚雪莲
美术编辑：杨玉萍
经　　销：新华书店
开　　本：720mm×1020mm　　1/16　　印张：28　　字数：458千字
印　　刷：北京中创彩色印刷有限公司
版　　次：2014年8月第1版　　2017年4月第3次印刷
书　　号：ISBN 978-7-5113-4616-2
定　　价：58.00元

中国华侨出版社　　　北京市朝阳区静安里26号通成达大厦3层　　　邮编：100028
法律顾问：陈鹰律师事务所
发 行 部：(010) 65772781　　　　　　　传真：(010) 65756570
网　　址：www.oveaschin.com
E-mail：oveaschin@sina.com

人生活在世上只有短短的几十年，却浪费了很多的时间去想许多半年内就会被遗忘的小事。实际上，世界上有半数的伤心事都是由一些小事引起的，诸如一点小小的伤害、一丝小小的屈辱，等等。有意思的是，那些在图书馆、实验室从事研究工作的人却很少因忧虑而精神崩溃，因为他们没有时间享受这种奢侈。忧虑最能伤害你的时候，不是在你行动时，而是在你工作做完之后。

印度戏剧家卡里达沙把太阳升起——黎明到来的这一天称为生命中的生命，宣称："昨天是场梦，明天是幻影。唯有今天，才会使每一个昨天变成一个快乐的梦，使每一个明天成为有希望的幻影。"在你失意无比的时候，你能否脱口而出"不管明天怎么糟，我已经过了今天"？理由很简单，今天才是最真实的驿站！

从1931年开始，我在纽约替商界举办一项教育课程。最初时，我只举办了演讲的课程。此类课程的目的是运用实际的经验，帮助成人在商业洽谈和团体中，能依照自己的思想，更清晰、更有效果、更镇定地发表他们的意见。

然而，几年的授课经验使我认识到，除了上述问题之外，忧虑和许多的不良情绪已成为这些人面临的另一个普遍而重大的问题。大部分上班族学员，包括各行各业的主管、推销员、工程师、会计，他们中的大多数人都有问题，其中也包括女性——职业妇女和家庭主妇，她们也有自己的问题！

在我们的医院里，有一半以上的病人都是因为紧张和情绪困扰而引发疾病后住院的。我把纽约公共图书馆书架上的22本有关忧虑的书都看遍了，我也到其他地方搜索所有我能找到的有关忧虑的书，可真没发现有一本能够适用于那些成人班的学员，于是我决定再动手写一本——就是这本《人性的优点》。

为了撰写这本书，我读了所有我能找到的、有关此题意的资料，包括迪克斯的报纸信箱回答、离婚法庭的记录、双亲杂志以及多种著名的著述。同时，我还雇用一位受过训练的人去研究、探索。他费了一年半的时间，在各图书馆中阅读我所遗漏了的资料，研究各种心理学，阅读多种杂志文章和无数伟人的传记，并加以研究，然后找出各时代大人物是如何应对人生的。

我们读过各时代的伟人传记，读过那些领袖人物的生平记事，从恺撒到爱迪生，不一而足。有关罗斯福的传记，我就收集了100多本。我们决定不惜时间、金钱找出自古以来任何人所用过的、关于交友和自我调适的切实的方法。

我曾经亲自访问过世界著名的成功人物，尽量从他们身上找出他们在与人相处时所运用的技巧。

我还做过一件比采访、阅读更重要的事情：我在一个专门研究如何克服忧虑的实验室工作了5年——也就是由我的成人训练班所组成的实验室。就我所知，这是世界上第一所，也是唯一一所研究忧虑的实验室。我们的做法是，将一套克服忧虑的准则教给学员，请他们回去进行实际运用，再回到班上报告结果。很多学员报告的都是一些过去能够行之有效的方法。

可以说，我是世界上听过关于"克服忧虑"演讲最多的人。除此之外，我还接触过成百上千的"克服忧虑"的经验。有些是他人寄给我的，还有一些是在班上得过奖的。总之，这本书绝非来自象牙之塔，也不是如何克服忧虑的学院派研究报告，而是一本记录成百上千位成年人克服忧虑的报告。这绝对是一本更为实用的书！

哈佛大学教授威利姆·贾姆士曾这样说过："如果和我们应有的成就作个比较，我们现在所取得的成就只是蒙眬半醒着，我们只是利用了身心一小部分的能源。我们在极限之内，尚有更多的能源，可是我们却习惯于不加以利用。"

这本书唯一的目的，就是帮助你发现、挖掘、利用自身的能源——那些孕育在你身心却尚未能利用的财富！

如果看完这本书的前三章，你应对烦恼的方法仍然没有改进，至少对你来讲，我认为这本书是一个完全的失败！因为，教育最大的目的，不仅是探求知识，还应有可以行动的功能。

这是一本具有行动功能的书！

戴尔·卡耐基

目录

第 **1** 章

忧虑，幸福人生的破坏者

忧虑是健康的大敌

卡耐基金言

◇不知道如何抗拒忧虑的人都会寿命减少。

◇忧虑容易导致 3 种疾病：溃疡、高血压、心脏病。

◇在医生接触的病人中，有 70% 的人只要消除他们的恐惧和忧虑，病就会自然好起来。

很多年以前的一个晚上，一个邻居来按我的门铃，要我和家人去种牛痘，预防天花。他是整个纽约市几千名志愿者中去按门铃的人之一。很多吓坏了的人都排了好几个小时的队接种牛痘。在所有的医院、消防队、警察局和大工厂里都设有接种站。大约有 2000 名医生和护士夜以继日地替大家种痘。怎么会这么热闹呢？因为纽约市有 8 个人得了天花——其中 2 人死了——800 万纽约市民中死了 2 人。

我在纽约市已经住了 37 年，可是还没有一个人来按我的门铃，并警告我预防精神上的忧郁症——这种病症，在过去 37 年里所造成的损害，至少比天花要大 1 万倍。

从来没有人来按门铃警告我：目前生活在这个世界上的人中，每 10 个人就有 1 个会精神崩溃，而大部分都是因为忧虑和感情冲突而引起的。所以我现在写本章，就等于来按你的门铃，向你发出警告。

曾经获得诺贝尔医学奖的亚历克西斯·卡锐尔博士说：

不知道抗拒忧虑的商人都会短命。

其实不止商人，家庭主妇、兽医和泥水匠……都是如此。

几年前，我在度假的时候，跟戈伯尔博士一起坐车经过得克萨斯州和新墨西哥州。戈伯尔博士是圣塔菲铁路的医务负责人，他的正式头衔是海湾—科罗拉多和圣塔菲联合医院的主治医师。当我们谈到忧虑对人的影响时，他说：

"在医生接触的病人中，有70%的人只要能够消除他们的恐惧和忧虑，病就会自然好起来。不要误以为他们都是生了病，他们的病都像你有一颗蛀牙一样实在，有时候还严重100倍。我说的这种病就像神经性的消化不良，某些胃溃疡、心脏病、失眠症，一些头痛症和麻痹症等等。这些病都是真病，我这些话也不是乱说的，因为我自己就得过12年的胃溃疡。恐惧使你忧虑，忧虑使你紧张，并影响到你胃部的神经，使胃里的胃液由正常变为不正常。因此就容易产生胃溃疡。"

约瑟夫·蒙塔格博士曾写过一本《神经性胃病》的书，他也说过同样的话："胃溃疡的产生，不是因为你吃了什么而导致的，而是因为你忧愁些什么。"

梅奥诊所的阿尔凡莱兹博士说："胃溃疡通常根据你情绪紧张的高低而发作或消失。"

他的这种说法在对梅奥诊所的15000名胃病患者进行研究后得到了证实。每5个人中，有4个并不是因为生理原因而得的胃病。恐惧、忧虑、憎恨、极端自私，以及无法适应现实生活，才是他们得胃病和胃溃疡的原因。胃溃疡可以让你丧命。

我最近和梅奥诊所的哈罗德·哈贝恩博士通过几次信。他在全美工业界医师协会的年会上读过一篇论文，说他研究了176位平均年龄在44.3岁的工商界负责人。他报道说：大约有1/3多的人因为生活过度紧张而引起下列3种病症之一——心脏病、消化系统溃疡和高血压。想想看，在我们工商界的负责人中，有1/3的人都患有心脏病、溃疡和高血压，而他们都还不到45岁，成功的代价是多么高啊！而他们甚至都不能算是成功，一个身患胃溃疡和心脏病的人能算是成功之人吗？就算他能赢得全世界，却损失了自己的健康，对他个人来说，又有什么好处？即使他拥有全世界，每次也只能睡在一张床上，每天也只能吃三顿饭。就是一个挖水沟的人，也能做到这一点，而且还可能比一个很有权力的公司负责人睡得更安稳，吃得更香。我情愿做一个在阿拉巴马州租田耕种的农夫，在膝盖上放一把五弦琴，也不愿意在自己不到45岁的时候，就为了管理一个铁路公司，或者是一家香烟公司而毁了自己的健康。

说到香烟，一位世界最知名的香烟制造商，最近在加拿大森林里想轻松一下的时候，因为心脏病发作而死了。他拥有几百万元的财产，却在61岁时就离世了。他也许是牺牲了好几年的生命换取了所谓的"生意上的成功"。

在我看来，这个有几百万财产的香烟大王，其成功还不及我爸爸的一半。我爸爸是密苏里州的农夫，一文不名，却活到了89岁。

心脏病是美国的第一号凶手。在二次大战期间，大约有三十几万人死在战场上，可是在同一段时间里，心脏病却杀死了200万平民——其中有100万人的心脏病是由于忧虑和过度紧张的生活引起的。中国人和美国南方的黑人却很少患这种因忧虑而引起的心脏病，因为他们处事沉着。死于心脏病的医生比农夫多20倍。因为医生过的是紧张的生活，所以才有这样的结果。

"上帝可能原谅我们所犯的罪，"威廉·詹姆斯说，"可是我们的神经系统却不会。"

这是一个令人吃惊而难以相信的事实：每年死于自杀的人，比死于种种常见的传染病的人还要多。

为什么呢？答案通常都是"因为忧虑"。

古时候，残忍的将军要折磨他们的俘虏时，常常把俘虏的手脚绑起来，放在一个不停往下滴水的袋子下面，水滴着、滴着……夜以继日，最后，这些不停滴落在头上的水，变得好像是用槌子敲击的声音，使那些人精神失常。这种折磨人的方法，以前西班牙宗教法庭和希特勒手下的德国集中营都曾经使用过。

忧虑就像不停往下滴、滴、滴的水，而那不停地往下滴、滴、滴的忧虑，通常会使人心神不宁而自杀。

当我还是密苏里州一个乡下孩子的时候，星期天听牧师形容地狱的烈火，吓得我半死。可是他从来没有提到，我们此时此地由忧虑所带来的重重痛苦的地狱烈火。比方说，如果你长期忧虑下去的话，你有一天就很可能会患最痛苦的病症——狭心症。

这种病要是发作起来，会让你痛得尖叫，跟你的尖叫比起来，但丁的《地狱篇》听来都像是"娃娃游玩具国"了。到时候，你就会跟你自己说："噢，上帝啊！噢，上帝啊！要是我能好的话，我永远也不会再为任何事情忧虑——永远也不会了。"如果你认为我这话说得太夸张的话，不妨去问问你的家庭医生。

你爱生命吗？你想健康、长寿吗？下面就是你能做到的方法。我再引用一次亚历西斯·卡瑞尔博士的话："在纷繁复杂的现代城市中，只有能保持内心平静的人，才不会变成神经病。"

你是否可以在现代城市的混乱中保持内心的平静呢？如果你是一个正常人，答案应该是："可以的"，"绝对可以"。我们大多数人实际上都比我们所认为的更坚强得多。我们有很多也许从来没有发现的内在力量，就像梭罗在他不朽的名著《狱卒》里所说的："我不知道有什么比一个人能下定决心改善他的生活能力更令人振奋了……要是一个人，能充满信心地朝他理想的方向去做，下定决心过他所想过的生活，他就一定会得到意外的成功。"

精神失常的原因

卡耐基金言

◇在纷繁复杂的现代社会，只有能保持内心平静的人，才不会变成神经病。

◇医生所犯的最大错误是，他们想治疗身体，却不想医治思想。可是精神和肉体是一致的，不能分开处置。

著名的梅奥兄弟宣布，我们有一半以上的病床上，躺着患有神经病的人。可是，在强力的显微镜下，以最现代的方法来检查他们的神经时，却发现大部分人都非常健康。他们"神经上的毛病"都不是因为神经本身有什么异常的地方，而是因为情绪上有悲观、烦躁、焦急、忧虑、恐惧、挫败、颓丧等等的情形。柏拉图说过：

医生所犯的最大错误是，他们想治疗身体，却不想医治思想。可是精神和肉体是一体的，不能分开处置。

医药科学界花了 2300 年的时间才认清这个真理。我们刚刚才开始发展一种新的医学，称之为"心理生理医学"，用来同时治疗精神和肉体。现在正是做这件事的最好时机，因为医学已经大量消除了可怕的、由细菌所引起的疾病——比方说天花、霍乱、黄热病以及其他种种曾把数以百万计的人埋进坟墓的传染病症。可是，医学界一直还不能治疗精神和身体上那些不是由细菌所引起，而是由于情绪上的忧虑、恐惧、憎恨、烦躁，以及绝望所引起的病症。这种情绪性疾病所引起的灾难正日渐增加，日渐广泛，而速度又快得惊人。

医生们估计说：现在活着的美国人中，每20人就有1人在某一段时期得过精神病。第二次世界大战期间被征召的美国年轻人，每6人中就有1人因为精神失常而不能服役。

精神失常的原因何在？没有人知道全部的答案。可是在大多数情况下，极可能是由恐惧和忧虑造成的。焦虑和烦躁不安的人，多半不能适应现实的世界，而跟周围的环境隔断了所有的关系，缩到自己的梦想世界，以此逃避他所忧虑的问题。

在我写这一章时，我书桌上就有一本书，是爱德华·波多尔斯基博士所写的《停止忧虑，换来健康》。书中谈到了几个问题：

1. 忧虑对心脏的影响。

2. 忧虑造成高血压。

3. 风湿症可能因忧虑而起。

4. 为了保护你的胃，请少忧虑些。

5. 忧虑如何使你感冒。

6. 忧虑和甲状腺。

7. 忧虑与糖尿病患者。

另外一本谈忧虑的好书，是卡尔·明格尔博士所写的《与己作对》。它没告诉你怎样避免忧虑的规则，却告诉你一些很可怕的事实，让你看清楚焦虑、烦躁、憎恨、后悔、反叛和恐惧情绪怎样伤害我们的身心健康。

忧虑甚至会使最强壮的人生病。在美国南北战争的最后几天里，格兰特将军发现了这一点。故事是这样的：

格兰特围攻里奇蒙德有9个月之久，李将军的衣衫不整、饥饿不堪的部队被打败了。有一次，好几个兵团的人开了小差。其余的人在他们的帐篷中开会祈祷，叫着、哭着，看到了种种幻象。眼看战争就快结束了，李将军手下的人放火烧了里奇蒙德的棉花，以及烟草仓库，也烧了兵工厂，然后在烈焰升腾的黑夜里弃城逃走了。格兰特乘胜追击，从左右两侧和后方夹攻南部联军，而由骑兵从正面截击，拆毁铁路线，俘虏了运送补给的车辆。

由于剧烈头痛而使眼睛半瞎的格兰特无法跟上队伍，就停在了一个农家。"我在那里过了一夜，"他在回想录里写道，"把我的两脚泡在了加了芥末的冷水里，还把芥末药膏贴在我的两个手腕和后颈上，希望第二天早上能恢复。"

第二天清早，他果然复原了。可是使他复原的，不是芥末药膏，而是一个带回李将军降书的骑兵。

"当那个军官来到我面前的时候，"格兰特写道，"我的头痛得很厉害，可是我一看到那封信的内容，我就好了。"

显然，格兰特是由于忧虑、紧张和不安才生病的。一旦他在情绪上恢复了自信，想到他的成就和胜利，病马上就好了。

70年后，罗斯福总统的财政部长亨利·摩根索发现忧虑会使他病得头昏眼花。他在日记中记述说，为了提高小麦的价格，罗斯福总统在一天以内买了440万蒲式耳的小麦，使他感到非常忧虑。他在日记里说："在这件事还没有结果之前，我觉得头昏眼花。我回到家中，在吃完中饭后睡了两个小时。"

著名的法国哲学家蒙泰格被选为老家的市长时，他对市民们说："我愿意用我的双手处理你们的事情，可是不愿把它们带到我的肝里和肺里。"但我那个邻居却把股票市场带到了他的血液中，差点送了他的老命。

如果我想记住忧虑对人有什么影响，我不必去看我领导的房子，只要看看我现在坐着的这个房间，想想以前这栋房子的主人——他由于忧虑过度而进了坟墓。忧虑会使你患风湿症或关节炎而坐进轮椅，康奈尔大学医学院的罗素·塞西尔博士是世界闻名的治疗关节炎的权威，他列举了4种最容易得关节炎的情况：

1. 婚姻破裂。

2. 财目上的不幸和难关。

3. 寂寞和忧虑。

4. 长期的愤怒。

确实，以上4种情绪状况，并不是关节炎形成的唯一原因，而是关节炎产生的最"常见的原因"。举个例子来说，我的一个朋友在经济不景气的时候，遭到了很大的损失。结果煤气公司切断了他的煤气，银行没收了他抵押贷款的房子，他的太太突然染上关节炎，虽然经过治疗和增加营养，关节炎却一直到他们的财务状况改善之后才算痊愈。

不久以前，我和一个得这种病的朋友到费城去。我们去见伊莎瑞尔士内·布拉姆博士——一位主治这种病达38年之久的著名专家。在他候诊室的墙上挂了一块大木板，上面写着他给病人的忠告。我把它抄在一个信封的背面：

轻松和享受

最使你轻松愉快的是，

健全的信仰、睡眠、音乐和欢笑。

——对神要有信心，

——要能睡得安稳，

——喜欢好的音乐，

——从滑稽的一面来看待生活，

健康和快乐就都是你的。

他问我朋友的第一个问题就是："有什么问题使你的情绪产生这种情况？"他警告我的朋友说，如果他继续忧虑下去，就可能会染上其他并发症，例如心脏病、胃溃疡，或是糖尿病。"所有的这些病症，"这位名医说，"都互为亲戚关系，甚至是很近的亲戚。"一点都不错，它们都是近亲——由忧虑所产生的病症。

忧虑是容貌最大的克星

卡耐基金言

◇再没有什么会比忧虑让一个女人老得更快，进而摧毁了她的容貌。

◇我觉得化妆品不只是搽在肌肤上的东西，它更应该是搽在精神上的东西。经常使用化妆品的人会变得心情舒畅，其实它应从更深层次上减轻女性们的精神痛苦。

我去访问女明星英乐·奥伯恩时，她告诉我她绝对不会忧虑，因为忧虑会摧毁她在银幕上的主要资产——她美丽的容貌。她告诉我说：

"当我最先想要进入影坛的时候，我既担心又害怕。我刚从印度回来，在伦敦一个熟人也没有，却想在那里找一份工作。去见过几个制片家，可是没有一个人肯用我。我仅有的一点钱渐渐用光了，整整有两个星期，只靠一点饼干和水过活。这下我不仅是忧虑，还很饥饿，我对自己说：'也许你是个傻子，也许你永远也不可能闯进电影界。归根究底，你没有经验，也从来没

有演过戏，除了一张漂亮的脸蛋，你还有些什么呢？'

"我照了照镜子。就在我望着镜子的时候，才发现忧虑对我的容貌起了极坏的影响。我看见了忧虑造成的皱纹，看见了焦虑的表情，于是我对自己说：'你一定得马上停止忧虑，不能再忧虑下去了，你所能给人家的只有你的容貌了，而忧虑会毁了它的。'"

再没有什么会比忧虑让一个女人老得更快，进而摧毁了她的容貌。忧虑会使我们的表情难看，会使我们咬紧牙关，会使我们的脸上产生皱纹，会使我们老是愁眉苦脸，会使我们头发灰白，有时甚至会使头发脱落。忧虑会使你脸上的皮肤发生斑点、溃烂和粉刺。

曾经有一段时期在日本掀起了第一次"自然化妆品"热潮，与现时的"自然"有所不同，主要以使用更加原始的原材料生产化妆品为特色，比如使用赤豆、丝瓜等所谓"传统智慧"的化妆品大行其道，对流行时尚极为敏感的年轻女性完全陷于其中不能自拔。这种自然化妆品的依据便是"绝不使用任何界面活性剂、防腐剂以及香料等成分"，使用这些"含对皮肤有害的物质的大型化妆品生产厂家的化妆品对人的肌肤是极其危险的"，等等。这种极端的论调使陷于其中的女性们纷纷对著名厂家的化妆品敬而远之，甚至持否定态度，一心追捧赤豆和丝瓜。

在这一片热潮中，有一位起劲地抬轿子而立下汗马功劳的女性，她在接受各种杂志的采访时曾语出惊人，发出豪言壮语："除了纯自然的化妆品，其他都令人可怕，使用不得！"

可是大约一年之后，她又突然宣称自己是"敏感性肌肤"，开始热衷于由皮肤科医师开发研制的化妆品，说"即使不使用防腐剂的自然化妆品也令人可怕，使用不得"。再过了大约两年左右，她又转而竭力称赞起所谓"无任何添加物"的化妆品来，对皮肤科医师开发研制的化妆品也变成了否定："那只不过是一种错觉而已！"后来，每当与她联系时便换了一种"爱用品"的她，又迷上了我只听到过名字的二线品牌的邮购化妆品，而选择的理由自然是每次都各不相同，真是很有意思。毫无疑问，她就是那种"化妆品信息源"、"超级时尚发布中心"，同时又是稍嫌不成熟的狂热的化妆品爱好家。

彷徨于各种化妆品间而无法确定自己所适合的，这本是谁都会发生的事情，没有什么不好。可是，她的情况却稍稍有些病态，对各种化妆品一一热衷又一一幻灭，因而肌肤老是不能变得光滑美丽。她尽管尝试了各种各样的化妆品，但是一点儿也没有美丽起来，脸色总是显得暗淡无光，一直在为脸上的疙瘩而烦恼。

后来她又随着时尚潮流开始为"冥想化妆品"而倾倒，但是脸色仍然未见丝毫好转，终于发出了"难道所有化妆品都没有什么效果么"的疑问，即使这样，她还是没有停止尝试和彷徨，先后使用了各种"冥想化妆品"。她将毫无改善的原因统统归结为化妆品，而旁观者则清清楚楚地知道这绝不是化妆品的原因。3年前，她结婚当了一名全职主妇，出于很容易理解的原因，她听从住所附近主妇们的推荐，又试着换用了在主妇中间很受欢迎的上门推销的化妆品，结果如何？令人简直不敢相信，她的肌肤一下子变得光滑美丽起来。

"真的是好不容易才遇上了这样好的化妆品啊！"她兴奋异常地给我挂来电话报告。我问她："怎么个好法？"她回答："脸上的疙疙瘩瘩全都不见了，皮肤也变白了……"

我情不自禁地想：果不其然！

她为肌肤持续烦恼了约10年的根本原因，不是因为"没有遇见好的化妆品"，而是她身体内反反复复蓄积下来的令人感觉不适的精神压力，巨大的精神压力会导致植物神经系统失调，血液循环不畅，皮肤的免疫机能低下或出现紊乱。她总是脸色暗淡，稍有一点小事脸上便长出疙瘩等，全都是内在的精神压力所致。那么，为什么持续了10年的讨厌的问题会在一瞬间全面解决呢？我想大家已经明白了吧，那就是结婚。年过35岁的"闪电式结婚"，不要说周围人都觉得惊讶不已，她本人可能也最最想不到会有这样的事情吧？

类似的例子还可以举出许多。一位皮肤粗糙不堪的女性先后尝试了各种各样的化妆品，在某次人事变动后被调到了其他科室，突然间仿佛全身的毒素全部排出似的肌肤变得光滑润洁起来；还有一位女性在与长期同居的男友分手、重新搬家之后，立即显得容光焕发，终于告别了彷徨于各种化妆品的生活。不管是谁，都是在改变了自己的日常生活场所的同时发生了变化。

然而更重要的却是，现今的时代在被称作狂热的美容爱好家的人群中，像这样类型的人——将自己不幸的原因指向毫不相干的化妆品，漫无目标地热衷于化妆品中——其实真的是很多。这些人往往不信任"主流"化妆品，而宁愿更相信自然化妆品、邮购化妆品等"支流"的化妆品，热衷于从一些二线品牌的化妆品中发现所谓的"价值"，因而她们"追求更好更有效的化妆品"的意识比一般人更加强烈，以致一直彷徨于频繁地更换化妆品的病态之中。

或许有人会认为这是"庞大的浪费"，不过我却有一瞬真的觉得：靠着化妆品或多或少解救了深陷于"暗无天日"的巨大精神压力中的她们，这不也是一件好事吗？就拿上述那位女士来说，大概甚至将"或许结不了婚"的原因也归罪于"化妆品一点也没有效果"，假如真是这样的话，这种归罪也就不至于使她产生"我不是一个好女人"、"我缺少女性的魅力"一类的自卑感。她之所以能够结婚，可以说也正是因为她并没有这种自卑感的缘故。她所反复尝试和彷徨于其中的许许多多的化妆品，即使没有治愈她肌肤上的问题，但至少减轻了她精神上的自卑感，所以说还是产生了效果的，一点也没有浪费。

日本知名的女性心理专家斋藤薫说得好："我觉得化妆品不只是搽在肌肤上的东西，它更应该是搽在精神上的东西。我们经常说使用化妆品后人会变得心情舒畅，其实它还从更深层次上减轻了女性们的精神苦痛。"

忧虑是女人容貌的最大克星，拥有一份好心情就是最好的天然化妆品。如果你不想让你的眼睛周围那些皮肤特别薄的地方过早出现皱纹，请及时地脱离忧虑。

你的生活与忧虑无关

卡耐基金言

◇忧虑最能伤害到你的时候，不是在你有所行动的时候，而是在一天的工作做完了之后。

◇不知怎样抗拒忧虑的人都会短命；同理，就事业而言，不知抗拒忧虑同样会失败。

在现实的生活中，我们每天必须亲自处理各种各样的日常工作，这些工作不仅满足我们生存的需要，同时也给我们带来快乐，但在相当多数情况下我们其中的一些人却享受不到工作的快乐，而是痛苦于由工作压力带来的种种忧虑。

我曾参与过一项名为"压力下的家庭健康"的调查，在接受调查的20000人中有近85%的人认为，绝对需要学习如何处理压力。根据过去10年美国家庭医师协会（American Academy of Family Practitioners）的调查估计，一般的病人中，有近3/4具有与压力有关的问题。这样的调查和其他类似的调查统计，引起许多公司机构与企业界领导人的关切，因为在过去的一年里，怠工以及与压力相关的疾病而造成的生产效益低下，已使得他们的公司损失了500亿美元。而且他们相信在两年以内，这种花费会增至750亿美元——平均每位美国的工人要花750美元。家庭与婚姻是受压力影响最严重的领域。一般来说，压力是婚姻问题与人际关系问题的最根本的原因之一。

艾柯森博士在他的一篇医学报告中为我们总结了一些关于工作压力带来的忧虑症状。他说："压力是精神与身体对内在、外在事件的生理反应与心理反应，具有下列特征：A. 主观性——同样的事件有人觉得有压力，有人却觉得不怎么样；B. 评价性——同样的压力有人认为对自己有帮助，然而有人却认为对自己有副作用；C. 活动性——压力会因为对每一个人造成的严重性不同，从而产生程度不同的压力。"艾柯森仔细地观察他的病人，发现80%的人因为工作的压力产生忧虑，而烦躁和忧虑致使他们的身体经常呈现如下这样一些症状。

情绪：紧张、敏感、多疑、不稳定、焦躁不安、忧虑烦恼、难以放松等。

生理：口干舌燥、心跳急速、异常出汗、肌肉紧绷僵硬、便秘、头痛、失眠、血压升高、全身酸痛、疲劳、精神不济、消化系统不良、新陈代谢失调等。

行为：抱怨、争执、挑剔、责备、暴力、滥用药物、生活作息混乱、坐立不安等。

不错，工作的压力是忧虑的主要来源，但忧虑最能伤害到你的时候，不是在你有所行动的时候，而是在一天的工作做完了之后。你曾否注意到，当你在工作出现过失或者差错的时候，你害怕别的同事或者上司会发现这事时，你心中有着一股怎样强大的压力？这种压力是我们每个人都会有的，因为我们都曾经或多或少地在工作中出现过失误。

我在得州举办的成人教育班上，一个叫玛丽·苏伊曼的女士讲述了她一段至今难忘的经历：

"10 年前，我刚刚从佛罗里达州立大学毕业进入一家洗涤品公司销售部工作，当时公司新研制出了一种冰箱除味剂，首先在几家超市做了试销，效果还不错，接着上司肖恩向我布置了新的销售任务——一星期内作出一份销售除味剂的策划案。当时我异常紧张：'我只是个新手，为什么让我来做挑战性这么大，风险又这么高的策划案？为什么肖恩不让已经在这里工作了两年的彼得去做？'在这样的不安中我度过了前两天，我当时真实的感受是，当黎明到来的时候，我迅速起床赶到一个个社区中给每个家庭主妇分发除味剂，然后就在现场统计关于价格啊、包装啊、气味啊等方面的调查结果，到了晚上我面对摆在桌子上的一堆资料开始忧虑：'这样能行吗？别的同事是否会取笑甚至在会上反对这种销售方式？成功的概率到底有多少？'整个夜晚就在这样的质疑中迷迷糊糊度过。到了第四天事情开始出现转机，一位退休在家的老教授找到我们公司，急切地问你们的除味剂怎么在超市的货架上找不到。这样简短的一个问题使我打消了忧虑，我自信地告诉肖恩我的策划案已经完成。压力消失了，困扰也不在了，我们成功地推销了新除味剂。"虽然事情时隔 10 年了，玛丽依然很激动，"可能很多人生活中的忧虑和不快乐来自工作中的压力，其实更多的情况是，工作的压力不是因为工作本身，而是我们自己给自己制造的压力。"

著名的心理学者哈里·赖文生博士曾谈到我们对自己将来的光明前景的期待的问题。他说，我们总是尽力使每一件事尽善尽美，因为我们希望能活得更像心目中的自己。但在实际状况与自我期望之间总是有一段距离，这距离就是引起压力的根源，也称为自我的压力。因此理想中的我是导致潜在问题的原因。

前几年一个经常和我联系的商人谈到了他在这种压力中挣扎的经验。他说："许多年前我的公司曾经问过我，是否愿意考虑调职到日本。那真是表现自我的好机会，但我知道，若我接受，很可能会造成家庭问题。我已因职业的关系，而搬家至 4 个不同的城市，某一次搬家之后，当时我那 15 岁的大儿子，离家出走了几天，以示抗议。我知道我不应再考虑为事业而搬家，因我另外一个儿子，那时也已经 15 岁，正值青春期的危险年龄。但我仍让上司将我列入考虑人选中达 6 周之久。在这段时间里，我说：'我不会自我推荐的，上帝啊，我会让别人来决定。'我的太太琼说：'我祷告，求神指示我们。'而我知道，这是她表示不愿意去的方式。我那 15 岁的儿子则坦白地对我说：'爸爸，我不要再搬家。'在6周后事情决定了，是由另一位同事去。虽然我口里说'那好啊'，但两天以后，我患了肠疾，而且并没有立刻就好，就在那个时候我才明白我的挣扎有多严重。病了4天后，半夜肚子不舒服使我醒来，我轻声地祷告：'我现在才知道我一直在苦苦挣扎，请赦免我只想到自己的需要。请医治我与家人的关系……并且也请医治我身体上的不舒服。'那夜我也不必再爬起来了，因为我的罪已得赦免，而我的难处也随着紧张一并消失。结果我得到宝贵的教训，当一个人不顾一切要得到一个工作上的地位，而甘冒失去家庭和邻里的和谐关系这种风险时，就会丧失分辨是非黑白的能力。"

在忙碌的生活中，自我管理的能力实在很重要，而正确处理理想的自我便是其中重要的部分。或许我们生命中有90%的时间，是花费在自己的事情与追逐自我的理想中。我们只为自己着想，因为那会使我们陷在自我的捆绑中。古罗马有这样一句谚语："不是负担，而是过重的负担杀死熊。"换句话说，是每日的压力，加上过多的焦虑伤害了我们。

另外还有一种压力，是来自犹豫不决的困扰。

有的时候你在工作中受到的压力，就和你得了感冒一样，是渐渐形成的。没人能事先警觉，因为每一个人都知道，一点点的压力不会伤害你，或许还有些好处呢。但当有一天你可能会发现你受到的压力，已超过了负荷量，而你甚至不知道是从什么时候开始的。于是，你必须寻求一种医治的方法使你从十分疲惫的争斗中得以解脱。在这项个人与压力的搏斗中，你若放弃自己的一意孤行，压力就可以减少许多。

第 **2** 章

擦拭心灵，来一场忧虑的革命

科学对待：平均率帮你战胜忧虑

卡耐基金言

◇我们所担心的事，有99%根本就不会发生。

◇当我们怕被闪电打死、怕坐的火车翻车时，想一想发生的平均率，就会把我们笑死。

我从小生长在密苏里州的一个农场上。有一天，在帮母亲摘樱桃的时候，我开始哭了起来。我妈妈说："嘉里，你到底有什么好哭的啊？"我哽咽地回答道："我怕我会被活埋。"

那时候我心里充满了忧虑。暴风雨来的时候，我担心被闪电打死；日子不好过的时候，我担心东西不够吃；另外，我还怕死了之后会进地狱；我怕一个叫詹姆怀特的大男孩会割下我的两只大耳朵——像他威胁过我的那样。我忧虑，是因为怕女孩子在我脱帽向她们鞠躬的时候取笑我；我忧虑，是因为怕将来没一个女孩子肯嫁给我；我还为我们结婚之后我该对我太太说的第一句话是什么而操心。我想象我们会在一间乡下的教堂里结婚，会坐着一辆垂着流苏的马车回到农庄……可是在回农庄的路上，我怎么能够一直不停地跟她谈话呢？该怎么办？怎么办？我在犁田的时候，常常花几个钟点在想这些惊天动地的问题。

日子一年年地过去，我渐渐发现我所担心的事情里，有99%根本就不会发生。比方说，像我刚刚说过的，我以前很怕闪电。可是现在我知道，随便在哪一年，我被闪电击中的机会大概是1/35万。

我怕被活埋的恐惧，更是荒谬得很。我没有想到——即使是在发明木乃伊前的那些日子里——在1000万人里可能只有一个人被活埋，可是我以前却曾经因为害怕这件事而哭过。

每8个人里就有一个人可能死于癌症，如果我一定要发愁的话，我就应该去为得癌症的事情发愁——而不应该去愁被闪电打死，或者遭到活埋。

事实上，我刚刚谈的都是我在童年和少年时所忧虑的事。而很多成年人的忧虑也几乎一样荒谬。我们可根据平均率评估我们的忧虑究竟值不值得。如此一来，我想你和我都能够把我们的忧虑消掉 9/10 了。

全世界最有名的保险公司——伦敦的罗艾得保险公司就靠大家对一些根本很难得发生的事情的担忧，而赚进了几百万元。伦敦的罗艾得保险公司是在跟一般人打赌，说他们所担心的灾祸几乎永远不可能发生。不过，他们不把这叫作赌博，他们称之为保险，实际上这是以平均率为根据的一种赌博。这家大保险公司已经有 200 年的良好历史了，除非人的本性会改变，它至少还可以继续维持 5000 年。而它只是替你保鞋子的险，保船的险，利用平均率来向你保证那些灾祸发生的情况，并不像一般人想象的那么常见。

如果检查一下所谓的平均率，就常常会为我们所发现的事实而惊讶。

比方说，如果我知道在 5 年以内，就得打一场盖茨堡战役那样惨烈的仗，我一定会吓坏了。我一定会想尽办法去加保我的人寿险；我会写下遗嘱，把我所有的财物变卖一空。我会说："我大概没办法活着撑过这场战争，所以我最好痛痛快快地过剩下的这些年。"

但是事实上，根据平均率，在平时，50 ~ 55 岁之间，每 1000 人里死去的人数，和盖茨堡战役里 16 万士兵中每 1000 人中平均阵亡的人数相同。

有一年夏天，我在加拿大洛基山区里弓湖的岸边碰见了何伯特·沙林吉夫妇。沙林吉太太是一个很平静、很沉着的女人，给我的印象是：她从来没有忧虑过。

有一天夜晚，我们坐在熊熊的炉火前，我问她是不是曾经因忧虑而烦恼过。

"烦恼？"她说，"我的生活都差点被忧虑毁了。在我学会征服忧虑之前，我在自作自受的苦难中生活了 11 个年头。那时候找脾气很坏、很急躁，生活在非常紧张的情绪之下。每个星期，我要从在圣马提奥的家搭公共汽车到旧金山去买东西。可是就算在买东西的时候，我也愁得要命——也许我又把电熨斗放在熨衣板上了；也许房子烧起来了；也许我的女佣人跑了，丢下了孩子们；也许他们骑着他们的脚踏车出去，被汽车撞死了。我买东西的时候，常常因发愁而弄得冷汗直冒，冲出店去，搭上公共汽车回家，看看是不是一切都很好。难怪我的第一次婚姻没有结果。

"我的第二任丈夫是一个律师——一个很平静、事事都能够加以分析的人，从来没有为任何事情忧虑过。每次我神情紧张或焦虑的时候，他就会对我说：'不要慌，让我们好好地想一想……你真正担心的到底是什么呢？让我们看一看平均率，看看这种事情是不是有可能会发生。'

"举个例子来说，我还记得有一次，那是在新墨西哥州。我们从阿布库基开车到卡世白洞窟去，经过一条土路，在半路上碰到了一场很可怕的暴风雨。车子一直滑着，没办法控制。我想我们一定会滑到路边的沟里去，可是我的先生一直不停地对我说：'我现在开得很慢，不会出什么事的。即使车子滑进了沟里，根据平均率，我们也不会受伤。'他的镇定和信心使我平静下来。

"有一个夏天，我们到加拿大的洛基山区托昆谷去露营。有天晚上，我们的营帐扎在海拔 7000 英尺高的地方，突然遇到暴风雨，好像要把我们的帐篷吹成碎片。帐篷是用绳子绑在一个木制的平台上的，它在风里抖着，摇着，发出尖厉的声音。我每一分钟都在想：我们的帐篷会被吹跑的，吹到天上去。我当时真吓坏了，可是我先生不停地说着：'我说，亲爱的，我们有好几个印第安向导，这些人对一切都知道得很清楚。他们在这些山地里扎营，都扎了有 60 年了，这个营帐在这里也过了很多年，到现在还没有被吹跑。根据平均率来看，今晚上也不会被吹跑。而即使被吹跑的话，我们也可以躲到另外一个营帐里去，所以不要紧张。'……我放松了心情，结果那后半夜睡得非常熟。

"几年以前，小儿麻痹症横扫过加利福尼亚州我们所住的那一带。要是在以前，我一定会惊慌失措，可是我先生叫我保持镇定，我们尽可能采取了所有的预防方法：我们不让小孩子出入公共场所，暂时不去上学，不去看电影。在和卫生署联络过之后，我们发现，到目前为止，即使是在加州所发生过的最严重的一次小儿麻痹症流行时，整个加利福尼亚州只有 1835 个孩子染上了这种病。而平常，一般的数目只在 200 ~ 300 之间。虽然这些数字听起来还是很惨，可是到底让我们感觉到：根据平均率看起来，某一个孩子感染的机会实在是很小。

"'根据平均率，这种事情不会发生'，这一句话就消灭了我 90% 的忧虑，我过去 20 年来的生活，过得那样美好和平静，都是靠这一句话的力量。"

回顾过去的几十年时，我发现我大部分的忧虑也都是因此而来的。詹姆·格兰特告诉我，他的经验也是如此。他是纽约富兰克林市场的格兰特批发公司的大老板。每次他要从佛罗里达州买 10～15 车的橘子等水果。他告诉我，他以前常常想到很多无聊的问题，比方说，万一火车出事怎么办？万一水果滚得满地都是怎么办？万一我的车子正好经过一座桥，而桥突然垮了怎么办？当然，这些水果都是经过保险的，可是他还是怕万一没有按时把水果送到，就可能失掉市场。他甚至因过度忧虑而得了胃溃疡，因此去找医生检查。医生告诉他说，他没有别的毛病，只是过于紧张罢了。

"这时候我才明白，"他说，"我开始问我自己一些问题。我对自己说：'注意，詹姆·格兰特，这么多年来你批发过多少车的水果？'答案是：'大概有 25000 多车。'然后我问我自己：'这么多车里有多少出过车祸？'答案是：'噢——大概有 5 部吧。'然后我对我自己说，一共 25000 部车子，只有 5 部出事，你知道这是什么意思？比率是 5000：1。换句话说，根据平均率来看，以你过去的经验为基础，你车子出事的可能几率是 5000：1，那你还担心什么呢？'

"然后我对自己说：'嗯，桥说不定会塌下来。'然后我问我自己：'在过去，你究竟有多少车水果是因为塌桥而损失了呢？'答案是：'一部也没有。'然后我对我自己说：'那你为了一座根本没塌过的桥，为了 5000：1 的火车失事的几率而让你忧愁成疾，不是太傻了吗？'

"当我这样来看这件事的时候，"詹姆·格兰特告诉我，"我觉得以前自己真的太傻。于是我就在那一刹那决定，以后让平均率来替我担忧——从那以后，我就没有再为我的'胃溃疡'烦恼过。"

埃尔·史密斯在纽约当州长的时候，我常听到他对攻击他的政敌说："让我们看看记录……让我们看看记录。"然后他就把很多事实讲出来。下一次你若再为可能发生什么事情而忧虑，最好学一学这位聪明的老埃尔·史密斯，查一查以前的记录，看看你这样忧虑到底有没有道理。这也正是当年佛莱德雷·马克斯塔特害怕自己躺在散兵坑里的时候所做的事情。

下面就是他在纽约成人教育班上所说的故事：

"1944 年的 6 月初，我躺在奥玛哈海滩附近的一个散兵坑里。当时我正在第九信号连服役，而我们刚刚抵达诺曼底。我看到了地上那个长方形的散兵坑，就对自己说：'这看起来多像一座坟墓。'当我准备睡在里面的时候，更觉得那就是一座坟墓，我忍不住对我自己说：'也许这就是我的坟墓呢。'在晚上 11 点钟的时候，德军的轰炸机开始飞了过来，炸弹纷纷往下落。我吓得呆若木鸡。前三天我根本睡不着。到了第四天还是这样。第五天夜里，我几乎精神崩溃了。我知道要是不赶紧想办法的话，我整个人就会疯掉。所以我提醒自己说：'已经过了5个夜晚了，我还活得好好的，而且我们这一组的人也都活得很好，只有两个受了轻伤。'他们之所以受伤，并不是因为被德军的炸弹炸到了，而是被我们自己的高射炮的碎片打中。

我决定做一些有建设性的事情来制止我的忧虑，所以在我的散兵坑上造了一个厚厚的木头屋顶，来保护我自己不至于被碎弹片击中。我计算了我这个坑伸展开来所能到达的最远地方，告诉我自己：'只有炸弹直接命中，我才可能被炸死在这个又深又窄的散兵坑。'于是我算出直接命中的比率，还不到万分之一。

这样子想了两三夜之后，我平静了下来，后来就连敌机来袭的时候，我也睡得非常安稳。"

美国海军也常用平均率所统计的数字，来鼓舞士兵的士气。一个以前当海军的人告诉我，当他和船上的伙伴被派到一艘油船上的时候，他们都吓坏了。这艘油轮运的是高标号汽油，于是他们都认为，要是这条油轮被鱼雷击中，就会爆炸开来，把船上的每个人都送上西天。

可是美国海军有他们的办法。海军单位发出了一些很正确的统计数字，指出被鱼雷击中的100艘油轮里，有60艘并没有沉到海里去，而真正沉下去的40艘里，只有5艘是在不到5分钟的时间沉没。那就是说，如果鱼雷真的击中油轮，你有足够的时间跳下船——也就是说，在船上丧命的机会非常小。这样对士气有没有帮助呢？

"知道了这些平均数字之后，我的忧虑一扫而光。"住在明尼苏达州保罗市的克莱德·马斯——也就是说这个故事的人，说，"船上的人都觉得轻松多了，我们知道有的是机会，根据平均的数字来看，我们可能不会死在这里。"

平衡心理：平静让忧虑止步

卡耐基金言

◇学会对自己说："这件事只值得我担一点点心，没有必要去操更多的心。"

◇获得心理平静的最大秘密之一，就是要有正确的价值观念。

你是否想知道如何在华尔街赚钱？恐怕至少有 100 万以上的人想知道这一点。如果我知道这个问题的答案，这本书恐怕就要卖 1 万美元一本了。不过，这里却有一个很好的想法，而且很多成功的人都加以应用。讲这个故事的人叫查尔斯·罗伯茨，一位投资顾问。

"我刚从得克萨斯州来到纽约的时候，身上只有两万美元，是我朋友托付我到股票市场上来投资用的。我原以为，我对股票市场懂得很多，可是后来我赔得一分钱不剩。不错！在某些生意上我赚了几笔，可结果全部都赔光了。

"要是我自己的钱都赔光了，我倒不会那么在乎！可是我觉得把我朋友们的钱赔光了，是一件很糟糕的事情，虽然他们都很有钱。在我们的投资得到这样一种不幸的结果之后，我实在很怕再见到他们，可是没有想到的是，他们不仅对这件事情看得很开，而且还乐观到不可救药的地步。

"我开始仔细研究自己犯过的错误，并下定决心在我再进股票市场以前，一定要先了解整个股票市场到底是怎么一回事。于是我找到一位最成功的预测专家波顿·卡瑟斯，跟他交上了朋友。我相信能从他那里学到很多东西，因为他多年来一直是个非常成功的人，而我知道能有这样一番事业的人，不可能全靠机遇和运气。

"他先问了我几个问题，问我以前是怎么做的。然后告诉我一个股票交易中最重要的原则。他说：'我在市场上所买的每一宗股票，都有一个到此为止、不能再赔的最低标准。比方说，我买的是每股 50 元的股票，我马上规定不能再赔的最低标准是 45 元钱。'这也就是说，万一股票跌价，跌到比买进价低 5 元的时候，就立刻卖出去，这样就可以把损失只限定在 5 元钱。

"'如果你当初买得很聪明的话，'这位大师继续说道，'你的赚头可能平均在 10 元、25 元，甚至于 50 元。因此，在把你的损失限定在 5 元以后，即

使你半数以上的判断错误，也能让你赚很多的钱.'

"我马上学会了这一办法，从此便一直使用，这个办法替我的顾客和我挽回了不知几千几万块钱。

"过了一段时间之后，我发现，这个所谓'到此为止'的原则也可以用在股票市场以外的地方，我开始在财务以外的忧虑问题上订下'到此为止'的限制，我在每一种让我烦恼和不快的事情上，加一个'到此为止'的限制，结果简直是太不可思议了。

"举例来说，我常常和一个很不守时的朋友一起午餐。他以前总是在我的午餐时间过去大半之后才来，最后我告诉他我现在碰到问题就用'到此为止'的原则。我告诉他说：以后等你'到此为止'的限制是 10 分钟，要是你在 10分钟以后才到的话，我们的午餐约会就算告吹了——你来也找不到我。"

各位，我真希望在很多很多年以前就学会了把这种"到此为止"的限制，用在化解我的缺乏耐心、我的脾气、我的自我适应的欲望、我的悔恨和所有精神与情感的压力上。为什么我以前没有想到要抓住每一个可能会摧毁我思想平静的情况呢？为什么不会对自己说"这件事情只值得担这么一点点心——没必要去操更多的心"？

不过，我至少觉得自己在一件事上做得还不差，而且那是一次很严重的情况——是我生命中的一次危机——当时我几乎眼看着我的梦想、我对未来的计划，以及多年来的工作付诸流水。事情经过是这样的：

在我 30 岁刚出头的时候，我决定终生以写小说为职业，想做个弗兰克·瑞斯洛、杰克·伦敦或哈代第二。当时我充满了信心，在欧洲住了两年，在第一次世界大战结束后的那段日子里，用美元在欧洲生活，开销算是很小的。我在那儿过了两年，从事我的创作。我把那本书题名为《大风雪》，这个题目取得真好，因为所有出版家对它的态度都冷得像呼啸而来的大风雪一样。当我的经纪人告诉我这部作品不值一文，说我没有写小说的天分和才能的时候，我的心跳几乎停止了。我茫然地离开他的办公室，哪怕他用棒子当头敲我，也不会让我更感到吃惊，我简直是呆住了。我发现自己站在生命的十字路口，必须作出一个非常重大的决定。我该怎么办呢？我该往哪一个方向转呢？几个星期之后，我才从这种茫然中醒来。在当时，我从来没有听过"给你的忧虑订下'到此为止'的限制"的说法，可是现在回想起来，我当时所做的正是这件事。我把费尽心血写那本小说的那两年时间看作是一次可贵的经验，然后从那里继续前进。我回到组织和教授成人教育班的老本行，有空的时候写一些传记和非小说类的书籍。

我是不是很高兴自己作出了这样的决定呢？现在每逢我想起那件事情，就得意地想在街上跳舞，我可以很诚实地说，从那以后，我再也没有哪一天或哪一个钟点后悔我没有成为哈代第二。

100年前的一个夜晚，当一只鸟沿着沃登湖畔的树林里叫的时候，梭罗用鹅毛笔蘸着自己做的墨水，在他的日记里写道："一件事物的代价，也就是我称之为生活的总值，需要当场或长时期内进行交换。"

换个方式来说，如果我们以生活的一部分来付出代价，而付出得太多了的话，我们就是傻子。这也正是吉尔伯特和苏利文的悲哀：他们知道如何创作出快乐的歌词和歌谱，可是完全不知道如何在生活中寻找快乐。他们写过很多令世人非常喜欢的轻歌剧，可是他们却没有办法控制他们的脾气。他们为了一张地毯的价钱而争吵多年。苏利文为他们的剧院买了一张新的地毯，当吉尔伯特看到账单的时候，大为恼火。这件事甚至闹至公堂，从此两个人至死都没有再交谈过。苏利文替新歌剧写完曲子之后，就把它寄给吉尔伯特，而吉尔伯特填上歌词之后，再把它们寄回给苏利文。有一次，他们一定要一起到台上谢幕，于是他们站在台的两边，分别向不同的方向鞠躬，这样才可以不必看见对方。他们就不懂得应该在彼此的不快里订下一个"到此为止"的最低限度，而林肯却做到了这一点。

有一次，在美国南北战争中，林肯的几位朋友攻击他的一些敌人，林肯说："你们对私人恩怨的感觉比我要多，也许我这种感觉太少了吧；可是我向来以为这样很不值得。一个人实在没有时间把他的半辈子都花在争吵上，要是那个人不再攻击我，我就再也不会记他的仇。"

我真希望我的老姑妈——爱迪丝姑妈也有林肯这样的宽恕精神。她和弗兰克姑父住在一栋抵押出去的农庄上。那里土质很差，灌溉不良，收成又不好。他们的日子很难过，每时每刻都得省吃俭用。可是爱迪丝姑妈却喜欢买一些窗帘和其他的小东西来装饰家里。她向密苏里州马利维里的一家小杂货铺赊账买这些东西。弗兰克姑父很担心他们的债务，他很注重个人的信誉，不愿意欠债。所以他偷偷地告诉杂货店老板，不要再赊账给姑妈。当她听说这件事之后，大发脾气——那时到现在差不多有50年了，她还在大发脾气。我曾经听她说这件事情——不止一次，而是好多好多次。我最后一次见到她的时候，她已经 70 多快 80 岁了。我对她说："爱迪丝姑妈，弗兰克姑父这样羞辱你是不对的，可是难道你真的不觉得，从那件事发生之后，你差不多埋怨了半个世纪，比他所做的事情还要多得多吗？"

爱迪丝姑妈对她这些不快的记忆所付出的代价实在是太贵了，她付出的是她自己半生的内心平静。

富兰克林小的时候，犯了一次他 70 年来一直没有忘记的错误。当他 7 岁的时候，他喜欢上了一支哨子，于是他兴奋地跑进玩具店，把他所有的零钱放在柜台上，也不问问价钱就把那支哨子买了下来。"然后我回到家里，"70 年后他写信告诉他朋友说，"吹着哨子在整个屋子里转着，对我买的这支哨子非常得意。"可是等到他的哥哥姐姐发现他买哨子多付了钱之后，大家都来取笑他。而他正像他后来所说的："我懊恼地痛哭了一场。"

很多年之后，富兰克林成为世界知名的人物，做了美国驻法国的大使。他还记得因为他买哨子多付了钱，使他得到的痛苦多过了哨子所给他的快乐。

富兰克林在这个教训里所学到的道理非常简单。"当我长大以后，"他说，"我见识到许多人类的行为，我认为我碰到很多人买哨子都付了太多的钱。简而言之，我相信，人类的苦难部分产生于他们对事物的价值做了错误的估计，也就是他们买哨子多付了钱。"

吉尔伯特和苏利文对他们的哨子多付了钱，我的爱迪丝姑妈也一样，我个人也一样——在很多情况下。还有不朽的托尔斯泰，也就是两部世界最伟大的小说——《战争与和平》和《安娜·卡列尼娜》的作者，根据《大英百科全书》的记载，托尔斯泰在他生命的最后 20 年里，"可能是全世界最受尊敬的人物"。在他逝世前的那 20 年，崇拜他的人不断到他家里去，希望能见他一面，听到他的声音，甚至于只摸一摸他衣服的一角。他所说的每一句话都有人在笔记本上记下来，就像那是一句"圣谕"一样。可是在生活上，托尔斯泰在 70 岁的时候，还不及富兰克林在 7 岁的时候聪明，他简直一点脑筋也没有。我为什么要如此说呢？

托尔斯泰娶了一个他非常爱的女子。事实上，他们在一起非常快乐，他们常常跪下来，向上帝祈祷，让他们继续过这种神仙眷侣的生活。可是托尔斯泰所娶的那个女子天性善妒，她常扮成乡下姑娘，去打探他的行动，甚至于溜到森林里去看他。他们发生了很多很可怕的争吵，她甚至嫉妒她亲生的儿女，曾经抓起一把枪来，把她女儿的照片打了一个洞。她会在地板上打滚，拿着一瓶鸦片对着嘴巴，威胁着说要自杀，害得她的孩子们缩在屋子的角落里，吓得尖声大叫。

结果托尔斯泰怎么做呢？如果他跳起来，把家具打得稀烂，我倒不怪他——因为他有理由这样生气。可是他做的事比这个要坏多了，他记了一本私人日记！在那里面，他把一切都怪在太太身上，这个就是他的"哨子"。他下定决心要下一代能够原谅他，而把所有的错都怪在他太太身上。而他太太用什么办法来对付他这种作法呢？这还用问，她当然是把他的日记撕下来烧掉了。她自己也写了一本日记，在日记里把错都推在托尔斯泰身上。她甚至还写了一本小说，题目叫作《谁的错》。在那本小说里，她把她的丈夫描写成一个破坏家庭的人，而她自己是一个烈士。

所有的事情结果如何呢？为什么这两个人会把他们唯一的家变成托尔斯泰称谓的"一座疯人院"呢？很显然，有几个理由。其中之一就是他们极想引起别人的注意。不错，他们所最担心的就是别人的意见。我们会不会在乎应该怪谁呢？不会的，我们只会注意我们自己的问题，而不会浪费一分钟去想托尔斯泰家里的事。这两个无聊的人为他们的"哨子"付出了多么大的代价。50 年的光阴都住在一个可怕的地狱里，只因为他们两个人都没有一个有脑筋会说"不要再吵了"，因为两个人都没有足够的价值判断力，并能够说："让我们在这件事情上马上告一段落，我们是在浪费生命，让我们现在就说'够了'吧。"

不错，我非常相信，这是获得心理平静的最大秘密之一——要有正确的价值观念。而我也相信，只要我们能够定出一种个人的标准来——就是和我们的生活比起来，什么样的事情才值得的标准，我们的忧虑有 50% 可以立刻消除。

所以，要在忧虑摧毁你以前，先改掉忧虑的习惯。任何时候，我们想拿出钱来买的东西和生活比较起来不合算的话，让我们先停下来，问问自己下面的 3 个问题：

1. 我现在正在担心的问题，到底和我自己有什么样的关系？

2. 在这件令我忧虑的事情上，我应该在什么地方设定一个"到此为止"的最低限度，然后把它整个忘掉？

3. 我到底应该付这支"哨子"多少钱？我是否已经付出了超过它价值的钱呢？

正视现实：不要试图改变不可避免的事

卡耐基金言

◇事情既然如此，就不会另有他样。

◇我们所有迟早要学到的东西，就是必须接受和适应那些不可避免的事实。快乐之道无他——我们的意志力所不及的事情，不要去忧虑。

◇正如杨柳承受风雨、水适于一切容器一样，我们也要承受一切不可逆转的事实，对那些必然之事主动而轻快地承受。

人生之路充满了许多未知未卜的因素，这些因素大致可以分为两类，一类是可变的，我们可以通过自身的努力，或改变一定的条件使之转化；另一类是无法改变的，无论我们付出何种努力，都无法改变这一不可避免的现实。因此，当我们面对后者时，就得认定事实，作出积极乐观的反应，这才是一种可取的态度。

当我还是一个小孩的时候，有一天，我和几个朋友一起在密苏里州西北部的一间荒废的老木屋的阁楼上玩。当我从阁楼爬下来的时候，先在窗栏上站了一会儿，然后往下跳。我左手的食指上带着一个戒指。当我跳下去的时候，那个戒指钩住了一根钉子，把我整根手指拉脱了下来。

我尖声地叫着，吓坏了，还以为自己死定了，可是在我的手好了之后，我就再也没有为这个烦恼过。再烦恼又有什么用呢？我接受了这个不可避免的事实。

现在，我几乎根本就不会去想，我的左手只有四个手指头。

几年之前，我碰到一个在纽约市中心一家办公大楼里开货梯的人。我注意到他的左手齐腕砍断了。我问他少了那只手会不会觉得难过，他说："噢，不会，我根本就不会想到它。只有在要穿针的时候，才会想起这件事情来。"

令人惊讶的是，在不得不如此的情况下，我们差不多能很快接受任何一种情形，或使自己适应，或者整个忘了它。

我常常想起在荷兰首都阿姆斯特丹有一家15世纪的老教堂，它的废墟上留有一行字：

事情既然如此，就不会另有他样。

在漫长的岁月中，你我一定会碰到一些令人不快的情况，它们既是这样，就不可能是他样。我们也可以有所选择。我们可以把它们当作一种不可避免的情况加以接受，并且适应它，或者我们可以用忧虑来毁了我们的生活，甚至最后可能会弄得精神崩溃。

下面是我最喜欢的心理学家、哲学家威廉·詹姆斯所提出的忠告：

要乐于接受必然发生的情况，接受所发生的事实，是克服随之而来的任何不幸的第一步。

住在俄勒冈州波特壮的伊丽莎白·康奈莉，却经过很多困难才学到这一点。下面是一封她最近写给我的信：

"陆军在北非获胜的那一天，我接到国防部的一封电报，我的侄儿——我最爱的人——在战场上阵亡了。

"我悲伤得无以复加。以前，我一直觉得活着真好，我有一份自己喜欢的工作，努力带大了这个侄儿。在我看来，他代表了年轻人美好的一切……然而这封电报，把我的整个世界都粉碎了，觉得活下去没有什么意义。我悲伤过度，决定放弃工作，离开家乡，把自己藏在眼泪和悔恨之中。

"就在我清理我的桌子，准备辞职的时候，我突然翻到几年前我母亲去世的时候，侄儿写给我的一封信。'当然我们都会想念她的，'那封信上说，'尤其是你。不过我知道你会撑过去的。我永远也不会忘记你教我的那些美丽的真理：不论活在哪里，不论我们分离得有多么远，我永远都会记得你教我要微笑，要像一个男子汉，承受一切已发生的事情。'

"我把那封信读了一遍又一遍，似乎觉得他就在我的身边，正在和我说话。他好像在对我说：'你为什么不照你教给我的办法去做呢？撑下去，不论发生什么事情，把你个人的悲伤藏在微笑底下，继续活下去。'

"于是，我继续工作。我再次对自己说：'事情到了这个地步，我要把思想和精力都用在工作上。'我不再为已经永远过去的那些事悲伤，现在我每天的生活里都充满了快乐。"

伊丽莎白·康奈莉，学到了须接受和适应那些不可避免的事。那些曾经在位的皇帝们，也常常提醒他们自己这样做。乔治五世，在他白金汉宫卧房里的墙上挂着下面一句话："不要为月亮哭泣，也不要为过去的事后悔。"叔本华说:"能够顺从,是你在踏上人生旅途后最重要的一件事。"

很显然,环境本身并不能使我们快乐或悲伤,我们对周围环境的反应才能决定我们的悲欢。

在必要的时候,我们都能忍受灾难和悲剧,甚至战胜它们。我们内在的力量强大得惊人,只要我们肯加以利用,就能帮助我们克服一切。

已故的布斯·塔金顿总是说:"人生加诸我的任何事情,我都能接受,只除了一样,就是瞎眼。那是我永远也没有办法忍受的。"

然而,在他60多岁的时候,有一天他低头看着地上的地毯,色彩整个是模糊的,他无法看清楚地毯的花纹。他去找了一个眼科专家,发现了那不幸的事实:他的视力在减退,有一只眼睛几乎全瞎了,另一只离瞎也为期不远了。他所最怕的事情,终于发生在他的身上。塔金顿对这种"所有灾难里最可怕的"有什么反应呢?他是不是觉得"这下完了,我这一辈子到这里就完了"呢?没有,他自己也没有想到他还能觉得非常开心,甚至于还能善用他的幽默感:以前,浮动的"黑斑"令他很难过,它们会在他眼前游过,遮挡了他的视线,可是现在,当那些最大的黑斑从他眼前晃过的时候,他却会说:"嘿,又是老黑斑爷爷来了,不知道今天这么好的天气,它要到哪里去。"

当塔金顿终于完全失明之后,他说:"我发现我能承受我视力的丧失,就像一个人能承受别的事情一样。要是我五种感官全丧失了,我知道我还能够继续生存在我的思想里,因为我们只有在思想里才能够看,只有在思想里才能够生活,不论我们是不是知道这一点。"

塔金顿为了恢复视力,在一年之内接受了12次手术,为他动手术的是当地的眼科医生。他有没有害怕呢?他知道这都是必要的,他知道他没有办法逃避,所以唯一能减轻他痛苦的办法,就是爽爽快快地去接受它。他拒绝在医院里用私人病房,而住进大病房里,和其他的病人在一起。他试着去使大家开心,而在他必须接受好几次手术时——他很清楚地知道在他眼睛里动了些什么手术——他只尽力让自己去想他是多么的幸运。"多么好啊,"他说,"多么妙啊,现在科学的发展已经达到了这种技巧,能够为人的眼睛这么纤细的东西动手术了。"

一般的人如果经历了这些灾难恐怕都会变成精神病了,可是塔金顿说:"我可不愿意把这次经历拿去换一些不开心的事情。"这件事教会他如何接受,这件事使他了解到生命所能带给他的没有一样是他能力所不及而不能忍受的。这件事也使他领悟富尔顿所说的："瞎眼并不令人难过，难过的是你不能忍受瞎眼。"要是我们因此而退缩，或者是加以反抗，我们也不可能改变那些不可避免的事实。

不论在哪一种情况下，只要还有一点挽救的机会，我们就要奋斗。可是当常识告诉我们，事情已不可避免——也不可能再有任何转机，那么，请保持我们的理智，不要"左顾右盼，无事自忧"。

许多美国有名的生意人，都能接受那些不可避免的事实而过着无忧无虑的生活。如果不这样的话，他们就会在过大的压力下被压垮。

创设了遍及全美的潘氏连锁商店的潘尼说："哪怕我所有的钱都赔光了，我也不会忧虑，因为我看不出忧虑可以让我得到什么。我尽我所能把工作做好，至于结果就要看老天爷了。"中国也有句古话说："谋事在人，成事在天。"

亨利·福特也说过类似的话："碰到我无法处理的事情，我就静观尘埃落定。"

克莱斯勒公司的总经理凯勒先生谈到他如何避免忧虑的时候说："要是我碰到很棘手的情况，只要想得出办法解决的，我就去做。要是干不成的，我就干脆把它忘了。我从来不为未来担心，因为，没有人能够知道未来会发生什么事情，影响未来的因素太多了，也没有人能说出这些影响从何而来，所以何必为它们担心呢。"他的想法，正和 1900 年前，罗马的大哲学家依匹托塔士的理论差不多。"快乐之道无他，"依匹托塔士告诉罗马人，"就是不要去忧虑我们的意志力所不能及的事情。"

莎拉·班哈特曾经是全世界观众最喜爱的一位女演员，她在 71 岁那一年破产了——所有的钱都损失了，而她的医生——巴黎的波基教授告诉她必须把腿锯断。她因摔伤染上了静脉炎，腿痉挛，医生觉得她的腿一定要锯掉，又怕把这个消息告诉那个脾气很坏的莎拉。然而，当他告诉她的时候，他简直不敢相信，莎拉看了他一阵子，然后很平静地说："如果非这样不可的话，那只好这样了。"这就是命运。

当她被推进手术室的时候，她的儿子站在一边哭，她朝他挥了下手，高高兴兴地说："不要走开，我马上就回来。"

在去手术室的路上，她一直背着她演过的一出戏里的一幕。有人问她这么做是不是为了提起她自己的精神，她说："不是的，是要让医生和护士们高兴，他们受的压力可大得很呢。"

手术后，莎拉·班哈特还继续环游世界，使她的观众又为她疯迷了7年。

当我们不再反抗那些不可避免的事实之后，我们就能节省下精力，创造出一种更丰富的生活。

我在密苏里州我自己的农场上就看过这样的事情。我在农场上种了几十棵树，起先它们长得非常快。然而一阵冰雹过后，每一根细小的树枝上都堆满了一层重重的冰。这些树枝在重压下并没有顺从地弯下来，却很骄傲地反抗着，终于在沉重的压力下折断了——然后不得不被毁掉。它们不像北方的树木那样聪明。我曾经在加拿大看过长达好几百英里的常青树林，从来没有看见一棵柏树或是一株松树被冰或冰雹压垮。这些常青树知道怎么去顺从，怎么弯垂下它们的枝条，怎么适应那些不可避免的情况。

日本的柔道大师教他们的学生：“要像杨柳一样地柔顺，不要像橡树一样地挺立。”

你知道你汽车的轮胎为什么能在路上支持那么久，忍受得了那么多的颠簸吗？起初，制造轮胎的人想要制造一种轮胎，能够抗拒路上的颠簸，结果轮胎不久就被切成了碎条；然后他们做出一种轮胎来，可以吸收路上所碰到的各种压力，这样的轮胎可以“接受一切”。如果我们在多难的人生旅途上，也能够承受所有的挫折和颠簸的话，我们就能够活得更长久，能享受更顺利的旅程。

如果我们不吸收这些，而去反抗生命中遇到的挫折的话，我们会碰到什么样的事情呢？答案非常的简单，我们就会产生一连串内在矛盾，我们就会忧虑、紧张、急躁和神经质。

如果我们再进一步，抛弃现实世界的不快，退缩到一个我们自己所虚构的梦幻世界里，那么我们就会精神错乱了。

在战时，成千成万心怀恐惧的士兵，只有两种选择，接受那些不可避免的事实，或在压力之下崩溃。让我们举个例子，说的是威廉·卡赛流斯的事。下面就是他在纽约成人教育班中所说的一个得奖的故事：

“我在加入海岸防卫队后不久，就被派到大西洋这边最可怕的一个单位。他们叫我管炸药。想想看，我——一个卖小饼干的店员，居然成了管炸药的人！光是想到站在几千几万吨 TNT（三硝基甲苯）顶上，就把一个卖饼干的店员的骨髓都吓得冻住了。我只接受了两天的训练，而我所学到的东西让我内心更充满了恐惧。我永远也忘不了我第一次执行任务的情形。那天又黑又冷，还下着雾，我奉命到新泽西州的卡文角露码头。

"我奉命负责船上的第五号舱，得和 5 个码头工人一起工作。他们身强力壮，可是对炸药却一无所知。他们正将重 2000 ～ 4000 磅的炸弹往船上装，每一个炸弹都包含一吨的 TNT，足够把那条老船炸得粉碎。我们用两条铁索把炸弹吊到船上，我不停地对自己说：万一有一条铁索滑溜了，或者是断了，噢，我的妈呀！我可真害怕极了。我浑身颤抖，嘴里发干，两个膝盖发软，心跳得很厉害。可是我不能跑开，那是逃亡，不但我会丢脸，我的父母也会丢脸，而且我可能因为逃亡而被枪毙。我不能跑，只能留下来。我一直看着那些码头工人毫不在乎地把炸弹搬来搬去，心想船随时都会被炸掉。在我担惊受怕、紧张了一个多钟点之后，我终于开始运用我的普通常识。我跟自己好好地谈了谈，我说：'你听着，就算你被炸了，又怎么样？你反正也没有什么感觉了。这种死法倒痛快得很，总比死于癌症要好得多。不要做傻瓜，你不可能永远活着，这件工作不能不做，否则要被枪毙，所以你还不如做得开朗点。'

"我这样跟自己讲了几个钟点，然后开始觉得轻松了些。最后，我克服了我的忧虑和恐惧，让我自己接受了那不可避免的情况。

"我永远也忘不了这段经历，现在每逢我要为一些不可能改变的事实忧虑的时候，我就耸下肩膀说：'忘了吧。'"

好极了，让我们欢呼三声，再为这位卖饼干的店员多欢呼一声。

"对必然的事，要轻快地去承受。"这几句话是在耶稣基督出生前 399 年说的。但是在这个充满忧虑的世界，今天的人比以往更需要这几句话："对必然的事，要轻快地去承受。"

所以，要在忧虑毁了你之前，改掉忧虑的习惯。

忠于自我：这才是快乐的人生

卡耐基金言

◇一个人最糟的是不能成为自己，并且在身体与心灵中保持自我。

◇一个人想要集他人所有的优点于一身，是最愚蠢、最荒谬的行为。

◇在这个世界上，你每天都是一个崭新的自我，为此而高兴吧！善用你的天赋。

我有一封伊笛丝·阿雷德太太从北卡罗来纳州艾尔山寄来的信。"我从小就特别敏感而腼腆，"她在信上说，"我的身体一直太胖，而我的一张脸使我看起来比实际上还胖得多。我有一个很古板的母亲，她认为把衣服弄得漂亮是一件很愚蠢的事情。她总是对我说：'宽衣好穿，窄衣易破。'而她总照这句话来帮我穿衣服。所以我从来不和其他的孩子一起做室外活动，甚至不上体育课。我非常害羞，觉得我跟其他人都'不一样'，完全不讨人喜欢。

"长大之后，我嫁给了一个比我年长好几岁的男人，可是我并没有改变。我丈夫一家人都很好，也充满了自信。他们就是我应该是而不是的那种人。我尽最大的努力要像他们一样，可是我办不到。他们为了使我开朗而做的每一件事情，都只是令我更退缩到我的壳里去。我变得紧张不安，躲开了所有的朋友，情形坏到甚至怕听到门铃响。我知道我是一个失败者，又怕我的丈夫会发现这一点。所以每次当我们出现在公共场合的时候，我都假装很开心，结果常常做得太过分，事后我会为这个而难过好几天。最后不开心到使我觉得再活下去也没有什么道理了，我开始想自杀。"

出了什么事才改变了这个不快乐的女人的生活？只是一句随口说出的话。

"一句随口说出的话，"阿雷德太太继续写道，"改变了我的整个生活。有一天，我的婆婆正在谈她怎么教育她的几个孩子，她说：'不管事情怎么样，我总会要求他们保持本色。'……'保持本色'——就是这句话！在那一刹那之间，我才发现我之所以那么苦恼，就是因为我一直在试着让自己适合于一个并不适合我的模式。

"在一夜之间我整个改变了。我开始保持本色。我试着研究我自己的个性，试着找出我究竟是怎样的人。我研究我的优点，尽我所能去学色彩和服饰上的学问，尽量以能够适合我的方式去穿衣服。我主动地去交朋友，我参加了一个社团组织——开始是一个很小的社团——他们让我参加活动，把我吓坏了。可是我每一次发言，都能增加一点勇气。这事花了很长的一段时间，可是今天我所有的快乐，却是我从来没有想到可能得到的。在教养我自己的孩子时，我也总是把我从痛苦的经验中所学到的结果教给他们：'不管事情怎么样，总是保持本色。'"

"保持本色的问题，像历史一样古老，"詹姆斯·高登·季尔基博士说，"也像人生一样普遍。"不愿意保持本色，即是很多精神和心理问题的潜在原因。安吉罗·帕屈在幼儿教育方面曾写过 13 本书和数以千计的文章，他说："没有人比那些想做其他人，和除他自己以外其他东西的人，更痛苦的了。"

这种希望能做跟自己不一样的人的想法，在好莱坞尤其流行。山姆·伍德是好莱坞最知名的导演之一。他说在他启发一些年轻的演员时，所碰到的最头痛的问题就是这个：要让他们保持本色。他们都想做二流的拉娜·透纳，或者是三流的克拉克·盖博。"这一套观众已经受够了，"山姆·伍德说，"最安全的做法是：要尽快丢开那些装腔作势的人。"

最近我请教素凡石油公司的人事室主任保罗·包延登，来求职的人常犯的最大错误是什么。他应该知道的，因为他曾经和 6 万多个求职的人面谈过，还写过一本名为《谋职的 6 种方法》的书。他回答说："来求职的人所犯的最大错误就是没有保持本色。他们不以真面目示人，不能完全地坦诚，却给你一些他以为你想要的回答。"可是这个做法一点用也没有，因为没有人要伪君子，也从来没有人愿意收假钞票。

我知道有一位公共汽车驾驶员的女儿就是很辛苦才学到这个教训的。她想当歌星，但不幸的是她长得不好看，嘴巴太大，还长着龅牙。她第一次在新泽西的一家夜总会里公开演唱时，直想用上唇遮住牙齿，她企图让自己看来显得高雅，结果却把自己弄得四不像，这样下去她就注定要失败了。

幸好当晚在座的一位男士认为她很有歌唱的天分，他很直率地对她说："我看了你的表演，看得出来你想掩饰什么，你觉得你的牙齿很难看？"那女孩听了觉得很难堪，不过那个人还是继续说下去，"龅牙又怎么样？那又不犯罪！不要试图去掩饰它，张开嘴就唱，你越不以为然，听众就会越爱你。再说，这些你现在引以为耻的龅牙，将来可能会带给你财富呢！"

凯丝·达莱接受了那人的建议，把龅牙的事抛诸脑后，从那次以后，她只把注意力集中在观众身上。她开怀尽情地演唱，后来成为电影及电台中走红的顶尖歌星，现在，别的歌星倒想来模仿她了。

威廉·詹姆斯曾说过：

"一般人的心智能力使用率不超过10%，大部分人不太了解自己还有些什么才能。与我们应该取得的成就相比，其实我们只运用了身心资源的一小部分。人往往都活在自己所设的限制中，我们拥有各式各样的资源，却常常不能成功地运用它们。"

保持你自己的本色，像欧文·柏林给已故的乔治·盖许文的忠告那样。当柏林和盖许文初次见面的时候，柏林已经大大有名，而盖许文还是一个刚出道的年轻作曲家，一个星期只赚35美金。柏林很欣赏盖许文的能力，就问盖许文要不要做他的秘书，薪水大概是他当时收入的3倍。"可是不要接受这个工作。"柏林忠告说，"如果你接受的话，你可能会变成一个二流的柏林；但如果你坚持继续保持你自己的本色，总有一天你会成为一个一流的盖许文。"

盖许文接受了这个警告，后来他慢慢地成为美国当时最重要的作曲家之一。

卓别林、威尔·罗吉斯、玛丽·玛格丽特·麦克布蕾、金·奥特雷，以及其他好几百万的人，都学过我在这一章里想要让各位明白的这一课，他们也学得很辛苦——就像我一样。

卓别林开始拍电影的时候，那些电影导演都坚持要卓别林去学当时非常有名的一个德国喜剧演员，可是卓别林直到创造出一套自己的表演方法之后，才开始成名。鲍勃·霍伯也有相同的经验。他多年来一直在演歌舞片，结果毫无成绩，一直到他挖掘出自己的喜剧本事之后，才有名起来。威尔·罗吉斯在一个杂耍团里，不说话光表演抛绳技术，继续了好多年，最后才发现他在讲幽默笑话上有特殊的天分，于是开始在耍绳表演的时候说笑话，因此成名。

玛丽·玛格丽特·麦克布蕾刚刚进入广播界的时候，想做一个爱尔兰喜剧演员，结果失败了。后来她发挥了她的本色，做一个从密苏里州来的、很平凡的乡下女孩子，结果成为纽约最受欢迎的广播明星。

金·奥特雷刚出道的时候，想要改掉他得州的乡音，穿得像个城里的绅士，自称是纽约人，结果大家都在他背后笑话他。后来他开始弹五弦琴，唱他的西部歌曲，开始了他那了不起的演艺生涯，成为全世界在电影和广播两方面最有名的西部歌星。

你在这个世界上是个新东西，应该为这一点而庆幸，应该尽量利用大自然所赋予你的一切。归根结底说起来，所有的艺术都带着一些自传体；你只能唱你自己的歌，你只能画你自己的画，你只能做一个由你的经验、你的环境和你的家庭所造成的你。不论好坏，你都得自己创造一个自己的小花园；不论好坏，你都得在生命的交响乐中，演奏你自己的小乐器。

就像爱默生在他那篇《论自信》的散文里所说的："在每一个人的教育过程之中，他一定会在某个时期发现，羡慕就是无知，模仿就是自杀。不论好坏，他必须保持本色。虽然广大的宇宙之间充满了好的东西，可是除非他耕作那一块自己的土地，否则他绝得不到好的收成。他所有的能力是自然界的一种新能力，除了他之外，没有人知道他能做些什么，他能结什么，而这都是他必须去尝试求取的。"

下面是一位诗人——已故的道格拉斯·马罗区所说的：

> 如果你不能成为山顶的一株松，
> 就做一丛小树生长在山谷中，
> 但须是溪边最好的一小丛。
> 如果你不能成为一棵大树，
> 就做灌木一丛。
> 如果你不能成为一丛灌木，就做一片绿草，
> 让公路上也有几分欢娱。
> 如果你不能成为一只麝香鹿，就做一条鲈鱼，
> 但须做湖里最好的一条鱼。
> 我们不能都做船长，我们得做海员。
> 世上的事情，多得做不完，
> 工作有大的，也有小的，
> 我们该做的工作，就在你的手边。
> 如果你不能做一条公路，就做一条小径。
> 如果你不能做太阳，就做一颗星星。
> 不能凭大小来断定你的输赢，
> 不论你做什么都要做最好的一名。

活在今天：今天比昨天和明天更宝贵

卡耐基金言

◇我们首要去做的事情不是去观望遥远的未来，而是去做手边的清楚之事。

◇为明日做好准备的最佳办法就是集中你所有的智慧、热忱，把今天的工作做得尽善尽美。

◇昨天，是张作废的支票；明天是尚未兑现的期票；只有今天才是现金，有流通性的价值之物。

在一次培训课上，我和学员们讨论到"及时行乐"这个话题，大多数人认为"及时行乐"带有太多利已观念，但我认为"及时行乐"里面也包含很多积极进取的因素，有这么一个小故事：

一个20出头的小伙子急匆匆地走在路上。一个人拦住了他，问道：

"小伙子，你为何行色匆匆啊？"

小伙子连头也不回，飞快地向前跑着，只泛泛地甩了一句：

"别拦我，我要寻求幸福。"

转眼20年过去了，小伙子已变成中年人，可他依旧在路上奔波。

有一个人又拦住他。

"喂！中年人，你上哪儿去啊！"

"别拦我，我在寻找我的幸福。"

20年又过去了，这个中年人逐渐变得苍老，面色憔悴，背亦驼得像一张弯弓，可他仍挣扎着，一步步向前挨。

又有个人拦住他。

"老头子，你还在寻找你的幸福吗？"

"是啊！"

当老头回答完这句问话，猛地惊醒，一行老泪流了下来。原来，刚才问他问题的那个人，就是幸福之神啊！他寻找了一辈子，实际上幸福就在他身边，他却屡次与他擦肩而过。

讲到这里，我看了看下面的学员，提出了这样一个问题：

"请问在座诸位，对于'及时行乐'这个命题还有不同看法吗？"

教室内一片寂静，看得出每个人都陷入了苦苦的思索之中。

是的，我们的人生太短促，但是，我们脚下的路却是很长很长，如果懂得适时地享受生活中的乐趣，抛开人世间的一切苦恼与忧虑，我们的人生就是幸福的、快乐的。

1871年春天，一个蒙德里尔综合医院的医科学生，因为受一句话的启发，而成为一代医学权威，创建了全世界知名的约翰·霍普金斯医学院，成为牛津大学的钦定医学教授，获得了医学界最高荣誉——女王勋章。他还被加封为子爵，他就是威廉·奥斯勒，而他看到的那句话是：

最重要的不是去看远方的模糊，而要做手边清楚的事。

他的成功，就是因为他活在一个所谓"完全独立的今天"。42年后，他在耶鲁大学发表演说时对大学生们说：

"你们当中的每一个的组织都比一条大海船复杂、精美得多，所要走的航程也远得多，但你们要学会怎样适应、控制一切，活在一个'完全独立的今天'。

"要注意聆听你们生活的每一个层面，隔断已经死去的昨天，也隔断那些尚未诞生的明天。那你拥有的就是今天。

"明天的重担，再加上昨天的重担，就会成为今天最大的障碍，要把未来像过去那样紧紧地关在门外，因为未来就在于今天。"

奥斯勒教授以为：为明日做准备的最好方法，就是要集中你所有的智慧，所有的热情，把今天的工作做得尽善尽美。在今天完成今日事，这才算为明天铺路。

我们多数的人，都拖延着不去享受今天的生活，我们都梦想着天边有一座奇妙的玫瑰园，而不去欣赏今天就开放在我们窗口的玫瑰。

"我们生命的小小历程是多么奇怪啊，"斯蒂芬·柯高写道，"小孩子说：'等我长大的时候。'然而等他长大成人了，他又说：'等我结婚之后。'可是结了婚，又能怎么样呢？他们的想法变成了'等到我退休之后'。然而，等到退休之后，他回头看看他所经历过的一切，似乎有一阵冷风吹过来。不知怎么的，他把所有的都错过了，而一切又一去不再回头。我们总是无法及早领会：生命就在今天的生活里，就在每一天和每一时刻里。"

"生活在一个完全独立的今天里"这句话，让一名瘦了34磅、精神濒临崩溃的士兵摆脱了忧虑的困扰，步入了快乐而有益的生活。他的名字叫泰德·班哲明，住在马里兰州的巴铁摩尔城。

"在1945年的4月，"泰德·班哲明写道，"我忧愁得患了一种医生称之为结肠痉挛的病，这种病使人极为痛苦。

"我当时整个人筋疲力尽。我在第九十四步兵师，担任士官的职务，工作是建立和维持一份在作战中死伤和失踪者的记录，还要帮忙发掘那些在战事激烈的时候被打死的、被草草掩埋的士兵。我得收集那些人的私人物品，要确切地把那些东西送到他们的家人或近亲的手里。我一直在担心，怕我们会造成那些让人很窘的或者是很严重的错误，我担心我是不是能撑得过这些事，我担心是不是还能活着回去把我的独生子——一个我从来没有见过的16个月的儿子抱在怀里。我既担心又疲劳，瘦了34磅，我眼看着自己的两只手只剩下皮包骨。我一想到自己瘦弱不堪地回家就害怕，我崩溃了，哭得像个孩子，我浑身发抖……有一段时间，也就是德军最后大反攻开始不久，我常常哭泣，几乎放弃了还能再成为一个正常人的希望。

"最后我住进了医院。一位军医给了我一些忠告，整个改变了我的生活。在为我做完一次彻底的全身检查之后，他告诉我，我的问题纯粹是精神上的。'泰德，'他说，'我希望你把你的生活想象成为一个沙漏，你知道在沙漏的上一半，有成千成万粒的沙子，它们都慢慢地很平均地流过中间那条细缝。除了弄坏沙漏，你跟我都没有办法让两粒以上的沙子同时通过那条窄缝。你、我和每一个人，都像这个沙漏。每天早上开始的时候，有成百上千件的工作，让我们觉得我们一定得在那一天里完成。可是如果我们不一次做一件，让它们慢慢平均地通过这一天，像沙粒通过沙漏的窄缝一样，那我们就一定会损害到我们自己的身体或精神了。'

"从那一天起，'一次只流过一粒沙，一次只做一件事'这个忠告在身心两方面都救了我。目前对我在手艺印刷公司的公共关系及广告部中的工作，也有莫大的帮助。我发现在生意场上，也有像在战场上同样的问题，一次要做好几件事情——但却没有多少时间可利用。但是，我不会再紧张不安，因为我永远记得那个军医告诉我的话：'一次只流过一粒沙子，一次只做一件工作。'我一再对自己重复地念着这两句话。我的工作比以前更有效率，做起来也不会再有那种在战场上几乎使我崩溃的、迷惑和混乱的感觉。"

我们的医院里大概有一半以上的床位，都是留给神经或者精神上有问题的人的。他们都是被累积起来的昨天和令人担心的明天加起来的双重重担所压垮的病人。而那些病人中，大多数只要能奉行耶稣的这句话——"不要为明天忧虑"，或者是威廉·奥斯勒爵士的这句话——"生活在一个完全独立的今天里"，他们就都能走在街上，过着快乐而有益的生活了。

你和我，在目前这一刹那，都站在两个永恒交汇之点——已经永远消逝了的过去，以及延伸到无穷尽的未来——我们都不可能活在这两个永恒之中，甚至连一秒钟也不行。若想那样做的话，我们就会毁了自己的身体和精神。所以，我们就以能活在这一刻而感到满足吧。从现在一直到我们上床，"不论担子有多重，每个人都能支持到夜晚的来临，"罗勃·史蒂文生写道，"不论工作有多苦，每个人都能做他那一天的工作，每一个人都能很甜美、很有耐心、很可爱、很纯洁地活到太阳下山，而这就是生命的真谛。"

对一个聪明人来说，每一天都是一个新的生命。

底特律城已故的爱德华·诺文斯，在学会"活于今天"之前，几乎因为忧虑而自杀。爱德华·诺文斯生长在一个贫苦的家庭，起先靠卖报来赚钱，然后在一家杂货店当店员。后来，家里有七口人要靠他吃饭，他就谋到一个当助理图书管理员的职位，薪水很少，他却不敢辞职。8 年之后，他才鼓起勇气开始他自己的事业。不久，就用借来的 55 块钱，发展成一个大的事业，一年赚两万美金。就在这时，厄运降临了：他替一个朋友开出一张面额很大的支票，而那位朋友破产了。很快地，在这件灾祸之后又来了另外一次大灾祸，那家存着他全部财产的大银行垮了，他不但损失了所有的钱，还负债 1.6 万元。他精神受不住这样的打击，"我吃不下，睡不着，"他还说道，"我开始生起奇怪的病来。没有别的原因，只是因为担忧。有一天，我走在路上的时候，昏倒在路边，以后就再不能走路了。他们让我躺在床上，我的全身都烂了，伤口往里面烂进去之后，连躺在床上都受不了。我的身体愈来愈弱，最后医生告诉我，我只有两个星期可活了。我大吃一惊，写好我的遗嘱，然后躺在床上等死。挣扎或是担忧都没有用了，我放弃了，也放松下来，闭目休息。在此以前，连续好几个星期，我几乎没有办法连续睡两个小时以上。可是这时候，因为一切困难很快就将结束，我反而睡得像个孩子似的安稳。那些令人疲倦的忧虑渐渐消失了，我的胃口恢复了，体重也开始增加。

"几个星期之后，我就能撑着拐杖走路。6个星期以后，我又能回去工作了。我以前一年曾赚过两万块钱，可是现在能找到一个星期30块钱的工作，就已经很高兴了。我的工作是推销用船运送汽车时放在轮子后面的挡板。这时我已学会不再忧虑——不再为过去发生的事情后悔，也不再担心将来。我把所有的时间、精力和热忱，都放在手头的工作上。"

由于他脚踏实地做好手头的每一件事情，他的进展非常快，不到几年，他已是诺文斯工业公司的董事长，多年来，这个公司一直是纽约股票市场交易所的一家公司。如果你乘飞机到格陵兰去，很可能降落在诺文斯机场——这是为了纪念他而命名的飞机场。可是，如果他没有学会"生活在完全独立的今天里"的话，爱德华·诺文斯绝不可能获得这样的成功。

时间并不能像金钱一样让我们随意贮存起来，以备不时之需。我们所能使用的只有被给予的那一瞬间，也就是今日和现在。假如我们不能充分利用今日而让时间白白虚度，那么它将一去不返。所谓"今日"，正是"昨日"计划中的"明日"，而这个宝贵的"今日"，不久将消失到遥远的彼方。对于我们每个人来讲，得以生存的只有现在——过去早已消失，而未来尚未来临。昨天，是张作废的支票；明天，是尚未兑现的期票；只有今天，才是现金，有流通性的价值之物。

摆脱忧虑的一个重要方法就是学会在现时中生活。请注意，这里使用的不是"现实"而是"现时"一词，它更加强调的是"现在"这一时间概念，现时生活是你真正生活的关键所在。细想一下，除了"现在"，我们永远不能生活在任何其他时刻，你所能把握的只有现在的时光，其实未来也只不过是一种即将到来的"现在"。有一点可以肯定：在未来到来之前，你是无法生活于未来之中的；然而，我们的文化传统总是降低现时的重要性，我们常听人们如此言谈：

为将来而积蓄；

要考虑后果；

不要过于注重享乐；

想想今后；

为退休做好准备，等等。

在我们的传统文化中，回避现时几乎成为一种流行性疾病。社会环境总是要求人们为将来牺牲现在。根据逻辑推理，在这种思想的影响下，人们总是在今天为明天或昨天的事情担忧，无法"活在今天"。回避现时这种态度意味着不仅要避免目前的享受，而且要永远回避幸福——难道不是吗？将来那一时刻一旦到来，也就成为现时，而我们到那时又必须利用那一现时为将来做准备。这样，幸福总是明日复明日，永远可望而不可即。

回避现时往往导致对未来的一种理想化。你可能会想象自己在今后生活中的某一时刻，会发生一个奇迹般的转变，你一下子变得事事如意，幸福无比，财富无限，或者期望自己在完成某一特别业绩——如大学毕业、结婚、有了孩子或职务晋升之后，你将重新获得一种新的生活。然而，当那一刻真正到来时，你却并没获得自己原先想象的幸福，甚至往往有些令人失望。未来永远没有你所想象的那么美好、如诗如画，它也只是一种切切实实的"现时"。为什么许多年轻人婚后不久就哀叹生活与婚姻的不幸？其中不乏一个原因——他们曾经将婚姻和未来幻想得过于幸福美满，而当这一切真正到来时，当他们置身于现时生活之中，他们不愿面对一些现实。

美国著名小说家亨利·詹姆斯在《大使们》一书中如此忠告：

"尽情地生活吧，否则，就是一个错误。你具体做什么都关系不大，关键是你要生活。假如没有生命，你还有什么呢？失去的就永远失去了，这是毫无疑义的……所谓适当的时刻就是人们仍然有幸得到的时刻，幸福地生活吧！"

"如果你也像托尔斯泰书中的伊凡·伊里奇那样回顾自己的一生，你将发现自己很少会因为做了某事而感到遗憾。"

"如果我到目前为止的整个生活都是错误的，那该怎么办？他忽然意识到以前在他看来完全不可能的事也许的确是真的，他也许真的没有按照他本应做的那样去生活。他忽然意识到，自己以前那些难以察觉的念头——尽管出现之后便随即被打消——或许才是真的，而其他一切则是虚假的。他的职业义务、他的生活以及家庭的整个安排，还有他的一切社会利益和表面利益，也许完全都是虚无的。他一直在为所有这一切进行着辩解，然而现在，他蓦然感到自己的辩解是苍白无力的。没有什么值得辩解的……"

恰恰相反，正是那些你所没做的事情才会使你在心中耿耿于怀。因此，你现在应该去做的事情十分显然——行动起来！珍惜现在的时光，充分利用现在的时光，不要放过一分一秒。否则，如果你以自我挫败的方式度过现在的时光，就无异于永远地失去这一现时。

让我们用铁门把过去隔断——隔断已经死去的那些昨天；揿下另一个按钮，用铁门把未来也隔断——隔断那些尚未诞生的明天。然后你就保险了——你有的是今天……切断过去，把已死的过去埋葬掉；切断那些会把傻子引上死亡之路的昨天，人类得到救赎的日子就是现在，精力的浪费、精神的苦闷，都会紧随着一个为未来担忧的人……那么把船后的大隔舱都关断吧，准备养成一个好习惯。生活在"完全独立的今天"里。幸福快乐就在你生活的每一天。

让我们用一个每天能产生快乐而富建设性思想的计划，来为我们的快乐而奋斗吧。

下面这个"只为今天"的计划，对我们过一种积极有益的生活非常有效，如果能照着做，我们就能大量地产生"生活上的快乐"。

1. 只为今天，我要很快乐。假如林肯所说的"大部分人只要下定决心都能很快乐"这句话是对的，那么快乐是来自内心，而不是来自于外界。

2. 只为今天，我要让自己适应一切，而不去试着调整一切来适应我的欲望。我要以这种态度接受我的家庭、我的事业和我的运气。

3. 只为今天，我要爱护我的身体。我要多运动、善于照顾、善于珍惜；不损伤它、不忽视它；使它能成为我争取成功的好基础。

4. 只为今天，我要加强我的思想。我要学一些有用的东西，我不要做一个胡思乱想的人。我要看一些需要思考、更需要集中精神才能看的书。

5. 只为今天，我要用3件事来锻炼我的灵魂：我要为别人做一件好事，但不要让人家知道；我还要做两件我并不想做的事，而这就像威廉·詹姆斯所建议的，只是为了锻炼。

6. 只为今天，我要做个讨人喜欢的人，外表要尽量修饰，衣着要尽量得体，说话低声，行动优雅，丝毫不在乎别人的毁誉。对任何事都不挑毛病，也不干涉或教训别人。

7. 只为今天，我要试着只考虑怎么度过今天，而不期望我一生的问题一次就解决。因为，我虽能连续12个钟头做一件事，但若要我一辈子都这样做下去的话，就会吓坏了我。

8. 只为今天，我要订下一个计划。我要写下每个钟头该做些什么事。也许我不会完全照着做，但还是要订下这个计划，这样至少可以免除两种缺点——过分仓促和犹豫不决。

9. 只为今天，我要为自己留下安静的半个钟头，轻松一番。在这半个钟头里，我要想到神，使我的生命更充满希望。

10. 只为今天，我要心中毫无惧怕。尤其是，我不要怕快乐，我要去欣赏美的一切，去爱，去相信我爱的那些人会爱我。如果我们想培养平安和快乐的心境，请记住这条规划：

"有了快乐的思想和行为，你就能感到快乐。"

我在自己浴室的镜子上贴了一首诗，以便自己每天早上刮胡子的时候都能看见它。这首诗的作者是一个很有名的印度戏剧家卡里达沙。

向黎明致敬

看着这一天！

因为它就是生命，生命中的生命。

在它短短的时间里，

有你存在的所有变化与现实；

生长的福泽，

行动的辉煌。

因为昨天不过是一场梦，

而明天只是一个幻影，

但是活在很好的今天，

却能使每一个昨天都是一个快乐的梦，

每一个明天都是有希望的幻景。

所以，好好地看着这一刻吧，

这就是你对黎明的敬礼。

杞人无忧：别让小事妨碍了你的大事

◇人生短暂，如白驹过隙，然而有很多人却浪费了很多时间，去愁一些一年内就会被忘却的小事。

◇我们通常都能很勇敢地去面对生活里那些大的危机，却被些小事情搞得垂头丧气。大多数时间里，要想克服因为一些小事情引起的困扰，只要把自己的看法和重点转移一下就可以了。你会找到一个新的使你开心一点的想法。

下面是一个也许会让你毕生难忘、很富戏剧性的故事。说这个故事的人叫罗勒·摩尔。

"1945年的3月，我学到了我这一生最重大的一课。"他说，"我是在中南半岛附近276英尺深的海底下学到的。当时我和另外87个人一起在贝雅S.S.三一八号潜水艇上。我们由雷达发现，一小支日本舰队正朝我们这边开过来。在天快亮的时候，我们开出水面发动攻击。我由潜望镜里发现一艘日本的驱逐护航舰、一艘油轮，和一艘布雷舰。我们朝那艘驱逐护航舰发射了3枚鱼雷，但是都没有击中。那艘驱逐舰并不知道它正遭受攻击，还继续向前驶去，我们准备攻击最后的一条船——那条布雷舰。突然之间，它转过身子，直朝我们开来（一架日本飞机，看见我们在60英尺深的水下，把我们的位置用无线电通知了那艘日本的布雷舰）。我们潜到150英尺深的地方，以避免被它侦测到，同时准备好应付深水炸弹。我们在所有的舱盖上都多加了几层栓子，同时为了使我们的沉降保持绝对的静默，我们关了所有的电扇、整个冷却系统，和所有的发电机器。

"3分钟之后，突然天崩地裂。6枚深水炸弹在我们四周爆炸开来，把我们直压到海底——深达276英尺的地方。我们都吓坏了，在不到1000英尺深的海水里，受到攻击是一件很危险的事情——如果不到500英尺的话，差不多都难逃劫运。而我们却在不到500英尺一半深的水里受到了攻击——要照怎么样才算安全说起来，水深等于只到膝盖部分。那艘日本的布雷舰不停地往下丢深水炸弹，攻击了15个小时，要是深水炸弹距离潜水艇不到17英尺的话，爆炸的威力可以在潜艇上炸出一个洞来。有十几个深水炸弹就在离我们 50 英尺左右的地方爆炸，我们奉命'固守'——就是要静躺在我们的床上，保持镇定。我吓得几乎无法呼吸：'这下死定了。'电扇和冷却系统都关闭之后，潜水艇的温度非常高，可是我怕得全身发冷，穿上了一件毛衣，以及一件带皮领的夹克，可是还要冷得发抖。我的牙齿不停地打颤，全身冒着一阵阵的冷汗。攻击持续了 15 个小时之久，然后突然停止了。显然那艘日本的布雷舰把它所有的深水炸弹都用光了，就驶了开去。这 15 个小时的攻击，感觉上就像有 1500 万年。我过去的生活都一一在我眼前映现，我记起了以前所做过的所有的坏事，所有我曾经担心过的一些很无稽的小事情。在我加入海军之前，我是一个银行的职员，曾经为工作时间太长、薪水太少、没有多少升迁机会而发愁。我曾经忧虑过，因为我没有办法买自己的房子，没有钱买部新车子，没有钱给我太太买好的衣服。我非常讨厌我以前的老板，因为他老是找我的麻烦。我还记得，每晚回到家里的时候，我总是又累又难过，常常跟我的太太为一点芝麻小事吵架；我也为我额头上的一个小疤——是一次车祸里留下的伤痕——发愁过。

"有一次，我们到芝加哥一个朋友家里吃饭。分菜的时候，他有些事情没有做对。我当时并没有注意到，即使我注意到，我也不会在乎的。可是他太太看见了，马上当着我们的面跳起来指责他。'约翰，'她大声叫道，'看看你在搞什么！难道你就永远也学不会怎么样分菜吗？'

"然后她对我们说：'他老是犯错，简直就不肯用心。'也许他确实没有好好地做，可是我实在佩服他能够跟他太太相处 20 年之久。坦白地说，我情愿只吃一两个抹上芥末的热狗——只要能吃得很舒服——而不愿一面听她唠叨，一面吃鱼翅。

"在碰到那件事情之后不久，我妻子和我请了几位朋友到家里来吃晚饭。就在他们快来的时候，我妻子发现有三条餐巾和桌布的颜色不大相配。

"'我冲到厨房里，'她后来告诉我说，'结果发现另外三条餐巾送去洗了。客人已经到了门口，没有时间再换，我急得差点哭了出来。我只想到：为什么会有这么愚蠢的错误，来影响我的整个晚上？然后我想到——为什么要让它使我不高兴呢？我走进餐厅去吃晚饭，决心好好地享受一下。我果然做到了。我情愿让朋友们认为我是一个比较懒散的家庭主妇，'她告诉我说，'也不要让他们认为我是一个神经兮兮、脾气不好的女人。而且，据我所知，根本没有一个人注意到那些餐巾的问题。'"

有一条大家都知道的法律上的名言："法律不会去管那些小事情。"一个人也不该为这些小事忧虑，如果他希望求得心理上的平静的话。

大多数时间里，要想克服因为一些小事情所引起的困扰，只要把自己的看法和重点转移一下就可以了——让你有一个新的、能使你开心一点的看法。

狄士雷利说过："生命太短促了，不能再只顾小事。"

"这些话，"安德利·摩林在《本周》杂志里说，"曾经帮我捱过很多很痛苦的经历。我们常常让自己因为一些小事情、一些应该不屑一顾和忘了的小事情弄得非常心烦……我们活在这个世上只有短短的几十年，而我们浪费了很多不可能再补回来的时间，去愁一些一年之内就会被所有的人忘了的小事。不要这样，让我们把我们的生活只用在值得做的行动和感觉上，去想伟大的思想，去经历真正的感情，去做必须做的事情。因为生命太短促了，不该再顾及那些小事。"

"多年前，那些令人发愁的事看起来都是大事，可是在深水炸弹威胁着要把我送上西天的时候，这些事情又是多么的荒谬、微小。就在那时候，我答应我自己，如果我还有机会再见到太阳跟星星的话，我永远永远不会再忧虑了。永远不会！永远不会！永远也不会！在潜艇里面那15个可怕的小时里，我对于生活所学到的，比我在大学念了4年的书所学到的还要多得多。"罗勒·摩尔最后总结道。

我们通常都能很勇敢地面对生活里面那些大的危机，可是，却会被这些小事搞得垂头丧气。比方说，撒母耳·白布西在他的《日记》里谈到他脖子上那块痛伤的地方。

这也是帕德上将在又冷又黑的极地之夜所发现的另外一点——他手下的人常常为一些小事情而难过，却不在乎大事。他们能够毫不埋怨地面对危险而艰苦的工作，在零下几十度的寒冷中工作，"可是，"帕德上将说，"我却知道有好几个同房的人彼此不讲话，因为怀疑对方把东西乱放，占了他们自己的地方。我还知道，队上有一个讲究所谓空腹进食，细嚼健康法的家伙，每口食物一定嚼过28次才吞下去；而另外有一个人，一定要在大厅里找到一个看不见这家伙的位子坐着，才能吃得下饭。"

"在南极的营地里，"帕德上将说，"像这类的小事情，都可能把最有训练的人逼疯。"

而帕德上将，你还可以加一句话："小事"如果发生在夫妻间的生活里，也会把人逼疯，还会造成"世界上半数的伤心事"。

而纽约州的地方检察官弗兰克·霍根也说："我们处理的刑事案件里，有一半以上都起因于一些很小的事情：在酒吧里逞英雄，为一些小事情争争吵吵，讲话侮辱别人，措辞不当，行为粗鲁——就是这些小事情，结果引起伤害和谋杀。很少有人真正天性残忍，一些犯了大错的人，都是因自尊心受到小小的损害，一些小小的屈辱，虚荣心不能满足，结果造成世界上半数的伤心事。"

罗斯福夫人刚结婚的时候，她忧虑了好多天，因为她的新厨子做饭做得很差。"可如果事情发生在现在，"罗斯福夫人说，"我就会耸耸肩膀把这事给忘了。"好极了，这才是一个成年人的做法。就连凯瑟琳女皇——这个最专制的女皇，在厨子把饭做得不好的时候，通常也只是付之一笑。

就像吉布林这样有名的人，有时候也会忘了"生命是这样的短促，不能再顾及小事"。其结果呢？他和他的舅爷在维尔蒙打了一场官司——这场官司打得有声有色，后来还有一本专辑记载着，书的名字叫《吉布林在维尔蒙的领地》。

故事的经过情形是这样子的：吉布林娶了一个维尔蒙地方的女孩子凯洛琳·巴里斯特，在维尔蒙的布拉陀布罗造了一间很漂亮的房子，在那里定居下来，准备度他的余生。他的舅爷比提·巴里斯特成了吉布林最好的朋友，他们两个在一起工作，在一起游戏。

然后，吉布林从巴里斯特手里买了一点地，事先协议好巴里斯特可以每一季在那块地上割草。有一天，巴里斯特发现吉布林在那片草地上开了一个花园，他生起气来，暴跳如雷，古布林也反唇相讥，弄得维尔蒙绿山上的天都变黑了。

几天之后，吉布林骑着他的脚踏车出去玩的时候，他的舅爷突然驾着一部马车从路的那边转了过来，逼得吉布林跌下了车子。而吉布林——这个曾经写过"众人皆醉，你应独醒"的人——却也昏了，告到官里去，把巴里斯特抓了起来。接下去是一场很热闹的官司，大城市里的记者都挤到这个小镇上来，新闻传遍了全世界。事情没办法解决，这次争吵使得吉布林和他的妻子永远离开了他们在美国的家，这一切的忧虑和争吵，只不过为了一件很小的小事：一车子干草。

平锐克里斯在 2400 年前说过："来吧，各位！我们在小事情上耽搁得太久了。"这话一点也不错，我们的确是这样子的。

下面是哈瑞·爱默生·傅斯狄克博士所说的故事里最有意思的一个——有关森林的一个巨人在战争中怎么样得胜，怎么样失败。

"在科罗拉多州长山的山坡上，躺着一棵大树的残躯。自然学家告诉我们，它曾经有 400 多年的历史。它初发芽的时候，哥伦布才刚在美洲登陆；第一批移民到美国来的时候，它才长了一半大。在它漫长的生命里，曾经被闪电击中过 14 次；400 年来，无数的狂风暴雨侵袭过它，它都能战胜它们。但是在最后，一小队甲虫攻击了这棵树，那些甲虫从根部往里面咬，渐渐伤了树的元气，就只靠它们很小、但持续不断的攻击，使它倒在地上。这个森林里的巨人，岁月不曾使它枯萎，闪电不曾将它击倒，狂风暴雨没有伤着它，却因一些小得用大拇指跟食指就可以捏死的小甲虫而终于倒了下来。"

我们岂不都像森林中的那棵身经百战的大树吗？我们曾经历过生命中无数狂风暴雨和闪电的打击，但都撑过来了。可是却会让我们的心被忧虑的小甲虫咬噬——那些用大拇指跟食指就可以捏死的小甲虫。

几年以前，我去了怀俄明州的提顿车家公园。和我一起去的是怀俄明州公路局局长查尔斯·西费德，还有一些他的朋友。我们本来要一起去参观洛克菲勒坐落在那公园里的一栋房子的，可是我坐的那部车子转错了一个弯，迷了路。等到达那座房子的时候，已经比其他的车子晚了一个小时。西费德先生没有开那扇大门的钥匙，所以他在那个又热又有好多蚊子叮他的森林里等了一个小时，等我们到达。那里的蚊子多得可以让一个圣人都发疯，可是它们没有办法赢过查尔斯·西费德。当我们到达的时候，他是不是正忙着赶蚊子呢？不是的，他正在吹笛子，当作一个纪念品，纪念一个知道如何不理会那些小事的人。

恕人为乐：宽容让忧虑无处藏身

卡耐基金言

◇即使我们没办法爱我们的敌人，起码也应该多爱自己一点。我们不应该让敌人控制我们的心情、健康和容貌。

◇要想真正宽恕忘却我们的敌人，最有效的办法还是诉诸比我们更强大的力量。如果我们可以忘记一切，侮辱也就无足轻重了。

◇永远不要对敌人心存报复，那样对自己的伤害将大于对别人的伤害。

几年前的一个晚上，我游览黄石公园，并与其他观光客一起坐在露天座位上。面对茂密的森林，我们期待着看到森林杀手灰熊的出现。当它走到森林旅馆丢出的垃圾中去翻找食物时，骑在马上的森林管理员告诉我们，灰熊在美国西部几乎是所向无敌，大概只有美洲野牛及阿拉斯加熊例外。但我却发现有一只动物，而且只有一只，随着灰熊走出森林，而且灰熊还容忍它在旁边分一杯羹，它是一只很臭的鼬鼠。灰熊当然知道只须一掌就能把它毁掉，那它为什么不去做呢？因为经验告诉它划不来。

我也发现了这一点。我在农场上长大，曾在围篱旁捉到一只臭鼬。到了纽约，也在街上碰过几个两条腿的臭鼬，痛苦的经验告诉我两种都不值得碰。

我们对敌人心怀仇恨，就等于付与对方更大的力量来压倒我们，给他机会控制我们的睡眠、胃口、血压、健康，甚至我们的心情。如果我们的敌人知道他带给我们多大的烦恼，他一定要高兴死了！憎恨伤不了对方一根汗毛，却把自己的日子弄成了炼狱。

猜猜看下面这句话是谁说的：

"如果有个自私的人占了你的便宜，把他从你的朋友名单上除名，但千万不要想去报复。一旦你心存报复，对自己的伤害绝对比对别人的大得多。"

这话听起来像是哪位理想主义者说的。其实不然，这段话曾出现在纽约警察局的布告栏上。

报复怎么会伤害自己呢？有好几种方法。《生活》杂志如是说："高血压患者最主要的个性特征是仇恨，长期的愤恨造成慢性高血压，引起心脏疾病。"

耶稣说"爱你的敌人"，他可不只是在传道，他宣扬的是 20 世纪的医术。当耶稣说"原谅他们七十个七次"，他是在告诉我们如何避免罹患高血压、心脏病、胃溃疡以及过敏性疾病。

我朋友最近得了严重的心脏病，医生命她卧床休养，交代她不论发生任何情况都不得动怒。医生都了解，如果心脏衰弱，任何一点愤怒都会要人的命。真的要人命吗？几年前华盛顿一位餐厅老板就因一次愤怒而亡。一份警方报告说："威廉·法卡伯曾是咖啡店老板，因厨子坚持用碟子饮用咖啡，竟一怒而亡，因为他急怒之下抓起左轮枪追杀厨子，心脏衰竭，倒地不起。验尸报告宣告心脏衰竭的起因是愤怒。"

当耶稣说"爱你的仇人"的时候，他也是在告诉我们：怎么样改进我们的外表。我想你也和我一样，认得一些女人，她们的脸因为怨恨而有皱纹，因为悔恨而变了形，表情僵硬。不管怎样美容，对她们容貌的改进，也及不上让她心里充满了宽容、温柔和爱所能改进的一半。

怨恨的心理，甚至会毁了我们对食物的享受。圣人说："怀着爱心吃菜，也会比怀着怨恨吃牛肉好得多。"

要是我们的仇人知道我们对他的怨恨使我们精疲力竭，使我们疲倦而紧张不安，使我们的外表受到伤害，使我们得心脏病，甚至可能使我们短命的时候，他们不是会额手称庆吗？

即使我们没办法爱我们的敌人，起码也应该多爱自己一点。我们不应该让敌人控制我们的心情、健康和容貌。就如莎士比亚所说的：

"不要因为你的敌人而燃起一把怒火，热得烧伤你自己。"

当耶稣基督说，我们应该原谅我们的仇人"七十个七次"的时候，他也是在教我们怎样做生意。我举个例子吧。当我写这一段的时候，我面前有一封乔治·罗纳寄来的信，他住在瑞典的艾昔苏那，乔治·罗纳在维也纳当了很多年律师，但是在第二次世界大战期间，他逃到瑞典，一文不名，很需要找份工作。因为他能说并能写好几国的语言，所以希望能够在一家进出口公司里，找到一份秘书工作。绝大多数的公司都回信告诉他，因为正在打仗，他们不需要这一类的人，不过他们会把他的名字存在档案里，等等。不过有一封写给乔治·罗纳的信上说："你对我生意的了解完全错误。你既错又笨，我根本不需要任何替我写信的秘书。即使我需要，也不会请你，因为你甚至连瑞典文也写不好，信里全是错字。"

当乔治·罗纳看到这封信的时候，简直气得发疯。那个瑞典人说他写不好瑞典文是什么意思？那个瑞典人自己的信上就是错误百出。于是乔治·罗纳也写了一封信，目的是想使那个人大发脾气。但接着他停下来对自己说："等一等。我怎么知道他说的这个是不是对的？我修过瑞典文，可是这并不是我家乡的语言，也许我确实犯了很多我并不知道的错误。如果是那样的话，那么我想要得到一份工作，就必须再努力地学习。这个人可能帮了我一个大忙，虽然他本意并非如此。他用这么难听的话来表达他的意见，并不表示我就不亏欠他，所以应该写封信给他，在信上感谢他一番。"

于是乔治·罗纳撕掉了刚刚写好的那封骂人的信，另外写了一封信说："你这样不怕麻烦地写信给我实在是太好了，尤其是你并不需要一个替你写信的秘书。对于我把贵公司的业务弄错的事我觉得非常抱歉，我之所以写信给你，是因为我向别人打听，而别人把你介绍给我，说你是这一行的领导人物。我并不知道我的信上有很多文法上的错误，我觉得很惭愧，也很难过。我现在打算更努力地去学习瑞典文，以改正我的错误，谢谢你帮助我走上改进之路。"

不到几天，乔治·罗纳就收到那个人的信，请罗纳去看他。罗纳去了，而且得到一份工作。乔治·罗纳由此发现"温和的回答能消除怒气"。

我们也许不能像圣人般去爱我们的仇人，可是为了我们自己的健康和快乐，我们至少要原谅他们，忘记他们，这样做实在是很聪明的事。有一次我问艾森豪威尔将军的儿子约翰，他父亲会不会一直怀恨别人。"不会，"他回答，"我爸爸从来不浪费一分钟，去想那些不喜欢的人。"

有句老话说：不能生气的人是笨蛋，而不去生气的人才是聪明人。

这也就是前纽约州长威廉·盖诺所抱定的政策。他被一份内幕小报攻击得体无完肤之后，又被一个疯子打了一枪几乎送命。他躺在医院为他的生命挣扎的时候，他说："每天晚上我都原谅所有的事情和每一个人。"这样做是不是太理想了呢？是不是太轻松、太好了呢？如果是的话，就让我们来看看那位伟大的德国哲学家，也就是"悲观论"的作者叔本华的理论。他认为生命就是一种毫无价值而又痛苦的冒险，当他走过的时候好像全身都散发着痛苦，可是在他绝望的深处，叔本华叫道："如果可能的话，不应该对任何人有怨恨的心理。"

有一次我曾问伯纳·巴鲁区——他曾经做过6位总统的顾问：威尔逊、哈定、柯立芝、胡佛、罗斯福和杜鲁门——我问他会不会因为他的敌人攻击他而难过。"没有一个人能够羞辱我或者干扰我，"他回答说，"我不让他们这样做。"

也没有人能够羞辱或困扰你和我——除非我们让他这样做。

几个世纪以来，人类总是景仰不怀恨仇敌的人。我常到加拿大的一个国家公园，欣赏美洲西部最壮丽的山景，这座山是为了纪念英国护士爱迪丝·卡韦尔于1915年10月12日在德军阵营中殉难而命名的。她的罪名是什么？她在比利时家中收留照顾一些受伤的法军与英军，并协助他们逃往荷兰。在她即将行刑的那天早上，军中的英国牧师到她被监禁的布鲁塞尔军营中看她，卡韦尔喃喃说道："我现在才明白，光有爱国情操是不够的。我不应该对任何人怀恨或怨怼。"4年后，她的遗体被送往英国，并在威斯敏斯特教堂内举办了一场纪念仪式。我曾在伦敦住过一年，常到卡韦尔的雕像前，读着她不朽的话语："我现在才明白，光有爱国情操是不够的，我不应该对任何人怀恨或怨怼。"

要想真正宽恕并忘却我们的敌人，最有效的办法还是诉诸比我们强大的力量。因为我们可以忘记一切的事，当然侮辱也显得无足轻重了。让我再举个例子。

1918年，密西西比州有一位黑人教师兼传教士琼斯即将被处以死刑。几年前我拜访了琼斯亲手创办的学校，并向学生作过演说。现在它已成为一所全国有名的学校，但我要说的这个故事是很早以前的事。当时还是第一次世界大战的时候，密西西比州中部流传的谣言说，德军将策动黑人叛变。琼斯被控策动叛乱，并将被处以死刑。一群白人在教堂外听到琼斯在教堂内说道："生命是一场战斗，黑人们应拿起武器，为争取生存与成功而战。"

"战斗！""武器！"够了！这些激动的白人青年冲入教堂，用绳索套上琼斯，把他拖了一英里远，推上绞台，燃起木柴，准备绞死他，同时也烧死他。有人叫道："叫他说话！说话！说啊！"于是琼斯站在绞台上，脖子上套着绳索，开始谈他的人生与理想。他1907年由爱达荷大学毕业。他谈到自己的个性、学位以及令他在教职员中受人欢迎的音乐才能。毕业时，有人请他加入旅馆业，有人愿出钱资助他接受音乐教育，都被他拒绝了。为什么？

因为他热衷于一个理想。受到布克·华盛顿的故事的影响，他立志去教育他贫困的同胞兄弟。于是他前往美国南方所能找到的最落后地方，也就是密西西比州的一个偏僻地方，把他的手表当了 1.65 美元，他就在野外树林里开始办学校。琼斯面对这些准备处死他的愤怒人们，诉说自己如何奋斗，为教育这些失学的孩子，想将他们训练成有用的农人、工人、厨子与管家。他也告诉这些白人，在他兴学的过程中，谁曾经帮助过他——一些白人曾经送他土地、木材、猪、牛，还有钱，协助他完成教育工作。

事后，有人问琼斯恨不恨那些拖他，准备绞死、烧死他的人？他的回答是，他当时忙着诉说比自己更重大的事，以至于无暇憎恨。他说："我没空争吵，也没时间反悔，没有人能强迫我恨他们。"

当琼斯如此真诚动人的谈话，特别是他不为自己求情，只为自己的使命求情时，暴民们开始软化了。最后有个老人说："我相信这年轻人说的是真的，我认得他提到的几个人。他在做善事，是我们错了。我们不应该吊死他，而应该帮助他。"老人开始在人群中传帽子，向那些想吊死琼斯的人募集了 52 美元，因为琼斯说："我没空争吵，也没时间反悔，没有人能强迫我恨他们。"

依匹克特修斯在 1900 年前就曾经指出，我们种苗就会得果，而不管怎么样，命运总能让我们为过错付出代价。"归根结底，"依匹克特修斯说，"每一个人都会为他自己的错误付出代价。能够记住这点的人就不会跟任何人生气，不会跟任何人争吵，不会辱骂别人、责怪别人、恨别人。"

在美国历史上，恐怕再没有谁受过的责难、怨恨和陷害比林肯多的了。但是根据历史传记中的记载，林肯却"从来不以他自己的好恶来批判别人。如果有什么任务要做，他也会想到他的敌人可以做得像别人一样好。如果一个以前曾经羞辱过他的人，或者是对他个人有过不敬的人，却是某个位置的最佳人选，林肯还是会让他去担任那个职务，就像他会派任他的朋友去干这件事一样……而且，他也从来没有因为某人是他的敌人，或者因为他不喜欢某个人，而解除那个人的职务"。很多被林肯委任居于高位的人，以前都曾批评或是羞辱过他——像麦克里兰、爱德华·史丹顿和蔡斯。但林肯相信"没有人会因为他做了什么而被歌颂，或者因为他做了什么或没有做什么而被贬黜"。因为所有的人都受条件、情况、环境、教育、生活习惯和遗传的影响，使他成为现在的这个样子，将来也永远是这个样子。

从小，我的家人每天晚上都会在《圣经》里面摘出章句或诗句来复诵，然后跪下来一齐念"家庭祈祷文"。我现在仿佛还听见，在密苏里州一栋孤寂的农舍里，我的父亲复诵着耶稣基督的那些话："只要这个人存有理想就为他祝福，凌辱你的，要为他祷告。"我父亲做到了这一点，也使他的内心得到一般将官和君主所无法追求到的平静。

乐于感恩：感恩的人很少为事情犯愁

卡耐基金言

◇世界上最好的医生，是饮食有度，保持平安与愉悦的心情。

◇人生有两项主要目标：第一，拥有你所向往的；第二，享受它们。只有具有智慧的人才能做到第二点。想想自己拥有老天赐予的恩惠，你就不会再有忧虑了。

我认识哈洛·阿伯特好几年了。他住在密苏里州的韦布城，曾当过我的演讲经纪人。一天，我在堪萨斯城碰见他，他好心带我回密苏里的贝尔顿农场。途中，我问他如何免除忧虑，他便给我讲述了下面这个令人难忘的故事。

"我曾是个多虑的人，"阿伯特说道，"但是，1934 年的春天，我走过韦布城的西多提街道，有个情景扫除了我所有的忧虑。事情的发生只有十几秒钟，但就在那一刹那，我对生命意义的了解，比在前 10 年中所学的还多。这两年，我在韦布城开了家杂货店，由于经营不善，不仅花掉了所有的积蓄，还负债累累，估计得花 7 年的时间才能偿还。我刚在上星期六停止营业，准备到商矿银行贷款，以便到堪萨斯城找份工作。我像只斗败的鸡，没有了信心和斗志。突然间，有个人从街的另一头过来。那人没有双腿，坐在一块安装着溜冰鞋滑轮的小木板上，两手各用木棍支撑前行。他横过街道，微微提起小木板准备登上路边人行道。就在那几秒钟，我们的视线相遇，只见他坦然一笑，很有精神地向我招呼：'早安，先生，今天天气真好啊！'我望着他，体会到自己是何等富有。我有双足，可以行走，为什么却如此自怜？这位缺了双腿的人仍能如此快乐自信，我这个四肢健全的人还有什么不能的？我挺了挺胸膛，本来预备到商矿银行只借 100 元，现在却很有信心地宣称：

我要到堪萨斯城去找一份工作。结果，我借到了钱，也找到了工作。"

现在，我把下面一段话写在洗手间的镜面上，每天早上刮胡子的时候都念它一遍。

我闷闷不乐，因为我少了一双鞋，直到我在街上，看到有人缺了两条腿。

我问过艾迪·瑞肯贝克，他和朋友在太平洋上绝望地漂流了 21 天之后，学到的最重要的东西是什么。他回答道："我学到了一点——人只要有淡水喝，有东西吃，就没什么好抱怨的了。"

《时代周刊》上登过一篇文章，谈到第二次世界大战时，有个士官在瓜答卡纳岛战役中被炮弹碎片刮伤喉咙，输了 7 筒血。他写了张字条问医师："我会活下去吗？"医师回答说："会的。"他又问："我仍可以讲话吗？"他又得到了肯定的答复。于是这个士官在纸上写道："那我还有什么好担心的？"

你为什么不也停止忧虑，对自己说："那我还担什么鬼心？"也许你就会发现，事情其实微不足道，不值得操心。

在我们的生活当中，约有 90％的事情是好的，10％的事情是不好的。如果你想过得快乐，就应该把精神放在这 90％的好事上面；如果你想担忧、操劳，或得肠胃溃疡，就可以把精力放在那 10％的坏事情上面。

《格列佛游记》一书的作者约拿丹·史威佛特是英国文学史上最颓废的厌世主义者。他每次生日都黑衣素食，以示对自己的出世感到遗憾。虽然如此，他仍然赞美幸福快乐是促进健康的最大力量。他宣称："世上最好的医师是节制医师、安静医师和快乐医师。"我们也许都能受到这位"快乐医师"的免费服务，只要我们注意自己拥有的可贵财富——比故事中阿里巴巴的财富还多。你会为亿万富翁出卖自己的眼睛、手足、听觉、孩子或家人吗？把拥有的资产加起来，你就会发现，纵使洛克菲勒、福特和摩根等人把所有的金银堆聚起来，也买不到你拥有的一切。

但是，我们为这一切而心怀感谢过吗？没有。就像叔本华说的："我们很少想到自己所拥有的，却总是想到自己所没有的。"这一点几乎使约翰·派玛"从一个正常人变成一个坏脾气的老家伙"，也差点毁了他的家。我知道这件事，因为他告诉了我。

"从军中退伍之后不久，"派玛先生说，"我就开始做生意。我夜以继日地忙碌着。一切进行得很好。可是问题发生了，我买不到零件和原料。我为可能会被迫放弃我的生意而担心得不得了，我从一个普通人变成了一个脾气很坏的家伙。我变得非常尖酸刻薄——当时我自己并不知道，可是现在我才明白。我几乎失去了我快乐的家。然而有一天，一个在我手下工作的年轻伤兵对我说：'约翰，你实在应该感到惭愧。你这副样子好像世界上只有你一个人有麻烦似的，就算你把店关掉一阵子，又能怎么样呢？等到事情恢复正常之后，你又可以重新开始。你有很多值得感激的事，可是却老是在抱怨。我的天啊，我真希望我是你。你看看我，我只有一只胳臂，半边脸都伤了，可是我并不抱怨什么。要是你再继续这样哆哆嗦嗦地埋怨下去的话，你不仅会失去你的生意，也会失去你的健康、你的家庭和你的朋友。'

"这些话使我猛然醒悟过来，让我发现我走上了多远的逆境。我当场就决定必须要改变，重新成为我自己——而我做到了这一点。"

我的另外一位朋友，露西莉·布莱克，在学会同样以自己所有的为满足，不为她所缺少的而忧虑之前，几乎濒临悲剧的边缘。

我在多年以前认识露西莉，当时我们两个都在哥伦比亚大学的新闻学院选修短篇小说写作。9年前，她遭遇生活上的剧变。当时她正住在亚利桑那州的杜森城，下面就是她告诉我的故事。

"我的生活一直非常忙乱，在亚利桑那大学学风琴，在城里开了一间语言学校，还在我所住的沙漠柳牧场上教音乐欣赏的课程。我参加了许多大宴小酌、舞会或在星光下骑马。然而有一天早上我整个垮了，我的心脏病发作了。'你得躺在床上完全静养一年。'医生对我说。他居然没有鼓励我，让我相信我还能够健壮起来。

"在床上躺一年，做一个废人，也许还会死掉。我简直吓坏了。为什么我会碰到这样的事情呢？我做错了什么，该受这样的报应呢？我又哭又叫，心里充满了怨恨和反抗。可是我还是遵照医生的话躺在床上。我的邻居鲁道夫先生，是个艺术家。他对我说：'你现在觉得要在床上躺一年是一大悲剧，可是事实并非如此。你可以有时间思想，能够真正地认识你自己。在以后的几个月里，你在思想上的成长，会比你这大半辈子以来多得多。'我平静了下来，开始想充实新的价值思想。我看过很多能启发人思想的书。有一天，我听到一个无线电新闻评论员说：'你只能谈你知道的事情。'这一类的话我以前不知道听过多少次，可是现在才真正深入到我的心里，生根起来。我决心只想那些我希望能赖以生活的思想——快乐而健康的思想。每天早上一起来，我就强迫自己想一些我应该感激的事情：我没有痛苦，有一个很可爱的小女儿，我的眼睛看得见，耳朵听得到收音机里播着的优美音乐，有时间看书，吃得很好，有很好的朋友，我非常高兴，而且来看我的人多到使医生挂上一个牌子说，我的房间里每次只许有一个探病的客人，而且只许在某几个钟头里。

"从那时开始到现在已经有 9 年了，我现在过着很丰富又很生动的生活。我非常感激能在床上度过那一年，那是我在亚利桑那州所度过的最有价值、也是最快乐的一年。我现在还保持当年养成的那种每天早上算算自己有多少得意事的习惯，这是我最珍贵的财产。我觉得很惭愧，因为一直到我担心自己会死去之前，才真正学会怎样生活。"

我亲爱的露西莉·布莱克，你也许并不知道，你所学到的这一课正是撒姆耳·约翰生博士在 200 多年前所学到的。"养成看每一件事理想的一面的习惯，"约翰生博士说，"比每年赚 1000 多英镑更值钱。"

要提醒各位的是：这些话可不是一个天生乐观的人所说的，说这话的人曾经历经痛苦，乏衣缺食地过了 20 年——最后终于成为他那一代最有名的作家，也成为历史上最有名的思想家。

罗根·皮尔萨尔·史密斯用很简单的几句话，说了一番大道理。他说："生活中应该有两个目标：第一，要得到你所想要得到的；第二，在得到之后要能够享受它。只有最聪明的人才能做到第二步。"

你想不想知道怎样把在厨房水槽里洗碗，也当作一次难得的体验呢？如果你想的话，可以去看一本谈论令人难以置信的勇气并且很富启发性的书。作者是波姬儿·德尔，书名叫作《我希望能看见》。你可以到图书馆去借，或者到当地书店去买，或者向纽约市第 5 街 60 号的麦克米伦出版社直接函购。

这本书的作者是一个几乎瞎了 50 年之久的女人。"我只有一只眼睛，"她写道，"而且眼睛上还满是疤痕，只能透过眼睛左边的一个小洞去看。看书的时候，几乎把书本贴在脸上，而且不得不把我那一只眼睛尽量往左边斜过去。"

可是她拒绝接受别人的怜悯，不愿意别人认为她"异于常人"。小时候，她想和其他小孩子一起玩跳房子，可是她看不见地上所画的线，所以，在其他孩子都回家以后，她就趴在地上，把眼睛贴在线上瞄过去。她把伙伴们所玩的那块地方的每一点都牢记在心，所以不久就成为玩游戏的高手了。她在家里看书，把书靠近她的脸，近到眼睫毛都碰到书面上。她得到两个学位：先在明尼苏达州立大学得到学士学位，再在哥伦比亚大学得到硕士学位。

她开始教书的时候，是在明尼苏达州双谷的一个小村子里，然后渐渐升到南达科他州奥格塔那学院的新闻学和文学教授。她在那里教了13年，也在很多妇女俱乐部发表演说，还在电台主持节目。"在我的脑海深处，"她写道，"常常怀着一种怕会完全失明的恐惧，为了要克服这种恐惧，我对生活采取了一种很快活而近乎戏谑的态度。"

然后在1943年，也就是她52岁的时候，一个奇迹发生了。她在著名的梅育诊所施行了一次手术，使她能比以前看得清楚40倍。

一个全新的、令人兴奋的、可爱的世界展现在她的眼前。她现在发现，即使是在厨房水槽里洗碟子，也让她觉得非常开心。"我开始玩着洗碗盆里的肥皂泡沫，"她写道，"我把手伸进去，抓起一大把小小的肥皂泡沫，我把它们迎着光举起来。在每一个肥皂泡沫里，我都能看到一道小小的彩虹闪出来的明亮色彩。"

你和我应该感到惭愧，我们这么多年来每天生活在一个美丽的童话王国里，可是我们却视而不见，吃得太好而不能享受。

第 **3** 章

停止忧虑，盛装出发

让自己忙起来

卡耐基金言

◇一个人无论多么聪明，他的思想都不可能在同一时间想一件以上的事情。

清除忧虑的最好办法，就是要让你自己忙着，去做一些有用的事情。

我永远也忘不了几年前的那一夜。我班上的一个学生马利安·道格拉斯告诉我们，他家里遭受到不幸的悲剧，不止一次，而是两回。第一次他失去了他5岁大的女儿，一个他非常喜欢的孩子。他和他的妻子，都以为他们没有办法忍受这个损失。可是，正如他说的："10个月之后，上帝又赐给我们另外一个小女儿——而她只活了5天就死了。"

这接二连三的打击，重得使人几乎无法承受。"我承受不了，"这个做父亲的告诉我们说，"我睡不着，我吃不下，我也无法休息或是放松。我的精神受到致命的打击，信心尽失。"最后他去看了医生。一个医生建议他吃安眠药，另外一个则建议他去旅行。他两个方法都试过了，可是没有一样能够对他有所帮助。他说："我的身体好像被夹在一把大钳子里，而这把钳子愈夹愈紧，愈夹愈紧。"那种悲哀给他的压力——如果你曾经因悲哀而感觉麻木的话，你就知道他所说的是什么了。

"不过感谢上帝，我还有一个孩子—— 一个4岁大的儿子，他教我们得到解决问题的方法。有一天下午，我呆坐在那里为自己感到难过的时候，他问我：'爸爸，你肯不肯为我造一条船？'我实在没有兴致去造条船。事实上，我根本没有兴致做任何事情。可是我的孩子是个很会缠人的小家伙，我不得不顾从他的意思。

"造那条玩具船大概花了我3个钟头，等到船弄好之后，我发现用来造船的那3个小时，是我这几个月来第一次有机会放松我的心情的时间。

"这个大发现使我从昏睡中惊醒过来。它使我想了很多——这是我几个月来的第一次思想。我发现，如果你忙着去做一些需要计划和思想的事情的话，就很难再去忧虑了。对我来说，造那条船就把我的忧虑整个击垮了，所以我决定让自己不断地忙碌。

"第二天晚上，我巡视屋子里的每个房间，把所有该做的事情列成一张单子。有好些小东西需要修理，比方说书架、楼梯、窗帘、门钮、门锁、漏水的龙头等等。叫人想不到的是，在两个星期以内，我列出了242件需要做的事情。

"在过去的两年里，那些事情大部分都已经完成。此外，我也使我的生活里充满了启发性的活动：每个星期，有两天晚上我到纽约市参加成人教育班，并参加了一些小镇上的活动。我现在是校董事会的主席，参加很多的会议，并协助红十字会和其他的机构募捐。我现在简直忙得没有时间去忧虑。"

没有时间去忧虑，这正是丘吉尔在战事紧张到每天要工作18个小时的时候所说的。当别人问他是不是为那么重的责任而忧虑时，他说："我太忙了，我没有时间去忧虑。"

查尔斯·柯特林在发明汽车的自动点火器的时候，也碰到这样的情形。柯特林先生一直是通用公司的副总裁，负责世界知名的通用汽车研究公司，最近才退休。可是，当年他却穷得要用谷仓里堆稻草的地方做实验室。家里的开销，都得靠他太太教钢琴所赚来的1500美金。后来，他又去用他的人寿保险作抵押借了500美金。我问过他太太，在那段时期她是不是很忧虑。"是的，"她回答说，"我担心得睡不着，可是柯特林先生一点也不担心。他整天埋头在工作里，没有时间去忧虑。"

伟大的科学家巴斯特曾经谈到"在图书馆和实验室所找到的平静"。平静为什么会在那儿找到呢？因为在图书馆和实验室的人，通常都埋头在他们的工作里，不会为他们自己担忧。做研究工作的人很少有精神崩溃的现象，因为他们没有时间来享受这种"奢侈"。

为什么"让自己忙着"这么一件简单的事情，就能够把忧虑赶出去呢？因为有这么一个定理——这是心理学上所发现的最基本的一条定理。这条定理就是：不论这个人多么聪明，人类的思想都不可能在同一时间想一件以上的事情。让我们来做一个实验：假定你现在靠坐在椅子上，闭起两眼，试着在同一个时间去想：自由女神；你明天早上打算做什么事情。

你会发现你只能轮流地想其中的一件事，而不能同时想两件事，对不对？从你的情感上来说，也是这样。我们不可能既激动、热诚地想去做一些很令人兴奋的事情，又同时因为忧虑而拖累下来。在同一时间里，一种感觉会把另一种感觉赶出去，也就是这么简单的发现，使得军方的心理治疗专家们，能够在战时创造这一类的奇迹。

詹姆斯·墨塞尔是哥伦比亚师范学院的教育学教授。他在这方面说得很清楚：

"忧虑最能伤害到你的时候，不是在你有所行动的时候，而是在你没有什么事可做的时候。那时候，你的想象力会混乱起来，使你想起各种荒诞不稽的可能，把每一个小错误都加以夸大。在这种时候，你的思想就像一部没有载货的汽车，乱冲乱撞，撞毁一切，甚至自己也会变成碎片。消除忧虑的最好办法，就是要让你自己忙着，去做一些有用的事情。"

不一定非得是一个大学教授才能懂得这个道理，才能付诸实行。战时，我碰到一个住在芝加哥的家庭主妇，她告诉我，她发现"消除忧虑的好办法就是让自己忙着，去做一些有用的事情"。当时我正在从纽约回密苏里农庄的路上，在餐车碰到了这位太太和她的先生。

这对夫妇告诉我，他们的儿子在珍珠港事件的第二天加入了陆军。那个女人当时为她的独子十分担忧，并且几乎使她的健康受损。她总是要为儿子担心：他在什么地方？他是不是很安全？他是不是正在打仗？他会不会受伤，阵亡？

我问她，后来她是怎么克服忧虑的。她回答说：

"我让自己忙着。我把女佣辞退了，希望能靠自己做家事来让自己忙着，可是这没有多少用处。问题是，我做起家事来几乎是机械性的，完全不要用思想；所以当我铺床和洗碟子的时候，还是一直担忧着。我发现，我需要一些新的工作才能使我在一天的每一个小时，身心两方面都能感到忙碌，于是我到一家大百货公司里去当售货员。

"这下成了，我马上发现自己好像掉进了一个行动大漩涡：顾客挤在我的四周，问我关于价钱、尺码、颜色等问题。没有一秒钟能让我想到除了手边工作以外的其他问题。到了晚上，我也只能想，怎样才可以让我那双痛脚休息一下。等我吃完晚饭之后，我倒在床上，马上就睡着了，既没有时间、也没有体力再去忧虑。"

要是我们为什么事情担心的话，让我们记住，我们可以把工作当作很好的古老治疗法。以前在哈佛大学医学院当教授、已故的理查德·凯波特博士，在他那本《人类以此生存》的书里也说过："身为一个医生，我很高兴看到工作可以治愈很多病人。他们所感染的，是由于过分疑惧、迟疑、踌躇和恐惧等所带来的病症。工作所带给我们的勇气，就像爱默生永垂不朽的自信一样。"

当有些人因为在战场上受到打击而退下来的时候，他们都被称为"心理上的精神衰弱症"。军方的医生都以"让他们忙着"为治疗的方法。

除了睡觉的时间之外，每一分钟都让这些在精神上受到打击的人充满了活动，比如钓鱼、打猎、打球、拍照、种花，以及跳舞等等，根本不让他们有时间去回想他们那些可怕的经历。

"职业性的治疗"是近代心理医生所用的名词，也就是拿工作来当作治病的处方。这并不是新的办法，在耶稣诞生 500 年前，古希腊的医生就已经在使用了。

在富兰克林时代，费城教友会教徒也用这种办法。1774 年有一个人去参观教友会的疗养院，看见那些精神病人正忙着纺纱织布，使他大为震惊。他认为那些可怜而不幸的人们，在被压榨劳力，后来教友会的人才向他解释说，他们发现那些病人唯有在工作的时候病情才能真正有所好转，因为工作能安定神经。

不管是哪个心理治疗医生，他都能告诉你：工作——让你忙着——是精神病最好的治疗剂。名诗人亨利·朗费罗在他年轻的妻子去世之后发现了这个道理。有一天，他太太点了一支蜡烛，来熔一些信封的火漆，结果衣服烧了起来。朗费罗听见她的叫喊赶过去抢救，可是她还是因烧伤而亡。有一段时间，朗费罗没有办法忘掉这次可怕的经历，几乎发疯。幸好他 3 个幼小的孩子需要他照料。虽然他很悲伤，但还是要既当爸又当妈地照料孩子。他带他们出去散步，给他们讲故事，和他们一同玩游戏，还把他们父子间的亲情永存在"孩子们的时间"一诗里。他也翻译了但丁的《神曲》。这些工作加在一起，使他忙得完全忘记了自己，也重新得到了思想的平静。就像泰尼森在最好的朋友阿瑟·哈勒姆死时曾经说的那样："我一定要让自己沉浸在工作里，否则我就会在绝望中苦恼。"

奥莎·约翰逊发现了比她早一世纪的泰尼森在诗句里所说的同一个真理："我必须让自己沉浸在工作里，否则我就会挣扎在绝望中。"

海军上将伯德之所以也能发现这一点，是因为他在覆盖着冰雪的南极的小茅屋里单独住了 5 个月——在那冰天雪地里，藏有大自然最古老的秘密——在冰雪覆盖下，是一片无人知道的、比美国和欧洲加起来都大的大陆。伯德上将独自度过的 5 个月里，方圆 100 公里内没有任何一种生物存在。天气奇冷，当风从他耳边吹过的时候，他能听见他的呼吸冻住，结得像水晶一般。在他那本名叫《孤寂》的书里，伯德上将叙述了他在一种既难过又可怕的黑暗里所过的 5 个月的生活。他一定得不停地忙着才不至于发疯。

要是你和我不能一直忙碌着——如果我们闲坐在那里发愁——我们会产生一大堆被达尔文称之为"胡思乱想"的东西，而这些"胡思乱想"就像传说中的妖精，会掏空我们的思想，摧毁我们的行动力和意志力。

我认得纽约的一个生意人，他也用忙碌驱赶自己的那些"胡思乱想"，使他没有时间去烦恼和发愁。他的名字叫屈伯尔·朗曼，也是我成人教育班的学生。他征服忧虑的经过非常有意思，也非常特殊，所以下课之后我请他和我一起去消夜。我们在一间餐馆里面一直坐到半夜，谈着他的那些经验。下面就是他告诉我的故事：

"18 年前，我因为忧虑过度而得了失眠症。当时我非常紧张，脾气暴躁，而且非常的不安。我想我就要精神崩溃了。

"我这样发愁是有原因的。我当时是纽约市西百老汇大街皇冠水果制品公司的财务经理。我们投资了 50 万美元，把草莓包装在一加仑装的罐子里。20 年来，我们一直把这种一加仑装的草莓卖给制造冰淇淋的厂商。突然我们的销售量大跌，因为那些大的冰淇淋制造厂商，像国家奶品公司等等，产量急剧增加，而为了节省开支和时间，他们都买 36 加仑一桶的桶装草莓。

"我们不仅没办法卖出价值 50 万美元的草莓，而且根据合约规定，在接下去的一年之内，我们还要再买价值 100 万美元的草莓。我们已经向银行借了 35 万美元，既还不出钱来，也没有办法再续借这笔借款，难怪我要担忧了。

"我赶到我们位于加州的工厂里，想要让我们的总经理相信情况有所改变，我们可能面临毁灭的命运。他不肯相信，把这些问题的全部责任都归罪在纽约的公司身上——那些可怜的业务人员。

"经过几天的要求之后，我终于说服他不再这样包装草莓，而把新的供应品放在旧金山的新鲜草莓市场上卖。这样差不多可以解决我们大部分的困难，照理说我应该不再忧虑了，可是我还做不到这一点。忧虑是一种习惯，而我已经染上这种习惯了。

"我回到纽约之后，开始为每一件事情担忧：在意大利买的樱桃，在夏威夷买的凤梨等等，我非常的紧张不安，睡不着觉，就像我刚刚说过的，简直就快要精神崩溃了。

"在绝望中，我换了一种新的生活方式，结果治好了我的失眠症，也使我不再忧虑。我让自己忙碌着，忙到我必须付出所有的精力和时间，以至于没有时间去忧虑。以前我一天工作 7 个小时，现在我开始一天工作 15 ~ 16 个小时。我每天早晨 8 点钟就到办公室，一直待到半夜，我接下新的工作，负起新的责任，等我半夜回到家的时候，总是筋疲力尽地倒在床上，用不了几秒钟就酣然入睡了。

"这样过了差不多 3 个月，等我改掉忧虑的习惯，再回到每天工作 7 ~ 8 个小时的正常情形。这事情发生在 18 年前，从那以后，我就再没有失眠和忧虑过。"

萧伯纳说得很对，他把这些总结起来说：

"让人愁苦的秘诀就是，有空闲时间来想想自己到底快不快乐。"

所以不必去想它，在手掌心里吐口唾沫，让自己忙起来，你的血液就会开始循环，你的思想就会开始变得敏锐——让自己一直忙着，这是世界上最便宜的一种药，也是最好的一种。

让烦恼迅速"过期"

卡耐基金言

◇唯一可以使过去的错误具有价值的方法，就是冷静地分析我们过去的错误，并从错误中得到教训，然后再把错误忘掉。

◇当你开始为那些已经做完或过去的事忧虑的时候，你不过是在锯一些木屑。

◇聪明的人永远不会坐在那里为他们的损失而悲伤，却会很高兴地想办法来弥补他们的创伤。

就在我写这句话的时候，我望望窗外，看见了我院子里一些恐龙的足迹——一些留在大石板和石头上的恐龙的足迹。这些恐龙的足迹，是我从耶鲁大学的皮博迪博物馆买来的。我还有一封由皮博迪博物馆馆长写来的信，说这些足迹是 1.8 亿年前留下来的。就连白痴也不会想追溯到 1.8 亿年前去改变这些足迹，而一个人的忧虑就正如这种想法一样愚蠢，因为就算是180秒钟以前所发生的事情，我们也不可能再回头去纠正它——可是我们有很多的人却正在做这样的事情。说得更确实一点，我们可以想办法来改变180秒钟以前发生的事情所产生的影响，但是我们不可能去改变当时所发生的事情。

唯一可以使过去的错误具有价值的方法，就是冷静地分析我们过去的错误，并从错误中得到教训，然后再把错误忘掉。

我知道这句话是有道理的，可是我是不是一直有勇气、有脑筋去这样做呢？要回答这个问题，让我先告诉你几年前我有过的一次奇妙经验吧。我让三十几万元钱从大拇指缝里溜过，没有得到一分钱的利润。事情的经过是这样的：

我开办了一个很大的成人教育补习班，在很多城市里都有分部，在组织费和广告费上，我也花了很多的钱。我当时因为忙于教课，所以既没有时间、也没有心情去管理财务问题，而且当时也太天真，不知道我应该有一个很好的业务经理来支配各项支出。

最后，过了差不多一年，我发现了一件清楚明白、而且很惊人的事实：虽然我们的收入非常多，却没有得到一点利润。在发现了这点之后，我应该马上做两件事情。

第一，我应该有那个脑筋，去做黑人科学家乔治·华盛顿·卡佛尔在银行倒了他5万元的账——也就是他毕生的积蓄——时所做的那件事。当别人问他是不是知道他已经破产了的时候，他回答说："是的，我听说过了。"然后继续教书。他把这笔损失从他的脑子里抹去，以后再也没有提起过。

我应该做的第二件事是，应该分析自己的错误，然后从中学到教训。

可是坦白地说，这两件事我一样也没有做。相反的，我却开始大大发愁起来。一连好几个月我都恍恍惚惚的，睡不好，体重减轻了很多，不但没有从这次大错误里学到教训，反而接着犯了一个只是规模小了一点的同样的错误。

对我来说，要承认以前这种愚蠢的行为，实在是一件很窘迫的事。可是我很早就发现："去教20个人怎么做，比自己一个人去做，要容易得多了。"

我真希望我也能够到纽约的乔治·华盛顿高中去做保罗·布兰德威尔的学生。这位老师曾经教过住在纽约市布朗士区的艾伦·桑德斯。

桑德斯先生告诉我，他的生理卫生课的老师保罗·布兰德威尔博士教给他最有价值的一课：

"当时我只有十几岁，可是那时候我已经常为很多事情发愁。我常常为我自己犯过的错误自怨自艾；交完考试卷以后，我常常会半夜里睡不着；咬着我的指甲，怕我没办法考及格；我老是在想我做过的那些事情，希望当初没有这样做；我老是在想我说过的那些话，希望我当时把那些话说得更好。

"有一天早上，我们全班到了科学实验室。老师保罗·布兰德威尔博士把一瓶牛奶放在桌子边上。我们都坐了下来，望着那瓶牛奶，不知道那跟他所教的生理卫生课有什么关系。然后，保罗·布兰德威尔博士突然站了起来，一掌把那瓶牛奶打碎在水槽里，一面大声叫道：'不要为打翻的牛奶而哭泣。'

"然后他叫我们所有的人都到水槽边去，好好地看看那瓶打碎的牛奶。'好好地看一看，'他告诉我们，'因为我要你们这一辈子都记住这一课，这瓶牛奶已经没有了——你们可以看到它都漏光了，无论你怎么着急，怎么抱怨，都没有办法再救回一滴。只要先用一点思想，先加以预防，那瓶牛奶就可以保住。可是现在已经太迟了——我们现在所能做到的，只是把它忘掉，丢开这件事情，只注意下一件事。'

"这次小小的表演，在我忘了我所学到的几何和拉丁文以后很久都还让我记得。事实上，这件事在实际生活中所教给我的，比我在高中读了那么多年所学到的任何东西都好。它教我只要可能的话，就不要打翻牛奶，万一牛奶打翻、整个漏光的时候，就要彻底忘掉这件事情。"

有些读者大概会觉得，花这么大力气来讲那么一句老话："不要为打翻了的牛奶而哭泣"，未免有点无聊。我知道这句话很普通，也可以说很陈旧。可是像这样的老生常谈，却饱含了多年来所积累的智慧，这是人类经验的结晶，是世世代代传下来的。如果你能读尽各个时代很多伟大学者所写的有关忧虑的书，你也不会看到比"船到桥头自然直"和"不要为打翻的牛奶而哭泣"更基本、更有用的老生常谈了。只要我们能应用这两句老话，不轻视它们，我们就根本用不到这本书了。然而，如果不加以应用，知识就不是力量。

本书的目的并不在告诉你什么新的东西，而是要提醒你那些你已经知道的事，鼓励你把已经学到的东西加以应用。

我一直很佩服已故的佛雷德·福勒·夏德，他有一种能把老的事例用又新又吸引人的方法说出来的天分。他是一家报社的编辑。有一次大学毕业班讲演的时候，他问道："有多少人曾经锯过木头？请举手。"大部分的学生都曾经锯过。然后他又问道："有多少人曾经锯过木屑？"没有一个人举手。

　　"当然，你们不可能锯木屑，"夏德先生说道，"因为那些都是已经锯下来的。过去的事也是一样，当你开始为那些已经做完的和过去的事忧虑的时候，你不过是在锯一些木屑。"

　　棒球老将康尼·麦克81岁的时候，我问他有没有为输了的比赛忧虑过。

　　"噢，有的。我以前常这样，"康尼·麦克告诉我说，"可是多年以前我就不干这种傻事了。我发现这样做对我完全没有好处，磨完的粉子不能再磨，"他说，"水已经把它们冲到底下去了。"

　　不错，磨完的粉子不能再磨；锯木头剩下来的木屑，也不能再锯。可是你还能消除你脸上的皱纹和胃里的溃疡。在去年感恩节的时候，我和杰克·登普西一起吃晚饭。当我们吃火鸡和橘酱的时候，他给我讲了他把重量级拳王的头衔输给滕尼的那一仗。当然，这对他的自尊是一次很大的打击。

　　"在拳赛的当中，我突然发现我变成了一个老人……到第十回合终了，我还没有倒下去，可是也只是没有倒下去而已。我的脸肿了起来，而且有很多处伤痕，两只眼睛几乎无法睁开……我看见裁判员举起吉恩·滕尼的手，宣布他获胜……我不再是世界拳王，我在雨中往回走，穿过人群回到自己的房间。在我走过的时候，有些人想来抓我的手，另外一些人眼睛里含着泪水。

　　"一年之后，我再跟滕尼比赛了一场，可是一点用也没有，我就这样永远完了。要完全不去愁这件事情实在很困难，可是我对自己说：'我不打算生活在过去里，或是为打翻了的牛奶而哭泣，我要能承受这一次打击，不能让它把我打倒。'"

　　而这一点正是杰克·登普西所做到的事。怎么做呢？只是一再地向自己说"我不为过去而忧虑"吗？不是的！这样做只会再强迫他想到他过去的那些忧虑。他的方法是承受一切，忘掉他的失败，然后集中精力来为未来计划。他的做法是经营百老汇的登普西餐厅和大北方旅馆；安排和宣传拳击赛，举行有关拳赛的各种展览会；让自己忙着做一些富于建设性的事情，使他既没有时间也没有心思去为过去担忧。"在过去十年里，我的生活，"杰克·登普西说，"比我在做世界拳王的时候要好得多了。"

　　登普西先生告诉我，他没有读过很多书，可是，他却是不自觉地照着莎士比亚的话在做：

　　"聪明的人永远不会坐在那里为他们的损失而悲伤，却会很高兴地想办法来弥补他们的创作。"

当我读历史和传记并观察一般人如何度过艰苦的环境时，我一直觉得吃惊，并羡慕那些能够把他们的忧虑和不幸忘掉并继续过快乐生活的人。

我曾经到辛辛监狱去看过，那里最令我吃惊的是，囚犯们看起来都和外面的人一样快乐。我当即把我的看法告诉了刘易士·路易斯——当时辛辛监狱的狱长——他告诉我，这些罪犯刚到辛辛监狱的时候，都心怀怨恨且脾气很坏。可是经过几个月之后，大部分聪明一点的人都能忘掉他们的不幸，安定下来承受他们的监狱生活，尽量地过好。路易斯狱长告诉我，有一个辛辛监狱的犯人——一个在园子里工作的人——在监狱围墙里种菜种花的时候，还能一面唱歌。歌词是这样的：

事实已经注定，事实已沿着一定的路线前进，

痛苦、悲伤并不能改变既定的情势，

也不能删减其中任何一段情节，

当然，眼泪也无补于事，它无法使你创造奇迹。

那么，让我们停止流无用的眼泪吧！

既然谁也无力使时光倒转，因此不如抬头往前看。

所以，为什么要浪费眼泪呢？当然，犯了过错和疏忽都是我们的不对，可是又怎么样呢？谁没有犯过错？就连拿破仑，在他所有重要的战役中也输过1/3。也许我们的平均纪录并不会坏过拿破仑，谁知道呢？

准备迎接最坏的情况

卡耐基金言

◇能接受既成事实，这是克服随之而来的任何不幸的第一步。

◇能接受最坏的情况，就能在心理上让你发挥出新的能力。

◇忧虑最大的坏处就是摧毁我们集中精神的能力，一旦忧虑产生，我们的思想就会到处乱转，从而丧失作出决定的能力。

卡瑞尔是一个很聪明的工程师，他开创了空气调节器制造业，现在是位于纽约州瑞西的著名卡瑞尔公司的负责人。我所知道的解决忧虑困难的最好

办法，是我和卡瑞尔先生在纽约的工程师俱乐部吃中饭的时候亲自从他那里学到的。

"年轻的时候，"卡瑞尔先生说，"我在纽约州水牛城的水牛钢铁公司做事。我必须到密苏里州水晶城的匹兹堡玻璃公司——一座花费好几百万美金建造的工厂，去安装两架瓦斯清洁机，目的是清除瓦斯里的杂质，使瓦斯燃烧时不至于有损引擎。这种清洁瓦斯的方法是新的方法，以前只试过一次——而且当时的情况很不相同。我到密苏里州水晶城工作的时候，很多事先没有想到的困难都发生了。经过一番调整之后，机器可以使用了，可是成绩并不能好到我们所保证的程度。

"我对自己的失败非常吃惊，觉得好像是有人在我头上重重地打了一拳。我的胃和整个肚子都开始扭痛起来。有好一阵子，我忧虑得简直没有办法睡觉。

"最后，我的常识告诉我忧虑并不能够解决问题，于是我想出了一个不需要忧虑就可以解决问题的办法，结果非常有效。我这个排除忧虑的办法已经使用了30多年。这个办法非常简单，任何人都可以使用。其中共有3个步骤：

"第一步，我毫不害怕而诚恳地分析整个情况，然后找出万一失败可能发生的最坏的结果。没有人会把我关起来，或者把我枪毙，这一点说得很准。不错，很可能我会丢掉差事，也可能我的老板会把整个机器拆掉，使投进去的2万美元泡汤。

"第二步，找出可能发生的最坏的情况之后，我就让自己在必要的时候能够接受它。我对自己说，这次失败，在我的纪录上会是一个很大的污点，可能我会因此而丢差事。但即使真是如此，我还是可以另外找到一份差事。至于我的那些老板，他们也知道我们现在是在试验一种清除瓦斯新法，如果这种实验要花他们2万美元，他们还付得起。他们可以把这笔账算在研究费用上，因为这只是一种实验。

"发现可能发生的最坏情况，并让自己能够接受之后，有一件非常重要的事情发生了。我马上轻松下来，感受到几天以来所没经验过的一份平静。

"第三步，从这以后，我就平静地把我的时间和精力，拿来试着改善我在心理上已经接受的那种最坏情况。

"我努力找出一些办法，让我减少我们目前面临的2万美元损失。我做了几次实验，最后发现，如果我们再多花5000美元，加装一些设备，我们的问题就可以解决。我们照这个办法去做之后，公司不但没有损失 2 万美元，反而赚了 1.5 万美元。

"如果当时我一直担心下去的话，恐怕永远不可能做到这一点。因为忧虑的最大坏处，就是会毁了我集中精神的能力。在我们忧虑的时候，思想会到处乱转，而丧失所有作决定的能力。然而，当我们强迫自己面对最坏的情况，而在精神上接受它之后，就能够衡量所有可能的情形，使我们处在一个可以集中精力解决问题的地位。

"我刚才所说的这件事，发生在很多很多年以前，因为这种做法非常好，我就一直使用着。结果呢，我的生活里几乎完全不再有烦恼了。"

为什么威利·卡瑞尔的万能公式这么有价值，这么实用呢？从心理学上来讲，它能够把我们从那个巨大的灰色云层里拉下来，让我们不再因为忧虑而盲目地摸索，它可以使我们的双脚稳稳地站在地面上，而我们也都知道自己的确站在地面上。如果我们脚下没有结实的土地，又怎么能希望把事情想通呢？

应用心理学之父威廉·詹姆斯教授，已经去世 38 年了，可是如果他今天还活着，听到这个面对最坏情况的公式的话，也一定会大表赞同。我怎么知道的呢？因为他曾经告诉他的学生说："你要愿意承担这种情况，因为能接受既成的事实，就是克服随之而来的任何不幸的第一个步骤。"

林语堂在他的《生活的艺术》里也谈到同样的概念。"心理的平静，"这位中国哲学家说，"……能接受最坏的情况，在心理上，就能让你发挥出新的能力。"

这就对了，一点也不错。在心理上就能让你发挥出新的能力。当我们接受了最坏的情况之后，我们就不会再损失什么，而这也就是说，一切都可以得回来。"在面对最坏的情况之后，"威利·卡瑞尔告诉我们说，"我马上就轻松下来，感到一种好几天来没有经历过的平静。然后，我就能思想了。"

很有道理，对不对？可是还有成千上万的人，为愤怒而毁了他们的生活。因为他们拒绝接受最坏的情况，不肯由此以求改进，不愿意在灾难中尽可能地救出点东西来。他们不但不重新构筑他们的财富，却参与了"和经验所作的一次冷酷而激烈的斗争"——终于变成我们称之为忧郁症的那种颓丧的情绪的牺牲者。

这套消除忧虑的万灵公式，曾经使一个带着棺材航海旅行的垂死病人胖了 90 磅。这是艾尔·汉里的故事。那是 1948 年 11 月 17 日，他在波士顿史帝拉大饭店亲口告诉我的故事：

"1929 年，"他说，"因为我常常发愁，得了胃溃疡。有一天晚上，我的胃出血了，被送到芝加哥西比大学的医学院附设医院里。我的体重从 175 磅降到 90 磅。我的病严重到使医生警告我，连头都不许抬。3 个医生中，有一个是非常有名的胃溃疡专家。他们说我的病是'已经无药可救了'。我只能吃苏打粉，每小时吃一大匙半流质的东西，每天早上和每天晚上都要有护士拿一条橡皮管插进我的胃里，把里面的东西洗出来。

"这种情形过了好几个月……最后，我对自己说：'你睡吧，汉里，如果你除了等死之外没有什么别的指望了，不如好好利用你剩下的这一点时间。你一直想在你死以前环游世界，所以如果你还想这样做的话，只有现在就去做了。'

"当我对那几位医生说，我要环游世界，我自己会一天洗两次胃的时候，他们都大吃一惊。不可能的，他们从来都没有听说这种事。他们警告我说，如果我开始环游世界，我就只有葬在海里了。'不，我不会的。'我回答说，'我已经答应过我的亲友，我要葬在尼布雷斯卡州我们老家的墓园里，所以我打算把我的棺材随身带着。'

"我去买了一具棺材，把它运上船，然后和轮船公司安排好，万一我去世的话，就把我的尸体放在冷冻舱里，一直到回老家的时候。我开始踏上旅程，心里只想着奥玛开俨的一首诗：

> 啊，在我们零落为泥之前，
> 岂能辜负，不拼作一生欢，
> 物化为泥，永寂黄泉下，
> 没酒、没弦、没歌伎，而且没明天。

"我从洛杉矶上了亚当斯总统号的船向东方航行的时候，就觉得好多了，渐渐地不再吃药，也不再洗胃。不久之后，任何食物都能吃了——甚至包括许多奇奇怪怪的当地食品和调味品。这些别人都说我吃了一定会送命的。几个星期过去之后，我甚至可以抽长长的黑雪茄，喝几杯老酒。多年来我从来没有这样享受过。我们在印度洋上碰到季风，在太平洋上遇到台风。这种事情要是害怕，也会让我躺进棺材里的，可是我却从这次冒险中得到很大的乐趣。

"我在船上和他们玩游戏、唱歌、交新朋友，晚上聊到半夜。我中止了所有无聊的担忧，觉得非常的舒服。回到美国之后，我的体重增加了90磅，几乎完全忘记了我曾患过胃溃疡。我这一生中从没有觉得这么舒服。我回去后一天也没再病过。"

艾尔·汉里告诉我，他发现他是在下意识里应用了威利·卡瑞尔征服忧虑的办法。

让我们看看其他人怎样利用威利·卡瑞尔的万灵公式，来解决他们自己的问题。下面就是一个例子。这是以前我的一个学生——目前他是一名纽约油商——所做过的事情：

"有人勒索我，"他说，"我不相信会有这种事情——我不相信这种事情会发生在电影以外的现实生活里——可是我真的是被勒索了。事情是这样的：我主管的那个石油公司，有好几辆运油的卡车和好些司机。在那段时期，物价管理委员会的条例是很严格的，我们所能送给每一个顾客的油量也都有限制。我起先不知道事情的真相，好像有一些运货员减少我们固定顾客的油量，把偷下来的卖给一些他们的顾客。

"有一天，有个自称政府调查员的人来看我，跟我索要红包。他说，他掌握我们运货员舞弊的证据，并以此要挟说，如果我不答应的话，他要把证据转交给地方检察官。这时候，我才发现公司有这种非法的买卖。

"当然，我知道我没有什么好担心的——至少跟我个人无关。但是我也知道法律规定，公司应该为员工的行为负责。还有，万一案子打到法院去，上了报纸，这种坏名声就会毁了我的生意。我对自己的生意非常骄傲——我父亲在24年前为此打下了基础。

"我生病了，三天三夜吃不下睡不着。我一直在那件事情里面打转。我是该付那笔钱——5000美元，还是该跟那个人说，你爱怎么干就怎么干吧？我一直决定不下，每天晚上都在噩梦中度过。

"在事情发生后的某一个星期天的晚上，我碰巧拿起一本叫作《如何不再忧虑》的小书，这是我去听卡耐基公开演说时拿到的。我读到威利·卡瑞尔的故事，里面说：'面对最坏的情况。'于是我问自己：'如果我不肯付钱，那个勒索者把证据交给地检处的话，可能发生的最坏情况是什么呢？'

"答案是：'毁了我的生意——最坏就是如此。我不会被送进监狱。可能发生的，只是我会被这件事毁了。'

"于是我对自己说：'好了，生意即使毁了，但我心理上可以接受这点，接下去又会怎样呢？'

"嗯，我的生意毁了之后，也许得去另外找份工作。这也不坏，我对石油知道得很多——有几家大公司可能会乐意雇用我……我开始觉得好过多了。三天三夜之后，我的那份忧虑开始消散了。我的情绪终于稳定了下来……而意外地，我居然能够开始思考了。

"我清醒地看出第三步——改善最坏的情况。就在我想解决方法的时候，一个全新的局面展现在我的面前：如果我把整个情况告诉我的律师，他可能会帮我找到一条我一直没有想到的路子。这乍听起来很笨，因为我起先一直没有想到这一点——我原先一直没有好好思想，只是一味在担心。我打定了主意，第二天清早就去见我的律师，接着我上了床，安安稳稳地睡了一觉。

"事情的结果如何呢？第二天早上，我的律师叫我去见地方检察官，把真实情形告诉他。我照他的话做了。当我说出原委之后，出乎意外地听到地方检察官说，这种勒索的案子已经持续好几个月了，那个自称是'政府官员'的人，实际上是警方通缉犯。当我为了是否该把5000美元交给那个职业罪犯而担心了三天三夜之后，听到这番话，真是松了一大口气。

"这次的经历给我上了永难忘怀的一课。现在，每当面临会使我忧虑的难题时，所谓的'威利·卡瑞尔的老公式'就被我派上了用场。"

说出你的忧虑

卡耐基金言

◇只要一个病人能够说话——单单说出来，就能够解除他心中的忧虑。

◇不要为别人的缺点过于操心。

◇今晚上床之前，先安排好明天工作的程序。

一年秋天，我的助手坐飞机到波士顿参加一次世界性的最不寻常的医学课程。这个课程每周举行一次，参加的病人在进场之前都要进行定期和彻底的身体检查。可是实际上这个课程是一种心理学的临床实验，虽然课程正式的名称叫作应用心理学，其真正的目的却是治疗一些因忧虑而得病的人，而

大部分病人都是精神上感到困扰的家庭主妇。

这种专门为忧虑的人所准备的课程是怎么开始的呢？ 1930 年，约瑟夫·普拉特博士——他曾是威廉·奥斯勒爵士的学生——注意到，很多到波士顿医院来求诊的病人，生理上根本没有毛病，可是他们却认为自己有某种病的症状。有一个女人的两只手，因为"关节炎"而完全无法干活，另外一个则因为"胃癌"的症状而痛苦不堪。其他有背痛的、头痛的，常年感到疲倦或疼痛。她们真的能够感觉到这些痛苦，可是经过最彻底的医学检查之后，却发现这些女人没有任何生理上的疾病。很多老医生都会说，这完全是出于心理因素——"病在她的脑子里"。

可是普拉特博士却了解，单单叫那些病人"回家去把这件事忘掉"不会有一点用处。他知道这些女人大多数都不希望生病，要是她们的痛苦那么容易忘记，她们自己早就这样做了。那么该怎么治疗呢？

他开这个班，虽然医学界的很多人都对这件事深表怀疑，但却有意想不到的结果。从开班以来，18 年里，成千上万的病人都因为参加这个班而"痊愈"。有些病人到这个班上来上了好几年的课——几乎就像上教堂一样的虔诚。我的那个助手曾和一位前后坚持了 9 年并且很少缺课的女人谈过话。她说当她第一次到这个诊所来的时候，她深信自己有肾脏病和心脏病。她既忧虑又紧张，有时候会突然看不见东西，担心失明。可是现在她却充满了信心，心情十分愉快，而且健康情形非常良好。她看起来只有 40 岁左右，可是怀里却抱着一个睡着的孙子。"我以前总为我家里的问题烦恼得要死，"她说，"几乎希望能够一死了之。可是我在这里懂得了忧虑对人的害处，学会了怎样停止忧虑。我现在可以说，我的生活真是太幸福了。"

这个班的医学顾问罗斯·希尔费丁医生觉得，减轻忧虑最好的药就是和你信任的人谈论你的问题，他们称之为净化作用。她说："病人到这里来时，可以尽量地谈她们的问题，一直到她们把这些问题完全赶出她们的脑子。一个人闷着头忧虑，不把这些事情告诉别人，就会造成精神紧张。我们都应让别人来分担我们的难题，我们也得分担别人的忧虑。我们必须感觉到世界上还有人愿意听我们的话，也能够了解我们。"

我的助手亲眼看到一个女人在说出她心里的忧虑之后，感到一种非常难得的解脱。她有许多家务方面的烦恼，而在她刚刚开始谈论这些问题的时候，她就像一个压紧的弹簧，然后一面讲，一面渐渐地平静下来。等到谈完之后，她居然能够面露微笑。这些困难是否已经得到了解决呢？没有，事情不会那样容易。她之所以有这样的改变，是因为她能和别人谈一谈，得到了一点点忠告和同情。真正造成变化的，是具有强而有力的治疗功能的语言。

就某方面来说，心理分析就是以语言的治疗功能为基础的。从弗洛伊德的时代开始，心理分析家们就知道，只要一个病人能够说话——单单只要说出来，就能解除他心中的忧虑。为什么呢？也许是因为说出来以后，我们就可以更深入地看到我们的问题，能够看到更好的解决方法。没有人知道确切的答案，可是我们所有的人都知道——"吐露一番"或是"发发心中的闷气"，就能立刻使人觉得畅快很多。

所以，下一次我们再碰到什么情感上的难题时，何不去找个人谈一谈呢？当然我并不是说，随便到哪儿抓一个人，就把我们心里所有的苦水和牢骚说给他听；我们要找一个能够信任的人，和他约好一个时间。也许找一位亲戚、一位医生、一位律师、一位教士，或是一个神父，然后对那个人说："我希望得到你的忠告。我有个问题，希望你能听我谈一谈，你也许可以给我点忠告。也许旁观者清，你可以看到我自己所看不到的角度。可是即使你不能做到这一点，只要你坐在那儿听我谈谈这件事情，也就等于帮了我很大的忙了。"

不过，如果你真觉得没有一个人可以谈话，那我要告诉你所谓的"救生联盟"——这个组织和波士顿那个医学课程完全没有任何关联。这个"救生联盟"是世界上最不寻常的组织之一。它的组成是为了防止可能会发生的自杀事件。多年来，它的服务范围已扩大到给那些不欢乐或是在情感和精神方面需要安慰的人以安慰。

把心事说出来，这是波士顿医院所安排的课程中最主要的治疗方法。下面是我们在那个课程里所得到的一些概念。其实我们在家里就可以做这些事。

1. 准备一本"供给灵感"的剪贴簿。

你可以贴上自己喜欢的令人鼓舞的诗篇，或是名人格言。往后，如果你感到精神颓丧，也许在本子里就可以找到治疗方法。在波士顿医院的很多病人都把这种剪贴簿保存好多年，她们说这等于是替你在精神上"打了一针"。

2. 不要为别人的缺点太操心。

不错，你的丈夫有许多的缺点，但如果他是个圣人的话，恐怕他就根本不会娶你了，对不对？在那个班上有一个女人，发现她自己变成了一个对人苛刻，爱责备别人、爱挑剔，还常常拉长一张脸的妻子。当人家问她"要是你丈夫死了你该怎么办"的问题时，她才发现自己的短处。她当时着实大吃一惊，连忙坐下来，把她丈夫所有的优点列举出来。她所写的那张单子可真长呀！所以下次要是你觉得嫁错了人，何不也试着这样做呢？也许在看过他所有的优点以后，会发现他正是你所希望遇到的那个人。

3. 要对你的邻居感兴趣。

对那些和你在同一条街上共同生活的人，要有一种很友善也很健康的兴趣。有一个孤独的女人，觉得自己非常的"孤立"。她一个朋友都没有。有人要她试着把她下一个碰到的人作为主角编一个故事，于是她开始在公共汽车上为她所看到的人编造故事。她假想那人的背景和生活情形，试着去想象他的生活怎样。后来，她碰到别人就谈天，而今天她非常的欢乐，变成了很讨人喜欢的人，也治好了她的"痛苦"。

4. 晚上上床之前，先安排好明天工作的程序。

在班上，他们发现很多家庭主妇，因为忙不完的家事而感到疲劳。她们好像永远都做不完自己的工作，老是被时间赶来赶去。为了要治好这种忧虑，他们建议各个家庭主妇，在头一天就把第二天的工作安排好，结果呢？她们能完成很多的工作，却不会感到疲劳。同时还因为有成绩而感到非常的骄傲，甚至还有时间休息和打扮。每一个女人每一天都应该抽出时间来打扮，让自己看起来漂亮一点。我觉得，当一个女人知道她外观很漂亮的时候，就不会紧张了。

5. 避免紧张和疲劳的唯一途径就是放松。

再没有比紧张和疲劳更容易使你苍老的事了，也不会有别的事物对你的外表更有害了。我的助手，在波士顿医院思想控制课堂里坐了一个钟点，听负责人保罗·约翰逊教授谈了很多我们在前一章已经讨论过的原则——一些能够放松的方法。在10分钟放松自己的练习结束以后，我那位和其他人一起做练习的助手几乎坐在椅子上睡着了。为什么生理上的放松能够有这么大的好处呢？因为这家医院的医生知道，如果你要消除忧虑，就必须放松。

是的，身为一个家庭主妇，一定要懂得怎样放松自己。你有一点强过别人的地方——就是想躺下随时都可以躺下。而且你还可以躺在地上。奇怪的是，硬硬的地板比里面装了簧的席梦思床更有助于你放松自己。地板给你的抵抗力比较大，对脊椎骨大有好处。

好啦，下面就是一些可以在你自己家里做的运动。先试一个星期，看看对你的外表是否有大的帮助：

1.只要你觉得疲倦了，就平躺在地板上，尽量把身体伸直，如果你想要转身的话就转身，每天做两次。

2.闭起你的两只眼睛，像约翰逊教授所建议的那样想："太阳在头上照着，天空蓝得发亮，大自然非常的沉静，控制着整个世界——而我，大自然的小孩，也能与整个宇宙和谐一致。"

3.如果你不能躺下来，因为你正在炉子上煮菜，没有这个时间，那样只要你能坐在一张椅子上，得到的效果也完全相同。在一张很硬的直背椅子里，像一个古埃及的雕像那样，然后把你的两只手掌向下平放在大腿上。

现在，慢慢地把你的脚趾头蜷曲起来——然后让它们放松，收紧你的腿部肌肉——然后让它们放松；慢慢地朝上，运动各部分的肌肉，最后一直到你的颈部。然后让你的头向四周转动，好像你的头是一个足球。要不断地对你的肌肉说："放松……放松……"

用很慢很稳定的深呼吸来平定你的神经，要从丹田吸气，印度的瑜伽术做得不错，规律的呼吸是安抚神经的最好方法。

4.想想你脸上的皱纹，尽量使它们抹平，松开你皱紧的眉头，不要闭紧嘴巴。

如此每天做两次，也许你就不必再到美容院去按摩了，也许这些皱纹就会从此消失。

冲破孤独，别让自己成为孤岛

卡耐基金言

◇如怀地博士说的，那些能克服孤寂的人，一定是居住在"勇气的氛围"里。无论我们走到哪里，一定要与人们培养出亲密的情谊关系。就好像燃烧的煤油灯一样，火焰虽小，却仍能产生出光亮和温暖。

◇幸福并不是靠别人来施舍，而是要自己去赢取别人对你的需求和喜爱。

在现实生活中，总是有这么一类人：把自己关在屋子里，将自己的身体、内心与外界完全隔离开来。他或者沉默寡言，整天不吭一声；或者面对着电视，一眼不错地呆呆地盯着看；或者面前摆上一本书，眼神呆滞半天也看不上一页。别人很难进入他的内心世界，简直就像一个坚强的堡垒一样打不开。他很少与人交谈来往，他仿佛是自我流放到一个孤岛上，没有人烟，甚至连活物都没有。他没有一丝逃出荒岛之意，可他却明显地发生着变化：孤独、寂寞、烦闷、暴躁、衰老……这种人就是所谓的自我封闭者，医学上称之为自闭症。

其实，每个人一生中都会遇到不幸和挫折，当你面临这种处境，不如面对现实，积极解决，随着时间消逝，你就会走出困境与不幸，何必将自己那颗跳动的心紧闭，让自己的人生陷入痛苦与不安？

几年前，我的一位朋友失去了自己的丈夫，她悲痛欲绝。自那以后，她便和成千上万的人一样，陷入了一种孤独与痛苦之中。"我该做些什么呢？"在丈夫离开她近一个月之后的一天晚上，她跑来向我求助，"我将住到何处？我还有幸福的日子吗？"

我极力向她解释，她的焦虑是因为自己身处不幸的遭遇之中，才50多岁便失去了自己生活的伴侣，自然令人悲痛异常。但时间一久，这些伤痛和忧虑便会慢慢减缓消失，她也会开始新的生活——从痛苦的灰烬之中建立起自己新的幸福。

"不！"她绝望地说道，"我不相信自己还会有什么幸福的日子。我已不再年轻，孩子也都长大成人，成家立业。我还有什么地方可去呢？"可怜的妇人是得了严重的自怜症，而且不知道该如何治疗这种疾病。好几年过去了，我发现朋友的心情一直都没有好转。

有一次，我忍不住对她说："我想，你并不是要特别引起别人的同情或怜悯。无论如何，你可以重新建立自己的新生活，结交新的朋友，培养新的兴趣，千万不要沉溺在旧的回忆里。"她没有把我的话听进去，因为她还在为自己的命运自艾自叹。后来，她觉得孩子们应该为她的幸福负责，因此便搬去与一个结了婚的女儿同住。

但事情的结果并不如意，她和女儿都是面临一种痛苦的经历，甚至恶化到大家翻脸成仇。这名妇人后来又搬去与儿子同住，但也好不到哪里去。后来，孩子们共同买了一间公寓让她独住——这更不是真正解决问题的方法。

有一天她对我哭诉道，所有家人都弃她而去，没有人要她这个老妈妈了。这位妇人的确一直都没有再享有快乐的生活，因为她认为全世界都亏欠她。她实在是既可怜，又自私，虽然现今已 61 岁了，但情绪还是像小孩一样没有成熟。

许多寂寞孤独的人之所以会如此，是因为他们不了解爱和友谊并非是从天而降的礼物。一个人要想受到他人的欢迎，或被人接纳，一定要付出许多努力和代价。要想让别人喜欢我们，的确需要尽点心力。情爱、友谊或快乐的时光，都不是一纸契约所能规定的。让我们面对现实，无论是丈夫死了，或太太过世，活着的人都有权利再快乐地活下去。但是他们必须了解：幸福并不是靠别人来布施，而是要自己去赢取别人对你的需求和喜爱。

让我们再看另一个故事。一艘游轮正在地中海蓝色的水面上航行，上面有许多正在度假中的已婚夫妇，也有不少单身的未婚男女穿梭其间，个个兴高采烈，随着乐队的拍子起舞。其中，有位明朗、和悦的单身女性，大约 60 来岁，也随着音乐陶然自乐。这位上了年纪的单身妇人，也和我的那位朋友一样，曾遭丧夫之痛，但她能把自己的哀伤抛开，毅然开始自己的新生活，重新展开生命的第二度春天，这是经过深思之后所做的决定。

她的丈夫曾是她生活的重心，也是她最为关爱的人，但这一切全都过去了。幸好她一直有个嗜好，便是画画。她十分喜欢水彩画，现在更成了她精神的寄托。她忙着作画，哀伤的情绪逐渐平息。而且由于努力作画的结果，她开创了自己的事业，使自己的经济能完全独立。

有一段时间，她很难和人群打成一片，或把自己的想法和感觉说出来。因为长久以来，丈夫一直是她生活的重心，是她的伴侣和力量。她知道自己长得并不出色，又没有万贯家财，因此在那段近乎绝望的日子里，她一再自问：如何才能使别人接纳我，需要我？

她后来找到了自己的答案——她得使自己成为被人接纳的对象。她得把自己奉献给别人，而不是等着别人来给她什么。想清了这一点，她擦干眼泪，换上笑容，开始忙着画画。她也抽时间拜访亲朋好友，尽量制造欢乐的气氛，却绝不久留。不多久，她开始成为大家欢迎的对象，不但时有朋友邀请她吃晚餐，或参加各式各样的聚会，并且还在社区的会所里举办画展，处处都给人留下美好印象。

后来，她参加了这艘游轮的地中海之旅。在整个旅程当中，她一直是大家最喜欢接近的目标。她对每一个人都十分友善，但绝不紧缠着人不放。在旅程结束的前一个晚上，她的舱旁是全船最热闹的地方。她那自然而不造作的风格，使每个人都留下深刻印象，并愿意与之为友。

从那时起，这位妇人又参加了许多类似这样的旅游。她知道自己必须勇敢地走进生命之流，并把自己贡献给需要她的人。她所到之处都留下友善的气氛，人人都乐意与她接近。

人们的自我封闭多因生活中发生了巨变，突如其来的巨变让人措手不及。常见的像生活环境发生了变化，从农村到城市、从本国到国外，环境的变化尤其是文化的巨大落差会造成自闭。事业遭受重创也是产生自闭症的原因。某公司老板投资股市，亏损严重，公司破产，这位老板一下子从昔日的有说有笑、活泼开朗变成了破产后的沉默寡言，时常把自己一个人关在办公室里，终于有一天这位老板割脉自杀于他的办公室里。家庭婚变也可让人产生自我封闭。某位中年男人，自从他的妻子跟别人私奔之后，他一下子就像被霜打的茄子一样，头再也抬不起来，从此一声不吭，像个幽灵一样无声无息。另外亲人的去世也会使人把自己封闭起来。某位中年男人一生和妻子恩恩爱爱，即使年龄很大了也经常手牵手成双成对出入，受到邻居们的交口称赞，可妻子有一天突患心肌梗塞与世长辞，这位男士一夜之间白了头，仿佛老了几十岁。此后他就像傻子一样抱着妻子的相片，不吃不喝，亲戚朋友怎么劝也不行，没过一年，这位整日把自己关在房子里的男子也死了。

面对突如其来的各种变故，你都应该坚强地面对现实而不是逃避，因为逃避无法最终消除人的痛苦；只有勇敢面对，你才可能走出自闭的误区，重新找到人生的快乐。

把自己置身于群体之中，是避免和纠正自闭症的一个良方。那些喜欢体育运动的青少年朋友个个性格开朗，活泼、大方，这就是证明。

我们可以尝试下列的方法来克服自我封闭：

1. 环境转移法。遭受巨变的成人可以尝试此方法，例如妻子逝世之后，丈夫完全可以换个环境，比如去外地旅游散心，看看秀美山川、风土人情，陶醉在自然的怀抱里。不要整天把自己关在房子里，因为房子里的一切都会让你睹物思人，痛不欲生，都会破坏、影响你的正常情绪，而最终造成自闭。

2. 忙忙碌碌法。破产的老板完全可以重找一份工作一心扑在上面，从头再来，争取忙得团团乱转，让你根本没有时间去想先前如何如何。有的企业主破产之后便在街道拐角处摆一擦皮鞋摊，重新开始。如果你不想工作，那你可以去整修草地、花木，给鱼喂食，去老年协会和一帮老头打牌下棋、钓鱼散步，你唯一不要做的是把自己关在屋子里"面壁思过"，那没有任何用处。

3. 培养兴趣法。自我封闭者通常都是那些无所事事或感到自己无所事事的人。培养自己的某个爱好或兴趣，可以转移注意力。一位离了婚的男人，发现自己整天无所事事，下班回家便窝在家里，为离婚而痛苦。偶然间他翻到上高中时的集邮册，他少年时的热情又迸发出来，又开始集起邮票来，由集邮又认识了一大帮集邮迷，整日在邮市里互相交流，这个男人便从自我封闭状态中摆脱了出来。

不论你属哪种自我封闭，都有百害而无一益，还是尽快摆脱为好。

每一天都是新的生命

卡耐基金言

◇对于聪明的人来讲，一天就是一个新的生命。

◇只要活着，我就有希望，因为每一天都会给我提供不同的机会。

住在密西根州沙支那城法院街 815 号的杰尔德太太曾感到极度的颓丧，甚至于几乎想自杀。她讲述了这一段的生活："1937 年我丈夫死了，我觉得非常颓丧，而且我的生活陷入了经济危机。我写信给我过去的老板里奥罗西先生，他是堪萨斯城罗浮公司的老板，我请求他让我回去做我过去的老工作。我从前是靠向学校推销《世界百科全书》维持生计的。两年前我丈夫生病时，我把汽车卖了。为了重新工作，我勉强凑足钱，以分期付款的方式又买了一部旧车，开始出去卖书。

"我原以为，重新工作或许可以帮助我从颓丧中解脱出来。可是，总是一个人驾车、一个人吃饭的生活几乎使我无法忍受。加上有些地方根本就推销不出去书，所以即使分期付款买车的数目不大，却也很难付清。

"1938 年春，我在密苏里州维沙里市推销书，那里的学校很穷，路又很不好走。我一个人又孤独又沮丧，以至于有一次我甚至想自杀。我感到成功没有什么希望，生活没有什么乐趣。每天早上我都很怕起床去面对生活；我什么都怕：怕付不出分期付款的车钱，怕付不起房租，怕东西不够吃，怕身体搞垮没有钱看病。唯一使我没有自杀的原因是，我担心我的姐姐会因此而悲伤，况且她又没有充裕的钱来付我的丧葬费用。

"后来，我读到一篇文章，它使我从消沉中振作起来，鼓足勇气继续生活。我永远永远地感激文章中的那一句令人振奋的话：'对于一个聪明人来说，每一天都是一个新的生命。'我用打字机把这句话打下来，贴在汽车的挡风玻璃窗上，使我开车的每时每刻都能看见它。我发现每次只活一天并不困难，我学会了忘记过去，不考虑未来。每天清晨我都对自己说：'今天又是一个新的生命。'

"我终于成功地克服了自己对孤寂的恐惧。整个人都非常快活，事业也还算成功，并对生命充满了热忱和爱。我现在知道，不论在生活中遇上什么问题，我都不会再害怕了；我现在知道，我不必惧怕未来；我现在知道，我每一次只要活一天，而'对于一个聪明人来说，每一天就是一个新的生命'。"

人无远虑，必有近忧。像杰尔德太太这样的经历可以说是非常悲惨，但是，就一句话——"对于一个聪明人来说，每一天都是一个新的生命"改变了她的一生。失去丈夫的痛苦，巨额生活费用及债务压力，毫无前途的明天，就因为这一句话烟消云散。

许多人面临同样的境遇时，都难免会消沉。然而很少有人会认真想一想：逝者长已，他们会希望你这么一直痛苦下去吗？未来还长，难道真的就毫无机会了吗？

记得一位哲人说过："只要活着，我就有希望，因为每一天都会给我提供不同的机会。"

眷恋过去，生活在回忆中，或者杞人忧天，生活在不切实际的幻想中或忧虑中，都会使我们丧失生活的勇气，伤害我们的人生。我们为什么不去把握现在，利用眼前的每一分每一秒呢？罗勃特·史蒂文森曾经说过："任何人都有足够的精力去承担一天的压力，不论这一天是多么疲惫、多么忙碌，我们都可以支持。从日出到日落，这才是真正属于自己的空间，我们可以任意支配它、控制它，使这一天充满朝气和活力，使这一天充实而珍贵。"是的，这就是我们所需要的生活。

亚瑟·苏兹柏格是世界上著名的《纽约时报》的发行人。据苏兹柏格先生讲述，当第二次世界大战的战火蔓延到欧洲时，他感到非常吃惊，对前途的忧虑使他彻夜难眠。他常常半夜从床上爬起来，拿着画布和颜料，照着镜子，想画一张自画像。而他对绘画一无所知，他之所以这样做，一方面想以此驱逐内心的紧张和恐惧，另一方面想为自己留下些什么，以备万一发生意外。幸好他在一次偶然的机会中，看到了一段警世名言，否则他是没有办法摆脱深深的忧虑的。这段伴随着教堂钟声的赞美诗拯救了他，帮助他重新树起了正确而欢乐的人生观：

> 仁慈的上帝，我亲爱的父亲，
>
> 请你带着我，
>
> 我不要求你告诉我遥远的未来，
>
> 我只请求你一步一步地带着我。

耶稣在《圣经》中说过一句话："不要为明天忧虑。"每一天都是一个新的生命，每天都意味着一个新的开始。我们应当把每一天都看成如生命一样珍贵，努力去珍惜每分每秒，这样我们就可以享受到至高无上的快乐。

关心别人等于关心自己

卡耐基金言

◇如果想自人生中得到任何快乐，就不能只想到自己，而应为他人着想，因为快乐来自于你为别人，别人为你。

◇著名心理学家阿德勒对那些患有忧郁症的病人说："按照这个处方，保证你14天内就能治好忧郁症。每天想到一个你得努力使他开心的人。"

下面是一位女士的故事，她现在已经当祖母了。几年前，我到她住的小镇演讲，住在她家一个晚上，第二天她开车送我去50英里外的车站搭火车。车上，我们谈到如何交朋友，她说：

"卡耐基先生，我要告诉你一件我从来没有告诉过任何人的事——连我先生也不知道的事。我们家以前在费城是靠社会救济金过活的。我年轻的岁月中最大的悲剧都来自我们的贫困。我从来不能像别的少女们那样享受正当的社交生活。我衣着寒酸，当然款式也都过时了。我觉得无颜见人，常常哭着睡去。绝望中，忽然心生一计，每次在聚会时，我都请我的男伴谈谈他的经历、想法以及对未来的计划。我问这些问题，倒不是对他们的回答特别感兴趣，实在只是希望分散他们的注意力，不要看出我的装扮寒酸。可是，奇妙的事发生了：当我听这些青年谈话时，我学到一些东西，并开始产生了真正的兴趣。我变得兴味盎然，自己也忘了服饰的问题。可是最令我惊异的是：因为我是个很好的聆听者，又鼓励他们谈论自己，他们跟我在一起时总是很快乐，我竟渐渐成为最受欢迎的女孩，有 3 位男士都要求我嫁给他。”

有人看到这里可能会说："什么对别人的事感兴趣，这全是胡扯！我才懒得过问别人的事，我只要自己赚到钱，得到我所追求的东西就好了，管别人闲事干吗？"

西雅图的弗兰克·卢帕博士已瘫痪了 23 年。但西雅图《星报》的斯图尔特·怀特豪斯告诉我："我采访过卢帕博士许多次，我不知道还有谁比他更无私，更善用人生。"

这位卧床不起的病人怎么能善用人生呢？我让你猜两次，他是因为批评抱怨而做到的？当然不是……那么是因为自怜，把自己当作一切的中心？当然又错了！其实只是因为他遵循威尔斯的五字誓言："我服务于人。"他收集了许多其他瘫痪病人的姓名地址，给他们写信鼓励。事实上，他组织了一个瘫痪者联谊俱乐部，让大家相互写信，最后他组织了一个全国性的社团组织。

他躺在床上，平均一年要写 1400 封信，给千万个同病相怜的人送去喜悦。

卢帕博士与其他人最大的差异在哪里？因为他有一种无穷的精神力量，有一种使命感。他深切体会到，比自身生命更高贵的奉献动机，会带来真正的喜乐。正如萧伯纳所说："一个以自我为中心的人总是在抱怨世界不能顺他的心，不能使他快乐。"忧郁症是对他人的一种长期愤怒责备的情绪，其目的是赢得他人的关心、同情与支持，病人似乎仍因自身的罪恶感而沮丧。忧郁病人第一件回想起来的事多半是："我记得我很想躺在沙发上，可是我哥哥先躺下了，我一直哭到他不得不起来让我。"

抑郁病人常以自杀来报复自己，因此医生的第一步是避免给他任何自杀的借口。我自己治疗的第一条是先解除这种紧张，我会说："千万别做任何你不喜欢的事。"这看起来没什么，但我深信这是一切问题的根源。如果病人做他想做的事，那他还能怪谁？又怎么向自己报复？我会告诉他们："如果你想上戏院，或休个假，就去做。如果半路上你又不想去了，那就别去。"这是最好的状况，因为他的优越感会得到满足。他就像上帝一样随心所欲。不过，这完全不符合他的习性。他本来是想控制别人、怪罪别人，如果大家都同意他，他就无从控制了。用这种方式，我的病人还没有一个自杀过。

病人通常会回答："可是没有一件事是我喜欢做的。"我早就准备好了怎么回答他们，因为我实在听过太多次了，我会说："那就不要做任何你不喜欢的事。"有时候他会回答："我想在床上躺一整天。"我知道只要我同意，他就不会那么做。而如果我反对，就会引起一场大战。我通常一定会同意的。

这是一种方式。另一种处理他们生活方式的方法更直接。我告诉他们："只要照这个处方，保证你14天内痊愈，那就是每天想办法取悦别人。"看他们觉得如何。他们的思想早被自己占满了，他们会想："我干吗去担心别人？"有的人会说："这对我太简单了，我一生都在取悦别人。"事实上他们绝对没有做过。我告诉他们："你睡不着的时候，可以全部用来想你可以让谁开心，而且这对你的健康会很有助益。"第二天我问他们："你昨晚有没有照我的建议去做呀？"他们回答："昨晚我一上床就睡着了。"当然这都是在一种温和友善的气氛下进行的，不能露出一丝强迫的意思。

有人会说："我做不到，我太烦了！"我会说："不用停止烦恼，你只要同时想想别人就好了。"我要把他们的注意力转移到别人身上。很多人说："为什么要我去取悦别人？别人怎么不来取悦我？"我回答："别人后来会有苦头吃的。"我几乎没有碰到过一位病人说："我照你的建议想过了。"我所有的努力不过是想提高病人对他人的兴趣。我了解他们的病因是因为与人缺乏和谐，我要他们能了解这一点，什么时候他能把别人放在同等合作的地位，他就痊愈了。十诫中最难的一条是"爱你的邻人"。对别人不感兴趣的人不但自己有很严重的困难，而且给周围的人也会带来最大的伤害。人类所有的失败都是因为这一类的人引起的。"我们对人的要求，以及所能给予的最高赞赏就是，他应是一位好同事、好朋友、爱与婚姻的良伴。"

纽约心理服务中心主任林克曾说："我认为，现代心理学最重要的一个发现就是：科学证明，为完成自我实现与得到快乐，自我牺牲与纪律都是必要的。"

耶茨太太是一位小说家，但她写的小说没有一部比得上她自己的故事真实而精彩。她的故事发生在日本偷袭珍珠港的那天早晨。耶茨太太由于心脏不好，一年多来躺在床上不能动，一天得在床上度过 22 个小时。最长的旅程是由房间走到花园去进行日光浴。即使那样，也还得依靠女佣的扶持才能走动。

"我当年以为自己的后半辈子就这样卧床了。如果不是日军来轰炸珍珠港，我永远都不能再真正生活了。

"发生轰炸时，一切都陷入混乱。一颗炸弹掉在我家附近，震得我跌下了床。陆军派出卡车去接海、陆军军人的妻儿到学校避难。红十字会的人打电话给那些有多余房间的人。他们知道我床旁有个电话，问我是否愿意帮助联络中心。于是我记录那些海军、陆军的妻小现在留在哪里，红十字会的人会叫那些先生们打电话来我这里找他们的眷属。

"很快我发现我先生是安全的。于是，我努力为那些不知先生生死的太太们打气，也安慰那些寡妇们——好多太太都失去了丈夫。这一次阵亡的官兵共计 2117 人，另有 960 人失踪。

"开始的时候，我还躺在床上接听电话，后来我坐在床上。最后，我越来越忙，又亢奋，忘了自己的毛病，我开始下床坐到桌边。因为帮助那些比我情况还惨的人，使我完全忘了自己，我再也不用躺在床上了，除了每晚睡觉的 8 个小时。我发现如果不是日本空袭珍珠港，我可能下半辈子都是个废人。我躺在床上很舒服，我总是在消极地等待，现在我才知道，潜意识里我已失去了复元的意志。

"空袭珍珠港是美国史上的一大惨剧，但对我个人而言，却是最重要的一件好事。这个危机让我找到我从来不知道自己拥有的力量。它迫使我把注意力从自己身上转移到别人身上。它也给了我一个活下去的重要理由，我再也没有时间去想自己或照顾自己。"

心理医师的病人如果都能像耶茨太太所做的那样去帮助别人，起码有 1/3 可以痊愈。这是我个人的想法吗？不，这是著名心理学家荣格说的，他说：我的病人中有 1/3 都不能在医学上找到任何病因，他们只是找不到生命的意义，而且自怜。

我们再来看看 20 世纪最杰出的美国无神论者——西奥多·德莱塞。德莱塞把所有的宗教都看成神话，而人生只是"一出傻瓜说的故事，没有任何意义"。但他却遵循耶稣的一个道理——服务他人。德莱塞说过："如果想从人生中得到任何快乐，就不能只想到自己，而应为他人着想，因为快乐来自于你为别人、别人为你。"

有一个人被带去观赏天堂和地狱，以便比较之后能聪明地选择他的归宿。他先去看了魔鬼掌管的地狱，第一眼看去令人十分吃惊，因为所有的人都坐在酒桌旁，桌上摆满了各种佳肴，包括肉、水果、蔬菜。

然而，当他仔细看那些人时，他发现没有一张笑脸，也没有伴随盛宴的音乐或狂欢的迹象。坐在桌子旁边的人看起来沉闷，无精打采，而且皮包骨。他还发现每人的左臂都捆着一把叉，右臂捆着一把刀，刀和叉都有 4 尺长的把手，使他们不能用来吃东西。所以即使每一样食品都在他们手边，结果还是吃不到，一直在挨饿。

然后他又去天堂，景象完全一样：同样有食物、刀、叉与那些 4 尺长的把手，然而，天堂里的居民却都在唱歌、欢笑。他怀疑为什么情况相同，结果却如此不同——在地狱的人都挨饿而且可怜，可是在天堂的人吃得很好而且很快乐。最后，他终于看到了答案：地狱里每一个人都试图喂自己，可是一刀一叉以及 4 尺长的把手根本不可能吃到东西；天堂上的每一个都是喂对面的人，而且也被对方的人所喂，因为互相帮助，结果帮助了自己。

这个启示很明白。如果你帮助其他人获得他们需要的东西，你也会因此而得到想要的东西，而且你帮助的人越多，你得到的也越多。

许多年以前，在北弗吉尼亚，一个老人站在一条河的岸上等着过河。由于天气非常冷，河上又没有桥，他必须得骑马过河。长时间的等待之后，他终于看到一群骑马的人走过来。第一个过去了，第二个过去了，第三个、第四个、第五个都过去了。最后，只剩下了最后一个骑马人。当他走到老人面前时，这个老人看着他的眼睛说："先生，你能带我骑马过河吗？"

那个骑马的人毫不犹豫地说："当然可以，上马吧。"

一过了河，老人就下了马。在他离开之前，那个骑马的人问："先生，我看到您让其他骑马的人从您面前走过却不叫住他们，当我走过时您却叫住了我，我很想知道这是为什么。"

老人平静地回答说："我在他们的眼睛里没有看到爱，我心里知道即使我向他们提出要求，他们也不会答应的。但是在你的眼睛里，我看到了同情、爱和热心，因此，我知道你会乐意帮助我过河的。"

听完这些话，骑马的人非常谦恭地说："我很感激你刚才说的话，它让我明白了一个道理——关心别人等于关心自己。"

带着这句话，托马斯·杰斐逊走进了白宫，开始了执政生涯。

把烦恼交给时间解决

卡耐基金言

◇时间是好的心理医生，在不知不觉中，时间会带走曾经困扰我们心头的忧愁。如果你有足够的时间，烦恼就会自动消失。

"忧虑"曾使我丧失了生命中从 18 ~ 28 岁的 10 年时光，而这 10 年本来应该是年轻人最有收获、最丰富多彩的岁月。

现在我已经明白，我失去这 10 年并不是别人的错；相反，它是由我自己一手造成的。

我对所有的事情都感到烦恼：我的工作、健康、家庭、自卑感。为此，我经常不得不躲避我所认识的人。当我在街上碰到某位朋友时，我往往会假装没有看见他，因为我害怕遭到他的嘲笑和奚落。

我非常害怕和陌生人见面——如果有陌生人在的话，我就会感到不自在——因此有一次在两个星期当中，我曾接连失去了 3 个工作机会，只因为我没有勇气面对老板。

然后，到了 8 年前的某一天下午，我征服了一切烦恼——从那时开始，我就很少有烦恼了。那天下午，我去了某人的办公室。那人似乎没有任何烦恼，而且是我所认识的人当中最快乐的一个。他在 1929 年发了一笔大财，可是后来却赔得分文不剩。1932 年他又东山再起，赚了一大笔钱，可是又赔光了。然后在 1937 年他又大赚一笔，可是又赔光了。他曾多次破产，遭到敌人和债主的各种逼压。他所遭遇的烦恼可以使任何人精神崩溃，甚至自杀。

8 年前的那一天，我坐在他的办公室里，内心对他充满了羡慕，希望上帝将我也改造得像他一样。

在我们谈话的时候，他把那天早晨收到的一封信放到我手中，说："你看看这封信。"

那是一封言辞十分愤怒的来信，里面提出了一些令人十分难堪的问题。

如果我收到这样的一封信，我可要烦死了。我说："比尔，你打算如何回复这封信？"

"哦，"比尔说，"我告诉你一个小小的秘密。当你下一次真的碰到一些令你烦恼的事时，不妨取出一支铅笔和一张纸，详细地写下你所烦恼的事。然后，将那张纸放在你右手下方的抽屉里。等过了一两个星期之后，再取出来看看。如果你第二次阅读时，认为那些事情仍让你感到烦恼，那么再将它放回原来的抽屉中，把它再放上一两个星期。在那儿它绝对安全，不会有什么变故。但与此同时，你所烦恼的事情可能会发生许多变化。而且我发现，只要我有足够的耐心，烦恼总会自动消失。"

这个建议给了我很大的影响，现在，我一直都在使用比尔的这套方法。结果显示，确实减少了许多忧虑，让我拥有了快活的心情。

既然过去的天平已经倾斜，就应该鼓足勇气，让激荡在胸中的热血，压上奋斗的砝码，让过去的沉重随时光沉淀。

时间是最好的心理医生，在不知不觉中，时间会带走曾经困扰我们心头的忧愁。

第 **4** 章

做自己情绪的主人

愤怒意味着无知

卡耐基金言

◇温和与友善总是要比愤怒和暴力更强有力。

◇林肯说:"一滴蜜比一加仑胆汁更能捕到苍蝇。"

◇中国人有一句格言充满了东方一成不变的悠久智慧:"轻履者行远。"

如果你发起脾气,对人家说出一两句不中听的话,你会有一种发泄感。但对方呢? 他会分享你的痛快吗? 你那火药味的口气、敌视的态度,能使对方更容易赞同你吗? "如果你握紧一双拳头来见我,"威尔逊总统说,"我想,我可以保证,我的拳头会握得比你的更紧。但是如果你来找我说:'我们坐下,好好商量,看看彼此意见相异的原因是什么。'我们就会发觉,彼此的距离并不那么大,相异的观点并不多,而且看法一致的观点反而居多。你也会发觉,只要我们有彼此沟通的耐心、诚意和愿望,我们就能沟通。"

工程师史德伯希望他的房租能够减低,但他知道房东很难缠。"我写了一封信给他,"史德伯在讲习班上说,"通知他,合约期一满,我立刻就要搬出去。事实上,我不想搬,如果租金能减低,我愿意继续住下去,但看来并不可能,因为其他的房客都试过——失败了。大家都对我说,房东很难打交道。但是,我对自己说,现在我正在学习为人处事这一课,不妨试试,看看是否有效。

"他一接到我的信,就同秘书来找我。我在门口欢迎他,充满善意和热忱。开始我并没有谈论房租太高,只是强调我多么的喜欢他的房子。我真是'诚于嘉许,惠于称赞'。我称赞他管理有道,表示我很愿再住一年,可是房租实在负担不起。他显然是从未见过一个房客对他如此热情,他简直不知道该怎么办才好。

"然后,他开始诉苦,抱怨房客,其中一位给他写过14封信,太侮辱他了。另一位威胁要退租,如果不能制止楼上那位房客打鼾的话。'有你这种满意的房客，多令人轻松啊！'他赞许道。接着，甚至在我还没有提出要求之前，他就主动要减收我一点租金。我想要再少一点，就说出了我能负担的数字，他一句话也不说就同意了。

"当他离开时，又转身问我：'有没有什么要为你装修的地方呢？'

"如果我用的是其他房客的方式要求减低房租的话，我相信，一定会碰到同样的阻碍。使我达到目的的是友善、同情、称赞的方法。"

再举一个例子。这次是一位女士——一位社交界的名人——戴尔夫人，来自长岛的花园城。戴尔夫人说："最近，我请了几个朋友吃午饭，这种场合对我来说很重要。当然，我希望宾主尽欢。我的总招待艾米，一向是我的得力助手，但这一次却让我失望。午宴很失败，到处看不到艾米，他只派个侍者来招待我们。这位侍者对第一流的服务一点概念也没有。每次上菜，他都是最后才端给我的主客。有一次，他竟在很大的盘子里上了一道极小的芹菜，肉没有炖烂，马铃薯油腻腻的，糟透了。我简直气死了，我尽力从头到尾强颜欢笑，但不断对自己说：等我见到艾米再说吧，我一定要好好给他一点颜色看看。

"这顿午餐是在星期三。第二天晚上，听了为人处世的一课，我才发觉：即使我教训艾米一顿也无济于事。他会变得不高兴，跟我作对，反而会使我失去他的帮助。我试着从他的立场来看这件事：菜不是他买的，也不是他烧的，他的一些手下太笨，他也没有法子。也许我的要求太严厉，火气太大。所以我不但准备不苛责他，反而决定以一种友善的方式做开场白，以夸奖来开导他。这个方法效验如神。第三天，我见到了艾米，他带着防卫的神色，严阵以待准备争吵。我说：'听我说，艾米，我要你知道，当我宴客的时候，你若能在场，那对我有多重要！你是纽约最好的招待。当然，我很谅解：菜不是你买的，也不是你烧的。星期三发生的事你也没有办法控制。'我说完这些，艾米的神情开始松弛了。艾米微笑地说：'的确，夫人，问题出在厨房，不是我的错。'我继续说道：'艾米，我又安排了其他的宴会，我需要你的建议。你是否认为我们再给厨房一次机会呢？''呵，当然，夫人，上次的情形不会再发生了！'下一个星期，我再度邀人午宴。艾米和我一起计划菜单，他主动提出把服务费减收一半。当我和宾客到达的时候，餐桌上被两打美国玫瑰装扮得多彩多姿，艾米亲自在场照应。即使我款待玛莉皇后，服务也不能比那次更周到。食物精美滚热，服务完美无缺，饭菜由4位侍者端上来，而不是一位，最后，艾米亲自端上可口的甜美点心作为结束。散席的时候，我的主客问我：'你对招待施了什么法术？我从来没见过这么周到的服务。'她说对了。我对艾米施行了友善和诚意的法术。"

大约在100年以前，林肯就说过这个道理：

"当一个人心中充满怨恨时，你不可能说服他依照你的想法行事。那些喜欢骂人的父母、爱挑剔的老板、喋喋不休的妻子……都该了解这个道理。你不能强迫别人同意你的意见，但却可以用引导的方式，温和而友善地使他屈服。

"曾经有个格言：'一滴蜜比一加仑的胆汁更能捕到苍蝇。'如果你想说服一个人，首先要让他认为你是他的至友，然后再逐渐达到说服的目的。"

多年以前，当我赤着脚，穿过树林，走路到密苏里州西北部一个乡下学校上学的时候，有一天我读到一则有关太阳和风的寓言。太阳和风在争论谁更强而有力。风说："我来证明我更行。看到那儿一个穿大衣的老头了吗？我打赌我能比你更快使他脱掉大衣。"

于是太阳躲到云后，风就开始吹起来，愈吹愈大，大到像一场飓风；但是风吹得愈急，老人愈把大衣紧裹在身上。

终于，风平息下来，放弃了。然后太阳从云后露面，开始以它温暖的微笑照着老人。不久，老人开始擦汗，脱掉大衣。太阳对风说，温和和友善总是要比愤怒和暴力更强而有力。

古老的寓言依旧合乎现代的意义。太阳的温和使人们乐意退去外衣，风的冷峻反而使人们更加裹衣取暖。相同的，亲切、友善、赞美的态度，更能使一个人摈弃成见，抛下私我而面对理性，这是人性的自然流露。

波士顿是美国历史上的教育和文化中心，小时候的我根本不敢梦想能有机会看到它。为这件事做见证的是华尔医师，他在30年后变成了我那讲习班上的同学。以下是他在讲习班上所讲的那个故事。

那年头波士顿的报纸充斥着江湖郎中的广告——堕胎专家和庸医的广告。表面上是给人治病，骨子里却以恐吓的词句，类似"你将失去性能力"等等，欺骗无辜的受害者。他们的治疗方法使受害者满怀恐惧，而事实上却根本不加以治疗。他们害死了许多人，却很少被定罪。他们只要缴点罚款或利用政治关系，就可以逃脱责任。

这种情况太严重了，激起了波士顿很多善良民众的义愤。传教士拍着讲台，痛斥报纸，祈求上帝能终止这种广告。公民团体、商界人士、妇女团体、教会、青年社团等，一致公开指责，大声疾呼——但一切都无济于事。议会掀起争论，要使这种无耻的广告不合法，但是在利益集团和政治的影响力之下，各种努力均告徒然。

华尔医师是波士顿基督联盟的善良民众委员会主席，他的委员会用尽了一切方法，都失败了。这场抵抗医学界败类的斗争，似乎没有什么成功的希望。

接着，有一天晚上，华尔医师试了波士顿显然没有人试过的一个办法。他所用的是仁慈、同情和赞美。他的目的是使报社自动停止那种广告。他写了一封信给《波士顿先锋报》的发行人，表示他多么仰慕该报：新闻真实，社论尤其精彩，是一份完美的家庭报纸，他一向看该报。华尔医师表示，以他的看法，它是新英格兰地区最好的报纸，也是全美国最优秀的报纸之一。"然而，"华尔医师说道，"我的一位朋友有个小女儿。他告诉我，有一天晚上，他的女儿听他高声朗读贵报上有关堕胎专家的广告，并问他那是什么意思。老实说他很尴尬，他不知道该怎么回答。贵报深入波士顿上等人家，既然这种场面发生在我的朋友家里，在别的家庭也难免会发生。如果你也有女儿，你愿意她看到这种广告吗？如果她看到了，还要你解释，你该怎么说呢？很遗憾，像贵报这么优秀的报纸——其他方面几乎是十全十美——却有这种广告，使得一些父母不敢让家里的女儿阅读。可能其他成千上万的订户都和我有同感吧！"

两天以后，《波士顿先锋报》的发行人，回了一封信给华尔医师。日期是1904年10月13日。华尔医师保留了这封信有1/3个世纪。他参加讲习班后，把它交给了我。我在写这段时，它就放在我的面前：

麻省波士顿华尔医生

亲爱的先生：

11日致本报编辑部来函收纳，至为感激。贵函的正言，促使我实现本人自接掌本职后，一直有心于此但未能痛下决心的一件事。

从下周一起，本人将促使《波士顿先锋报》摒弃一切可能招致非议的广告。暂时不能完全剔除的广告，也将谨慎编撰，不使它们造成任何不快。

贵函惠我良多，再度致谢，并盼继续不吝指正。

太阳能比风更快使你脱下大衣；仁厚、友善的方式比任何暴力更易于改变别人的心意。

学会控制你的愤怒

卡耐基金言

◇愤怒是一种极具毁灭力量的情绪，它不仅能够摧毁你的健康，而且还能扰乱你的思考，给你的工作和事业带来不良的影响。

◇愤怒时多想想盛怒之下失去理智可能引起的种种不良后果，心中要不断提醒自己"不要发怒"，努力控制自己的情绪表现，这样可以起到控制愤怒的作用。

有的人爱发脾气，容易愤怒，稍不如意，便火冒三丈。发怒时极易丧失理智，轻则出言不逊，影响人际关系；重则伤人毁物，有时还会造成难以挽回的损失，事后让易怒者追悔莫及。

愤怒是一种常见的消极情绪，它是当人对客观现实的某些方面不满，或者个人的意愿一再受到阻碍时产生的一种身心紧张状态。在人的需要得不到满足、遭到失败、遇到不公、个人自由受限制、言论遭人反对、无端受人侮辱、隐私被人揭穿、上当受骗等多种情形下人都会产生愤怒情绪，愤怒的程度会因诱发原因和个人气质不同而有不满、生气、愤怒、恼怒、大怒、暴怒等不同层次。发怒是一种短暂的情绪紧张状态，往往像暴风骤雨一样来得猛，去得快，但在短时间里会有较强的紧张情绪和行为反应。

易怒者主要与其个性特点有关，大都属于气质类型中的胆汁质。胆汁质的人直率热情，容易冲动，情绪变化快，脾气急躁，容易发怒。易怒还与年龄有关，青年人年轻气盛，情绪冲动而不稳定，自我控制力差，比成年人更易发怒。

愤怒的情绪对人的身心健康是不利的。人在愤怒时，由于交感神经兴奋，心跳加快，血压上升，呼吸急促，所以经常发怒的人易患高血压、冠心病等疾病；愤怒还会使人缺乏食欲，消化不良，导致消化系统疾病；而对一些已有疾病的患者，愤怒会使病情加重，甚至导致死亡。这一点古人早有认识，如中医认为"怒伤肝"、"气大伤神"等。

一般而言，生气时刻可归类为下列几种：

1. 当你因某种因素感到受挫、受胁迫或被他人轻蔑时；当你朝着既定目标前进，却可能由于某人的行为而受到阻碍时。

2. 当着实受到严重伤害，但为了掩饰自己的脆弱，于是代之以愤怒，以求自卫。

3. 当某种情境或某人的行为勾起昔日某种不堪的回忆时。

4. 当觉得自己的权利受到剥夺，或遭到某人误解时。

5. 当受到惊吓或处事不当时，自己生自己的气。

我们的确有时免不了会生气，但却鲜有人知道该如何来处理这种情绪。为了了解其中的原因，也为了探究愤怒产生的缘由，现在就让我们概要地来看一看一些可能伴随愤怒而来的情绪。

1. 自以为是。

当我们对某件事感到愤怒时，容易坚信自己是站在正义的一方，而别人则是错得离谱。在此种情况下，你不妨先问一问自己，事实真是如此吗？如果我们仍旧深信不疑，继之选择了表示自己的愤怒，如此一来，你表现的，极可能就是一副得理不饶人、气焰高涨的样子。你不妨扪心自问一下，你真的想给对方一点颜色瞧瞧吗？如果你有一丝一毫这种感觉，那么原因可能是你太看重自己了，抑或将他人的所作所为均看成和自己有利害关系，而非仅是他人的因素。举例来说，如果有个朋友答应你，要在星期一之前打电话给你，让你知道她是否能够帮你处理宴会事宜，但现在已经星期三了，而她依然没打电话过来——假使如此让你感到生气且义愤填膺，不要认为她一点都不尊重你，也许她只是临时有其他事耽搁了，所以无法打电话给你。纵使这样并不能让愤怒消失无踪，但起码可以将它导向正轨。

2. 自尊受损。

关于这方面的应对之道已多所论及。事实上，如果我们觉得自尊心受损，我们可能就会把事情看得过于个人化，认为他人的行为均是针对你的攻击或侮辱，即使他们并未存心如此。

3. 好下结论。

此项与前两项，尤其是"自以为是"，有着相当密切的关系。有人做了我们无法苟同的事，因此"他一定是错的"。如果你是个好下结论的人，你的思考一定倾向于这种方式："他绝对是个笨蛋之极的人"，等等。

倘若我们存有这种想法与感觉，往往就会在我们和相关者谈话时，于不知不觉中显露无遗。毕竟，很少人会真的直接明白地表达出自己的愤怒的原因。

愤怒是一种极具毁灭力量的情绪，它不仅能够摧毁你的健康，而且可以扰乱你的思考，给你的工作和事业带来不良的影响。既然愤怒对我们的生活毫无用处，我们应该怎么来克制自己的愤怒情绪呢？

首先可以通过意志力控制愤怒，使愤怒情绪少产生，或有愤怒不发作。当愤怒时要多想想盛怒之下失去理智可能引起的种种不良后果，心中不断提醒自己"不要发怒"，努力控制自己的情绪表现，这样可以起到控制愤怒的作用。

其次可以主动释放愤怒情绪，将心中的愤懑、不平向人倾诉，从亲朋好友处得到规劝和安慰，可以缓解怒气。还可以在工作、学习中向使自己愤怒的人说明自己的不满，说出自己的意见，使矛盾得以调和，不满得以消除。

另外，易怒的人还可以尽量避免接触使自己发怒的环境，减少愤怒情绪，或者在即将发怒时通过转移注意力而减轻愤怒，尽快离开当时的环境，避免进一步的刺激，使愤怒情绪消退。发怒时可以看电影、逛公园、听音乐、散步，使注意力转向其他与愤怒无关的活动中，新的活动内容激发新的情绪，可使愤怒的程度降低。

具体而言，我们可以采取以下方法来控制自己的愤怒：

1. 正面行动。

愤怒提醒了我们，世事并非都如人所愿。不满是一件极富正面意义的事，少了它，人们就只会接受现状，而不会为了迈向自己的目标，采取任何行动。举例来说，如果 20 世纪初的女性未曾因自己被掠夺公权而感到愤怒，那么她们也就不会为了投票权而抗争了。

2. 舒解压力。

表达愤怒可以舒解压力，否则压抑的情绪可能会导致焦虑，甚至疾病，这些症状均可借由愤怒的宣泄得到纾解。然而这并不意味着，我们必须将愤怒直接发泄在生气的对象身上。

3. 更为开诚布公。

愤怒可以使得双方关系更开诚布公，进而互相信赖。如果你知道某人愿意和你谈谈最为棘手的核心，而非只是将其含糊带过，假装好像不存在似的，那么一股崇敬之情便会油然而生。

4. 情感疏通。

倘若我们在情绪产生时，能够确实触及自己真正的感受（包括愤怒在内），并加以适当处理，那么我们则不太可能将那些未表达或封闭的情绪囤积起来，以避免巨大的内在压力或严重的沟通不良。

5. 实现目标。

不容忽略的是，存在愤怒情绪中的能量，同样是一股实现目标的动力。如果运用得当，它将能够帮助我们成为一个有自信、坚定的人，能够适切地表达自己的内在感受，并且得到自己生命中梦寐以求的事物。但请务必谨慎处理。

别让悲伤挡住了你的阳光

卡耐基金言

◇让每一天都有一个愉快的开始，则一天里所有的事都会变好。

◇困难特别吸引坚强的人。因为他只有在拥抱困难时，才会真正认识自己。

你为什么总是失败？无数次的失败将你推入黑暗的世界，享受不到成功的阳光，你想过没有，是谁挡住了你的阳光？

每一种心态都是每个人对人生的不同看法。在如铁般的现实里，每个人都不可避免地遭受这样或那样的打击和挫折：因为高考落榜而精神萎靡或是因为失恋而痛苦忧伤，因为无法适应快节奏的工作而丧失斗志……这些心理多半是人们意志薄弱、心态不成熟的一种表现。而这些异常的心理和悲观的心态往往导致痛苦的人生，往往影响对环境的正确看法。悲观者实际上是以自己悲观消极的想法看待客观世界，在悲观者心中，现实是或多或少被丑化了的。现在社会上许多人，对未来和生活，常常持有一种悲观的迷茫心理。对自己的过去，不管有无成败，不管有无辉煌，都一概加以否定，心理上充满了自责与痛苦，嘴上有说不完的遗憾；对未来缺乏信心，一片迷茫，以为自己一无是处，什么事都干不好，认知上否定自己的优势与能力，无限放大自己的缺陷。

戴高乐曾经说过："困难，特别吸引坚强的人。因为他只有在拥抱困难时，才会真正认识自己。"这句话一点也没错，有时，我们需要把困难当成机遇。

你自己努力过吗？你愿意发挥你的能力吗？对于你所遭遇的困难，你愿意努力去尝试，而且不止一次地尝试吗？只试一次是绝对不够的，需要多次尝试。那样你会发现自己心中蕴藏着巨大能量。许多人之所以失败，只是因为未能竭尽所能去尝试，而这些努力正是成功的必备条件。仔细查看列出的失败清单，看看过去你是否已竭尽所能。如果答案是否定的话，试试克服困难的第二个重要步骤，这就是学会真正思考，认真积极地思考。我确信积极思维的力量是惊人的，任何失败均能通过积极思维来解决，你能以积极思维来解决任何问题。

有一个14岁的男孩在报上看到应征启事，正好是适合他的工作。第二天早上，当他准时前往应征地点时，发现应征队伍已排了20个男孩。

如果换成另一个意志薄弱、不太聪明的男孩，可能会因为如此而打退堂鼓。但是这个小伙子却完全不一样。他认为自己应动脑筋，他不往消极面思考，而是认真用脑子去想，看看是否有法子解决。于是，一个绝妙方法便产生了！

他拿出一张纸，写了几行字，然后走出行列，并要求后面的男孩为他保留位子。他走到负责招聘的女秘书面前，很有礼貌地说："小姐，请你把这张便条交给老板，这件事很重要。谢谢你！"

这位秘书对他的印象很深刻，因为他看起来神情愉悦，文质彬彬。如果是别人，她可能不会放在心上，但是这个男孩不一样，他有一股强有力的吸引力，令人难以忘记。所以，她将这张字条交给了老板。

老板打开字条，看后笑笑交还给秘书；她也把上面的字看了一遍，同样笑了起来，上面是这样写的：

"先生，我是排在第21号的男孩。请不要在见到我之前作出任何决定。"

你想他得到这份工作了吗？你认为呢？像他这样会思考的男孩无论到什么地方一定会有所作为。虽然他年纪很轻，但是他知道认真思考。他已经有能力在短时间内抓住问题核心，然后全力解决它，并尽力做好。实际上，你一生中会遇到很多诸如此类的问题。当你遇到问题时，一旦认真进行思考，便更容易找到解决办法。

要想克服失败的思维方式，学会积极思考非常关键。人必须调整心态，直到否定思维转变成肯定思维为止。

让每天都有一个愉快的开始，则一天里所有的事都会变好。

学会喜欢自己

卡耐基金言

◇成熟的人会适度地忍耐自己，正如他适度地忍耐别人一样。他不会因自己的一些弱点而感到活得很痛苦。

◇不喜欢自己的人，表现在外的症状之一便是过度自我挑剔。

◇独处对我们的心灵运动十分有益处，就好像新鲜空气对我们的身体极有帮助一样。

史迈利·布兰敦在一本书中写道："适当程度的'自爱'对每一个正常人来说，是很健康的表现。为了从事工作或达到某种目标，适度关心自己是绝对必要的。"

布兰敦医师讲得很对。要想活得健康、成熟，"喜欢你自己"是必要条件之一。但这是表示"充满私欲"的自我满足吗？不是的。这应该是意味着"自我接受"——一种清醒的、实际的自我接受，并伴以自重和人性的尊严。

心理学家马斯洛在其著作《动机与个性》中也曾提到"自我接受"。他如此写道："新近心理学上的主要概念是：自发性、解除束缚、自然、自我接受、敏感和满足。"

成熟的人不会在晚间躺在床上比较自己和别人不同的地方。他可能有时会批评自己的表现，或觉察到自己的过错，但他知道自己的目标和动机是对的，他仍愿意继续克服自己的弱点，而不是自悔自叹。

成熟的人会适度地忍耐自己，正如他适度地忍耐别人一样。他不会因自己的一些弱点而感到活得很痛苦。

喜欢自己，是否会像喜欢别人一样重要呢？我们可以这么说：憎恨每件事或每个人的人，只是显示出他们的沮丧和自我厌恶。

哥伦比亚大学教育学院的亚瑟·贾西教授，坚信教育应该帮助孩童及成人了解自己，并且培养出健康的自我接受态度。他在其著作《面对自我的教师》中指出：教师的生活和工作充满了辛劳、满足、希望和心痛，因此，"自我接受"对每名教师来说，是同等重要的。

今日，全美国医院里的病床，有半数以上是被情绪或精神出了问题的人所占据。据报道，这些病人都不喜欢自己，都不能与自己和谐地相处下去。

我并不想在此处分析导致这种情况的各种因素。我只是认为，在这个充满竞争的社会，我们往往以物质上的成就来衡量人的价值。再加上名望的追求、枯燥乏味的工作，处处都使我们的灵魂容易生病。我还坚信，普遍缺乏一种有力、持续的宗教信念，更是人们精神迷乱的重要因素。

哈佛大学的教授怀特在《进步：性格自然成长的分析》中谈起了目前社会很流行的一种观念：人应该调整自己去适应环境。怀特反驳说："这种观念认为一个人的理想状态就是能成功地压抑自己以适应狭窄的生活方程式，而不问这样做的结果是使人失去个性、目标和方向，影响了人创造与发展的潜能。"

我非常赞同怀特博士的观点。很少有人有勇气特立独行或直面真实处境。我们在行动之前就被社会文化和经济观念限制住了。从吃饭、穿着到生活方式和观念，我们和邻居如此相似。一旦我们某个不一样的行为与这种环境相异时，我们就会变得精神紧张或神经过敏，甚至于厌恶自己。

我认识的一个女性嫁给了一个野心勃勃、很有进取心、独断专行的政治家，于是，夫妇两人的社交圈——就是所谓的名流圈子，里面横竖着以社会地位和金钱数量来权衡人的标准。这位女性温柔贤淑，有谦虚的性格。在这种环境中她的优点都被别人认为的缺点所取代。她越来越自卑，直到讨厌自己。

在我看来，这个女人的问题的关键不在于她无法适应环境，而在于她无法适应和接受自己，无法心平气和、快快乐乐地接受自己。她没有彻底明白一个人只能按照自己的性格而不可能按照别人的性格来行事。

她要做的第一件事就是不能用别人的标准来权衡自己。她必须明确自己的价值观，然后自信地生活，并且善于和自己相处，消除厌恶自己的情绪。

夸大自己错误的程度和范围是讨厌自己的人经常做的事情之一，适当的自我批评是好事，有利于一个人的成长。但是演变为一种强迫性的观念时，就会使我们变得瘫痪，不能聚集力量做积极正面的事。

班上有一位女学员，她在班上说："我总是感到胆怯和自卑。别人好像都很沉着、自信。我一想到自己的缺点就感到泄气，于是就无法自如地说话了。"

每个人都有自己的缺点，但问题的关键不在于你的缺点，而在于你有多少优点。

决定一件艺术品和一个人的最终因素不是缺点。莎士比亚的作品中充满了历史和地理的基本常识的错误，狄更斯则尽力在小说中渲染伤感的气氛。但是谁计较呢？缺点并不妨碍他们成为一流的文学大师，因为优点才是最终的决定因素。我们在交朋友的时候也会感到对方缺点的存在，但是我们喜欢和他们交往是因为我们喜欢他们身上的优点。

自我完善的实现依赖于对优点的发挥，取长补短，而不是整天惦记着自己的缺点。

对以前和当前错误的过分计较会导致一个人的罪恶感和自卑感快速滋长，不用很久，我们就不再尊重自己，习惯性地对自己痛打五十大板。所以，我们一定要让以前的事情沉到水底，然后游到水面上来重新呼吸新鲜的空气。

要学会喜欢和接受自己，首先必须挖掘自己的对缺点的包容之心。包容不代表我们要降低对自己的要求，然后躺在床上睡大觉，而是明白人无完人。对别人求全责备是不公平的，要求自己完美则是一种极端的自我本位。

我认识的一个女人是个绝对的完美主义者。她要求自己做什么事情都没有疏漏。但在别人眼里，她是个失败的人。一个简单的报告她需要折腾几个小时，耽误了自己和别人的时间；一篇主题演讲她什么都要涉及和讲解，结果让听众百无聊赖。她绝不接待临时到访的客人，因为她没有任何准备。她绞尽脑汁追求完美，事实上，她的确做到了一种形式意义上的完美，但直接的代价是毁掉了生活中的理解、自然和乐趣。其实，她所追求的完美并非完美本身，她是想超越别人，因为她不想自己在优点方面和别人处在同一水平线上。她想成为人群的焦点。所以，她做事并不是出于发挥自己已有的才能，她并不能享受工作和生活的欢乐，只是为了超过别人，让自己在高高的完美的架子上昂起头。

人没有完美的，强迫性的对完美的追求一旦不成功，这个人就会变得讨厌，甚至憎恨自己。

人不能时时刻刻都处在特别认真的状态中，学着喜欢自己的前提之一，就是能偶尔放慢行进的脚步欣赏自己。

马里兰州的精神病协会董事巴缔梅尔说："过去的人习惯在睡觉之前回想一下当天的活动，做一下反省。现在的人好像已经很少用了，实际上，这仍然是一个有用的办法。"

除非我们能与自己好好相处，否则很难期待别人会喜欢与我们在一起。哈里·佛斯迪克曾经观察那些不能独处的人，形容他们好像"被风吹皱的池水一样，无法反映出美丽的风景来"。

独处能使我们发现内在的休息港口，能有参详的对象，是我们与外界接触的基础。安妮·马萝·林柏在其著作《来自海洋的礼物》中曾说过："我们只有在与自己内心相沟通的时候，才能与他人沟通。对我来说，我的内心就像幽静的泉水，只有在独处时才能发现其美。"

独处能使我们更客观地透视自己的生命。《圣经》的诗篇里有一句忠言："要安静，便可知道我就是神。"这话至今仍是忠言。独处的确对我们的灵魂十分有益处，就好像新鲜空气对我们的身体极有帮助一样。

假如我们要依赖别人才能得到快乐与满足，则无疑为他人增添负担，并影响到彼此之间的关系。要喜欢、尊重、欣赏我们自己，这不但能培养出健康成熟的个性，也能增进与他人相处的能力。

如果你想让自己远离情绪化的泥潭，请记住下面的原则：

了解并喜欢你自己。

用行为控制情感

卡耐基金言

◇事实上，你在驾驭着自己的情感，你的情感是由你对外界事物的看法而产生的。

◇成功人士和普通人士的区别在于前者用行为控制情感，后者任情感控制行为。

控制自己的情感是一个人把握自我的最基本要求。在日常生活中，人的情绪发生一定的起伏波动，这确实是一种无法避免的现象。我们每个人可能都曾有过这样的体验：一旦自己情绪特别好的时候，不仅神清气爽，而且工作起劲，对人对事充满了光彩与希望，周围的一切似乎都是那么美好；而有时候，人又情绪特别低落，不但心情沮丧，而且意志消沉，你身边的世界仿佛布满了灰暗与失望。对一般的人来讲，这种极端的欢乐与悲哀的情绪反应不易为个体所控制，因此对个体生活极具影响作用。一旦情绪产生，有些人往往一度沉沦于悲哀、痛苦、抑郁、孤独的心境之中而不能自救自拔。这种认为情绪无法控制，只能听之任之的观点会给人的生活带来极大的负面影响。

从心理学的角度来讲，情绪是个体受到某种刺激所产生的一种身心激动状态。

其实，情感并不仅仅是出现在你身上的情绪，而是你自己对外界事物做出的一种心理反应。如果你主宰着自己的情感，就不会做出自我挫败性的反应。一旦你学会依照自己的选择控制个人的情感，你就踏上了一条通往智慧之路。在这条道路上，绝无导致精神崩溃的歧途，因为你将把情绪视为一种可选的因素，而不是生活中的必然因素。这正是人的个性自由的关键所在。

下面，我们可以借助于一个简单的三段论，通过逻辑推理，让你摒弃那种认为情感是无法控制的观点，并开始控制自己的思维和情感：

①逻辑三段论。

大前提：狄克是一个人，

小前提：所有的人脸上都有毛，

结论：狄克脸上有毛。

②不合逻辑三段论。

大前提：狄克脸上有毛，

小前提：所有的人脸上都有毛，

结论：狄克是一个人。

从逻辑学的角度来讲，大前提必须与小前提一致。在上面第二个三段论中，其结论是错误的，因为狄克可能是人，也可以是猿猴或者其他脸上有毛的动物。下面让我们看看第三个逻辑推理，这一例子将有助于让你彻底摆脱那种认为情感无法自我控制的观点。

③逻辑三段论。

大前提：我可以控制自己的思想，

小前提：我的各种情感都来源于我的思想，

结论：我可以控制自己的情感。

在上面这个三段论中，大前提是十分明确的，一个正常的人完全可以控制自己的思想和行为，所以你有能力对自己头脑所接收的信息进行思考。例如，如果有人要求你想象一只红色的羚羊，你可以将它想象成绿色，也可以将它想成一只小山羊，或者干脆想象成别的东西。只有你自己才能控制着进入你头脑中的各种想法，只有你才能对大脑的思想库作出选择，并组织成一定的逻辑程序。如果你不相信这一点，那请你试想一下："如果不是你在控制着自己的思想，那是谁在控制？是你爱人，上级，还是你的妈妈？"假如真的是他们在控制着你的思想，那建议你立即送他们去医院治疗，这样你马上就会好起来。但客观的现实很清楚：是你——而且只有你——控制着自己思维的机器，你的大脑完全属于你自己，你可以完全控制住自己的思想，并完全由你决定是否加以保留、改变、审视或交流。除了你，谁都无法钻进你的大脑，也不能像你那样体验自己的思想和情感。

其次，③中的小前提也是无可非议的，无论是从科学原理，还是根据常识判断都可以证实：一个人如果没有思想，那就没有情感。丧失了大脑功能，"感觉"能力也就不复存在了。人的每一种感情是一种思想的生理反应。只有从思维中心得到某一信息之后，人才会出现哭泣、害羞、心跳加速以及其他各种可能的情绪反应。如果思维中心受到损坏或发生故障，你就不会做出任何感情反应。在大脑受到损伤的情况下，人甚至会感觉不到肉体的痛苦——即使将手放在炉子上烤焦了，也不会感到疼痛。因此，你的小前提是千真万确的。任何一种情感都必然产生于思维之后，因而没有思维，就没有情感。

有这样一个例子：迈克是一位年轻的公司职员，公司老板认为他做事太笨，对他的评价也不很好，为此，迈克常常感到十分痛苦。

我们试想一下：要是迈克并不知道自己的老板认为他很笨，他还会因此而不快吗？当然不会，一个人怎么会为自己不知道的事情痛苦呢？由此看来，造成迈克精神不快的原因并不在于上司对他的看法，而在于他自己的感觉。此外，迈克不快的原因还在于，他确信别人的看法比自己的看法更为重要，如果他认为自己并不太笨，而是极力通过自己的表现向老板来证明这一点，他也就不会因此而痛苦了。

这一推理同样适用于对各种事物及其他人的看法：某个人的死亡并不会使你感到悲伤；在得知其去世前，你是不会悲伤的。使你悲伤的原因并不在于其死亡这一事实，而在于你听到死讯后作出的一种心理反应。阴雨天气本身不会使人抑郁，抑郁是人类特有的一种情绪。如果你怕由于天气下雨或阴天而抑郁，那是因为你自己对天气的反应使你感到抑郁。当然，这并不是说你应该欺骗自己而非得喜欢阴雨天气，而是说你可以想一想："我为什么非要感到抑郁呢？""这样能使我更积极有效地解决问题吗？"

尽管上述逻辑推理证明人总是在支配着自己的情感，但我们从小到大所接受的传统文化一直表明：一个人对他的情感是无能为力的。虽然我们实际上控制着自己的情感，但我们所学到的大量日常用语却往往否认这一点。下面我们简要列举一些此类常用语，分析一下每句话的含义，我们可以发现，这些话都含有一个共同的潜台词，即你对自己的情感是没有任何责任的。只要我们将每一句话重新组织一下，使其更为确切，就能说明一点：你在驾驭着自己的感情，而且你的情感是由于你对外界事物的看法而产生的。

也许你会认为，下面左栏的每句话不过是一种修辞方式，它并不说明任何问题，或者只是一种习惯用语而已。如果你这样解释，那你不妨试问一下：右栏中的每句话为何没有形成口头语？其答案很简单，因为我们的传统文化和社会环境总是提倡前者而排斥后者。

我们每个人应该对自己的情感负责。你的情感是随着自己的思想而产生的，那么，你只要愿意，便可以改变对任何事物的看法。首先，你应该想一想：精神不快、情绪低沉或悲观痛苦到底能给你带来什么好处？然后，你就可以认真地分析一下导致这些消极情感的各种思想。

成功人士与普通人士的最大区别在于前者用行为控制情感后者用情感控制行为。成功人士在控制情绪时有许多方法和技巧，值得我们学习。

奥格·曼狄诺写的《世界上最伟大的推销员》向我们提供了许多控制情绪的方法，书中虚拟了一个巧妙的故事。少年海菲获得了 10 卷神秘的《羊皮卷》，他根据《羊皮卷》的原则行事为人，最终成为了世界上最伟大的推销员、最伟大的商人，建立了庞大的海菲商业帝国。10 卷《羊皮卷》，其实就是 10 条做人行事的准则。这 10 条准则是：

1. "今天，我开始新生活。"
2. 爱心。"我要用全身心的爱来迎接今天。""最主要的，我要爱自己。"

3. 恒心。坚持不懈，直到成功。

4. 信心。"我是世界上最伟大的奇迹。""我能做的比已经完成的更好。"

5. 重视今天。"忘记昨天，也不要痴想明天。""假如今天是我生命中的最后一天。"

6. 控制情绪。"今天我要学会控制情绪。""有了这项新本领，我也更能体察别人的情绪变化。"

7. 快乐。"我要笑遍世界。"

8. 自重。"今天我要加倍重视自己的价值。"

9. 行动。"我现在就付诸行动。"

10. 信仰。"万能的主啊，帮助我吧。"

这些就是迈向成功之路的金钥匙。这 10 把金钥匙里面，有两把金钥匙同情绪有关：第六条"控制情绪"和第七条"快乐"。可见，控制情绪在人生的成功之路上是多么的重要。

下面，我们看一看神秘的《羊皮卷》里面是怎样来告诉人们控制情绪的。

《羊皮卷之六》：

"潮起潮落，冬去春来，夏末秋至，日出日落，月圆月缺，雁来雁往，花开花谢，草长瓜熟，自然界万物都在循环往复的变化中，我也不例外，情绪时好时坏。"

"这是大自然的玩笑，很少有人窥破天机。每天我醒来时，不再有旧日的心情。昨日的快乐变成今日的哀愁，今日的悲伤又转为明日的喜悦。我心中像有一只轮子不停地转着，由乐而悲，由悲而喜，由喜而忧。这就好比花儿的变化，今天绽开的喜悦也会变成凋谢时的绝望。但是我要记住，正如今天枯败的花儿蕴藏着明天新生的种子，今天的悲伤也预示着明天的快乐。"

"我怎样才能控制情绪，让每天充满幸福和欢乐？我要学会这个千古秘诀：弱者任思绪控制行为，强者让行为控制思绪。每天醒来当我被悲伤、自怜、失败的情绪包围时，我就这样与之对抗：

沮丧时，我引吭高歌。

悲伤时，我开怀大笑。

病痛时，我加倍工作。

恐惧时，我勇往直前。

自卑时，我换上新装。

不安时，我提高嗓音。

穷困潦倒时，我想象未来的财富。

力不从心时，我回想过去的成功。

自轻自贱时，我想想自己的目标。"

《羊皮卷之六》里面所阐述的控制情绪的箴言可以说是句句珠玑。只要你真正能够按照上面的原则来思考和行事，那么你一定能在通向成功的路上取得意外的收获。

在失败时为自己打气

卡耐基金言

◇一个人最大的敌人是自己，胜利属于那些在失败时不断地为自己打气、对自己说"我能行"的人。

◇每天早晨给自己打气并不是一件很傻、很肤浅、很孩子气的事，相反，这从心理学的角度来看是非常重要的。

以下是拳击手杰克·丹普先生远离忧虑的故事。

"在我的拳击生涯中，最强劲的敌人不是那些重量级的选手，而是自己内在的情绪困扰，因为情绪上的忧虑不但会消耗体力，还会影响拳击的进行。所以，我为自己制定了一套原则借以保持充沛的体力与旺盛的精力。这一套原则就是：

"第一，为了让自己有充分的勇气，每当拳赛开始前我都会自我鼓励一番，反复地对自己说：'不要怕，没有什么可以伤得了我的，他击不倒我。'这种积极的鼓舞确实产生了不少作用。

"例如，在我和佛波比赛的时候，我不断地对自己说：'没有人敌得过我，他伤不了我，他的拳头伤不了我，我不会受伤，不管发生什么事，我一定要勇往直前。'像这样为自己打气，使想法趋向积极，对我帮助很大，甚至使我不觉得对方的拳头在攻击。在我的拳击生涯中，我的嘴唇曾被打破，我的眼睛被打伤，肋骨被打断，而佛波的一拳将我打得飞出场外，摔在一位记者的打字机上，把打字机压坏了，但我对佛波的拳头却并无感觉。只有一次，那天晚上李斯特·强森一拳打断了我的三根肋骨，那一拳虽不致让我倒下，但影响到了我的呼吸。我可以坦白地说，除此之外，我在比赛中未对任何一拳有过知觉。

"第二，我一再地提醒自己，忧虑不但于事无补，反而还会产生相反效果。我的大部分忧虑，都出现在我参加重大比赛之前，也就是接受训练期间。我经常在半夜醒来，一连好几个钟头，心里十分忧虑，辗转反侧，无法成眠。我担心会在第一回合中被对方打断手，或扭了脚踝，或眼睛被严重打伤，如果是这样的话我就不能充分发挥攻势。所以，每次我因为担心第二天的赛程而睡不着觉时，就会下床对着镜子中的自己说："你真是个傻瓜，何必为了尚未发生的事或根本不会发生的事而担忧呢？人生如此短暂，应该好好把握、享受生命才是啊，还有什么比健康更重要呢？"这样日复一日、年复一年地提醒自己，久而久之，这些话好像印到我的骨髓里，经常不自觉地就浮现在脑海中，帮助我克服了许多情绪上的困扰。

"第三，最后一项，也是最重要的一项就是祷告。一天中我有好几次与主交谈的机会，拳击赛中每次回合的铃响前、每餐吃饭前、每晚入睡前，我都会虔诚地祷告，祈求上帝赐给我力量与勇气，让我打好每一场人生战役。我的祈祷获得了回应吗？当然，上帝对我的回报远超过我的付出！"

每天早晨给自己打气，是不是一件很傻、很肤浅、很孩子气的事呢？不是的，这在心理学上是非常重要的。

世界上不是每个人都要面临着十分巨大的困难，但是每个人都存在着若干问题。每个人都能通过暗示或自我暗示让激励标记产生作用。一种最有效的形式就是有意记住一句自我激励语句，以便在需要的时候，这句话能从下意识心理闪现到有意识心理。

阿廉·方索斯是美国密苏里州东南地区某农场的一个病孩子。他在小学遇到了一位优秀老师，这位老师鼓励小阿廉·方索斯去改变自己的世界。老师用挑战的方式鼓励他："我激励你！""我激励你成为学校中最健康的孩子！""我激励你"成了阿廉·方索斯一生自我激励的语句。

他果真变成了学校中最健康的孩子。他在85岁逝世之前，帮助了数以千计的青年获得良好的健康，他还帮助他们立志高远，做事刚勇，服务周到。

"我激励你"激励着他建立了美国最大的公司之一——若尔斯通培里拉

公司;"我激励你"激励他从事创造性的思考,把负债转化为资产;"我激励你"激励着他组织美国青年基金会——它的目的是训练男女青年独立生活的能力。

"我激励你"激励着阿廉·方索斯写了一本书,名叫《我激励你》。今天这本书正在激励着男子和妇女们勇敢地把这个世界改造为更好的社会。

阿廉·方索斯作了多么好的一个证明啊!一句自我激励语有力地帮助人们发挥积极的心态!

说到此不禁让人想起那些在兴旺的 1920 年里取得经济成功的人。那时他们是以极好的态度开始他们的事业的。可是当 1930 年经济萧条袭来的时候,他们便遭到了失败。他们破产了。他们的态度便从积极的变为消极的。他们的法宝被翻到了"消极的心态"那一面。他们停止了努力。他们像那些抱持消极心态的人一样变成了一蹶不振的失败者了。

有些人似乎在所有的时候都能充分使用积极的心态。有些人开始时使用,然后就停止使用了。但是,另一些人——我们中的大多数人——并没真正地开始使用对于我们很有用的巨大力量。消极心态包括以下几个方面:

1. 惰性导致愚昧无知。

对于不知事实或缺乏实际知识的人来说,面对一件事的愚昧无知似乎是合乎逻辑的;对于知道事实或具有实际知识的人来说,就可能是不合逻辑的了。当你在作决定的时候,如果你不肯保持开朗的心胸和学习真理,那就是愚昧无知。消极的心态会在愚昧无知的基础上不断地生长。

具有积极心态的人可能不知道事实,也缺乏实际知识。他可以不了解情况,然而他认识基本的前提——真理就是真理。因此,他就力图保持开朗的心胸,努力学习。他必须把他的结论奠基在他所知道的事情上,并且准备在他认识更多些时,就改变这些结论。

现在让我再审视一下我们心理上的蛛网,这些似乎还存留在你的脑中:

(1)消极的感情、情绪、激情、习惯、信条和偏见。

(2)只看到别人眼中的"凶煞"。

(3)由于语义上的误解所产生的争论和误解。

(4)由于虚假的前提而作出的虚假结论。

(5)把概括一切的限制性的词或词组作为基本或次要的前提。

(6)"需要"有可能迫使人作出不诚实的想法。

（7）不清洁的思想和习惯。

（8）担心应用心理的力量。

这样，你就可看到蛛网有许多种——有些是细小的，有些是巨大的；有些是脆弱的，有些是结实的。然而，如果你把你自己的蛛网再列一张表，然后仔细检查每个蛛网的各条蛛丝，你就会发现它们都是由消极的心态织成的。

你把它们考虑一会儿，然后你会发现由消极的心态所织成的最强有力的蛛网就是惰性蛛网。惰性会使你无所作为；如果你转向错误的方向，它就会使你不去抵抗或不思停止。你就会继续前进，向下滑去。

2. 警惕潜意识的误导。

一个人的潜意识通常是难以改变的，它经常会配合你本身的才能或所曾犯过的错误，而把这些不愉快的经历返还给你。换言之，当你在潜意识中制造消极的观念后，潜意识便会将制造过的差错想法，不分时候地任意归还与你，因此在你的思绪过程中，极可能将你误导。

为避免遭受原有潜意识的误导，最好的方法莫过于以积极性的立场灌注于潜意识中，并努力培养积极的想法，如此你无异是在向你的潜意识灌输真理，而不久之后，你的潜意识也将开始把这些真理归还于你。

使潜意识变得积极的最佳方法便是摒除存在于你思想或言谈间的消极想法。例如，每当人们意识到消极想法存在时，便会对自己的说话方式作一番分析，而且结果往往令人感到十分惊异。

因为许多人都存有类似如下的想法："我担心也许会来不及"，"轮胎是不是磨损了"，"我想，我办不到那件事"，"这个工作我大概无法胜任，因为我会忙不过来"等。此外，遇到事情有不好的发展结果时，他们就会说道："哦！果然不出我所料。"又如，在抬头望见天空布满乌云时，心情会变得忧虑起来，并说："我原本就知道会下雨！"

这些都属于"消极心态"。我们千万不可忽略"积少成多"的道理。当你的言谈中充满"消极心态"时，它会不知不觉地渗入你的思想深处，并积存它的影响力量，而这种力量往往会滋长到令人惊异的地步，甚至会在不久之后使你陷入"无能症"的泥沼中。

所以，你要下定决心，要从自己的言谈间根除这种"消极心态"。因为对于这种消极的心态，最好的消除办法是，不论对任何事都要表示积极肯定的主张，如事情将有顺利的结果、能够胜任工作、不会招致失败、必会准时到达等。由于这种把积极想法说出来的做法具有相当于在内心中呼应的积极力量，因此它能使你感到一切都将顺利地进行。

曾经有一幅引擎油的广告，上面写着："洁净的引擎经常是力量的供应源泉。"这个广告的作者就一定有一个积极心态，这对他的事业必定产生积极影响。换言之，洁净的心会是力量的供应来源。因此，请洗净你的思想，赋予你自身一颗洁净的心吧！

为了克服障碍，你不妨采用"不相信失败"的哲学之道。通常人们处理障碍的结果往往决定于其本身所持的心态，因为人们的障碍大多数是源于心理上的问题。

也许你对此有所怀疑，但是任何人对于障碍的态度却绝对是心理方面的事。试想，当一件事从考虑到决定的过程中，是否即是心理的活动？你对于障碍的想法如何，是否会决定你对它所采取的行动或态度？事实上，如果你面对障碍之初便在心中断言绝对无法克服它，你便会在自认为"反正做不到"的心理下真正无法克服了。相反的，如果你拥有克服障碍的信心，情况自必不同。

因此，请你牢牢记住：障碍绝对没有你想象中的那般困难，而是可以设法克服的。

无论在培养这种积极想法之初，你的信心是多么微小，只要持续保持这种想法，你必能获得成功。

保持积极心态

卡耐基金言

◇一个积极者就是一个这样的人：当他的鞋子穿破了的时候，他只是以为他回到了光脚走路的时代。消极者说："我只有看见了才会相信。"积极者说："只要我相信，我就会看见。"

◇在生活中，成功和失败之间仅仅只有毫厘之差，很多情况下，我们无法改变现实，但是可以改变自己对现实的看法。

乐观态度或悲观态度，是人类典型的也是最基本的两种倾向，它影响着我们的生活方式。美国医生做过这样一个实验：他们让患者服用安慰剂。安慰剂呈粉状，是用水和糖加上某种色素配制的。当患者相信药力，就是说，当他们对安慰剂的效力持乐观态度时，治疗效果就显著。如果医生自己也确信这个处方，疗效就更为显著了。这一点已用实验得到了证实。悲观态度是由精神引起的，而又会影响到组织器官。有一个意外的事故证明了这一点。一位铁路工人意外地被锁在一个冷冻车厢里，他清楚地意识到他是在冷冻车厢里，如果出不去，就会冻死。不到20个小时，冷冻车厢被打开时人已死了，医生证实是冻死的。可是，仔细检查了车厢，冷气开关并没有打开。那位工人确实死了，因为他确信，在冷冻的情况下是不能活命的。所以，在极端的情况下，极度悲观会导致死亡。一位乐观主义者却总是假设自己是成功的，就是说，他在行动之前，已经有了85％的成功把握。而悲观主义者在行动之前，却已经确认自己是无可挽救了。

一个积极者就是一个这样的人：当他的鞋子穿破了的时候，他只是认为他回到了光脚走路的时代。消极者说："我只有看见了才会相信。"积极者说："只要我相信，我就会看见。"积极者采取行动，消极者静止不动。积极者看见半杯水会说它满了一半，消极者看见同样的半杯水会说它有一半是空的。原因很简单，消极者往杯子里倒水，而积极者却从杯子里取水。

在生活中，成功和失败之间仅仅只有毫厘之差。

例如，骏马奈斯华在不到一小时的赛跑中赢得了第一，得到了100万美金。在这仅有一小时的赛跑后面却藏着上千个小时的艰苦训练。显然，奈斯华这匹至少值100万美元的马——定是一匹罕见的好马。你可以用100万美元买100匹值1万美元的赛马，这是一个简单的算术问题。一匹值100万美元的马比一匹值1万美元的马跑得要快100倍，对吗？错了！它能跑得比那匹马快2倍，对吗？还是错了！实际上，它只能比那匹马快25％，或是只有10％或是1％，对吗？还是错了。

那么究竟一匹值100万美元的马比值1万美元的马跑得快多少呢？几年以前，在阿林顿·福特瑞蒂，第一名和第二名的奖金差额是10万美元。这次比赛的跑程是1.25英里。第一名和第二名的差距仅有1/71280，而我们要重申的是仅仅这点差距就值10万美元。

1974年在肯塔基的德比所举行的赛马比赛中，第1名骑手赢得了2.7万美元。不到2秒钟后，另一名骑手也骑着马冲过了终点线，他是第四名，只得到 30 美元。

生活就像一场比赛，我们无法改变它的规则。我们能够并且必须去做的是掌握这些规则，利用这些规则来发挥我们最大的潜能。

米歇尔曾经是一个不幸的人。

一次意外事故，把他身上 65％以上的皮肤都烧坏了，为此他动了 16 次手术。手术后，他无法拿起叉子，无法拨电话，也无法一个人上厕所，但以前曾是海军陆战队员的米歇尔从不认为他被打败了。他说："我完全可以掌握我自己的人生之船，我可以选择把目前的状况看成倒退或是一个起点。" 6 个月之后，他又能开飞机了！

米歇尔为自己在科罗拉多州买了一幢维多利亚式的房子，另外也买了房地产、一架飞机及一家酒吧，后来他和两个朋友合资开了一家公司，专门生产以木材为燃料的炉子，这家公司后来变成佛蒙特州第二大私人公司。

在米歇尔开办公司后的第四年，他开飞机在起飞时又摔回跑道，把他的 12 节脊椎骨压得粉碎，腰部以下永远瘫痪！"我不解的是为何这些事老是发生在我身上，我到底是造了什么孽，要遭到这样的报应？"

米歇尔仍选择不屈不挠，丝毫不放弃，还日夜努力使自己能达到最高限度的独立自主，他被选为科罗拉多州孤峰顶镇的镇长，以保护小镇的美景及环境，使之不因矿产的开采而遭受破坏。米歇尔后来又竞选国会议员，他用一句"不只是另一张小白脸"的口号，将自己难看的脸转化成一项有利的资产。

尽管面貌骇人、行动不便，米歇尔却坠入爱河，且完成终身大事，也拿到了公共行政硕士证书，并坚持他的飞行活动、环保运动及公共演说。

米歇尔说："我瘫痪之前可以做一万件事，现在我只能做 9000 件，我可以把注意力放在我无法再做的 1000 件事上，或是把目光放在我还能做的 9000 件事上。我的人生曾遭受过两次重大的挫折，如果我能选择不把挫折拿来当成放弃努力的借口，那么，或许你们可以用一个新的角度，来看待一些一直让你们裹足不前的经历。你可以退一步，想开一点，然后你就有机会说：'或许那也没什么大不了的！'"

由此可见，积极的人生态度是一个人获得成功的一项重要原则，你可将此原则运用到你所做的任何工作上。如果你不了解如何应用积极的人生态度，就无法从工作中得到最大的效益。

事实上，如果你掌握你的思想，并引导它为你的目标服务，你就能享受：

1. 为你带来成功环境的成功意识；

2. 生理和心理的健康；

3. 独立的经济；

4. 出于爱心而且能表达自我的工作；

5. 内心的平静；

6. 驱除恐惧的信心；

7. 长久的友谊；

8. 长寿而且各方面都能取得平衡的生活；

9. 免于自我限定；

10. 了解自己和他人的智慧。

而如果你所抱持的是消极的人生态度，你将会尝到苦果：

1. 生命中的贫穷和凄惨；

2. 生理和心理疾病；

3. 使你变得平庸的自我限定；

4. 恐惧和所有具有破坏性的结果；

5. 找不到支撑自己的方法；

6. 敌人多、朋友少的处境；

7. 人类所知的各种烦恼；

8. 成为所有负面影响的牺牲品；

9. 屈服在他人意志之下；

10. 对人类没有贡献的颓废生活。

通过比较，到底应该树立什么样的人生态度，应该是显而易见的了！

焕发热忱的能量

卡耐基金言

◇每一个伟大的时刻都是热忱凯旋的时候。

◇如果两个人各方面条件都相近，那么，更热诚的那一位会更快达到成功。一个能力平庸但是很热诚的人，往往会胜过能力杰出却缺乏热忱的人。

热忱的威力是不容被低估的。爱默生曾经说过："每一个伟大的时刻，都是热忱凯旋的时候。""没有一桩丰功伟业能缺乏热忱。"

许多人失败并不是因为他们缺乏才智、能力、机会或天分，而是因为他们并没有尽力去处理问题。

热忱的重要性绝不亚于卓越的能力与努力地工作。我们都认识一些聪明但一无所成的人，也总认识一些辛勤工作但一事无成的人。青年人应该记住，只有热爱工作、投入工作且满怀热忱的人才能有所成就。

热忱有一种特性，那就是它具有感染力，并且能令人有反应。不论在教室里或其他活动中，都是一样的。就算是冰上曲棍球比赛，也同样需要热忱。如果你自己对一个想法或计划不够热忱，别人更不可能有热忱。如果公司领导人自己不能全心热诚地相信公司的目标与方向，就不要指望员工、顾客或股市会相信它。想使任何人对一个想法——或是一个计划、一个活动——兴奋起劲的最好办法，就是你自己要先兴奋起来。而且要把你的兴奋表现出来。

汤姆·德尔夫最近在加州一家进口公司考尔佛电子销售公司找到了一份业务员的工作。按照公司历来的做法：公司会交给汤姆·德尔夫一份很难缠的潜力客户名单。其中有一家公司以前是汤姆·德尔夫公司的大客户，但是却在多年前停止往来了。

汤姆·德尔夫说："我决定把跟他们做成生意当作是我个人的一项挑战。这表示我得先说服老板我可以把这家公司扳回来。他本来不太肯定，但是他不想浇我的冷水。于是他允许我去拜访那家客户。"

汤姆·德尔夫既已把赢回这家客户当作自己的使命，于是他提供了保证价，缩短交货期，并允诺更好的服务。他向那位采购处长表示考尔佛公司"将会做一切令你们满意的事"。

当汤姆·德尔夫第一次与采购处长面对面谈话时，他的热忱就扮演了重要的角色。他面带微笑地走进会客室，并说道："很高兴能再回来，让我们一起来共同合作。"

汤姆·德尔夫从来没有想过他可能无法成交。他完全忽略他的公司已经丢掉了这个客户的事实。他以最高昂热忱的态度说服他的客户，考尔佛公司已准备好再为他们服务。

"后来，采购处长告诉我们老板，他们考虑我们的唯一理由是因为我的热忱。他们的订单后来一年有 50 万美元的利润。"

热忱，可以保养灵魂，培养并发挥热忱的特性，我们就可以对我们所做的每件事情，加上了火花和趣味。

我有一次请教一位友人，问他如何挑选管理人员。这位友人的回答听起来可能蛮令人惊奇的："这些成功者与失败者，他们的能力与聪明才智其实差异不大。"纽约中央铁路公司总裁佛多利·威尔森说："如果两个人各方面条件都相近，那么，更热诚的那一位一定更快达到成功。一个能力平庸但是很热诚的人，往往会胜过能力杰出却缺乏热忱的人。"

热忱是一把火，它可燃烧起成功的希望。要想获得这个世界上的最大奖赏，你必须像过去最伟大的开拓者那样将梦想转化为全部有价值的献身热情，来发展和销售自己的才能。

有一次，我在加州一家饭店投宿时，点了客房服务，侍者是一位墨西哥人，他说着一口吞吞吐吐不流畅的英语："早安！早安！早安！"奇怪的是，他重复了三次问安，却不显得啰嗦，反而让人觉得很舒心。

他用那种墨西哥人独有的热情深深地感染了我，他满面春光地告诉我，他有一份好工作，而且身在美国。接着他满怀热情地为我倒咖啡，同时又很友好地同我谈论天气："对啊！不过下雨也很好，雨水可以让草地青翠，而且花草树木也都需要雨水，不是吗？"

在他离开房间之时，我深深地被他打动了。我对自己说，我知道为什么他有一份工作。

最聪明和最热忱的人能更快地得到工作和做出成绩。要满怀着热忱，将你自己奉献给积极的人生，你将会惊讶人们有多么想要雇用你。

　　我曾不止一次地在课堂上告诉我的学员们，促使一个人成功的因素很多，而居于首位的就是热忱，一个人、一个团队只要有热忱，其结果必然是积极的行动、成功和幸福。

　　激情增加一盎司，我们的人生就会大不一样。著名人寿保险推销员弗兰克·贝特格在他的自传中，向我们充分诠释了这一点：

　　"在我刚转入职业棒球界不久，我就遭到了有生以来最大的打击——我被开除了。理由是我打球无精打采。老板对我说：'弗兰克，离开这儿后，无论你去哪儿，都要振作起来，工作中要有生气和热情。'这是一个重要的忠告，虽然代价惨重，但还不算太迟。于是，当我进入纽黑文队时，我下定决心在这次联赛中一定要成为最有激情的球员。

　　"从此以后，我在球场上就像一个充足了电的勇士。掷球是如此之快、如此有力，以至于几乎要震落内场接球同伴的手套。在烈日炎炎下，为了赢得至关重要的一分，我在球场上奔来跑去，完全忘了这样会很容易中暑。第二天早晨的报纸上赫然登着我们的消息，上面是这样写的：'这个新手充满了激情并感染了我们的小伙子们。他们不但赢得了比赛，而且看来情绪比任何时候都好。'那家报纸还给我起了个绰号叫'锐气'，称我是队里的'灵魂'。3个星期以前我还被人骂作'懒惰的家伙'，可现在我的绰号竟然是'锐气'。

　　"于是我的月薪从25美元涨到185美元。这并不是我球技出众或是有很强的能力，在投入热情打球以前，我对棒球所知甚少。除了'激情'还有什么能使我的月薪在10天内竟上升700%呢？

　　"退出职业棒球队之后，我去做人寿保险推销工作。在10个月令人沮丧的推销之后，我被卡耐基先生一语惊破。他说：'贝特格，你毫无生气的言谈怎么能使大家感兴趣呢？'我决定以我加入纽黑文队打球的激情投入到做推销员的工作中来。有一天，我进了一个店铺，鼓起我的全部热情试图说服店铺的主人买保险。他大概从未遇到过如此热情的推销员，只见他挺直了身子，睁大眼睛，一直听我把话说完，最终他没有拒绝我的推销，买了一份保险。从那天开始，我真正地展开推销工作了。在12年的推销生涯中，我目睹了许多的推销员靠激情成倍地增加收入，同样也目睹更多人由于缺少热情而一事无成。"

　　弗兰克·贝特格在事业上有所成就，与其说是取决于他的才能，不如说是取决于他的激情。凭借激情，他在烈日当空的酷热中超常发挥；凭借激情，他说服了自己的客户，最终创出不凡的成就。

运动可以驱除忧闷

卡耐基金言

◇我的肉体疲倦了，我的精神也随之得到休息。当你烦恼时，多用肌肉，少用脑筋，其结果将会令你惊讶不已。

我若发现自己有了烦恼，或是精神上像埃及骆驼寻找水源那样地猛绕着圈子转个不停，我就利用激烈的体能练习活动，来帮助我驱逐这些烦恼。

那些活动可能是跑步，或是徒步远足到乡下，或是打半小时的沙袋，或是到体育场打网球。不管是什么，体育活动使我的精神为之一振。每到周末，我都从事多项运动，例如绕高尔夫球场跑一圈，打一场激烈的网球，或到阿第伦达克山滑雪。等到我的肉体疲倦了，我的精神也随之得到休息。因此再度回去工作时，我精神清爽，充满活力。在工作地点纽约，我经常有机会到俱乐部健身院去，待上一个小时。没有人在滑雪或作激烈运动的时候还烦恼，因为他忙得没时间烦恼。烦恼的大山很快就变成微不足道的小丘，激烈的运动很容易就能将它"摆平"。

我发现，烦恼的最佳"解毒剂"就是运动。当你烦恼时，多用肌肉，少用脑筋，其结果将会令你惊讶不已。这种方法对我极为有效——当我开始运动时，烦恼就消失。

有位专门研究快乐如何影响心理的科学家曾整理出了几个快乐的技巧，方法简单而且效果神速，让人能立刻就变得乐观起来，这就是运动和听音乐。

首先，经常运动，抬头挺胸。

楚安尼曾强调说，要矫正头脑之前，请先校正身体。为什么呢？因为生理同心理是息息相关的。相信你也该有过这样的体验，当心情处于低潮的时候，我们往往也是无精打采、垂头丧气；而心情快乐时，自然是抬头挺胸、昂首阔步了。所以，身体的姿势的确会与心理的状态密不可分。

再从另一角度来看，当一个人抬头挺胸的时候，呼吸会比较顺畅，而深呼吸则是释放压力的妙方。所以当抬头挺胸时，我们会觉得比较能够应付压力，当然也就容易产生"这没什么大不了"的乐观态度。

另外，与肌肉状态有关的信息也会通过神经系统传回大脑去。当我们抬头挺胸的时候，大脑会收到这样的信息，四肢自在，呼吸顺畅，看来是处于很轻松的状态，心情应该是不错的。

在大脑也做出心情愉悦的判决后，自己的心情于是乎就更轻松了。

因此，身体的状态和姿势的确会影响心情。运动能推动快乐，要是垂头，就容易感到丧气，而如果挺胸，则容易觉得有生气。

这个简单得令人不可置信的方法，请千万别小看它，下次若头脑中悲观的念头又再冒出来时，赶快调整一下姿势，抬头挺胸地带出乐观心境吧！或者运动几下，要么不妨听听音乐，这是第三种让身体快乐的方法。

心情低潮时要怎么办？曾有个女孩说："简单，就开始大声唱歌嘛！"接着她就"红豆、大红豆、芋头……"，唱起了锉冰歌。没料到歌声一停，她旁边的男朋友立即开口："是啊，每次唱完你的心情是好了，我的心情也跟着挺好的！"看来，歌声还是挺重要的。你也会在心情低落时唱歌自娱吗？

引吭高歌，是否真的对情绪舒解有益？其实早在几百年前，人类就已经懂得利用音乐与情绪之间的密切关系。例如几世纪前，欧洲有些国家就把音乐和歌唱拿来当成治疗忧郁症的一种方法，很有意思吧！

在当时，如果一个人感到郁郁寡欢，情绪低迷不振，他就会被安排在固定的时间听音乐，并且被要求开口大声高歌。这个不用药物、既经济又简单的做法，在当年是一个另类方法，然而后来心理学家们发现，唱歌的确可以唱走郁闷。这是因为在我们发声歌唱时，就好像是把自己的身体当成了乐器来使用，声音在体内上上下下地振动着，因此有着体内按摩的功效。

当你尽情高歌、浑然忘我时，你是否感觉到体内的声音能量，从头到脚是在振动着的？这个感觉令人身体舒畅而心情飞扬的原因，就是因为音振在体内按摩五脏六腑，放松了肌肉紧绷的不适，焦虑感也随之得到舒解。

此外，在你嘶吼的同时，体内因负面情绪而累积的能量也得以向外宣泄，不再压抑，当然感到轻松许多。有些心理医师更进一步说明，唱歌能帮助我们在情感层次上做调整的工作，甚至感受到"美"的感觉，因此是极佳的心情疗法，没事多哼哼歌绝对有益无害。

　　要是担心别人厌烦你的歌喉，浴室及窗门紧闭的车内都可以是你大展身手的好地方。

　　自己的心情自己救，快乐是你的权利。

第 5 章
将快乐随身携带

快乐是一种能力

卡耐基金言

◇快乐是一种礼物，创造了绝大多数生活。愉悦则是来自不计后果的狂欢，让人忘记生活。

◇"快乐并不是不快的缺席，它是一种善待自己的能力，不管你感觉如何。"

◇对于我们的工作和生活而言，快乐是一种能力，是一种尺度。我们用它来丈量生活的品质，丈量我们喜欢生活的程度。

快乐是一种能力。快乐和愉悦并不是一回事。一位作家曾经说过："快乐是一种礼物，它创造了绝大多数生活。愉悦则来自不计后果的狂欢，让人忘记生活。"

"快乐并不是不快的缺席，"伦肖说，"它是一种善待自己的能力，不管你感觉如何。"但快乐和愉悦可以密切连接在一起。因为人们把注意力集中在痛苦而不是快乐上，所以我们无法得到快乐。

所有有关快乐的研究都表明，快乐的人忙碌、有活力、外向。生活在个人郁闷世界里的人会在寻找的过程中逐渐失去本我，孩子们则会全身心地投入到游戏中去。当我们忘记了自己是谁，把注意力集中在正在完成的事情上时，快乐就会来临。

有人讲述了一个好学的年轻人的故事：这个学生认识了一位受人尊敬的禅宗大师，向他询问永远快乐的秘密。大师笑着拿起粉笔写道：专心。"这就够了吗？"学生问。"专心就已经足够了，"大师说，"如果不专心，快乐就没有栖身之所；有了专心，快乐现在就在。专心是心无旁骛。专心就是一切。"

每个人都有快乐的理由，但我们总认为我们没资格快乐，或者做得还不够，远不到快乐的时候。这种等待心理的表现是：我们常常说，"如果……的话，我一定非常快乐，但是……"事实是我们永远也到不了那个境界。如果快乐要待实现某个目标后才能享受，人就会藏起自己的快乐，一直等到那个时刻。不幸的是，不管这愿望是关于金钱、汽车、工作或者爱人，即使真的实现了，你却会发现自己仍然快乐不起来。当你现在所做的一切都为了明天，生活已经失真。

很多人试图通过成功来创造快乐，是因为他们错误理解了这些东西带来快乐的质量和持续时间。新的幸福感很快就会暗淡，快乐开始变得平淡无奇，你只好又开始寻找下一个目标。

然而这并不是说我们不应该制定目标，只是鼓励大家将目标放在现在。问问自己今天可以为明天的目标做些什么，不管那目标是健康、工作成功、减肥还是别的什么。我们能控制的唯一时刻就是现在。

对于我们的工作和生活而言，快乐是一种能力，是一种尺度。我们用它来丈量生活的品质，丈量我们喜欢生活的程度。

有这么一个故事。那是一家跨国公司策划总监的招聘。层层筛选后，最后只剩下3个佼佼者。最后一次考核前，3个应聘者被分别封闭在一间设有监控的房间内。房间内务和生活用品一应俱全，但没有电话，不能上网。考核方没有告知3个人具体要做什么，只是说，让几个人耐心等待考题的送达。

最初的一天，3个人都在略显兴奋中度过，看看书报，看看电视，听听音乐。

第二天，情况开始出现了不同。因为迟迟等不到考题，有人变得焦躁起来，有人不断地更换着电视频道，把书翻来翻去……只有一个人，还跟随着电视节目里的情节快乐地笑着，津津有味地看书做饭吃饭，踏踏实实地睡觉……

5天后，考核方将3个人请出了房间，主考官说出了最终结果：那个能够坚持快乐生活的人被聘用了。主考官解释说："快乐是一种能力，能够在任何环境中保持一颗快乐的心，可以更有把握地走近成功！"

实际上，我们能否快乐主要是决定于下面几个方面：

1. 思维模式。

即看待生活的方式，也是快乐的核心。在很大程度上人的思维决定感情，所以我可以通过"想"某些事来促进相同结果的发生，即用思想指导行为。

2. 价值观念。

我们的价值观和生活规则同样非常重要。如果成功是你生活的信条，那么取得成功的基础是赚钱。这个规则——价值系统对制造快乐并没有必要。

绝大多数人继承了父母的价值观和其他一些社会行为，我们甚至在不知道它们究竟是什么的情况下就已经习惯了这些东西。如果生活的目的是为了让别人满意——很多人确实如此——那么我们首先担心自己做得还不够好，而这种想法只能带来不快、气愤、压力和疾病。过于在意外部环境会带来压力感。快乐的人是那些知道自己的目标并明确了解完成目标的方法的人。

3. 角色认知。

平衡我们的角色对快乐来说也很重要。我们在生活中扮演着不同角色——工作的、家庭的。人们当然会更重视能得到更多承认的那个角色——不管是工作的还是私人的。但是把自己的快乐建立在别人的脸色上，只能给自己带来不快和压力。

可能你在自认为最重要的角色上表现不错，不过要记住，为此而忽视其他角色是万万不行的。我们将制造快乐的方法称作"更高使命"——生活的全部哲学或者目的。一旦你知道自己想要的，明确自己的人生应该如何度过，为什么要这样度过，你就能制定目标，并采取相应步骤去实现它。

忧虑是自我的"杰作"

卡耐基金言

◇如果你一直觉得不满，那么即使你拥有了整个世界，也会觉得伤心。在我们的生活中，大概有90%的事还不错，只有10%的不太好。如果我们要快乐，就要多想想90%的好，而不是去理会10%的不好。

众所周知，情绪可以影响甚至主宰人的心理及生理的健康，而厌烦更是许多心理失调和生活病症产生的根源。呼吸急促、头痛、睡眠不佳、晕眩、性无能、皮肤瘙痒等都是一些常见的生理症状。而更令人担忧的是厌烦对人们心理上的影响，厌烦磨平了人们生活的锐气，浇灭了人们生活的热情，也夺去了人们生活的目标。

人们常认为，容易为厌烦所折磨的往往是那些没有工作、无所事事、游手好闲的人，然而实际上工作的人也同样不能避免。不管是工作还是休闲，厌烦最可能侵袭的人往往有这样一些特征：

1. 渴望安全感和物质的保障。

2. 对别人的评价非常敏感。

3. 随波逐流。

4. 忧心忡忡。

5. 缺乏自信。

6. 没有创造力。

爱默生有一句很精辟的话："当你觉得安全时，厌烦也会随着滋生，它是一种不安全的征兆。"因为那些在生活中选择了比较安全、没有风险道路的人，其实也是选择了平庸。他们的生活缺乏冒险与激情，缺乏创造与新意，因而他们也就很难获得成功与满足作为回报。

而对于那些选择了不断进取和攀登的生活道路的人来说，生活永远充满了挑战与刺激，几乎任何一件事都可以焕发生活的热情与创造的欲望。他们总有很多事可做，每样事又有很多方法可以选择。他们是如此充实忙碌、乐观开朗，面对他们充满韧性与朝气的生命力，厌烦永远找不到潜入他们内心的突破口。

对每个人来说，生活中总会有或多或少感到厌烦的时候。尤其可能的是，许多平时为我们所不懈追求的事情，最终却可能使我们厌烦。一份好不容易才得到的工作却带来无尽的压力；原本与女友甜蜜温馨的关系变得乏味厌倦；苦苦盼来的宝贵的休闲时间却因无所事事而成为一潭死水。于是我们往往开始指责周围的事物、社会、朋友、肮脏的城市、阴沉的天气、品质低劣的电视节目、丑陋而又多嘴的女同事乃至邻居家的笨狗。这实在是最容易又最普遍的一种反应。随心所欲地指责外在的影响既获得了自我心理膨胀的满足，也不负责任地为自己找到了种种理由。

心理学家曾经分析过很多引起厌烦的原因，其中一些常见的因素是：

1. 期望落空。

2. 工作没有挑战性。

3. 缺少运动。

4. 气量狭小。

5. 缺乏投入的热情。

6. 感情脆弱。

7. 生活单调乏味。

然而问题是：是谁使我们的希望未能实现？是什么使我们的生活一成不变？是什么让我们变得如此冷漠？为什么我们不能心胸宽广些？如果这些问题得不到解决，这些心情就会在生活中一再出现，我们也将陷于厌烦的感情漩涡中不能自拔。

所以，归根究底，厌烦时我们没有理由也没有必要指责任何人、任何事。厌烦其实是我们自己造成的。一味地抱怨什么也改变不了，也不能解决任何问题，如果想使生活多彩多姿、丰富有趣，我们一定得靠自己。没有人能帮我们解决自己的问题。要想消除厌烦，完全取决于你是否有勇气承担责任，有信心战胜困难，有决心直面痛苦，有行动改变现状。当我们做到这些时，厌烦就不再是问题了。

一位智者曾经说过："如果我觉得厌烦，我想那肯定是我自己的杰作。"记住这句话，如果你觉得厌烦，那是你自己令自己厌烦，一切问题都源于你，一切改变也只能依靠你。罗马政治家及哲学家塞尼加也说："如果你一直觉得不满，那么即使你拥有了整个世界，也会觉得伤心。"可见心情会决定一个人对待生活的态度。然而，并不是每个人都能以好心情来度过每一天，人们常常会遇到这样那样不愉快的事情，从而破坏心情，影响生活。

在我们的生活中，大概有 90% 的事还不错，只有 10% 不太好。如果我们要快乐，就要多想想 90% 的好，而不去理会 10% 的不好。

我们常常会面临那些给我们生活带来苦难而我们却无法控制的情况。对于这种情形，我们可以采用一种较为乐观的解决办法，将苦难看成是生活的一部分，没有一个人可以逃避得掉。

我们可以学着去应付问题，并且接受那不可避免的，但不必为苦难而忧虑，因为这比问题本身对我们更有害。

我们可以培养愉快的心情，虽然并不容易，但却是可以通过努力做到的。最重要的一点是，我们没有必要为那些已经发生而且无法改变的事情而烦恼。我们尽可以暂时忘却那些事情，发现工作和生活的快乐。长此以往，我们的心情就会获得持久的愉快感受。

我们在上一节中讲到，不论办公或经营，有很多态度很重要，其中之一便是以快乐的心情去工作。若对工作感到乏味，做买卖也提不起兴趣，是人生中很不幸的事，当然也不会有工作成果可言。因此，即便是再单调的工作，也要愉快地去从事。

那么要如何才能拥有这种心情呢？我认为，使人才适得其所是其中之一，但更重要的是使每个人喜欢自己的工作。如果认为自己的工作跟别人无关，也没什么意义，当然无法对工作感到乐趣。所以，自己应建立正确的经营理念，去执行工作，并互相扶持。

另外一个重要的方法就是多为自己寻找愉快的刺激。

你是不是属于那类能常常因持续的刺激而兴奋不已的人呢？就像一位在午餐时碰见老朋友心情极为兴奋的人——他急急忙忙地冲向餐厅，扑向朋友的座位，眼光极为明亮地说：

"啊！我多久没有见到你啦！你知道吗，在这期间里发生了多少事？有好有坏。3天前我买了一栋房子，但也不幸地发生了车祸（车子报销了，幸亏车里的人都没有受伤），接着我匆忙地赶去芝加哥参加一项我梦想已久的工作的面试。唉！面试的情况不太乐观——我想我一定没希望得到那个工作了，真可惜啊！参加完面试之后我又匆忙地赶回这里参加个舞会。跳完舞后，又和别人一起出去玩，昨天晚上我大概只睡了4个小时。"

不见得每一个人都会觉得这个人所叙述的过去3天发生的事很有趣，事实上反而有些人会因为其中发生些不愉快的事而快快不乐。为什么会有这种差异呢？因为每个人对刺激的需要程度不一致：有些人需要很大的刺激才能感觉兴奋，并且很快就开始厌倦这种兴奋。一般情况下，低度需求的人不依赖密集的刺激。这并不意味着低度需求的人不会兴奋：一位对物质生活不太重视的哲学家和普通人比较起来，往往后者需要更多的刺激才能获得和前者一样程度的兴奋。

不管是兴奋或是厌烦，如果不断增加，超过了某一上限，结果将演变成紧张，尤其是厌烦的累积往往极容易演变成紧张。当然了，这并非绝对如此，要因个人而有不同。

有许多实验表明，当接受微量或适当的刺激时人们能感觉到有趣，而一旦刺激过强，先前所有的感受完全消失，为另一负向的感受所取代，就会产生紧张情绪。当刺激到达某一点之后，就出现了吃惊、害怕及不满足的情绪了。

吃惊可能带来极大的乐趣、赞叹，也可能是不愉快的震惊。而人类之所以会陷于如此复杂情况的原因，是无法预先得知究竟会发生什么事，或是他们是否能因此事而获得乐趣。一位任职于大公司的经理可以由他工作的多样性质而获得娱乐，有些人则从赌博中的不肯定性而获得趣味，更有许多人从冒险活动的刺激中得到极大的快乐——例如爬山、潜水以及其他花钱得到的冒险活动等等。又如在一场球赛中暂时受到挫折，不但不会使你觉得没意思，反而有股不服输的心理，从这种心理中产生出攻击对方弱点致胜从而带来的兴趣及趣味。但如果长久受挫折，则反而会变成痛苦与折磨。极大的害怕可能会引起极强的紧张情绪，但并非所有的害怕都一定会导致不愉快的感觉。轻微的害怕，就像当我们第一次从跳水板上往水里跳时的那种害怕，不但不会引起不愉快的感觉，反而有些兴奋呢！

如果我们长时期重复地使用一种刺激，它们就可能失去产生兴奋的作用了。因为那些能使我们兴奋、引起我们兴趣及让我们热切想得到的事物，已被我们所熟知及习惯，因而成为平凡生活里的一部分。就像是第一次学开车、第一次去听音乐会，及第一次坐上飞机——当你经历过第一次，以后就绝对无法使你像第一次时能获得那么强烈的兴奋与乐趣了。

今日的世界，新产品正以飞快的速度席卷整个社会及民众心理。由于人类本身所具有的善变性，及传播媒介的大肆渲染，人类毫无选择地被置于新奇事物的展示橱窗之前。面对这些五花八门的新奇时髦品，人类似乎已无法分辨，只能照单全收。由于速度太快了，不寻常的事物很快地又变成平常之物，然后我们又再接受另一新奇事物，就这样周而复始地接受与习惯。就如有一个人登上月球之后，会有许许多多的后继者，于是登陆月球也不再是件稀奇事了；又如现在所谓的世界纪录也并非很了不得的大事，因为也许下一分钟又有人打破先前的纪录。

现代人对这些现象的应对之策就是不断地接受，不断地寻找更多新奇的刺激。但问题是我们是否能源源不断地找到这些刺激以满足需求。而寻找这些刺激，可能需投入大量的时间、精力以及创造力——有时候辛劳还不一定能有收获呢。有钱人虽然能获得比普通人更多的刺激，但同时也发现，要寻找新刺激已成为倍加困难的事，因为他们已慢慢地耗尽刺激，最终由于刺激的来源被耗尽而感觉不愉快，甚至无法忍受。

为了追求刺激，味觉的享受也是重要的一环：我们食用大量的糖、咖啡因、酒精饮料及刺激性药品，以后就需更大量的上述刺激物才能获得刺激高潮。有的人还习惯于在紧张的场合服用刺激品以应付紧张的心情，例如有时候因我们前面堆积了许多待完成的事而心情烦闷时，会习惯地泡一杯浓咖啡以刺激精神保持清醒。但如此一来反致使体内血糖浓度下降，也可能因此变得更紧张，更无法集中精力。

快乐的顶点——如欢喜若狂、心醉神迷、手舞足蹈的时刻——都是心理学家马斯洛特别感兴趣的题目。他称这种经验为"尖峰感觉"，他发现拥有某些特殊性格的人容易于某些情况下达到这种感觉。

马斯洛发现音乐、性、舞蹈、婴儿的出生、数学以及对伟大作品的欣赏等容易触发尖峰感觉，所有这些感觉都是由极大的心理力量而来。美好的尖峰感觉不只在感觉当时带来阵阵不间断的乐趣，并且于一生中都留下了好的影响。马斯洛认为尖峰感觉能增加一个人的勇气，使我们纵使遭受不如意或责难，也不至于有自杀的念头或成为酒鬼。他也发现"卓越者"往往是最容易获得尖峰感觉的一群人。

寻求尖峰感觉是人类的本能之一，但许多人似乎未曾有过这种感觉，为什么呢？有一个重要原因就是现代社会似乎限制了许多尖峰感觉发生的条件，就像现代社会强调大量生产，因此就限制了以往物以稀为贵的满足心理，而大量生产的结果，使人们越来越依赖物质化的享乐。

心理暗示的魔力

卡耐基金言

◇一切的成就，一切的财富，都始于一个意念。

◇思想的运用和思想的本身，就能把地狱建造成天堂，天堂建造成地狱。

◇如果你感到不快乐，唯一能找到快乐的方法，就是通过积极的心理暗示，使言语和行为好像已经感觉到快乐的样子。

你我所必须面对的最大问题——事实上也是我们需要应付的唯一问题——就是如何选择正确的思想。而且，如果我们能做到这一点，就可以解决所有的问题。

不错，如果我们想的都是快乐的念头，我们就能快乐；如果我们想的都是悲伤的事情，我们就会悲伤；如果我们想到一些可怕的情况，我们就会害怕；如果我们想的是不好的念头，我们恐怕就不会安心了；如果我们想的净是失败，我们就会失败；如果我们沉浸在自怜里，大家都会有意躲开我们。

这是不是暗示对于所有的困难，我们都应该用习惯性的乐天态度去对待呢？不是的。生命不会这么单纯，不过大家应选择正面的态度，而不要采取反面的态度。换句话说，我们必须关注我们的问题，但是不能忧虑。关注和忧虑之间的分别是什么呢？关注的意思就是要了解问题在哪里，然后很镇定地采取各种步骤去加以解决，而忧虑却是发疯似的在小圈子里打转。

从事成人教育35年的经验使我深信思想对于一个人所能产生的巨大影响。一个人只要改变自己的想法，就能改变自己的生活，就能够消除忧虑和恐惧，就能走向成功。我们内心的平静，和我们由生活所得到的快乐，并不在于我们在哪里，我们有什么，或者我们是什么人，而只是在于我们的心境如何，与外在的条件没有多少关系。

思想的运用和思想的本身，就能把地狱造成天堂，把天堂造成地狱。

当你被各种烦恼困扰着，整个人精神紧张不堪的时候，你可以凭自己的意志力，改变你的心境。这可能要花一点力气，可是秘诀却非常的简单。

"如果你感到不快乐，那么唯一能找到快乐的方法，就是振奋精神，使行动和言词好像已经感觉到快乐的样子。"

这种简单的办法是不是有用呢？你不妨自己试一试。让你的脸露出一个很开心的笑容来，挺起胸膛，好好地深吸一大口气，然后唱一小段歌，如果你不能唱，就吹口哨，若是你不会吹口哨，就哼点别的。你就会很快地发现威廉·詹姆斯所说的是什么意思了，当你的行动能够显出你快乐的时候，根本就不可能再忧虑和颓丧下去了。

好多年以前，我看过一本小书，它对我的生活产生了深远而良好的影响，它的书名叫作《人的思想》，作者是詹姆斯·艾伦。下面是书里的一段：

"一个人会发现，当他改变对事物和其他人的看法时，事物和其他人对他来说就会发生改变——要是一个人把他的思想引向光明，他就会很吃惊地发现，他的生活受到很大的影响。人不能吸引他们所要的，却可能吸引他们所有的……能变化气质的神性就存在于我们自己心里，也就是我们自己……一个人所能得到的，正是他们自己思想的直接结果……"

自我暗示就是自动暗示，它是人的心理活动中的意识思想的发生部分与潜意识的行动部分之间的沟通媒介。它是一种启示、提醒和指令，它会告诉你注意什么、追求什么、致力于什么和怎样行动，因而它能支配影响你的行为。这是每个人都拥有的一个看不见的法宝。

自有人类以来，不知有多少思想家、传教士和教育者都已经一再强调信心与意志的重要性。但他们都没有明确指出：信心与意志是一种心理状态，是一种可以用自我暗示诱导和修炼出来的积极的心理状态！成功始于觉醒，心态决定命运！

这是现时代的伟大发现，是成功心理学的卓越贡献。成功心理、积极心态的核心就是自信主动意识，或者称作积极的自我意识，而自信意识的来源和成果就是经常在心理上进行积极的自我暗示。反之也一样，消极心态、自卑意识，就是经常在心理上进行消极的自我暗示。就是说，不同的意识与心态会有不同的心理暗示，而心理暗示的不同也是形成不同的意识与心态的根源。所以说心态决定命运，正是以心理暗示决定行为这个事实为依据的。

不同的心理暗示，就会给你带来不同的情绪和行为。有一天，一位朋友给我讲了一个十分让我感动的故事，它让我深刻地感受到了心理暗示的巨大魔力：它可以挽救一个垂死人的生命。这个故事的主角就是一个名叫快乐的杰克的年轻人。

杰克是饭店经理，他的心情总是很好。当有人问他近况如何时，他回答："我快乐无比。"

如果哪位同事心情不好，他就会告诉对方怎么去看事物好的一面。他说："每天早上，我一醒来就对自己说，杰克，你今天有两种选择，你可以选择心情愉快，也可以选择心情不好，我选择心情愉快。每次有坏事情发生，我可以选择成为一个受害者，也可以选择从中学些东西，我选择后者。人生就是选择，你要学会选择如何去面对各种处境。归根结底，你自己选择如何面对人生。"

有一天，他被 3 个持枪的歹徒拦住了。歹徒朝他开了枪。

幸运的是发现较早，杰克被送进了急诊室。经过 18 个小时的抢救和几个星期的精心治疗，杰克出院了，只是仍有小部分弹片留在他体内。

6 个月后，他的一位朋友见到了他。朋友问他近况如何，他说："我快乐无比。想不想看看我的伤疤？"朋友看了伤疤，然后问当时他想了些什么。

杰克答道:"当我躺在地上时,我对自己说有两个选择:一是死,一是活。我选择了活。医护人员都很好,他们告诉我,我会好的。但在他们把我推进急诊室后,我从他们的眼神中读到了'他是个死人'。我知道我需要采取一些行动。"

"你采取了什么行动?"朋友问。

杰克说:"有个护士大声问我对什么东西过敏。我马上答'有的'。这时,所有的医生、护士都停下来等我说下去。我深深吸了一口气,然后大声吼道:'子弹!'在一片大笑声中,我又说道:'请把我当活人来医,而不是死人。'"

杰克就这样活下来了。

心理上的自我暗示固然是个法宝,但这个法宝的巨大魔力,还需要通过经常地长期运用,形成一种意识,才会充分地显示出来。具有自信主动意识的人必然会长期进行积极的自我暗示,而具有自卑被动意识的人却总是使用消极的自我暗示。可以说,经常进行积极暗示的人在每一个困难和问题面前看到的都是机会和希望;而经常进行消极暗示的人在每一个希望和机会面前看到的都是问题和困难。很明显,正是这种由成千上万次的心理暗示所形成的意识决定了一个人有无发展,能否成功。

自我意识、自我评价本身确实能左右一个人的发展。一个孩子如果有了不良的自我意识,就会有不良的表现,也就很容易被人们看成是"没出息"、"没用",甚至"有犯罪意图"。一个人的心理暗示经常是怎样,他就会真的变成那样。

人与人之间本来只有很小的差异,但这很小的差异却往往造成了巨大的差异!巨大的差异当然就决定了快乐、烦恼、幸福、不幸甚至是成功、失败。

所以,我们要调整自己的情绪心理,充分利用积极的心理暗示。

寻找快乐的"发源地"

卡耐基金言

◇建造心灵快乐园地的好方法就是储存快乐的来源并加以扩大。我们可以借助很多方式来收集贮藏这些来源。

近年来心理学界的一件大事，就是关于"快乐"的研究有许多令人兴奋的发现。所有的相关研究都预示着不久的将来人类将揭开大脑的神秘面纱，就如过去我们掀开层层宇宙面貌的面纱一样。每个人都有自己的问题和麻烦，但你是否曾注意到，某些人即使在处理一些伤脑筋的问题时也不像其他人整天愁眉苦脸，而比较乐观？这些快乐的人却不一定个个是幸运儿，相反的，大部分人都曾遭受一连串噩运的打击，并且并不富有。失恋的沮丧、失业的苦恼、负债的压力、上司的白眼、辛勤工作却得不到应有的报酬……种种的无奈能将一个人击倒，但他们为何仍是一副乐天派的模样呢？为何仍能苦中作乐呢？他们是如何办到的呢？关键就在于他们掌握了快乐，激励自己做得更好些。因为他们常怀着一颗满足的心，照亮了自己的世界，也缓冲了挫折的打击。这些快乐的人拥有充足的快乐理由使人生总是充满希望。他们能，为什么你不能？

快乐有快乐的"发源地"。

建造心灵快乐园地的好方法就是找到快乐的发源地，把这些储存快乐的来源加以扩大。你可以借助很多方式来收集贮藏这些来源。我们不要将快乐的来源看成一项特别不寻常的事或举动，而将它视为种种"满意的"累积结果。快乐的价值，无法用金钱来衡量，它是依据能带给我们多大影响力而定。

刺激与松弛在快乐中扮演着重要的角色。

刺激是快乐的最大来源之一，它以许多方式翩然降临在我们身上，包括从新食品、新认识的人、新观念，甚至于从神秘、惊人的冒险的过程中所得到的新奇感受与经验等等。

此外兴奋也是快乐不可或缺的重要来源。

拿动物做实验就可看出"兴奋"是一项强有力、不可抵挡的利器——如果在猩猩脑里接通电流至控制快乐兴奋的中枢,并给予猩猩一个可以连通这电流的按钮,使猩猩可以处于兴奋状态,则猩猩必然会不停地按这个按钮直到自己精疲力竭而后才停止。

兴奋的相反一面——松弛,对一般人而言就没有那么容易做到了。我们发现很难将松弛浇注于生活之中,而完全地放松也成为了奢望。不能自我松弛是快乐一项很大的威胁。如果你希望获得快乐,就必须暂时脱离压力的烦忧,保持一段时间的孤立,走出每日的琐事,使自己完全地平静与平衡。

每个人都应有自己的方式去获得介于兴奋与放松之间的平衡。

一般说来,如果你的满足感增加,你必然会更快乐。假设有一天,你因为凡事都不顺心而心烦意乱,觉得很不快乐,建议你不妨与烦心的事来一次竞赛,有意地堆积满意的心情,直到发现满足胜过你原有的不满意,如此你一定就不会觉得那么难过了。

又假设你和一位好友吵架,又因交通阻塞以致在一重要的业务会议上迟到。开完会后,公司宣布今年不给你加薪。上班时牙痛不得不请假去看牙医,好不容易回到家又看到邮箱里塞满了账单——这是多么令人不高兴的一天啊!此时最好的方法就是计划一个充满乐趣的傍晚。你可以拨电话和一些知心朋友聊天,打打球,到一间优雅的餐厅好好享受一顿晚餐;吃完饭后再去看场电影,放松放松身心。这样,你白天积压的不满意就会被晚间的满意所取代,会显得快乐一些。

也许有人认为这个方法实在是太简单了,不会有什么效力,不过多次的试验都证明还蛮管用的。尽管它无法解决你所有的问题,但至少可以稳定情绪,使你能心平气和地处理问题。

有的人在不顺心的日子里会刻意去制造快乐的情境,就像上面所提过的方法,但通常他们不会继续思考:"现在该做什么事才能使我最快乐?"我们应该培养制造快乐的良好习惯,使快乐能随时随地自动出现,而不是一味地让自己沉溺于懒惰和被动之中。举个例子来说,当你想自娱一番时,你一定比较容易想到喝些饮料或是打开电视观赏节目,但不会想去骑脚踏车或是上法文课,而往往后者能带给我们更多的乐趣,只是一般人往往都忽略它们了。

还有一点也很重要,就是要多方面培养快乐的来源。因为多方面的来源能带来多层面的乐趣，并且如果你只有少数的快乐来源，它们可能不堪长期重复使用，而对仅有几个来源依赖过深也会造成乏味。如果你只靠一件事或物来追寻快乐，当你失去它时烦恼就会跟着来了。毕竟你在短时间内无法找到可以替代或填补它的东西。就如一个只专注于工作无其他嗜好的人，一旦他遭到解雇的命运或年老必须退休时，他一定会非常不快乐。

这也就是为什么有越多的快乐来源越好，因为种类多我们就不容易厌倦，假如不幸失去了其中一样，立刻有其他来源可以取代，快乐才能不受影响。

另外，我们使用一项来源时，还必须投下足够的时间使这来源确实有效，确实能使我们从中获得快乐。我们必须真正"进入"来源中才能领悟其中的乐趣。运动就是这样，门外汉怎可能体验到运动的乐趣？必须是你对某项运动已有相当的熟悉程度之后，才能从中获得乐趣。又比如工作也是必须在一段时间的接触后，才能令你觉得愉快。有些人虽然拥有许多快乐的来源，但因为不能专心于一件事情，并与这件事情融合一体，所以他们仍然觉得无聊，当然也就变得不快乐。许多人都有过这样的经验：如果我们企图在一天里做很多事，就算是这些事本身都很有趣，但由于分心太多，所以一天的快乐也降低不少。

现在你不妨看看自己的快乐来源，并作一个评估，看看你是否太依赖某一项来源。让我们努力去增加来源吧！也许令你快乐的一些事物或活动是挺花钱的，但当你仔细检查之后，你将惊讶地发现，有许多来源是由环境、朋友、增加见闻或是其他与钱无关的来源获得的。如果你有金钱方面的困扰，记住：不管价值多少，目标总是目标，期待还是期待，新奇品仍是新奇品，放松依旧是放松，刻意去制造富裕的环境以获得快乐是没必要的。豪华的度假别墅与公园、城市与森林又有何不同？只要你愿意，到处都有不同的活动供你享受啊！

从生活中捡拾情趣

卡耐基金言

◇只要生活有情趣，我们就不会老踩在马路的香蕉皮上。

◇世上有许多充满了情趣的事情可以让你去做，在这令人兴奋的世界中，不要过乏味的生活。

◇生活的艺术可以用多种方法表现出来。也许它可以用这几个字来概括：物尽其用。

一位哲人曾说过：在这地球上，那叫作"生命"的刺激冒险的机会，是你唯一能去做的。因此何不计划它，尽量设法活得丰富而又快乐？

世上充满了有趣的事情可以去做。在这令人兴奋的世界中，不要过乏味的生活。

生活要过得简单而不乏味，有情趣而不孤独，这需要生活的技巧。

一个有智慧的人，他到了40岁以后，生活就过得非常"简单化"了！所谓"简单化"，并不是说要过简单的生活，如古代西班牙式的生活。而是说，对于一切的事件，要能够得法而不随便浪费到无用的地方。

当然，仅仅生活简单化还不够，应该趁着年轻的时候，好好地学习一些技艺。一个人到了50岁以后，能力就将逐步衰退，换言之，学习进步的速度，就不得不减慢了。所以，50岁以后的人，想学习什么新的技艺，那是比较困难的。

有一位作家曾说法国人懂得"生活"的"技术"，而不是说他们懂"生活"的"艺术"。

懂得"生活技术"的人，不一定就是懂得"生活艺术"的人！所谓"生活技术"，也就是"职业技术"。你有"谋生"的本能吗？假如你回答说"有"，那么，你的"谋生本能"便是"生活技术"，因为没有这种"技术"，你便不能"生活"。

这并不是唱高调。

芝加哥的约瑟夫·沙巴土法官，他曾审理过4万件婚姻冲突的案子，并使 2000 对夫妇和好。他说："大部分的夫妇不和，根本是源于许多琐屑的事情。诸如，当丈夫离家上班的时候，太太向他招手再见，可能就会使许多夫妇免于离婚。"

劳·布朗宁和伊丽莎白·巴瑞特·布朗宁的婚姻，可能是有史以来最美妙的了。他永远不会忙得忘记在一些小地方赞美她和照料她，以保持爱的新鲜。他如此体贴地照顾她的残废的太太，结果有一次她在给姊妹们的信中这样写道："现在我自然地开始觉得我或许真的是一位天使。"

简单的生活琐事，可能会给你带来不同的结果，就看你怎样应用技术来处理了。

真正懂得乐观地去生活的人，是因为他的生活富有情致。

我们也许都这样认为：作家的生活就是贫困一词的诠释。我们却不可以否认：作家的精神生活是如此富有！

所以，我认为一个人 40 岁以后的"美满生活"，并不是指"职业"上有何成就，也不是指"谋生技术"上有何进展，而是说每个人努力的结果，心灵上必可得到一种安慰。

但这种"安慰"，不是宗教上的"抽象"，也非哲人的"玄虚"，而是"事实"的证明。

爱迪生的"电灯研究"成功后，他的名字立刻"誉满全球"，这样的"安慰"，是"生活艺术"上的安慰，是心灵上的安慰。一个作家成名之后，所得到的报酬，也和爱迪生相同。

追求个人生活的情趣，不仅可以得到精神上的慰藉，还可以得到情感的升华。

所以，生活从 40 岁开始，我们不应该消极、灰心，而要加倍努力，为自己的心灵营造一方净土——生活情趣是实现这个目的的最好方式。

任何人都想过幸福且充满活力的人生。要实现这个愿望，时时接受新事物的挑战就显得格外重要。

年龄虽大但依然精力充沛的人，多半是不断接受挑战的人。

年纪越大，越感到时光流逝之快。我曾在全美国进行过一项心理实验，也得出与这句话相同的结果。

生活的心境不同，是导致年纪稍大的人觉得时间过得快的主要原因。

因为，他们很久已没有尝试尝试新的事物、听听新鲜事了。

所以，40岁以上的人应努力对很多事物充满兴趣，寻找新的挑战，并且去体验一些新的发现——打破乏味的生活方式。

研究表明，一个人变得愉快，那么，他的行为也会变得令人欢快；一个人陷入忧郁的思绪和痛苦的状态中，那么，你就会发现他成了阴郁的、牢骚满腹的、怪僻的甚至是邪恶的人。因此，我们发现，粗暴和犯罪无一例外地都是出现在那些从不懂得欢乐的人身上，他们闭锁了心灵，对人与大自然融为一体的空明澄净的愉悦丧失了兴趣，对人与人之间互相启迪的愉快交往也就没了兴趣。

人有一种强烈地渴望轻松与娱乐的天然爱好，像其他天然的爱好一样，这种爱好之所以会植根在人身上，那是有它的特殊目的。它不能被压抑，而会以这种或那种形式发泄出来。任何旨在促进纯洁无邪的娱乐活动的良好努力，其价值同旨在反对邪恶行为的一打布道训诫等值。如果我们不为享受健康的快乐提供机会，人们就会找到邪恶的活动来取代它们。西尼·史密斯说得很正确："为了有效地反对邪恶，我们必须用更好的东西取代它。"

戒酒运动的倡导者们根本就没有充分地意识到，这个国家的酗酒恶习是由粗俗的兴趣爱好，是由这个国家存在着太有限的用于娱乐的机会和改善自己兴趣爱好的途径等因素造成的结果。工人的兴趣爱好仍未得到良好的培养，眼前的暂时需要占据他全部的思绪，满足自己的胃口成了他最大的快乐。当他休息的时候，他只会把自己沉溺于啤酒或威士忌当中。德国人曾一度是酗酒最凶的，"像一位德国农民那样醉醺醺"曾经是一句流行的谚语。但他们现在过着最节制清醒的生活。他们是如何戒掉酗酒恶习的呢？主要是通过教育和音乐的手段。音乐具有一种最能使人变得仁慈博爱的效果。艺术的熏陶对公众的道德具有一种非常有益的影响。它为每个家庭提供了一个快乐的源泉，它给家增添了一种新的吸引力。它使人际间的社交活动更加令人愉快。马修神父用唱歌运动来加强他倡导的禁酒运动的效果。他发起了一场在爱尔兰全国各地建立音乐俱乐部的活动。因为他觉得，就像他曾经让人民远离威士忌一样，他必须用某些更健康的东西来取代它才行。他给他们带来了音乐。歌唱阶层出现了，他们提升了人们的兴趣爱好，使人们的品行更加温和谦恭，使爱尔兰人民更加仁慈博爱。但我们仍然担心：马修神父树立的典范恐怕早已被人们遗忘了。

钱宁教授说过："通过把我们周围的氛围变成美妙的声音，造物主在我们的视听能力所及的范围内赋予了我们多么丰富的乐趣啊！然而这一美好的造化在我们身上几乎丧失殆尽了，原因在于我们对承担这一快乐的组织机体长期以来缺乏开发和培养。"

任何图片、版画或雕刻，无论是代表了一种高贵的思想，还是描述了一种英雄行为，或者是能够给我们的屋子带来一些来自田野或街道的气息，这些作品都是老师，都是教育的方法，是自我修养的好帮手。它使得家里变得更令人愉快和有吸引力。它使家庭生活变得甜美，它使家中散发出优美雅致的氛围来。它使一个人从只关注个人的一己之利中解脱出来，在增强他同自己家庭的愉快交往的同时，也扩大了他对外部世界的友好联系。

举一个例子：一位伟人的肖像画有助于我们去理解他的人生。这幅画赋予了他一种个人的魅力。仔细端详他的相貌，我们觉得似乎我们对他了解得更多，与他更亲近了。在我们面前每天挂着这样的一幅画像，无论是在用餐时还是在闲暇时，它都浮现在我们的眼前，这会无形中提升我们的精神气质和心灵品性，是我们迈向更高人生境界的桥梁。

听说有这么一位信仰天主教的放债者：每当他要骗人的时候，他总是习惯性地用面纱把他最喜爱的圣徒像给罩起来。从某种程度上讲，一个伟大而有美德的肖像就是一种比我们自己还要优秀的伙伴；虽然我们不可能达到英雄的水平，但我们可以在他的影响下达到某种程度。

一幅画定价很高以便让人们觉得它很美好，这种做法是不必要的。我们看到许多价格高昂的东西被人们买下，但这些东西的价值还不及拉法叶的木刻画《圣母马利亚》价值的 1%，尽管这幅画只值两便士，但这幅画所蕴含的美，特别是圣母马利亚的头像，使人想起黑兹利特曾说过的话，即在这么一张美妙的肖像面前，要做出不文雅的行为几乎是不可能的。它是母爱、女性美和真挚虔诚的化身。正如曾有人对这幅画所表达的看法一样："看起来似乎有点天国的氛围在屋里。"

生活的艺术可以用多种方法表现出来。也许它可以用这几个字来概括：物尽其用。

没有任何东西可以不屑一顾，即使是普通得不能再普通的渺小之物都有它发挥作用的地方。我们吸入普通的空气，在普照大地的阳光下取暖。我们赞美茵茵的绿草、飘浮的白云和欢笑的鲜花。我们热爱我们共有的大地，聆听来自大自然的声音。它延伸到所有的社交活动中去。它产生善良的愿望和仁爱的真诚。在它的帮助下，我们使别人幸福，使自己被赐福。我们改善了我们的生存方式，升华我们的命运。我们高居于大地的爬行动物之上，渴望走向无限的永恒。由此，我们把时间与永恒结合在一起，在永恒之中，真正的生活艺术拥有它最完美的结局。

假装快乐，你真的就会快乐

卡耐基金言

◇假装快乐不能在30天中把一个内向的人变成一个开心的外向的人，但却是迈向正确方向的第一步。

◇你的兴趣在哪里，你的精力就在哪里，陪一个唠叨的太太走过10条街远比陪知心识趣的情人走上10英里路要辛苦得多。

◇你对工作厌倦吗？为什么不跟自己玩一个"假装"的游戏，也许你会得到意想不到的结果。

一位打字小姐发现，假装工作很有意思会使自己得到很多的报偿。她叫维莉·哥顿，家住伊利诺斯州爱姆霍斯特城。她在信上讲述了下面的故事：

"我们办公室一共有4位打字员，经常因工作量太大而加班加点。有一天，一个副经理坚持要我把一封长信重打一遍，我告诉他只要改一改就行，不需要全部重打。可他竟然说，如果我不重来他就另外雇人了。我气得要死，为了保住这个职位和薪水，我只好假装喜欢，重新打这封信。干着干着，我发现如果我假装喜欢工作，那我真的会喜欢到某种程度，而这时我的工作速度就加快。这种工作态度使我受到大家的好评，后来一位主管请我去做他的私人秘书，因为他了解我很愿意做一些额外的工作而不抱怨。

"结果我发现：心理状态的转变给我带来了奇迹。"

汉斯·威辛吉教授说，你不能只坐在那里，等待快乐的感觉出现；反之，你应该站起来，开始学习快乐的人的动作和谈吐。他说："假装快乐不能在30天中把一个内向的人变成一个开心的外向的人，但却是迈向正确方向的第一步。"

哥顿小姐运用的就是汉斯·威辛吉教授的"假装"哲学，他教我们要

"假装"快乐。心理学家也曾建议我们有时不妨假装快乐，这样去做的人大都能改变心境，也随之能改变命运。实践证明，假装快乐很是有效，你最初也许会觉得那是假造的，但只要多练习，假造的感觉自然会消失。

假装绝对不是坏事，但一定要装得很像。假设您遇到了很不愉快的事情，而您想要假装自己很快乐，想想您该怎样假装呢？至少要面带微笑吧！为了做一个成功的假装者，您必须尽量想一些愉快的事情，为您的微笑补充能量，慢慢地，快乐的事情就会不断地涌出来，最后您会发现自己从不快乐变成了假装快乐，又从假装快乐变成了很快乐。

我们知道，造成疲劳的主要原因之一是无聊。我想这是很容易想见的事：假设你的邻居住了一个年轻的女孩，下班回家时她整个人都累坏了。她腰酸背痛，头疼欲裂，所以不吃晚饭就上床睡了。然后电话铃响，是男朋友打来的电话，邀她去跳舞。女孩眼睛一亮，立刻一跃而起，穿上她最美丽的衣服，一直跳舞到深更半夜才回来。累了吗？一点也不，她神采飞扬，兴致高得很，甚至还了无睡意，满脑子还都是那些活泼的音乐呢！

难道说，下班时那个女孩的筋疲力尽都是装出来的？不，她的确是累坏了，因为她觉得工作无聊，人生也很无聊。这样的人满街都是，不见得是你的邻居而已，说不定就是你自己。

前面已经说过，造成疲倦的情绪因素胜过单纯的生理因素。从前有人做过实验，证明了无聊的确是疲倦的主因。那个实验是对一组学生进行一连串显然枯燥无趣的测试，结果学生都昏昏欲睡，抱怨头痛眼酸，有些甚至还觉得胃痛。这些都是想象的毛病吗？不，经过详细检查，发现人在无聊的时候，血液中的氧燃烧的确比较慢。等到碰到有趣的事情时，功能就立刻恢复正常了。

我们在做有趣的事情时，就不容易觉得疲倦。像我上回到加拿大洛基山脉去度假，成天钓鱼、砍柴，可是一点也不觉得累，因为我有兴致，还有成就感，否则在海拔 7000 英尺做这许多事早就累得躺在那里了。

哥伦比亚大学的爱德华·东狄克教授做过一个实验，他让一群年轻人不眠不休一个星期，一直从事有趣的活动。经过详细研究之后他做成报告："无聊是怠职的真正原因。"

如果你是一个劳心的人，真正让你疲倦的不是你做完的工作，而是你还没做的工作。举例而言，你还记得上个工作不尽心的日子吗？老是有人来打断你的工作，信也没回，约会也取消了，到处都是麻烦，成天都不对劲。你一事无成，你下班回家像打了一场仗回来，头快炸了似的。

第二天一切又对劲了。你的工作量是昨天的10倍，而你回家的时候却觉得像凯旋而归的勇士。你一定有过这种经验，我也有。

我在撰写本章时，曾抽空去看了一场音乐喜剧，里面有一句最佳的警句说："能够做他们喜欢做的事的人都是幸运的家伙。"他们之所以幸运是他们因此能享有更多精力与快乐，减少烦恼和疲劳。

你的兴趣在哪里，你的精力就在哪里。陪一个唠叨的太太走过10条街，远比陪知心识趣的情人走上10英里路要辛苦得多。

可是那又有什么办法呢？也许你不妨参考一下下面这个速记员的做法。她在一家石油公司任职，一个月有好几天她得做一件最无聊的例行公事：整理各种数据表格。那个工作无聊到她本能地不服，决定非让它显得有趣一点不可。怎么做呢？她每天跟自己比赛。她数过每天早上整理过的表格，决定下午要超越早上的纪录，明天又要超越今天的纪录。如此这般，她的工作成绩比同一部门别的速记员的成绩都好。她这么做得到了什么吗？加薪？升迁？赞美？都没有。但是它的确帮她避免因无聊引发的倦怠，让她的心情常葆活力。也因为这种苦中作乐的心态，使她在闲暇时能做更多快乐的事。

我碰巧知道这个故事是真的。我娶了那个女孩。

十几年前，有一个年轻人也觉得他的工作很无聊。他在一家工厂当作业员，负责站在车床边转螺丝钉。那个工作无聊到令他想辞职，可是他又怕找不到别的事。既然无法辞职，他就决定苦中作乐，开始跟他旁边的同事比赛，看谁的工作快。结果领班对他的工作效率大为赞赏，不久就把他调到较好的岗位，结果一路升迁，今天他已经是一家大公司的老板了。要不是当初那一套苦中作乐的本事，也许他还在那家小工厂转螺丝钉呢，又哪有今日的斐然成就呢？

著名的电台新闻评论员凯丹顿也告诉我他苦中作乐的经过。在他22岁时，他在一艘运牛船上工作，负责喂牛吃草喝水，就这么漂洋过海到了欧洲。初到巴黎，他一文莫名，差点潦倒街头，好不容易在英文报上看到一则招聘启事，终于找到一个卖实体幻灯机的工作。

于是，他开始在巴黎街头挨家挨户推销他的产品，而他连一句法语都不会说。但是第一年他就赚到5000元的佣金，跻身当年巴黎业绩最好的推销员之列。更重要的是，那一年的经验教给他的东西比在大学念 4 年书还管用。他说自从做过那个工作之后，他觉得自己甚至可以把国会记录推销给法国的家庭主妇了。

这一年的经验使他对法国生活有了具体而微的了解，事后更证明了对他的报道有莫大的帮助。

话说回来，也许你觉得很奇怪，他既不懂法文，又怎么把东西推销出去呢？原来他先请雇主把推销词写好，他背下来，到时就去敲人家的门，等主妇出来应门时，他就背出一串奇怪的有外国腔的法文。他会把产品给那位主妇过目，而人家发问时，他就耸耸肩，说："我是美国人……美国人……"然后他就脱掉帽子，指着黏在帽顶的法文小抄。这一招通常把别人逗得忍俊不禁，他也跟着笑起来，趁机再拿更多产品给她过目，像这样成交的机会就多得多了。

凯丹顿先生说，这件事说来似乎很有趣，然而实在一点也不容易。他告诉我，唯一支持他做下去的动力是他下定决心要把它变成一件有趣的工作。每天早晨出发前，他会先对着镜子给自己来一段精神讲话：

"如果你想混口饭吃，就得去做这个工作，既然非做不可，为什么不做得快乐些呢！你何不想象你每按一个门铃，就是站在一座舞台上，有一个观众等着看你的表演？不是吗？你的工作其实也就跟舞台表演一样，为什么不好好发挥你的表演才华呢？"

凯丹顿先生告诉我，这种精神讲话对他的鼓励极大，使他有勇气有信心在人生地不熟的巴黎开拓前程，也终究造就了锦绣前程。

精神讲话效用宏大，千万不要等闲视之，它是极有心理学根据的。借着对自己进行精神讲话，你可以将自己的思想导向积极乐观的层面，你就会充满斗志。毕竟，是人的思想形成人的生活，好与坏全在你自己一念之间。

保持正确的思想，工作就不会再那么令人难以忍受。你的老板要你对工作感兴趣，他才能多赚钱。但是别管老板怎么想，快乐工作全是为了你自己。想想看，就算这一份工作不中你的意，换了别的事也可能都一样呀。一切都看你自己，高兴也是过日子，不高兴也是过日子，你怎么想呢？

迎着阳光，把影子留到身后

卡耐基金言

◇人在感到沮丧的时候，千万不要着手解决重要的问题，也不要对影响自己一生的大事作出任何决定，因为那种沮丧的心情会使你的决策陷入歧途。

◇他人都已放弃了，自己还是坚持；他人都已后退了，自己还是向前；眼前没有光明、希望，自己还是不懈努力——这种精神，才是一切创造家、发明家和伟大人物能够成功的原因所在。

在心境忧郁或意气颓丧的时候，你千万不可决定采取生命中的任何重要的步骤，千万不可下任何重大的决定，因为那个不良的心境，会使你的判断步入歧途。

当一个人精神遭遇大痛苦、大失望时，他所采取的步骤，大都只顾目前的解围，而不顾及日后最终结果的好坏。女子在遭到大的失望或痛苦时，往往会降格屈尊，嫁给他们并不真心所爱的男子，就是一个好例子。

有些人在事业上遭到一次重大的失败时，往往会不能重新振作而自甘陷入破产的境地。殊不知他们如能够坚持努力下去，未必不能渡过难关和取得最后的胜利。

人们在感受着极度的刺激及痛苦时，每要趋于自杀之途，虽然他们明明知道，所受的痛苦只是暂时的。一个人在感受痛苦时，对于事物很难正确地透视、观照。在我们的精神或身体遭遇刑笞般的痛苦时，是不能很好地运用我们的理智的。这时如遇到什么事情，就不能作出明晰的分析。

在希望都已幻灭，周围十分黑暗、惨淡的环境下，要一个人仍然乐观，仍然善用理智，这原是很难能的，但也唯有在这样的环境中，才能显示出我们究竟是哪一种人！

测验一个人的真才实力最可靠的方法，就是看他在事业同他相背、命运同他作对，甚至他的至亲好友都要劝他放手、笑他不识时务时，能否坚持着他的夙志与事业。

有多少青年作家、艺术家或从事别项事业的人，因为在事业上受一时失望的刺激便抛弃所学，去从事别种与自己天性不相近的职业，日后虽发现自己有错误，但因怕受他人的耻笑，或因怕重蹈第一次的覆辙，不敢再行变换，以致遗憾终身！

一个人最需要勇气、忍耐与坚毅的时候，无过于在他事业十分不顺利，"向后转"的想法常去引诱他，甚至他的内心也在嘲笑他的不智而暗示他"向后转"的时候了。

有多少乡间少年，刚来到城市中，一旦受了些失望，或动了些乡愁，竟至跑回乡间！殊不知假使他们能够忍耐下去，他们一生的事业会不可限量呢。

有许多出国攻习音乐或艺术的青年男女，因为一时的沮丧或乡愁，竟至不待学成便回国，以致日后无穷追悔。

有不少习医的学生，起先满腔热忱，后来因为在解剖室中看到了所谓的惨相而感到不快，遂至中途辍学。也有不少习法律的人，起先满心想做一位律师，但后来读到法律上艰深、麻烦的部分，会一朝丧气、弃而不学，以为自己不是生来配做律师的。

有些少年，自小没有离开过家庭，一旦离乡背井，负笈他乡，在思乡情切、乡愁厉害的时候，就会不顾一切辍学回家。事后他们总要对于自己当初的不坚定与软弱，生出无穷之追悔。

他人放弃，自己还是坚持；他人后退，自己还是向前；眼前没有光明、希望，自己还是努力奋斗。这种精神，是一切科学家、发明家及其他有大成就人物的成功之原因。

中年以上的人常常发出这样的叹息："假使当初我能够贯彻始终、不移夙志，不在沮丧的时候放弃所从事的事业，恐怕现在已颇有成就了吧！我的生活，要幸福多了吧！"有许多人都是壮志未酬，过着悔恨悲愁的一生，就因为在沮丧及懦弱的时候，他们在事业上是"向后转"了。

不管你前途怎样黑暗，心头怎样沉重，你总应等到忧郁、沮丧的心情恢复以后，再决定你的方针或步骤。在你心境不佳的时候，不管你痛苦的负担是怎样的沉重，你千万不要倒地！

要作重要的决定，须运用你的理智，你的正确的评判力，与你的健全、清楚的观察力。你不能在心境不佳的时候，决定你生命中的重要问题，或决定你事业上和生活上的"转变点"。事业上的"转变点"应该在你心境平和、精神愉快的时候来决定。当颓丧、失望充满我们的心中时，容易使我们的判断流入错觉。有些拥有很多家产的人，在事情稍有不顺利时即变卖家产，并做出种种可笑的事来，因为他们以为要不这样做，他们的事业就将陷入困境，而实际上，这不过是庸人自扰。

在你智穷力尽，不知何去何从时，你很危险，因为那种时候，你所作的决策及思考，总是不健全的。你应当在头脑较冷静、心境自然的时候，再去思考、决策；在心中充满着恐惧、怀疑及失望时，你不能有正确可靠的评判力。健全活泼的脑筋，不感烦恼的精神，总能生出健全的评判。在心情不佳时，所想到的念头，大多不可照着实行。

执行你固有的计划，你头脑清醒时所制订的计划；在沮丧抑郁的时候，你的精神分散，而不能作强有力的集中。精神的恬静、平衡与镇静，是健全思考的前提。

第 **6** 章
有了梦想，你才伟大

人生因为梦想而伟大

卡耐基金言

◇不能保持正确目标而奋斗的人，就有如玩耍得意志消沉的儿童一样，他们不知道自己所要的是什么，总是茫然地撅着嘴。

◇设定明确的目标，是所有伟大成功的出发点。很多人之所以失败，就是因为他们都没有明确的目标，并且也从来没有踏出他们的第一步。

◇目标绝对重要，它不但调动我们的积极性，而且维持我们的人生。

不能抱持正确目标而奋斗的人，就有如玩耍得意志消沉的儿童一样，他们不知道自己所要的是什么，总是茫然地撅着嘴。

行动的本身左右着人生。确定明确的人生目标，不论是对人生，或是对任何的行动，都是至关重要的。

在生活中，有不少人缺乏明确的目标。他们就像地球仪上的蚂蚁，看起来很努力，总是不断地在爬，然而却永远找不到终点，找不到目的地。同样，在生活中没有目标，活动没有焦点，也会使你白费力气，得不到任何成就与满足。

没有目标的活动无异于梦游，没有目标的生活只不过是一种幻象。许多人把一些没有计划的活动错当成人生的方向，他们即使花费了九牛二虎之力，由于没有明确的目标，最后还是哪里都到不了。

要攀到人生山峰的更高点，当然必须要有实际行动，但是首要的是找到自己的方向和目的地。如果没有明确的目标，更高处只是空中楼阁，望不见更不可及。如果我们想要使生活有突破，到达很新且很有价值的目的地，首先一定要确定这些目的地是什么。只有设定了目的地，人生之旅才会有方向、有进步、有终点、有满足。

设定明确的目标，是所有成就的出发点。很多人之所以失败，就在于他们都没有设定明确的目标，并且也从来没有踏出他们的第一步。

社会无疑具有强大的同化作用，使得我们许多人都背离了人生的真谛，丧失了真情和本性。但唯有我们自己真正想要的才能使我们得到满足。放弃了自身的愿望和需要，我们就变得麻木不仁，对任何事都无动于衷。

每个人都做过梦。真实的梦，睡眠中的梦，小时候在作文本上写出的梦，与朋友闲聊时做的白日梦。然而，做梦的年龄过了之后，面对现实，为什么会有惆怅或失落？当然，最理想的是"美梦成真"，虽然不是每个人都能如此，但也并非做不到。

人一旦有梦想有目标，自然就会为了实现它而发挥更大的心力，人生的光辉由此粲然可见。为什么呢？在为实现理想而奋斗的过程中，人生的乐趣昭然若揭，而生活就会更加的精力充沛，此时人类原已潜在的脑力也会得到发挥。经常有意识地创造出这样的情势，使人生更成功、更丰富且充满乐趣的原则，就是所谓的目标催化作用。

1952 年的《生活》杂志曾登载了约翰·戈德的故事。

戈德 15 岁时，偶然地听到年迈的祖母非常感慨地说："如果我年轻时能多尝试一些事情就好了。"戈德受到很大震动，决心自己绝不能到老了还有像老祖母一样有无法挽回的遗憾。于是，他立刻坐下来，详细地列出了自己这一生要做的事情，并称之为"约翰·戈德的梦想清单"。他总共写下了 127 项详细明确的目标。里面包括着 10 条想要探险的河、17 座要征服的高山。他甚至要走遍世界上每一个国家，还想要学开飞机、学骑马。他甚至要读完《圣经》，读完柏拉图、亚里士多德、狄更斯、莎士比亚等十多位大学问家的经典著作。他的梦想中还要乘坐潜艇、弹钢琴、读完《大英百科全书》。当然，还有重要的一项，他还要结婚生子。戈德每天都要看几次这份"梦想清单"，他把整份单子牢牢记在心里，并且倒背如流。戈德的这些目标，即使从半个多世纪后的今天来看，仍然是壮丽且不可企及的。但他究竟完成得怎么样呢？在戈德去世的时候，他已环游世界 4 次，实现了 127 个目标中的103 项。他以一生设想并且完成的目标，述说他人生的精彩和成就，并且照亮了这个世界。

每当我们读起戈德的故事，便会不由自主地想到一句话：人生因梦想而伟大。

我曾有一只名叫"花生"的混血小狗，它活泼、聪明、可爱，是我们家庭的开心果。一次，儿子提出要我和他一起为"花生"盖一间狗屋。于是，我们便立刻动手，很快就把狗屋盖好了。但是，由于手艺太差，狗屋盖得很糟糕。狗屋盖好不久，有一位朋友来访，朋友忍不住问我："树林里那个怪物是什么？难道是狗屋吗？"我说："没错，那正是一间狗屋。"朋友随即指出了狗屋的一些毛病，又说："你为什么不事先计划一下呢？如今盖狗屋都要照着蓝图来做的。"

不知你能从这个狗屋的故事中学到些什么？

一位大学生经常在报纸上发表作品，他从事新闻工作的天分很高，有从事新闻事业的潜力。这位大学生在毕业时却没有选择从事新闻行业，他觉得新闻工作就是报道一些琐琐碎碎的事情，而不愿去做。可是5年后，他却不无懊悔地说："老实说，我现在的待遇也不算低，公司也有前途，工作又有保障，但是我压根儿心不在焉，我很后悔没有一毕业就参加新闻工作。"从这位学生的身上，你可以看出，他对于现在的工作心存不满，三五年就对自己的工作产生了厌恶情绪。他将来根本没有什么前途。除非他立刻辞职，参加新闻工作。

如果这位学生当初在新闻行业上制定准确的目标的话，或许他早就在这方面小有成就了。他失败的根本原因就在于：没有早日定下事业的目标。有了目标才会成功。目标是你所期望的成就与事业的真正动力。

威廉姆·玛斯特恩，一位非常杰出的心理学家曾经向3000人问过同样的问题："你为什么而活着？"结果表明有94%的人说他们没有明确的生活目标。94%啊！正像有句谚语所说的："每个人都会死，但并非每个人都真正地活着。"玛斯特恩的调查也不幸证实了这一点。许多人过着如梭罗所说的"宁静的绝望生活"。他们忍耐，等待，彷徨于生活的真谛，期望他们的人生目标在某个神灵的激发下瞬间降临。同时，他们只是在生存着，重复着生活的机械动作，他们从未感受过生命的闪光。他们看着自己的生命之光迅速地飞逝，变得越来越恐惧，害怕他们还没有体会到任何真正的喜悦和生命的内涵，就走到了人生的尽头。

从发现目标到拥有目标，这是一个过程，整个过程并不是一夜之间就可以完成的。它需要自省和耐心——这两种品质对我们多数人来讲很难做到。但一旦确定了自己的目标，就像为自己的灵魂注入了一股新的活力，安定和方向感顿时产生。

确定你自己的目标也会对你产生同样的效果！下面的练习是我自己在寻

找目标时确立的步骤，您不妨一试，看看效果如何。

取出一张白纸写下"我希望给人留下什么印象"。列出你愿意让你的朋友、配偶、孩子、合作伙伴、团体，甚至是整个世界所希望记住你的品质、行为和特征。如果你与其他一些团体有特殊的关系的话，如教堂、俱乐部、球队等，把他们也列入表中。在列表的过程中你将渐渐地发现你自己真正的价值和生活意义的源泉。

例如，你可以这样写（如果您是一位女性）：我希望我的丈夫认为我是一个非常可爱的妻子，是永远相信他、鼓励他扩展他可能的追求、使他的生命发挥最大潜能的伴侣。我希望我的儿子认为我是深爱和相信他的母亲，我能帮助他认识到，只要他下定决心去做某事，他就能作出巨大的贡献和成就，成为任何他梦想成为的人。

写完之后再回顾自己生活中的其他人时，一个表明你最可贵价值的清晰模式便会渐渐地显现出来。相信此时你也会知道自己的目标所在了，动力也会自然产生。

确定了自己的目标后，你便会从现在手头从事的无谓的工作中解脱出来，全身心地追求自己所选择的道路。怀着从未体会到的激情和快乐向自己的人生目标不断地迈进。在这过程中你所感到的肯定是欢悦、充实和满足。

当你研究那些已获得永久成功的人物时，你会发现，他们每一个人都各有一套明确的目标，都已定出达到目标的计划，并且花费最大的心思和付出最大的努力来实现他们的目标。

美国著名的诗人弗洛斯特在第一次接触到雪莱的诗时，深受触动："啊！这个东西正是我所要的。"他觉得自己与雪莱的作品一见钟情，以至心心相印。他不但找到了指定的读物，还找到了图书馆中收藏的所有英国诗集。读了雪莱、济慈等人的诗集之后，越读越觉得：诗，才是他选择的目标。从此，他迈向了诗坛，有了诗作发表后，便一发不可收。

人们一般都知道，优秀的企业或组织都有 10 年至 15 年的长期目标。毫无疑问，一个人也应该从这样的企业规划与发展战略中得到某种成功的启示，那就是：你也应该计划 10 年以后的事情。如果你希望 10 年以后变成怎样，那么现在你就必须变成怎样。

一个心中有目标的人，会成为创造历史的人；一个心中没有目标的人，只能是个平庸的人。

"目标绝对重要，它不但调动我们的积极性，而且维持我们的人生。"你应该今天就开始制定目标，为自己的未来而规划航向。思想家罗伯特·F.梅杰说："如果你没有明确的目的地，你很可能就走到不想去的地方了。"因此，你应该尽一切努力去实现自己的理想，而不要走到不想去的地方。

我开的成人教育班上有一位学生，就为自己制定了一个未来10年的工作与生活计划目标。从他的目标中，你可以感觉到，他已经看到未来生活的影子了。或许我们大家都可以从中受到某种启示！

"我希望有一栋乡下别墅，房屋是白色圆柱构成的两层楼建筑。四周的土地用篱笆围起来，说不定还有一两个鱼池，因为我们夫妇俩都喜欢钓鱼。房子后面还要盖个都贝尔曼式的狗屋。我还要有一条长长的、弯曲的车道，两边树木林立。为了使我们的房子不仅是个可以吃住的地方，我还要尽量做些有价值的事，当然绝对不会背弃我们的信仰，尽量参加教会活动。10年以后，我会有足够的金钱和能力供全家坐船环游世界，这一定要在孩子结婚独立以前早日实现。如果没有时间的话，我就分成四五次，做短期旅行，每年到不同的地方去游览。当然，这些要看我的工作是不是很成功才能决定，所以要实现这些计划，必须加倍努力才行。"

这个计划是5年以前制定的。他当时有两家小型的"一元专卖店"，现在已经有了5家；而且已经买下17英亩的土地准备盖别墅。他的确是在逐步实现他的目标。

对于你来说，你的过去或现在是什么样并不重要，你将来想要获得什么成就才是最重要的。你必须对你的未来怀有远大的理想，否则你就不会做成什么大事，说不定还会一事无成。

渴望通过自己的奋斗走向成功的人，不容回避目标定位的课题。人，确实需要一个高度，一个超越自我的高度，一个追寻真理的高度。人，应该为自己的一生确立一个高层次目标，一个不达目的誓不罢休的高层次目标。

让我们为自己寻找一个梦想，树立一个目标吧，因为——人生因梦想而伟大！

人生的精彩来自于目标的精彩

卡耐基金言

◇目标能唤醒人，能调动人，能塑造人，目标的力量是难以估量的。有了目标，内心的力量才会找到归宿。

◇人生的精彩来自目标的精彩。一个人之所以能够拥有一个精彩的人生，就在于他们有一个精彩的目标。

◇正如贸易巨子J.C.宾尼所说："给我一个心中有目标的普通职员，我能使他成为创造历史的人；给我一个心中没有目标的人，我只能给你一个平凡的职员。"

每一个奋斗成功的人，无疑都会有一个选择方向、确定目标的问题。正如空气、阳光之于生命那样，人生须臾不能离开目标的引导。

有了目标，人们才会下定决心攻占事业高地。有了目标，深藏在内心的力量才会找到"用武之地"。若没有目标，绝不会采取真正的实际行动，自然与成功无缘。只要你选准了目标，选对了适合自己的道路，并不顾一切地走下去，终能走向成功。确立了目标并坚定地"咬住"目标的人，才是最有力量的人。目标，是一切行动的前提。事业有成，是目标的赠与。确立了有价值的目标，才能较好地布局好自己的时间和精力，较准确地寻觅突破口，找到聚光的"焦点"，专心致志地向既定方向猛打猛冲。那些目标如一的人，能抛除一切杂念，会聚积起自己的所有力量，成为工作狂，全力以赴向目标的高地挺进。

一个人只要不丧失远大的使命感，或者说还保持着较为清醒的头脑，就决然不能把人生之船长期停泊在某个温暖的港湾，而应该重新扬起风帆，驶向生活的惊涛骇浪中，领略其间的无限风光。人，不仅要战胜失败，而且还要超越胜利。只有目标始终如一，才能焕发出极大的生存活力；只有超越了生命本身，人生才可以不朽。

有目标的人，就有一股巨大的、无形的力量，将自身与事业有机地"化合"为一体。

心中拥有目标，可以给人生存的勇气，可以在困苦艰难之际赋予我们坚忍不拔的毅力。有了具体目标的人少有挫折感。因为比起伟大的目标来说，人生途中的波折就微不足道了。

目标，能唤醒人，能调动人，能塑造人，目标的伟力是难以估量的。有明确目标的人，生活必然充实有劲，决不会因无所事事而无聊。目标能使人不沉湎于现状，激励人不断进取，能引导人不断开发自身的潜能，去摘取成功之冠。

有了目标，内心的力量才会找到归宿。漫无目标的漂荡终会迷路，这样，你心中的一座无价的金矿，因无开采的动力，只能等同于平凡的尘土。

可以说，目标对于成功，犹如空气对于生命一样，目标是成功的生命线。对于成功来说，一个人过去或现在的情况并不重要，而未来想要获得什么成就，有什么样的追求才是最重要的。

洛克菲勒——美国著名的石油大王，在他的自传中，曾提出了一个有趣的设想：

若是将目前全世界所有的现金以及所有产业全都混合在一起，平均地分给全球的每一个人，让每个人所拥有的财富都一样多，经过半个小时之后，这些财富均等的人们，他们的经济状况就会开始有显著的改变。有的人在这时候已经丧失了分到的那一份；有的人会因为豪赌输光；有的人会因为盲目的投资而一文不名；有的人则会受到欺骗而迅速破产。于是财富分配又重新开始了，有些人的钱会变少，有些人的钱又开始多了起来，这种情形会随着时间的拖长而变得差别更大，经过3个月之后，所谓贫富悬殊的情况将会变得十分惊人。

洛克菲勒十分自信地说："我敢打赌，再经过两年时间，全球财富的分配情况就将和以前没什么区别。有钱的人仍然是那些人，而以前贫困的人依然贫困。"

洛克菲勒把这种现象的原因归结于人们的目标不同。他说："说这是命运也好，是机会使然或自然法则也好；总之，有些人的目标与行动，一定会使自己比其他人所受到的尊敬更多，他所拥有的财富也将会更多。"

通常，奋斗者要想成功，最重要的因素是选择目标并做出抉择。

同为有目标的人，有人成功了，有人未成功；有人大成功，有人小成功。这与目标的大小有很大的关系。

大目标使人的生活是干事业，小目标使人的生活仅是过日子。古希腊哲学大师亚里士多德很尖刻地区分了两种人，即"吃饭是为了活着"和"活着就是为了吃饭"。

人生的精彩来自于目标的精彩。一个人的人生之所以精彩，就在于他有精彩的目标。

所谓精彩的目标，就是要做大事，考虑更多的人，更多的事，在更大的范围内解决更多的问题，在更大的空间时间里产生更大的影响。

你的目标越精彩，你所要解决的问题就越大，你就得有大本事，要有很多知识、技能，有时甚至要超越个人的得失，做出某些重大牺牲。在这一过程中，你逐渐获得了超乎常人的知识和能力，你已经变得那样胸怀宽广、大公无私，你也会取得超越常人的成就，你的人生也就变得更加绚丽多彩。

Q 世界农产品公司的董事长霍华德·马古勒斯是美国加利福尼亚州的新一代农民。他的成就就是他订立了自己精彩的人生目标并且努力完成目标的结果。多年来，农产品市场的繁荣与萧条几乎无法做任何的预估和控制，时而热火朝天，时而寒若冰霜。至少，所有的人都认为这本来就是靠天吃饭的行业。

马古勒斯却从来不这样想，他给自己定下了一个精彩的目标：发展出一个新颖独特的品种，用来影响消费者的购买行为。他当然有自己充足的目标：这个行业其实和其他行业没什么区别，当市场处于低谷时，除非你有自己独特的产品，否则你就完了。农业市场也是这个道理，如果你也像大家一样生产萝卜白菜，只有市场上供小于求的时候，你才可能获利。我们的目标就是要想法调整市场，靠自己的独特性打开市场，创造更多的机会。

马古勒斯想到了改良甜椒。没错，就是改良甜椒。如果能发展出比其他的甜椒风味更为独特的品种，马古勒斯深信，不论零售市场如何，商店一定非常喜欢这种风味独特的品种。

于是，马古勒斯发展出一种"皇家红椒"。这种长形叶式的甜椒，一上市就取得了巨大的成功，人们吃过以后，就会继续购买它。

马古勒斯用目标为自己的人生抹上了精彩的一笔。

人一旦有梦想有目标，自然就会为了实现它而发挥更大的心力，人生的光辉由此粲然可见。为什么呢？在为实现理想而奋斗的过程中，人生的乐趣清清楚楚，而生活就会更加的精力充沛。

当你已经养成制定精彩的个人成功计划的习惯后，你事实上就已经与你的过去判若两人了。或许，你已经制定了一个一个的成功计划，并将它们一个一个地付诸实践。这时，你不妨回过头来反省一下自己所走过的道路，你会十分惊讶地发现，即便你离所确定的远大目标还有一段距离，但是你无论怎样再也不是过去那个平平淡淡的人了，你已经取得了过去连想都不敢想的成就了。必须明白，这便是制定精彩计划并付诸行动的威力。

目标远大会给人带来创造性的火花，使人有可能取得成就。正如约翰·查普曼所说："世人历来最敬仰的是目标远大的人，其他人无法与他们相比……贝多芬的交响乐、达·芬奇的《蒙娜丽莎》、莎士比亚的戏剧以及人们赞同的任何人类精神产品……你热爱他们，是因为，这些东西不是做出来的，而是由他们创造性地发现的。"

对于那些奥运金牌的获得者来说，他们的成功并不仅靠他们的运动技术，而且还靠其远大目标的推动。商界领袖也一样，政界精英亦然。伟大的目标就是推动人们前进的梦想。

一位医生对活到百岁以上的老人所拥有的共同特点做过大量研究。他叫大家思考一下什么是这些百岁老人共同的特点。大多数人以为医生会列举饮食、运动、节制烟酒以及其他会影响健康的东西。然而，令听众惊讶的是，医生告诉他们，这些寿星在饮食和运动方面没有什么共同特点。他们的共同特点是对待未来的态度——他们都有人生目标。

制定人生目标未必能使你活到100岁，但必定能增加你成功的机会。人生倘若没有目的，你也许会一事无成。正如贸易巨子J.C.宾尼所说："给我一个心中有目标的普通职员，我能使他成为创造历史的人；给我一个心中没有目标的人，我只能给你一个平凡的职员。"

目标具有神奇的推动力，但是，当人们觉得自己的目标并不重要时，他们为达到目标所付出的努力就没有什么价值。如果他们觉得自己的目标很重要，情况就会相反。为什么人们必须把目标建立在自己的理想上面呢？这就是原因之一。如果你的各个目标组合成了你所珍视的理想，那么你会觉得为之付出的努力是有价值的。

同样，目标对于一个组织团体来说是必不可少的，对于组织团体里的每一个人都是很重要的，有些企业运作欠佳，最常见的问题是员工缺乏热情。这些人终日兢兢业业，除了完成手头的日常工作外，并无明确目标。没有热情的人是不会有大作为的。

相反，一些机构里的员工心中有目标的话，大家就有士气，热情高涨。目标使人们心中的想法更具体化，更易实现。同事们能明确要瞄准什么，干起活来心中有数。

奋斗者一旦有了目标，总是能主动出击，而不是亡羊补牢。他们提前谋划，而不是等别人的指示。他们不允许其他人操纵他们的工作进程。不事前谋划的人是不会有进展的。《圣经》中的挪亚并没有等到下雨才开始造他的方舟。

目标使人们产生事前谋划的动力，目标迫使人们把要完成的任务分解成可行的步骤。正如富兰克林在自传中说的："我总认为一个能力很一般的人，如果有个好计划，是会有大作为，为人类作大贡献的。"

目标给予人们把握现在的力量。人在现实中通过努力实现自己的目标。正如希拉尔·贝洛克说："当你为将来做梦或者为过去而后悔时，你唯一拥有的现在却从你手中溜走了。"

虽然目标是朝着将来的，是有待将来实现的，但目标使我们能把握住现在。为什么呢？因为大的任务是由一连串小任务或小的步骤组成的。要实现任何理想，都要制定并且达到一连串的目标。每个重大目标的实现都是几个小目标小步骤实现的结果。所以，如果你集中精力于当前手上的工作，心中明白你现在的种种努力都是为实现将来的目标铺路，那你就能成功。

还是道格拉斯·列顿说得好："你决定人生追求什么之后，你就做出了人生最重大的选择。要能如愿，首先要弄清你的愿望是什么。"有了理想，你就看清了自己最想取得的成就是什么。有了目标，你就会有一股顺境也好逆境也罢都勇往直前的冲劲，你的目标使你能取得超越你自己能力的东西。你必须要有精彩的目标。当你有了精彩的目标时，你才会有伟大的成就，你的人生才够精彩。

每次只走一英里

卡耐基金言

◇生命比盖房更需要蓝图，然而一般人从来没有计划过生命，每天只是醉生梦死地度过。

◇经过周密思考后，特意不采取行动。因为胸有成竹，所以不轻举妄动。时机尚未成熟便想一步登天，结果成事不足，败事有余。

人生宛若一艘轮船，如果在大海中失去了方向舵而在海上打转，那么它很快就会把燃料用完，仍然到达不了岸边。事实上，它所用掉的燃料，足以使它来往于海岸及大海好几次。

一个人的行为总是与他意志中的最主要思想相互配合，这已是大家公认的一项心理学原则。

特意植在脑海中并维持不变的任何明确的主要目标，在下定决心要将它予以实现之际，这个目标将渗透到整个潜意识，并自动地影响到我们身体的外在行动，使我们一步步地接受它。

在心理学上有一种方法，你可以利用它把你的明确的主要目标深刻印在潜意识中，这个方法就是所谓的"自我暗示"，也就是你一再向自己提出暗示。这等于是某种程序的自我催眠，但不要因为如此就对它产生恐惧。林肯就是借助于这样的方法，跨越了一道宽广的鸿沟，使他走出肯塔基山区的一栋小木屋，最后成为美国总统。

只要你能确定，你所努力追求的目标，将能为你带来永久的幸福，你就用不着害怕这种"自我暗示"的方法。但一定要先弄清楚，你的明确目标是建设性的，它的获得不会给任何人带来痛苦及悲哀，它将给你带来安详及成功，然后，你就可以按照你了解的程度运用这项方法，以求迅速达成这项目标。

潜意识也许可以比作是一块磁铁，当它被赋予功用，在彻底与任何明确目标发生关系之后，它就会吸引住达成这项目标所必备的条件。

请大家先做一个实验吧。

组织两组人，分别沿着两条 10 公里的路向同一个村子前进。

两组的差别在于：第一组不知道村庄的名字，也不知道路程的远近。只告诉他们跟着向导走就行。而第二组的人不仅知道村子的名字、路程，而且公路上每一公里就有一块里程碑，请你来猜想一下他们完成任务的情况吧！

你大概想不到，第一组的人刚走了两三公里就有人叫苦，走了一半时有人几乎愤怒了，他们抱怨为什么要走这么远，何时才能走到。走了一多半时有人甚至坐在路边不愿走了，越往后走他们的情绪越低。

而第二组的人呢，他们边走边看里程碑，每缩短一公里大家便有一小阵的快乐。行程中他们用歌声和笑声来消除疲劳，情绪一直很高涨，所以很快就到达了目的地。

这个实验对你会有一定的启迪吧！只有具体、明确并有时限的目标才具有指导行动和激励自己的价值。只有充分地了解自己在特定时限内完成的特定任务，你才会集中精力，开动脑筋，调动自己和他人的潜力，从而为实现自己的目标而奋斗。如果没有明确具体目标的时限，任何人都难免精神涣散、松松垮垮，要完成自己所制定的目标也就只是一句空话。

25 岁的时候，雷因因失业而挨饿。他白天就在马路上乱走，目的只有一个，躲避房东讨债。一天他在 42 号街碰到著名歌唱家夏里宾先生。雷因在失业前，曾经采访过他。但是，他没想到的是，夏里宾竟然一眼就认出了他。

"很忙吗？"他问雷因。

雷因含糊地回答了他，他想他看出了他的遭遇。

"我住的旅馆在第 103 号街，跟我一同走过去好不好？"

"走过去？但是，夏里宾先生，60 个路口，可不近呢。"

"胡说，"他笑着说，"只有 5 个街口。是的，我说的是第 6 号街的一家射击游艺场。"

这里有些所答非所问，但雷因还是顺从地跟他走了。

"现在，"到达射击场时，夏里宾先生说，"只有 11 个街口了。"

不多一会儿，他们到了卡纳奇剧院。

"现在，只有 5 个街口就到动物园了。"

又走了 12 个街口，他们在夏里宾先生的旅馆停了下来。奇怪得很，雷因并不觉得怎么疲惫。

夏里宾给他解释为什么要步行的理由：

"今天的走路，你可以常常记在心里。这是生活中的一个教训。你与你的目标无论有多遥远的距离，都不要担心。把你的精神集中在 5 个街口的距离。别让那遥远的未来令你烦闷。"

不要迷失自己的目标，每次只把精力集中在面前的小目标上，这样，遥不可及的目标便近在眼前了。

著名的作家、战地记者希达·赖德先生曾用这种方法救了自己的生命，听听他讲的亲身经历吧：

"第二次世界大战期间，我跟几个人不得不从一架破损的运输机上跳伞逃生，结果迫降在缅印交界处的树林里。当时我们唯一能做的就是拖着沉重的步伐往印度走，全程长达 140 英里，必须在 8 月的酷热中和季风所带来的暴雨侵袭下，翻山越岭，长途跋涉。

"才走了 1 个小时，我一只长筒靴的鞋钉就扎了脚。傍晚时双脚都起泡出血，像硬币那般大小。我能一瘸一拐地走完 140 英里吗？别人的情况也差不多，甚至更糟糕。他们能不能走呢？我们以为完蛋了，但是又不能不走。

为了节省体力，我们每次只走 1 英里，休息 10 分钟后，再继续下一个 1 英里的路程。我们就这样走着，有一天，我们竟然惊奇地发现我们已走出了这一段魔鬼旅程……"

大海是由一滴一滴水汇集而成的，房屋是由一砖一瓦砌成的，大力神杯是靠赢得一场又一场的比赛才获得的……每个重大的成就都是一系列的小成就累积而成的。

按部就班做下去是唯一的实现目标的聪明做法。有些时候，某些人从表面看来似乎是一夜成名，但是如果你仔细看看他们的历史，就知道他们的成功并不是偶然的。

据说现代马拉松比赛，每隔 5 公里就有一个标识牌。也就是说，一开始以 5 公里外的标识牌为目标，按照自己的配速跑，到了之后，再以下一个 5 公里外的标识牌为目标……像这样，将 42.195 公里的长距离区分为许多个小段，而不是一口气跑完全程。

一位奥运会长跑冠军在自传中这样说道：

"每次比赛之前，我都要乘车把比赛的线路仔细地看一遍，并把沿途比较醒目的标志画下来，比如第一个标志是银行；第二个标志是一棵大树；第三个标志是一座红房子……这样一直画到赛程的终点。比赛开始后，我就以百米的速度奋力地向第一个目标冲去，等到达第一个目标后，我又以同样的速度向第二个目标冲去。40 多公里的赛程，就被我分解成这么几个小目标轻松地跑完了。"

这个方法也可以用到工作或是读书方面。人既然活在世上，就应该有值得努力的目标。然而，如果目标过于远大，令人觉得不太可能实现，无论是谁都不会有努力的欲望。即使好不容易勉强自己去做，我想终究还是会半途而废，因为一直无法感受到成功的滋味。

目标如果设定在可见的距离，就会使人怀抱希望，持续努力。名著《夜与雾》的作者法兰克，曾以精神分析医生的眼光，冷静观察囚禁在纳粹犹太人集中营的同胞的心理。其中，有件很有意思的事。

有个犹太人一心想要从集中营活着出来。但是，这种希望怎么想都不太可能实现。于是，他把目标设定为"几月几日联军将会来拯救我们，在此之前，我一定要忍耐"，而延续生存的希望。结果，在他预定的联军将会到来的日子之前，无论环境多么恶劣，令人惊讶地，他都能坚强地活下去。然而，一过他预定联军会来的日期，他就急速地衰弱而死亡了。

也许我们所遭遇的没有这么极端，但同样的道理在我们的日常生活中都能发现。无论工作或是读书，只要我们觉得目标可能实现，自然就会充满干劲和希望。相反的，如果不知道工作什么时候才能完成，就提不起继续努力的念头。

想要实现自己的目标，先把目标订为每天可以完成的目标。像马拉松的标识牌一样，区分目标，订立计划。亦即，将目标分为大目标、中目标、小目标，或是称作终生目标、中期目标、近期目标。

譬如，一生的大目标是成为政治家，为人民服务。然而，这目标虽然远大，却不是一朝一夕可以实现的，必须先铺路作准备。因此，要设定中期目标。譬如，通过高考，或是就读名牌大学等等。为了达成中期目标，每天所应做的努力，就是近期目标。

《圣经·旧约》中记载：阿西德无论走到哪里，都播下苹果种子。我建议生活中的每一个人都能够向他看齐，不过，要记住，你们播的是成功的种子！无论走到哪里，都要为成功播种，然后再证实有足够的时间茁壮成长，你便有了成功的果实、成功的收获了。

当然，越快成功越好，但是不要操之过急。操之过急的人，往往会有麻烦。避免麻烦比摆脱麻烦容易得多。所以，你要想顺利地、轻松地实现"未来远景"，就必须一步一个脚印，制定每一个事业发展阶段的"短期目标"。这样，你就可以踏着这些台阶，拾级而上，奔向成功的目标了。

专心致志，直到成功

卡耐基金言

◇一次做好一件事的人比同时涉猎多个领域的人要好得多。

◇如果把一亩草地所具有的全部能量聚集在蒸汽机的活塞杆上，那么它所产生的动力可以推动世界上所有的磨粉机和蒸汽机。

◇无论做什么事，我们都要"咬紧"一处，坚持不懈地进攻，才会有所突破，做出成就。

"无论做什么，不管是学习、工作还是游戏，对每件事情都要全身心地投入。年轻人一定要记住：做事情不要三心二意，更不要见异思迁。不要当无所不能的废品。"这是一位成功商人给儿子的忠告。

实际上，这也是所有奋斗成功者的秘密。

英国政治活动家、小说家爱德华·立顿说："有许多人看到我整日里如此忙碌，事无巨细、无不顾及，竟然还能有时间来从事学问研究，他们都免不了奇怪地问我：'你怎么会有那么多时间来完成了这样多的著述呢？你究竟有什么分身之术，可以做完这么多工作呢？'或许我的回答会令你大吃一惊，答案就是——'我之所以能做到这一点，是因为我从来不同时做好几件事情。'一个能从容自若地安排好工作的人肯定不会让自己过于劳累；换句话说，如果他在今天疲于奔命的话，那么随之而来的必定是疲劳和困乏，这样的话，他明天就不得不减慢工作节奏，所以结果就是得不偿失。我认为，我真正专心致志的学习是从离开大学校园跨入社会之后开始的。到现在为止，我觉得在生活阅历和各种知识的积累方面，跟同时代的绝大多数人相比，自己毫不逊色。我游历了大量地方，所见甚广；在政界和各种各样的社会事务中，我也收获颇丰；除此之外，我在各地出版了大约 60 本著作，其中涉及的许多课题是需要深入研究的。你认为通常一天中我会有多少时间用来研究、阅读和写作呢？我可以告诉你，不到 3 个小时；在国会开会期间，可能连 3 个小时都没有。然而，在这 3 个小时之内，我却是全神贯注地投入我的工作的，心无旁骛，用心极专。"

生活中之所以有许多人最终无法实现少年时代的梦想，原因就是他们同时涉足了太多的领域，由此难免会分散精力，这就阻碍了他们的进步，使得他们最终一事无成。他们没有采取一种更明智的做法，集中心志于某一个领域，咬定青山不放松，最终成为该领域所向无敌的行家里手；相反，他们选择了在很多领域成为三脚猫似的人物，他们四处出击，什么东西都有所涉猎，却又都是浮光掠影，浅尝辄止，最终只懂一点皮毛。

一个人要"有所为"必须同时要"有所不为"，严格约束自己"有所不为"的人，方能大有所为。一个人只有做到以超脱的态度对待世事的纷繁和扰动，才有可能倾其全力攻关于重点领域，在这一领域做出突破。

无论做什么事，我们都要"咬紧"一处，坚持不懈地进攻，才会有所突破，做出成就。每一位渴求成功的人，尤其是处于创业阶段的奋进者，务要时时防范自己，不要滥铺摊子，滥用精力，不要以为到处出击才有收获，而应当像锥子那样，钻其一点，各个击破，让自己在某一方面展示出自己的特长，这样才能赢得更大的成功。那些自认为是多才多艺、精力超群的人，结果反而是看起来样样通，实际上什么都不懂，这样，别人以令人耀眼的特长立足于世，而你却难以与其匹敌，因此痛失获得成功的各种机会。

有一次，一个青年苦恼地对昆虫学家法布尔说："我不知疲劳地把自己的全部精力都花在我爱好的事业上，结果却收效甚微。"法布尔赞许说："看来你是一位献身科学的有志青年。"这位青年说："是啊！我爱科学，可我也爱文学，对音乐和美术我也感兴趣。我把时间全都用上了。"法布尔从口袋里掏出一块放大镜说："请把你的精力集中到一个焦点上试试，就像这块凸透镜一样。"

马休斯博士说过，那些同时有着很多目标、精力分散的人会很快地耗尽他们的精力，随着精力的耗尽，随之而来的就是原先雄心壮志的消磨。

欧文·伯克斯顿曾说过，如果一个人在生活中只追求一个目标——一个唯一的目标，那么在有生之年，他极有可能会实现自己的愿望；但是，如果他事事喜好，见异思迁，那就好像到处撒播种子，到头来只会一无所获，抱憾终生。

有一个热心肠的人，看到有人正要将一块木板钉在树上当搁板，便走过去管闲事，说要帮他一把。

他说："你应该先把木板头子锯掉再钉上去。"于是，他找来锯子才锯两三下又撒手了，说要把锯子磨快些。于是他又去找锉刀。接着又发现必须先在锉刀上安一个顺手的手柄。于是，他又去灌木丛中寻找小树，可砍树又得先磨快斧头。磨快斧头需将磨石固定好，这又免不了要制作支撑磨石的木条。制作木条少不了木匠用的长凳，可这没有一套齐全的工具是不行的。于是，他到村里去找他所需要的工具，然而这一走，就再也不见他回来了。

那些对奋斗目标用心不专、左右摇摆的人，对琐碎的工作总是寻找遁词，懈怠逃避，他们注定是要失败的。

让我们吸取鲍勃的教训吧。鲍勃没受过什么教育，但他的父亲为他留下了一大笔钱。他拿出 10 万美元投资办一家煤气厂，可造煤气所需的煤炭价钱昂贵，这使他大为亏本。于是，他以 9 万美元的售价把煤气厂转让出去，开办起煤矿来。可这又不走运，因为采矿机械的耗资大得吓人。因此，鲍勃把矿里拥有的股份变卖 8 万美元，转入了煤矿机器制造业。从那以后，他便像一个内行的滑冰者，在有关的各种工业部门中滑进滑出，没完没了。几年过去了，鲍勃一事无成，10万美元也化为乌有。更可怕的是，他甚至在生活中也是这种见异思迁的态度。

他对一位姑娘一见钟情，十分坦率地向她表露了这段感情。为使自己匹配得上她，他开始在精神品德方面陶冶自己。他去一所星期日学校上了一个半月的课，但不久便自动逃遁了。两年后，当他认为问心无愧、无妨启齿求婚之日，那位姑娘早已嫁给了一个愚蠢的家伙。不久他又如痴如醉地爱上了一位迷人的、有5个妹妹的姑娘。可是，当他上姑娘家时，却喜欢上了二妹。不久又迷上了更小的妹妹，到最后一个也没谈成功。

福威尔·伯克斯顿把自己的成功归因于勤奋和对某个目标持之以恒的毅力。在追求某个目标时，他从来都是全身心地投入。正是对自身奋斗目标的清楚认识和执著追求，造就了他最后的成功。正如人们所说的，持之以恒，锲而不舍，则百事可为；用心浮躁，浅尝辄止，则一事无成。

不知你是否注意到，针尖虽然几乎细不可见，剃刀或斧头的刀刃虽然薄如纸片，然而，正是它们在披荆斩棘中起着决定性的开路先锋的作用。如果没有针尖或刀刃，那么针或刀都无法发挥作用。在生活中，能够克服艰难险阻，最后顺利到达成就巅峰的人，也必是那些能够在某一领域学有所专、研有所精因而有着刀刃般锐利锋芒的人。

一方面，我们应当避免那把自己局限在某一死角的狭隘观点，因为那会阻碍我们心智的全面发展，但另一方面，我们也必须避免自己成为普瑞德笔下那个"无所不能的悲剧人物"——

> 他的谈话就像是一条奔腾湍急的河流，
> 不停地转弯，在岩石之间碰撞。
> 一会儿是严肃的政治，一会儿又是诙谐的调侃：
> 一开始是深奥的天体运行规律，
> 告诉我们行星为何发光发热；
> 忽而话题转到了琐碎的生活俗事，
> 诸如如何给赛马钉马掌、如何给黄鳝剥皮。

如果你从小教育你的孩子学习走路时要专心致志，视线集中，那么，他通常会顺利地到达目的地而不会有跌倒的现象。相反，如果他精力分散，那么大半会跌倒在地，弄得灰头土脸。坚持酿你的酒，你就会成为伦敦最伟大的酿酒师。但是，如果你既要酿酒，又要当银行家，又要做贸易，还要当制造商，那么你最终将无所适从、一事无成。

不要博而泛，要精而专，这是当今时代的要求。在这个社会分工越来越细，专门领域越来越精的时代，如果一个人把自己的精力分散开来，那他注定是不会成功的。

"我搬运过货物，记录过信息，制作过地毯，还写过诗"，这是伦敦一个在这些领域都表现平平的人写下的话，他让人想起了巴黎的一位科纳德先生，他是一位"小有名气的作家，懂一点会计业务，通一点植物学，还会炸薯条"。

成功与失败的最大区别不在于一个人做了多少工作，而在于他做了多少有意义的工作。在失败者当中，相当多的人所付出的努力本来足以取得显赫的成就；但是，他们的含辛茹苦就像边建设边破坏一样，最后的结果仍然是支离破碎的一堆。他们没有适应环境，把自己的工作成果转化成潜在的机会。他们也没有能够把小的失败转化为大的成功契机。他们能力不可谓不够，时间不可谓不多——这些是成功的经纬线条，但是，他们用力推来推去的却是个空无一物的纺织机，真正的生活之网上一根线都没有挂上。

如果你询问其中一个人，他的生活目标和理想是什么，他会回答你："我还不大清楚自己到底适合做什么，但是，我确信勤奋是成功的关键，我决心一生勤勤恳恳地努力工作。我想我总会得到些什么的。"

有些人的目标用笼统的词句表达，比如说："当一名成功的医师。"有的则比较具体，如："要发明能有效治疗胃痛或头痛的药物。"广泛的事业目标也有用，因为它们有整体的观点，可以解放想象力，帮助我们探究所有可能的选择。但是，广泛的目标却不能使我们确定自己所要做的是什么。由于这个缘故，我们需要具体的事业目标。

每个人都有自己的事业心像，并以能实现自己的理想心像为满足。对此，史蒂芬·柯维博士建议说："你必须先确定自己的目标，让思想为你绘制一幅最好的事业心像，使它栩栩如生。然后，运用想象力使它和你形影不离，同起共坐，并且同心协力，达到目标。"

为什么要拥有一个具体事业的目标心像呢？因为有了具体的理想之像，你就不再孤独和寂寞。彼此心灵相通，可以互相关心鼓励，切磋讨论，创立事业，培养品性。

事实上，在发展个人事业的过程中，具体目标与你个人是一合二、二合一，浑然一体的。所以，首先你必须充实自己的知识，丰富自己的人生经验，发展起高尚的理想和正确的人生观，从而拟定自己的理想人生。但是，只有理想，只有所谓的具体事业目标是不够的，你必须采取切实的行动。不过，潜意识已把具体的事业目标化成心像，闪动在你眼前，提醒你、督促你继续未做的工作。通过紧密的合作，直到目标变成现实。

"永远不要抱着投机的态度来学习，"沃特斯语重心长地告诫我们，"这种学习态度只能导致一无所获。首先要给自己制订一个计划，确定一个奋斗目标，然后脚踏实地地为之努力；把你所有精力和才干都用在上面，这样你就离成功不远了。我所说的投机的学习态度，是指那种由于认为所学的东西未来某个时候可能会带来好处而毫无方向地进行学习的态度。"

你大概玩过这样的游戏吧！在夏天最炎热的某一天，把放大镜拿出放在报纸上，中间隔一小段距离。很快你就会发现，如果放大镜是移动的话，你永远也无法点燃报纸。但是，如果放大镜不动，你把焦点对准报纸，很快你就能利用太阳的威力，把报纸点燃。

化学家告诉我们，如果把一英亩草地所具有的全部能量聚集在蒸汽机的活塞杆上，那么它所产生的动力足以推动世界上所有的磨粉机和蒸汽机。但是，因为这种能量是分散存在的，所以从科学的角度来说，它基本上毫无价值可言。这也说明，能量一旦聚焦于一点，将会产生多么大的动力。

伊格·劳拉有一句名言："一次做好一件事情的人比同时涉猎多个领域的人要好得多。"在太多的领域内都付出努力，我们就难免会分散精力，阻碍进步，最终一无所成。圣·里奥纳多在一次给一名爵士的信中谈到他的学习方法，并解释自己成功的秘密。他说："开始学法律时，我决心吸收每一点有用的知识，并使之同化为自己的一部分。在一件事没有充分了解清楚之前，我绝不会开始学习另一件事情。"

耶鲁的教授乔治·戴维森就是靠专注才取得了成功。

乔治从小就有一个梦想，希望能像他心目中的这些英雄那样能改变世界，服务于全人类。不过，要实现他的目标，他需要受最好的教育，他知道只有在美国才能得到他需要的教育。要命的是，他身无分文，没办法支付路费，而到美国足有1万公里的距离。而且，他根本不知要上什么学校，也不知道会被什么学校招收。

但乔治还是出发了。他必须踏上征途。他徒步从他的家乡尼亚萨兰的村庄向北穿过东非荒原到达开罗，在那儿他可以乘船到美国，开始他的大学教育。他一心只想着一定要踏上那片可以帮助他把握自己命运的土地，其他的一切都可以置之度外。

在崎岖的非洲大地上，艰难跋涉了整整 5 天以后，乔治仅仅前进了 25 英里。食物吃光了，水也快喝完了，而且他身无分文。要想继续完成后面的几千英里的路程似乎是不可能的，但乔治清楚地知道回头就是放弃，就是重新回到贫穷和无知。他对自己发誓：不到美国我誓不罢休，除非我死了。他继续前行。

有时他与陌生人同行，但更多的时候则是孤独地步行。大多数夜晚过着大地为床、星空为被的生活。他依靠野果和其他可吃的植物维持生命。艰苦的旅途生活使他变得又瘦又弱。由于疲惫不堪和心灰意懒，乔治几欲放弃。他曾想说："回家也许会比继续这似乎愚蠢的旅途和冒险更好一些。"他并未回家，而是翻开了他的两本书，读着那熟悉的语句，他又恢复了对自己和目标的信心，继续前行。

要到美国去，乔治必须具有护照和签证，但要得到护照他必须向美国政府提供确切的出生日期证明，更糟糕的是要拿到签证，他还需要证明他拥有支付他往返美国的费用。乔治只好再次拿起纸笔给他童年时起就曾教过他的传教士们写了封求助信。结果传教士们通过政府渠道帮助他很快拿到了护照。然而，乔治还是缺少领取签证所必须拥有的那笔航空费用。乔治并不灰心，而是继续向开罗前进，他相信自己一定能通过某种途径得到自己需要的这笔钱。

几个月过去了，他勇敢的旅途事迹也渐渐地广为人知。关于他的传说已经在非洲大陆和华盛顿佛农山区广为流传。斯卡吉特峡谷学院的学生们在当地市民的帮助下，寄给乔治 640 美元，用以支付他来美国的费用。当他得知这些人的慷慨帮助后，他疲惫地跪在地上，满怀喜悦和感激。

1960 年 12 月，经过两年多的行程，乔治终于来到了斯卡吉特峡谷学院。手持自己宝贵的两本书，他骄傲地跨进了学院高耸的大门。

乔治凭着自己的专注，终于实现了自己的目标。

从千百万个成功者身上，我们可以发现一个共同的事实，他们几乎都是从自己的兴趣、特长起步，果断执行自己的战略决策，明确自己的主攻目标，再"缩小包围圈"，向此目标步步逼近，最后终于一举成功。

把明确目标写下来，可使你更清楚地了解你所希望的是什么，它可提醒你明确目标的力量，同时暴露出目标的缺点。

如果你写不出心中所想的明确目标，则可能意味着，你对这些目标的确信程度还不够。

一旦你写出计划之后，便应每天对自己至少大声念一次，这样做不但可以加强你的执著信念，同时也可以强化你内心里的力量。

当你面临选择执行的方法时，念出写好的明确目标，可使你对目标本身有更清楚的了解，并使你仍然朝着目标前进。

当然，我们也可以利用书面计划，来确保每一位团队成员都能为相同的目标努力。个人的能力有限，但若能以共同的明确目标为基础，集合众人的才智，并以和谐的态度迈进目标，则能成就伟大的事业。

带上你的职业地图

卡耐基金言

◇如果你不知道你要到哪儿去，通常你哪儿也去不了。

◇征服世界的将是这样一些人：开始的时候，他们试图找到梦想中的乐园。当他们无法找到的时候，他们亲手创造了它，就像在出外旅游之前你会很自然地带上地图一样。

◇成功的人生需要正确的规划。事实上，你今天站在哪里并不重要，但是你下一步迈向哪里却很重要。

乔治·萧伯纳说过："征服世界的将是这样一些人：开始的时候，他们试图找到梦想中的乐园。当他们无法找到的时候，他们亲手创造了它，就像在出外旅游之前你会很自然地带上地图一样。"

个人职业生涯规划就是带领我们穿越迷雾，走向成功的地图，我们只有依靠它的指导，才能够顺利地到达成功的彼岸。一个职业目标与生活目标相一致的人是幸福的，职业生涯设计实质上是追求最佳职业生涯的过程。

职业生涯即事业生涯，是指一个人一生连续担负的工作职业和工作职务的发展道路。成功的职业生涯规划要求你根据自身的兴趣、特点，将自己定位在一个最能发挥自己长处的位置，可以最大限度地实现自我价值。个人职业规划要在了解自我的基础上确定适合自己的职业方向、目标并制定相应的计划，以避免就业的盲目性，降低从业失败的可能性，为个人走向职业成功提供最有效率的路径。

著名管理专家诺斯威尔对职业生涯规划内涵的界定是这样的：个人结合自身情况以及眼前的制约因素，为自己实现职业目标而确定的行动方向、行动时间和行动方案。

职业规划的好处主要有3点：

第一，它可以减少许多焦虑与情绪波动（高涨与低落）。

第二，它可以使生活与工作的效率更高，更易获得成就。

第三，它可以使自己集中优势资源，避免一切干扰，使自己更容易获得成功。

那么，我们该如何才能做好自己的职业规划呢？

1. 了解你自己。

成功的人生需要正确规划，事实上，你今天站在哪里并不重要，但是你下一步迈向哪里却很重要。一个有效的职业生涯设计，必须在充分且正确地认识自身的条件与相关环境的基础上进行。对自我及环境的了解越透彻，越能做好职业生涯设计。因为职业生涯设计的目的不只是协助你达到和实现个人目标，更重要的也是帮助你真正了解自己。

你需要审视自己、认识自己、了解自己，并作自我评估。自我评估包括自己的兴趣、特长、性格、学识、技能、智商、情商、思维方式、思维方法、道德水准以及社会中的自我等内容。详细估量内外环境的优势与限制，设计出自己的合理且可行的职业生涯发展方向，通过对自己以往的经历及经验的分析，找出自己的专业特长与兴趣点，这是职业设计的第一步。

了解自己，我们可以采用对自己的5个追问来实现这一点，此种方法依托的是归零思考的模式：即从问自己是谁开始，然后一路问下去。共有5个问题：

我是谁？

我想做什么？

我会做什么？

环境支持或允许我做什么？

我的职业与生活规划是什么？

回答了这5个问题，找到它们的共同点，你就可以对自己有一个清楚的了解了。

如果你有兴趣，现在就可以试试。先取出5张白纸、一支铅笔、一块橡皮。在每张纸的最上边分别写上以上5个问题。然后，静下心来，排除干扰，按照顺序，独立地仔细思考每一个问题。

对于第一个问题"我是谁"回答的要点是：面对自己，真实地写出每一个想到的答案；写完了再想想有没有遗漏，确实没有了，按重要性进行排序。

对于第二个问题"我想干什么"可将思绪回溯到孩童时代，从人生初次萌生第一个想干什么的念头开始，然后随年龄的增长，回忆自己真心向往过想干的事，并一一地记录下来，写完后再想想有无遗漏，确实没有了，就进行认真的排序。

对于第三个问题"我能干什么"则把确实证明的能力和自认为还可以开发出来的潜能都一一列出来，认为没有遗漏了，就进行认真的排序。

对第四个问题"环境支持或允许我干什么"的回答则要稍做分析：环境，有本单位、本市、本省、本国和其他国家，自小向大，只要认为自己有可能借助的环境，都应在考虑范畴之内；在这些环境中，认真想想自己可能获得什么支持和允许，搞明白后一一写下来，再以重要性排列一下。

如果能够成功回答第五个问题"我的职业规划是什么"，您就有了最后答案了。

做法是：把前四张纸和第五张纸一字排开，然后认真比较第一至第四张纸上的答案，将内容相同或相近的答案用一条横线连起来，您会得到几条连线，而不与其他连线相交又处于最上面的线，就是您最应该去做的事情，您的职业生涯就应该以此为方向。在此方向上以3年为单位，提出近期、中期与远期的目标；再在近期的目标中提出今年的目标；将今年的目标分解为每季度目标、每月目标、每周目标、每天目标。这样，您每天睡前就可以对照自己的目标进行反省，总结当日的成就与失误、经验与教训，修正明天的目标与方法，第二天醒过来后稍加温习就可以投入行动了！这样日积月累，没有不能实现的规划。

值得注意的是，很多人往往认为选择最热门的职业就意味着对自己最有前途，对此，有关专家提醒：选择职业重要的是能正确地分析自己，找到自己最适合做的专业，然后努力成为本行业的佼佼者。

2. 清楚目标，明确梦想。

如果你不知道你要到哪儿去，那通常你哪儿也去不了。

确立目标是制定职业生涯规划的关键，有效的生涯设计需要切实可行的目标，以便排除不必要的犹豫和干扰，全心致力于目标的实现。

制定自己的职业目标并没有想象的那么难，只要考虑一下你希望在多少年之内达到什么目标，然后一步一步往回算就可以了。

目标的设定要以自己的最佳才能、最优性格、最大兴趣、最有利的环境等信息为依据。

通常目标分短期目标、中期目标、长期目标和人生目标，但是有一点，就是说你要保证这个目标至少在你本人看来是伟大的。没有切实可行的目标作驱动力，人们是很容易对现状妥协的。

3. 制定行动方案。

你的职业正在帮助你实现人生的最终目标吗？你是否有一种途径可以让你现有的职业与你的人生基本目标相一致？

正如一场战役、一场足球比赛都需要确定作战方案一样，有效的生涯设计也需要有确实能够执行的生涯策略方案，这些具体的且可行性较强的行动方案会帮助你一步一步走向成功，实现目标。

通常职业生涯方向的选择需要考虑以下 3 个问题：

我想往哪方面发展？

我能往哪方面发展？

我可以往哪方面发展？

如果你现在是一个销售人员，但你的 5 年、10 年或 20 年个人职业规划是希望成为一个营销主管。那么，你应该问自己下列几个问题：

我需要哪些特别的培训和学习才能使我够资格做一名营销主管？

为使自己的发展路上顺畅坦荡，需要排除的内部和外部障碍有哪些？

我目前的上司在这方面能给我帮助吗？我周围的人在这方面能给我帮助吗？

目前的公司对我最终成为营销主管的可能性有多大？是否比在其他公司机会更大？

作为某一级主管这个职位的经验水平和年龄层次是怎样的？我是否符合这个范围？

4. 停止梦想，开始行动。

立即行动。这是所有生涯设计中最艰难的一个步骤，因为行动就意味着你要停止梦想而切实地开始行动。如果动机不转换成行动，动机终归是动机，目标也只能停留在梦想阶段。正如一场战役、一场足球比赛都需要确定作战方案一样，有效的生涯设计也需要有确实能够执行的生涯策略方案，这些具体的且可行性较强的行动方案会帮助你一步一步走向成功，实现目标。

职业规划成功的案例都是在有明确的职业目标后，在求职过程中不断与那个目标看齐。当然，并不是每一个人都具有远见，定下自己的目标，并有计划地不断朝这个方向努力的，但这一点对职业发展起着至关重要的作用。

5. 修正你的计划。

计划不如变化快。影响你职业生涯规划的因素诸多，有的变化因素是可以预测的，而有的变化因素难以预测。要使职业生涯规划行之有效，就须不断地对职业生涯规划进行评估，修正生涯目标、生涯策略，使方案更为恰当，以适应环境的改变，同时可以作为下轮生涯设计的参考依据。

成功的职业生涯设计需要时时审视内外环境的变化，并且调整自己的前进步伐。目标的存在只是为你的前进指示一个方向。而你是它的创造者，你可以在不同时间不同环境下更改它，让它更符合你的理想。

在今天，我们的工作方式不断推陈出新，除了学习新的技能知识外，还得时时审视自己人生的资本，并意识到其不足的地方，不断修正自己的目标，才能立于不败之地。

第 **7** 章

合理规划生活，跳出盲目的陷阱

生命中的重要决定

◇当你到了 18 岁时，你可能面临着两个重大的决定：你将如何谋生？你选择一个什么样的人生伴侣？

◇一个人只要无限热爱自己的工作，他就可能获得成功。

◇选择一个合适的工作，这对你的健康也十分重要。

◇让我们为那些找到自己心爱工作的人祝福，他们无须祈求其他幸福了。

如果你已经到了 18 岁，那么你可能要做出你一生中最重要的两个决定——这两个决定将深深改变你的一生，影响你的幸福、收入和健康，这两个决定可能造就你，也可能毁灭你。那么这两个重大决定是什么？

第一，你将如何谋生？也就是说，你准备干什么？是做一名农夫、邮差、化学家、森林管理员、速记员、兽医、大学教授，还是去摆一个摊子？

第二，你将选择一个什么样的人生伴侣？

对有些人来说，这两个重大决定通常像在赌博一样。哈里·艾默生·佛斯迪克在他的一本书里写道："每位小男孩在选择如何度过一个假期时，都是赌徒。他必须以他的日子做赌注。"

那么你怎样才能减低选择假期中的赌博性呢？

首先，如果可能的话，应尽量找到一个自己喜欢的工作。有一次，我请教轮胎制造商古里奇公司的董事长大卫·古里奇，我问他成功的第一要件是什么，他回答说："喜欢你的工作。"他说："如果你喜欢你所从事的工作，你工作的时间也许很长，但却丝毫不觉得是在工作，反倒像是游戏。"

爱迪生就是一个好例子。这个未曾进过学校的报童，后来却使美国的工业革命完全改观。爱迪生几乎每天在他的实验室里辛苦工作 18 个小时，在那里吃饭、睡觉。但他丝毫不以为苦。"我一生中从未做过一天工作，"他宣称，"我每天其乐无穷。"

所以他会取得成功！

我曾听见查理·史兹韦伯说过类似的话。他说："每个从事他所无限热爱的工作的人，都能取得成功。"

也许你会说，刚入社会，我对工作都没有一点概念，怎么能够对工作产生热爱呢？艾得娜·卡尔夫人曾为杜邦公司雇用过数千名员工，现为美国家庭产品公司的公共关系副总经理，她说："我认为，世界上最大的悲剧就是，那么多的年轻人从来没有发现他们真正想做些什么。我想，一个人如果只从他的工作中获得薪水，而别无其他，那真是最可怜的了。"卡尔夫人说，有一些大学毕业生跑到她那儿说："我获得了达茅斯大学的文学学士学位或是康莱尔大学的硕士学位，你公司里有没有适合我的职位？"他们甚至不晓得自己能够做些什么，也不知道希望做些什么。因此，难怪有那么多人在开始时野心勃勃，充满玫瑰般的美梦，但到了40多岁以后，却一事无成，痛苦、沮丧，甚至精神崩溃。事实上，选择正确的工作，对你的健康也十分重要。琼斯霍金斯医院的雷蒙大夫与几家保险公司联合作了一项调查，研究使人长寿的因素，他把"合适的工作"排在第一位。这正好符合了苏格兰哲学家卡莱尔的名言："祝福那些找到他们心爱的工作之人，他们已无须企求其他的幸福了。"

我最近曾和索可尼石油公司的人事经理保罗·波恩顿畅谈了一晚上。他在过去的20年中，至少接见了75万名求职者，并出版过一本名为《求职的六大方法》的书。我问他："今日的年轻人求职时，所犯的最大错误是什么？""他们不知道他们想干些什么，"他说，"这真叫人万分惊骇，一个人花在选购一件穿几年就会破损的衣服上的心思，竟比选择一件关系将来命运的工作要多得多——而他将来的全部幸福和安宁全都建立在这件工作上了。"

面对竞争日益激烈的社会，你该怎么办呢？你应如何解决这一难题？你可以利用一项叫作"职业指导"的新行业。也许他们可以帮助你，也许将会损害你——这全靠你所找的那位指导者的能力和个性了。这个新行业距离完美的境界还十分遥远，甚至连起步也谈不上，但其前程甚为美好。你如何利用这项新科学呢？你可以在住处附近找出这类机构，然后接受职业测验，并获得职业指导。

当然他们只能提供建议，最后作出决定的还是你。记住，这些辅导员并非绝对可靠。他们之间经常无法彼此同意。他们有时也犯下荒谬的错误。例如，一个职业辅导员曾经建议我的一位学生做一位作家，只不过因为她的词汇很广。多荒谬可笑！事情并不那样简单，好作品是将你的思想和感情传达给你的读者——要想达到这个目的，不仅需要丰富的词汇，更需要思想、经验、说服力和热情。建议这位有丰富词汇的女孩子当作家的这位职业辅导员，实际上只完成了一件事：他把一位极佳的速记员改变成一位沮丧的准作家。

我想说明的一点是，职业指导专家——即使是你和我，也并非绝对可靠。你也许该多找几个辅导员，然后凭普通常识判断他们的意见。

你或许会觉得很奇怪，为什么我尽在文章中说一些令人沮丧的话。但假如你了解多数人的忧虑、后悔和失落，都是由于不重视工作的选择而引起的话，你就不会觉得这是什么稀奇事了。你可以询问你的爸爸、邻居，或是你的上司。

约翰·史都家·米勒宣称，工人无法适应和喜欢他们的工作，是社会最大的损失之一。是的，世界上最糟糕的就是憎恨他们日常工作的产业工人。

你可了解在陆军中最先"崩溃"的是哪一类人？他们就是被分派到错误部门的人！我指的并不是在战斗中受到重创的军人，而是那些在普通任务中精神垮掉的人。威廉·孟宁吉博士，是我们当今最伟大的精神病专家之一，他在二战期间负责陆军精神治疗部门的工作，他说："我们在军中发现挑选和安置人员是非常重要的事情，就是说要使合适的人去从事一项合适的工作，最重要的是，要使人相信他所从事的工作的重要性。当一个人失去兴趣时，他会觉得他是被安排在一个极端错误的职位上，他会觉得他不受上级赏识，他会确信他的才能被埋没了。我们将会发现，在这样的情况下，他就是没有患上精神病，也会埋下精神病的前奏。"

是的，出于相同的理由，一个人也会在工商业中精神崩溃，假如他看不起他的工作和事业，他也可能把它搞砸了。

菲尔·强生的情况就是一个很有说服力的例子。菲尔·强生的父亲开了一家洗衣店，他把儿子叫到店中工作，希望他将来能承担起这家洗衣店。但菲尔非常憎恨洗衣店的工作，因此总是敷衍了事。他爸爸非常心痛，认为养了一个不求上进的儿子，使他在他的员工面前丢尽了颜面。

有一天，菲尔告诉他爸爸，他渴望做个专业的机械工，去一家机械厂任职。什么？一切又重新开始？这位老人非常吃惊。不过，菲尔还是坚持他自己的意见。他穿上油腻腻脏兮兮的粗布工作服，从事比洗衣店更为辛苦的工作，而且工作的时间更长。但他竟然兴奋得在工作中吹起口哨来。他选修工程学课程，装置机械，研究引擎。他在 1944 年时去世，当时是波音公司的总裁，而且制造出当时最先进的轰炸机，帮助盟军赢得了二战。假如他当年迫于父命的威严留在洗衣店不走，他和洗衣店——尤其是在他爸爸离开人世后——究竟会转变成什么样子呢？

我想，整个洗衣店都会垮掉，最后一无所获。

即便会引起家庭的纠纷，但我依然要奉劝各位有自己兴趣的年轻人：不要仅仅因为你家人希望你那样做，你就去勉强从事某一行业，除非你喜欢。尽管如此，你依然要认真考虑父母给你的建议，他们的年纪比你大很多，他们已获得那种唯有从众多经验及过去岁月中才能总结出的智慧。但是，到了最后决定的关头时，你自己必须作最后决定，因为在将来工作中，感到欢乐或悲哀的是你自己，而不是别人。

以上已说了很多，如今我向你提供下述建议，其中有一些劝告，方便在你选择工作时作为参考：

1. 阅读并研究下列有关选择职业的建议。这些建议是由最权威人士提供的，由美国最成功的一位职业指导专家基森教授所拟定。

（1）如果有人告诉你，他有一套神奇的制度，可指示出你的职业倾向，千万不要找他。这些人包括摸骨家、星相家、个性分析家、笔迹分析家。他们的法子不灵。

（2）不要听信那些说他们可以给你作一番测验，然后指出你该选择哪一种职业的人。这种人根本违背了职业辅导员的基本原则，职业辅导员必须考虑被辅导人的健康、社会、经济等各种情况；同时他还应该提供就业机会的具体资料。

（3）找一位拥有丰富的职业资料藏书的职业辅导员，并在辅导期间妥为利用这些资料和书籍。

（4）完全的就业辅导服务通常要面谈两次以上。

（5）绝对不要接受函授就业辅导。

2. 避免选择那些原已拥挤的职业和事业。在美国，谋生的方法共有两万种以上。想想看，两万多！但年轻人可知道这一点？除非他们借用一位占卜师的透视水晶球，否则他们是不知道的。结果呢？在一所学校内，2/3 的男孩子选择了 5 种职业——两万种职业中的 5 项——而 4/5 的女孩子也是一样。难怪少数的事业和职业会人满为患，难怪白领阶层会产生不安全感、忧虑和"焦急性的精神病"。特别注意，如果你要进入法律、新闻、广播、电影以及"光荣职业"等这些已经人满为患的圈子内，你必须要费一番大工夫。

3. 避免选择那些维生机会只有 1/10 的行业，例如，兜售人寿保险。每年有数以万计的人——经常是失业者——事先未打听清楚，就开始贸然兜售人寿保险。根据费城房地产信托大楼的富兰克林·比特格先生的叙述，以下就是此一行业之真实情形。在过去 20 年来，比特格先生一直是美国最杰出而成功的人寿保险推销员之一。他指出，90％的首次兜售人寿保险的人弄得又伤心又沮丧，结果在一年内纷纷放弃。至于留下来的，10 人当中的一人可以卖出 10 人销售总数的 90％，另外 9 个人只能卖出 10％的保险。换个方式来说：如果你兜售人寿保险，那你在一年内放弃而退出的机会为 90％；留下来的机会只有 10％。即使你留下来了，成功的机会也只有 1％而已，否则你仅能勉强糊口。

4. 在你决定投入某一项职业之前，先花几个星期的时间，对该项工作做个全盘性的认识。如何才能达到这个目的？你可以和那些已在这一行业中干过 10 年、20 年或 30 年的人士面谈。

这些会谈对你的将来可能有极深的影响。我从自己的经验中了解了这一点。我在二十几岁时，向两位老人家请求职业上的指导。现在回想起来，可以清楚地发现那两次会谈是我生命中的转折点。事实上，如果没有那两次会谈，我的一生将会变成什么样子，实在是难以想象。

你又该怎样获得这些职业指导呢？为了方便说明，姑且先假设你打算做一名建筑师。在你决定完之后，你应当花几个星期去拜访你附近的有一定资历的建筑师。你可以从电话黄页的分类栏里，找出他们的姓名和居住地点。不管有没有预约，你都能够打电话去他们的办公室。假如你希望能见见面，你可以写信给他们，内容大致如下：

"能否麻烦您帮个小忙？我今年 18 岁，正考虑进修做一名建筑师，我希望能接受您的指导，在我作出最终决定之前，很希望向您讨教一些问题。假如您没有时间，无法在办公室指导我，而愿意留出半个小时在您家中指导我，那我将万分感激。"

假如你不愿写信预约时间，那就可直接到那人的办公室去，对他说，假如他能向你提供一些专业的指导，你将不胜感激。

记住，你是在作你人生中最重要且影响最深远的两项决定中的一个。于是，在你采取行动之前，应该多花点时间探索事情的本来面目。假如你不这样做，你可能在下半辈子中后悔不已，假如经济条件允许，你可以付钱给对方，补偿他半小时的时间和建议。

克服"你只适合一种职业"的超级错误的观念！只要是正常的人，都能够在多种职业上成功。相同的，每个正常的人，也都有可能在多种职业上同时失败。拿我自己为例，假如我自己准备从事下列各项职业，我相信，成功的机会一定比其他职业多，并且对于所从事的工作，也一样深深地感到欢乐，它们包括：农艺、果树栽培、科学农业、医药、销售、广告、报纸编辑、教书、林业。另一方面，我坚信下述的工作，我一定不喜欢，并且也必定会失败：会计、速记、工程、旅馆或工厂的经理、建筑设计师、机械事务，以及其他数百类工作。

不要为工作和金钱烦恼

卡耐基金言

◇人类70％的烦恼都跟金钱有关，而人们在处理金钱时，却往往意外地盲目。

◇令多数人感到烦恼的，并不是他们没有足够的钱，而是不知道如何支配手中已有的钱。

◇即使我们拥有整个世界，我们一天也只能吃三餐，一次也只能睡一张床——即使一个挖水沟的人也能做到这一点，也许他们比洛克菲勒吃得更津津有味，睡得更安稳。

如果我懂得如何解决每个人的财务烦恼，我就不会写这本书，而将安坐在白宫内——坐在总统身旁。但我可以在此提供一些小贡献：我可以引述各方面专家权威的看法，并提出一些十分可行的建议，指出你可以从何处获得书籍和小册子，使你得到额外的指导。

根据《妇女家庭月刊》所作的一项调查，我们70％的烦恼都跟金钱有关。盖洛普民意测验协会主席盖洛普·乔治说，从他所作的研究中显示，大部分人都相信只要他们的收入增加 10%，就不会再有任何财政的困难。在很多例子中确实如此，但是令人惊讶的是，有更多例子则并不尽然。我在撰写本章时，曾向预算专家爱尔茜·史塔普里顿夫人请教。她曾担任纽约及全培尔两地华纲梅克百货公司的财政顾问多年，她曾以个人指导员身份，帮助那些被金钱烦恼拖累的人。她帮助过各种收入的人，从一年赚不到 1000 美元的行李员，至年薪 10 万美元的公司经理。她如此对我说："对大多数人来说，多赚一点钱并不能解决他们的财政烦恼。"事实上，我经常看到，收入增加之后，并没有什么帮助，只是徒然增加开支——增加头痛。"使多数人感觉烦恼的，"她说，"并不是他们没有足够的钱，而是不知道如何支配手中已有的钱！"——你对最后那句话表示不屑一听，是吗？好吧，在你再度表示轻蔑之前，请记住，史塔普里顿并没有说"所有的人"。她说"大多数人"。她并不是指你而言。她指的是你姊妹和表兄弟，他们的人数可多了。

有许多读者可能会说："我希望作者这小子来试试看：拿我的周薪，付我的账款，维持我应有的开支。只要他来试一试，我担保他会知道我的困难而不再说大话。"说得不错，我也有过我的财政困难：我曾在密苏里的玉米田和谷仓做过每天 10 小时的劳力工作。我辛勤地工作，直至腰酸背痛。我当时所做的那些苦工，并不是一小时 1 元美金的工资，也不是 5 毛钱，也不是 10 分钱。我那时所拿的是每小时 5 分钱，每天工作 10 小时。

我知道一连 20 年住在一间没有浴室、没有自来水的房子里是什么滋味。我知道睡在一间零下 15 度的卧室中是什么滋味。我知道徒步数里远，以节省 1 毛钱，以及鞋底穿洞、裤底打补丁的滋味。我也尝过在餐厅里尽点最便宜的菜，以及把裤子压在床垫下的滋味——因为我没钱将它们交给洗衣店。

然而，在那段时间里，我仍设法从收入中省下几个铜板，因为如果我不那么做，心里就不安。由于这段经验，我终于明白，如果你我渴望避免负债以及避免金钱烦恼，就必须和一些公司一样：拟定一个花钱的计划，然后根据那项计划来花钱。可惜，我们大多数人都不这样做。例如我的好朋友黎翁·西蒙金，他指出人们在处理金钱事务时，会表现得意外盲目。他告诉我，有位他认识的会计员，在公司工作时，对数字精明得很，但等到他处理个人财务时……就让我们打个比喻吧，如果这个人在星期五中午拿到薪水，他会走到街上去，看到商店橱窗里有件叫他着迷的大衣，就毫不犹豫地将它买下来——从不考虑房租、电费，以及所有各项"杂"费，迟早都要由这个薪水袋里抽出来付掉。然而这个人却又知道，如果他所服务的那家公司以他这种贪图目前享受的方式来经营，则公司势必破产。

有件事你需要考虑：当牵涉到你的金钱时，你就等于是在为自己经营事业。而你如何处理你的金钱，实际上也确实是你"自家"的事，别人无法帮忙。

不过，什么是管理我们金钱的原则呢？我们如何展开预算和计划？以下有10条规则。

1. 把事实记在纸上。

亚诺·班尼特50年前到伦敦，立志做一名小说家，当时他很穷，生活压力大。所以他把每一便士的费用记录下来。他难道想知道他的钱怎么花掉了？不是的。他心里有数。他十分欣赏这个方法，不停地保持这一类记录，甚至在他成为世界闻名的作家、富翁，拥有一艘私人游艇之后，也还保持这个习惯。

约翰·洛克菲勒也保有这种总账。他每天晚上祷告之前，总要把每便士的钱花到哪儿去了弄个一清二楚，然后才上床睡觉。

你我也一样，必须去弄个本子来，开始记录，记录一辈子？不，不需要。预算专家建议我们，至少在最初一个月要把我们所花的每一分钱作准确的记录——如果可能的话，可作三个月的记录。这只是提供我们一个正确的记录，使我们知道钱花到哪儿去了，然后我们就可依此作一预算。

哦，你知道你的钱花到哪儿去了？嗯，也许如此；但就算你真知道，1000人当中，只能找到一个像你这样的人。史塔普里顿夫人告诉我，通常，当人们花费几小时的时间把事实和数字忠实地记录在纸上后，他们会大叫："我的钱就是这样花掉的？"他们真是不敢相信。你是否也这样？可能。

2. 拟出一个真正适合你的预算。

史塔普里顿夫人告诉我，假设有两个家庭比邻而居，住同样的房子，同样的郊区，家里孩子的人数一样，收入也一样——然而，他们的预算需要却会截然不同。为什么？因为人性是各不相同的。她说，预算必须按照各人需要来拟定。

预算的意义，并不是要把所有的乐趣从生活中抹杀。真正的意义在于给我们物质安全感——从很多情况下来说，物质安全感就等于精神安全和免于忧虑。"依据预算来生活的人，"史塔普里顿夫人告诉我，"比较快乐。"

但你怎么进行呢？首先，如同我所说的，你必须把所有的开支列出一张表来，然后要求指导。你可以写信到华盛顿的美国农业部，索取这一类的小册子。在某些大城市——密尔瓦基、克利夫兰、明尼亚波利斯，以及其他大城市——主要的银行都有专家顾问，他们将乐于和你讨论你的财务问题，并帮你拟定一项预算。

讨论此一题目的小册子中，我见过的最好的一本名叫《家庭金钱管理》，由"家庭财务公司"发行。顺便提一下，这家公司出版了一整套的小册子，讨论到许多预算上的基本问题，例如房租、食物、衣服、健康、家庭装饰，和其他各项问题。

3.学习如何聪明地花钱。

意思是说，学习如何使金钱得到最高价值。所有大公司都设有专门的采购人员，他们啥事也不做，只是设法替公司买到最合理的东西。身为你个人产业的男、女主人，你何不也这样做？

4.不要因你的收入而增加头痛。

史密斯夫人告诉我，她最怕的就是被请去为年薪5000美元的家庭拟定预算。我问她为什么。"因为，"她说，"每年收入5000美元，似乎是大多数美国家庭的目标。他们可能经过多年的艰苦奋斗才达到这一标准——然后，当他们的收入达到每年5000美元时，他们认为已经'成功'了，他们开始大肆扩张。在郊区买栋房子——'只不过和租房子花一样多的钱而已'，买部车子，许多新家具，以及许多新衣服——等你发觉时，他们已进入赤字阶段了。他们实际上不比以前更快乐——因为他们把增加的收入花得太凶了。"

我们都希望获得更高的生活享受，这是很自然的。但从长远方面来看，到底哪一种方式会带给我们更多的幸福——强迫自己在预算之内生活，或是让催账单塞满你的信箱，以及债主猛敲你的大门？

5.投保医药、火灾以及紧急开销的保险。

对于各种意外、不幸，及可意料的紧急事件，都有小额的保险可供投保。但并不是建议你从澡盆里滑倒至染上德国麻疹的每件事皆投上保险，但我们郑重建议，你不妨为自己投保一些主要的意外险，否则，万一出事，不但花钱，也很令人烦恼。而这些保险的费用都很便宜。

6.不要让保险公司以现金将你的人寿保险付给你的受益人。

如果你投保人寿是为了在你死后能照顾家人，那么绝不可让保险公司一次将大批现钞付给你的受益人。

"不许多领钞票的新寡妇"将会如何？马利翁·艾伯是纽约市人寿保险研究所妇女组主任。她在全美国各地的妇女俱乐部演讲，指出不让寡妇领取人寿保险金，而改为领取终生收入的好处。她提及一位收到 2 万人寿保险现金的寡妇，她将钱借给儿子开创汽车零件事业。事业失败了，她现在穷困潦倒，三餐不继。她提到另外一位寡妇，被一位油腔滑调的房地产经纪人所诱，把她的大部分人寿保险金拿来购买一些"保证在一年之内增值一倍"的空地。3 年之后，她把土地卖掉，却只拿回最初投资的 1/10。她又提到另外一位寡妇，在领取了 1.5 万美金的人寿保险金的 12 个月以后，就必须向儿童福利协会申请补助款抚养她的儿子。像这样的悲剧，数以千计，不胜枚举。"2.5 万美元在妇女手中，平均不到 7 年就全部花光。"这是纽约时报经济编辑施维业·彼特在《妇女家庭月刊》上所发表的文章中提出的。

《星期六晚邮》多年以前在其社论中说："众人皆知，由于妇女多半未受商业训练，又无银行替她拿主意，因此她很可能在第一个狡猾的捐客向她进行游说之后，就贸然把她丈夫的人寿保险金拿去购买不稳定的股票。任何一位律师或银行家都可举出许多这类例子：节俭的丈夫多年省吃俭用的终生存款，只因为他的寡妇或孤儿相信某位靠骗取女人为生的骗子，而将之全部花光。"如果你想在死后保障妻子儿女的生活，何不向 J.P. 摩根学习？他是当代最伟大的金融专家之一。他把遗产分赠给 16 位受益人，其中 12 位都是妇人。他遗赠给这些妇女的是现金吗？不。他留给她们的是有价证券，使这些妇女每月都可得到固定收入。

7. 教育子女重视金钱。

我永远都不会忘记我在《你的生活》中所读到的一篇文章。作者史带拉·威斯顿·托特叙述她怎样教导她的小女儿养成对金钱负责任的好习惯。她从银行里取得一本独特储钱本，交给她只有 9 岁的女儿。每当小女儿拿到每周的零花钱时，就将零花钱"存进"那本储钱本中，妈妈则自任银行的"出纳员"。然后在那几个星期之中，每当她需使用里面的钱的时候，就从本子中"取出"，把余款数目仔细记录下来。小女孩不但从其中得到许多别的孩子无法体会的乐趣，而且也学会了应该对金钱负责任。

这真是非常好的办法。假如你有正在就读高中的儿子或女儿，而你希望他们好好学习怎样负责任地处理金钱，我在此郑重向你推荐一本这方面的必读书。书名为《好好安排你的金钱》，对十几岁的孩子怎样合理地用钱，有很精辟而实际的见解——从上街理发至购买可乐无所不包。同时该书也提及如何计划预算，帮助他们顺利读完大学。确定无疑的是，假如我有一位正在上高中的儿子，我必定要他阅读这本书，然后我再学习一下，利于拟定家庭开销预算。

8. 家庭主妇可在家中赚一点额外收入。

假如在你聪明地拟好精密的开支预算之后，你发现仍然无法填补开支，那么你能够选择下面两件事之一：你能够谴责、忧愁、担心、埋怨，你也可以想办法赚一点额外的钱。该怎么做呢？想赚钱的只需找到人们最需要而当前供不应求的东西。家住纽约杰克森山庄的娜丽·史皮尔夫人就是这么想也是这么做的。在1932年，她自己独住在一套有三个房间的公寓楼里，她的丈夫已经离开人世，两个儿子都已成家。有一天，她到一家饭店的柜台买冰淇淋，发现柜台同时也卖水果饼，但那些水果饼看起来实在有点差。她问老板愿不愿向她买一些真正的家制水果饼。最终他订了两块水果饼。"我自己也是个好厨师，"史皮尔夫人对我讲述她的故事时说，"但从前我们住在佐治亚州时，一直雇有女佣人，我亲手烘制饼干的次数大约只有几次而已。在那个老板向我预订了两块水果饼之后，我马上向邻居请教了烘制苹果饼的方法。结果，那家餐厅的顾客对我最初的两块水果饼——苹果饼和柠檬饼——大加称赞。餐厅第二天就预订了5块饼干，紧接着其他餐馆也开始向我订货。在两年之内，我就成为了每年烘制5000块饼的家庭主妇。我自己一人在我自己的小厨房内完成所有的烘制工作，我一年的收入已高达1万美元，除了一些制饼的材料成本之外，我一毛钱也没乱花。"

意料之中的是，对史皮尔夫人的烤饼的需求量越来越大，她只能把工作的地点搬出厨房，租下一间店面，雇了两个少女帮忙，制作水果饼、蛋糕、卷饼。在二战期间，人们排队一个多小时等着买她所烘制的食品。

"我一生中从来没有这样欢乐地生活过，"史皮尔夫人说，"我一天在店里工作12～14小时，但我从不觉得疲倦，由于对我来说，那根本不算是工作。那是生活中的奇妙的体验。我只是尽我的能力和技巧使周围的人们更加兴奋，我非常忙，根本没有多余的时间忧虑。我的工作弥补了妈妈和丈夫离开人世后留下的情感空白。"

我请教史皮尔夫人，其他烹调技术比较高超的家庭主妇，是否也能够在空闲的时间以同样的办法，在一个 1 万人以上的小城市里赚取额外的收入。她回答说："完全可以，她们可以这样做。"

娜拉·史琳达夫人也有相同的想法。她住在一个 3 万人居住的小镇——伊利诺依州梅梧市。她就在厨房里以一毛钱成本的原料开创了事业。她的丈夫生病了，她必须赚点额外收入。但怎么办呢？没有经验和技术，没有启动资金，只不过是一名家庭主妇。她从一枚蛋中取出蛋清加上一点糖料，在厨房里做了一些饼干，然后她捧了一盘饼干站在学校附近，将饼干卖给正放学回家的小孩子们，一块饼干卖一分钱。"孩子们，明天多带点钱来，"她说，"我天天都会带着好吃的饼干在这儿等你们。"第一周，她不仅赚了 4.15 美元，还为生活带来了不一样的兴趣。她为自己和孩子们带来了欢乐，如今没有多余的时间去忧愁了。

这位来自伊利诺依州的冷静沉着的家庭主妇很有野心，她决定向外扩展——找个代理人在人声鼎沸的芝加哥出售她家制作的饼干。她羞怯而紧张地和一位在街头卖花生的意大利生意人接洽。他耸耸肩膀，表示拒绝，说他的顾客要的是花生，不是她的饼干。4 年后，她在芝加哥开了第一家饼干店，店面只有 8 尺来宽。她晚上制作饼干，白天摆出来卖。这位从前非常羞涩和胆怯的家庭主妇，从她厨房的炉子上开始，建立了自己的饼干工厂，如今已拥有 19 家连锁店——其中 18 家都设在芝加哥最繁华的鲁普区。

我在此想说明一点，娜丽·史皮尔和娜拉·史琳达不为金钱的烦恼所束缚，反而采取积极的行动。她们以最小的方式，从厨房出发——没有租金，没有广告成本。在这样的情况下，一名妇人要被财务烦恼拖到崩溃，大概是不会发生这样的事情的。

看看你的周围，你将会发现尚未达到饱和的行业实在是太多了。例如，假如你自己是一名非常有水平的厨师，你或许可开设教人烹饪的班级，就在你自己的厨房内教导一些女孩子们，这也是生财之道。说不定很快就门庭若市。

有无数本书籍教导你怎么利用余暇时间赚钱，你可到公立图书馆借来仔细看看。不管男人、女人，都有很多工作机会。但我必须提出一句忠告：除非你天生有推销的才能，否则不要尝试去挨家挨户地卖东西。大多数人都非常憎恨这份工作，都以失败告终。

9. 赌博等于送死。

对于那些企图通过赌博、赛马及玩老虎机发笔横财的人，我总是感到非常诧异。我认识一个拥有几架这种"独臂大盗"机器并靠它们营生的人，他对于那些天真地以为能战胜早已设计好的专门用来骗他们钱的机器的傻瓜们，除了藐视之外，没有丝毫的同情。

我也知道一名美国赌马迷。他是我成人教育训练班上的学生。他告诉我，即使他对赛马的所有知识都了如指掌，也无法在赌马中发财。然而他并不是唯一的一个，实际上，每年都有众多的超级傻瓜，在赛马中扔下60亿美金，这个数目刚好是美国在1910年全国财政赤字的6倍。这位赛马迷同时对我说，假如他想干掉他的敌人，再也没有比说服那个人去赌赛马更好的办法了。我问他，假如某人根据赛马的情报内幕来下注，其结果会怎样，他的回答出人意料，他说："照这种办法来赌赛马，确定无疑的是，能够把美国所有制造钱币的工厂输掉！"

假如我们真的要决定赌博，至少也要学机灵一点。先让我们算一下我们的胜率怎样。如何来找呢？你可以阅读一本《如何计算胜率》的书，作者为奥斯华·贾柯比——桥牌及扑克方面的最高级的专家、权威，也是一家保险公司的统计顾问，该书总共215页，教会你在赌赛马、吃角子老虎、扑克、骰子、桥牌、轮盘、梭哈和股票市场时，算出胜率有几分。这本书同时还告诉你，在其他各种各样的活动中，你得胜的概率有多少，全有数字依据，对你会非常有帮助。它并不是故意教你怎么去赌博。作者没有那种想法，他只是想把在普遍流行的赌博中你可能失败的几率坦白地告诉你。当你看见了这些失败的比例之后，你将会无比同情那些易于受骗的人，他们把辛苦挣来的钱丢在赛马、纸牌、骰子、吃角子老虎之上。

10. 如果我们无法改善我们的经济情况，不妨宽恕自己。

如果我们不可能改善我们的经济情况，也许我们可改进心理态度。记住，其他人也有他们的财务烦恼。我们可能因为经济情况比琼斯家差而烦恼；但琼斯家可能因为比不上李兹家而烦恼；而李兹家又因为跟不上范德比家而懊恼。

美国历史上最著名的人物也有他们的财务烦恼。林肯和华盛顿都必须向人借贷，才能启程前往首都就任总统。

要是我们得不到我们所希望的东西，最好不要让忧虑和悔恨来苦恼我们的生活。最好让我们原谅自己，学得豁达一点。根据古希腊哲学家艾皮科蒂塔的说法，哲学的精华就是："一个人生活上的快乐，应该来自尽可能减少对外来事物的依赖。"罗马政治家及哲学家塞尼加也说："如果你一直觉得不满，那么即使你拥有了整个世界，也会觉得伤心。"

要想减少烦恼，请记住下面的原则：

不要总是为工作和金钱发愁。

男佐女佑：如何处理家庭职业冲突

卡耐基金言

◇最适合某个人的工作，或能够使他感到快乐的工作，并不一定就会使他富有或过得上好日子。

◇疑虑是我们心中的叛逆者，由于害怕去追求，将会使我们失去我们通常能够赢得的东西。

◇上帝的确偏爱勇敢和坚强的心灵。

19世纪70年代，我的祖父查理士·劳勃特森在堪萨斯州的农庄长大。他想要移居到印第安·泰里特利去，看看自己能够在这个边界殖民区里做出什么事业。于是他和他的妻子哈丽特就将他们的行装整理好，放进一辆敞篷马车里，带着孩子们往未知的前途出发。他们在锡马龙的河岸定居。这个地方，就是现在的奥克拉荷马州东北。我的祖父建造了一座木屋，用篱笆围起一片自己的土地。不久，他借了一些钱在这个小乡村开了一家小店，那就是现在奥克拉荷马州的杜尔沙市。

我的祖母哈丽特日子过得很艰苦，她要照顾9个小孩，身体不太好，而且生活很不方便。那里没有医生，只有一家一间教室的教会学校供小孩子念书。艰苦的生活、债务、寒冷的冬天和炎热的夏天，这就是他们全部的写照了——但是以边疆的生活标准来说，查理士·劳勃特森成功了。哈丽特活着看到她的丈夫变成一个成功的、受人敬重的居民，她的儿女们也都幸福地结婚了，而印第安·泰里特利也变成联邦政府的一州。

联邦政府这些州的发展，不仅由于有像查理士·劳勃特森这种男人的眼光——他们开拓了新的天地并且扩展疆界——而且也因为有了这些勇敢的妻子，就像哈丽特，她们勇敢地去尝试新机会。这些女人信仰上帝，信仰她们的丈夫，而且信仰她们自己。她们勇敢地面对着危险、困苦、疾病和死亡。当她们朝西部前进的时候，有没有怀念过她们离开的舒适的家？有没有后悔过离开了朋友、双亲、财富以及现在所面对的物质缺乏、害怕和劳苦的生活？如果她们没有后悔过，她们就是没有人性了。

但是就是这样，拓荒的人们跟随着自己的丈夫来到这些荒凉地区，写下了美国历史上光辉的一页。他们留给自己的儿女一笔巨大的遗产，包括一片土地、一座城市，以及一种不屈不挠的勇气和无法动摇的信心。

盼望丈夫成功的妻子，必须发扬我们的拓荒前辈的刻苦精神。妻子必须心甘情愿地让自己的丈夫去做他最喜爱的任何事情，纵然他的做法是很冒险的。不管遭到了什么挫折，她必须有深信丈夫的勇气，而且毫不畏惧地支持他。能够不顾一切地努力实现进取心和创造心的人，更不会为了其他的原因而退缩了。

例如，我认识的一个男人，在他所不喜欢的职位上工作了一辈子，只因为他的太太宁愿牺牲任何代价，来保住安定的生活。

开始的时候他是个记账员，后来他赚够了钱，可以开自己的汽车修理厂了，这时候他结了婚。而他的太太认为在他们还没有买下房子以前，他最好不要辞去工作。等到他们有了房子以后，他们正要生下第一个孩子，这位男士的妻子使他觉得，开创自己的事业将是一件多么辛苦的傻事——于是日子就这样过了。他的薪水已经足够家庭开销，还有保险金可以供应孩子的教育费用。有必要开创自己的事业吗？太可笑了！如果失败了怎么办？他可能会失去在公司里的年资、公司的退休金、疾病津贴，以及一份中等而固定的薪水。于是这位男士就失去了创业的机会，因为他的妻子不愿意给他尝试的机会。

现在，他是个对生活感到厌倦的、庸庸碌碌的中年人，他把空闲的时间用来修补自己的汽车。他有张失意的脸孔，患有胃溃疡，此外再也没有什么东西可回想了。生命就这样过去了。他生命绝大部分的时间都用来压抑他对于工作的不满，他对自己的工作没有真正的兴趣，没有热心，没有完成的野心——这都是因为他的太太不愿意给他尝试的机会。

如果他放弃了不喜欢的工作，尝试努力去做自己选择的工作而失败了，事情又会怎样？至少他将会因为已经做过自己想要尝试的工作而感到满足，而且如果他尝够了失败的滋味，他就真的会成功了。

然而，使人感到兴奋的是，这种类型的妻子似乎只是少数而已。在雪佛酿酒公司最近的一项调查里，有 6000 名各种年龄的家庭主妇接受了访问。其中有一个问题问到，如果她丈夫想要从一个他不太喜欢的安定工作，转到另外一个较不安定而且薪水较低，但是却能够使丈夫感到高兴的工作上去，太太们是不是会赞成。接受访问的太太们只有 25% 说，她们不愿意让自己的丈夫改行。

我曾经替一位叫作查尔斯·雷诺兹的人做过事，他是奥克拉荷马州杜尔沙市一家大石油公司的财务助理。他是个活泼、能干又讨人喜欢的年轻人，看来一定可以一帆风顺地往上爬。他有太太、3 个小孩以及光辉的远景。

空闲的时候，查尔斯·雷诺兹喜爱绘画。他的许多风景油画，都悬挂在公司办公室的墙上。有时候他也把画卖给公司外面的人。

虽然雷诺兹先生喜欢自己的工作，但是他更渴望有更多的时间来绘画。他一向很喜爱新墨西哥州的陶欧斯城，那儿是艺术家的乐园，他想要放弃自己的工作，永久移居到那边去。当他和他的太太露丝谈到去开一家绘画用品店时，他太太鼓励他说："我们也可以卖画框，我照顾店面，你就可以画画了。我相信我们一定可以成功的。"

由于太太热心的鼓励，查尔斯·雷诺兹就下定决心辞掉工作，专心作画了。他们全家人都有了开创新事业的精神，年轻的小查尔斯放学以后也会帮忙店务。他画得非常好，终于成为西南部最成功的画家之一。他的作品曾经在整个美国展览过；他也曾经在许多画廊举办过个人画展。现在，他是陶欧斯城画家协会的会长；在新墨西哥州陶欧斯城闻名的济特·卡森街上，他还建造了自己的画廊和画室。这都是因为他和他的妻子有勇气去尝试一个机会。

这种冒险的成功并不值得惊讶——胜算的可能性是很高的。如同范狄格里夫特将军经常在战前对他的军队所说的："上帝偏爱那些勇敢和坚强的人。"

最适合于某个人的工作，或能够使他感到快乐的工作，并不一定就会使他富有或是过上好日子。然而除非一个人的工作能够带给他内心的满足，否则就不算是真正的成功了。当妻子的需要有精神上的耐力，才能够让她的丈夫自由自在地做他所喜爱的工作，而放弃他所不满意的、不高兴的、薪水较好的职位。

许多伟大的成就，可能都是因为不自私的妻子愿意尝试一个机会——而且愿意放弃物质享受，因此她们的丈夫才能够从事适合于他们个性的工作。

救世军不只是它伟大的创始者威廉·布斯的活纪念碑，而且也是威廉最具爱心的妻子凯瑟琳·布斯的活纪念碑，因为她曾奉献那么多的精力来推广这个运动。

威廉·布斯把传道当成自己的天职，他在伦敦的贫民窟对穷人、残废人和流浪汉讲道。他、他的妻子和孩子们都忍受着寒冷、饥饿和嘲笑。他努力于帮助穷人，以至于损害了自己的健康。他的妻子也从小就很瘦弱。凯瑟琳·布斯患有脊柱弯曲症，必须使用脊柱支柱。她还受着肺痨的威胁，晚年又受到了癌症的折磨。她临死前说："我从来就不知道有哪一天不是生活于痛苦之中的。"

然而这位孱弱、瘦小而多病的妇人，不只要做饭、洗衣和照顾他们的 8 个子女，还要帮助她的丈夫，为那些比他们更加穷困的人奉献出他们慈爱的努力。她也传教讲道。到了晚上，在白天的劳累之后，她还要到贫民窟去帮助那些饥饿、生病或是遭遇困难的人。她为那些怀有私生子而未出嫁的姑娘准备饭菜，找寻安身的处所。她和那些小偷、流浪汉与妓女说话。

你一定会想（难道你不这样想吗），凯瑟琳·布斯只要有适当的机会，一定会想离开这个悲惨的地方的。这种机会也曾出现过，有一次牧师会议为布斯的真诚所感动，就在一个比较富裕的地区，留给他一个舒服的讲道工作——这样他就可以放下他在贫民窟的工作了。

他们忽略了威廉的妻子。凯瑟琳·布斯马上站起来叫道："不要！不要！"

多亏她不怕艰难和有坚定的信心，现在才有救世军在各处工作。我真希望凯瑟琳能够活得更久一些，亲眼看到她为丈夫所做的贡献所得到的结果。我真希望她现在已经知道，在威廉·布斯的葬礼之中，当他的灵柩经过的时候，伦敦街头拥挤着 6.5 万多人向他表示敬意。伦敦市长也在他葬礼的行列中送行。欧洲的宫廷和美国总统也都送来花圈。在他的灵柩后面，有 5000 名年轻的救世军跟随着，并唱着赞美诗歌颂他们伟大的领袖。我宁愿相信凯瑟琳已经都知道了——这位瘦弱的女人完全不顾自己的安全，加入她丈夫献身的伟大工作。

帮助丈夫获得成功，这本身就是一个需要专业精神的工作，除非你相信帮助丈夫是一件非常重要、而必须付出你所有注意力的事，否则你就没有办法帮助你丈夫了。

以下是个迷人女孩子的真实故事，她本来认为自己的职业比较重要——直到后来有件事情改变了她的想法。美丽、碧眼金发的彩泰·威尔斯，是著名的探险家卡维士·威尔斯的太太，当她认识未来的丈夫的时候，自己已经拥有非常着迷的职业。

彩泰是个成功的广播讲演的经纪人，在业务上与许多名人的接触使她得到了乐趣。卡维士·威尔斯也是因业务关系和她认识的，卡维士爱上她并且和她结了婚——依照彩泰的条件，她可以继续从事使她着迷的工作，而且可以自由独立。

婚礼在 3 月举行。6 月，卡维士·威尔斯要动身前往苏俄和土耳其，去爬阿拉特山。彩泰本来希望留在家里工作，但是等到时间接近的时候，她竟然没有办法使自己独自留下来。"只这一次和你去就好。"她说。于是他们就出发去探险了，那是一个艰难和挫折的梦魇——虽然这次历险使卡维士写出了那本畅销的书——《卡普特》。

当彩泰回到自己的工作岗位以后，发觉这些工作和这次的探险经验比起来，真是太没有味道了，她曾经和卡维士共享过出生入死的经历啊。于是在一年半以后，她又和卡维士一同前往墨西哥，去爬帕帕卡提白特尔山。这又是一次严苛的体能考验。彩泰大部分的时间都在寒冷、饥饿、疲惫和极度的惊吓之中度过。但是她同时也感到非常兴奋。

那座山峰上冰凉的冷风，吹走了彩泰坚持要独立的最后一丝念头。她了解到，身为卡维士·威尔斯的妻子，是比在自己的工作上，所可能得到的任何程度的成功，都要更有价值的。当他们从墨西哥回来以后，彩泰就关闭了自己的办公室。她现在有时间跟着她的丈夫到地球最远的一端了——而这也正是她所做到的事。马来半岛的丛林、非洲、日本、冰岛、喀什米尔山谷……游历各地的威尔斯夫妇，他们的生活就像是一部游记。

彩泰·威尔斯说："那时候我认为，拥有自己的事业是很重要的，我很奇怪自己那时候怎么会那么孩子气。和我与卡维士共享的这些丰富经历比起来，我自己的生活是多么的无味和狭小啊。我把我的兴趣和他的合并起来，和他共享胜利和成功，而当失望和麻烦来临的时候，我们就一起面对它们。

"我想，我所曾经接受的最大的嘉勉，就是卡维士在他那本《卡普特》书上所写给我的献辞：'献给我最好的朋友——我的妻子，彩泰。'从没有人给我的赞赏像我的丈夫给我的爱之献语这样，使我感到这么大的成功和满足。"

彩泰·威尔斯是在很戏剧化的情况之下改变心意的,但是,许多女人发觉,增进她们所爱的丈夫的幸福与最大的利益,就是使得任何一个妇女感到最有价值的职业生涯了,彩泰就是一个典型的例子。

我并没有忽略许多由于环境的驱使,而离开家里到外头工作的妻子们和母亲们。我要以最深的尊敬,向她们致意。我相信妇女们应该有能力,以她们自己的努力来赚钱维持自己的生活,可能会在什么时候变成负担家计的人,要负责家庭的食物、房租以及衣物。生病、死亡、失业和灾祸可能捣毁原先最好的计划。

但是,因为我们正在讨论妻子帮助丈夫成功的各种方法,我们不可以忘记,帮助丈夫是一个很大的工作,这件工作本身大得需要妻子全心全力去做。一个妻子如果尽责任地把她的努力放在自己的职业上面,她就不会有额外的能力为她的丈夫效力了。当然,每一件事情都有例外,仅是观察和经验使我相信,如果夫妇双方的目标和兴趣是一致的,丈夫与婚姻成功的机会就更大了。

是的,成功的真正意义,是找出你所热爱的工作并努力去做——在奋斗的途中必须不顾自身的安全与幸福,有时候只有这样做,才是获得我们真正想要的东西的唯一方法。

"上帝啊,请赐给我一个年轻人,他必须有足够的胆识去做别人心目中的傻事。"罗勃特·路易斯·史蒂文生说。

莎士比亚则是这样说:"疑虑是我们心中的叛逆者,由于害怕去追求,将会使我们失去我们通常能够赢得的东西。"

上帝的确是偏爱勇敢和坚强的心灵。如果我们希望我们的丈夫,在他们觉得最有成就的工作之中成功,我们就该鼓励他们去尝试每一个机会——而且要有足够的勇气来共同克服危机。

消除工作和金钱烦恼的一个重要原则是:

处理好夫妻间有关职业方面的冲突。

不要入不敷出

卡耐基金言

◇没有计划地花钱就等于让肉贩、服装商、家具店……都来分享你的收入。

◇有计划的，或是有预算的花费，可以保证你和家人能够从你的收入里得到公平的分享。

◇预算是一张蓝图、一个经过计划的方法，可以帮助你从你的收入中得到更大的好处。

预算是一张有效蓝图、一个经过筹划的办法，用以帮助你从你的收入中获得更大的好处。对于金钱，一种易赚易花、毫不看重的乐观派哲学，曾经在书本上和戏院里带给我们很多非常有趣的笑料。在《你无法把钱带在身边》里，我们都会取笑那位老绅士，他绝不相信个人所得税，而且拒绝缴付其他相关款项。当大卫·科波菲尔要教他的年轻妻子朵拉按照收入计划预支开销的时候，朵拉就撅起小嘴唇撒娇——她也是个非常可爱动人的角色。我们也喜爱不朽的《与爸爸一起过日子》里所描写的母亲节，在妈妈每个月把家庭预算弄得一团糟而引起的争战里，爸爸在母亲节那天表现了最良好的风度。狄更斯笔下浪费成性的麦考柏先生，也是最使人感到有趣的文字形象之一。

的确，在小说里，迷人和不负责任经常会同时出现在一个特别的人身上。但是，在实际生活中，没有其他事情会比财务问题的失误更让人灰心或是讨厌了。入不敷出的人无法使人开心——他是个不负责任的冒险家。脑筋糊涂、奢侈浪费的妻子，也不会美丽动人，她是缠绕在丈夫脖子上的一个重重的担子。

如今，我们的钱所能兑换的东西，比10年前甚至是5年前都要少得多了。女士们面对着一个不合常理的挑战，必须充分利用手里的那些钱。价格上涨，生活水平提高了，我们的小孩所需的教育费用越来越复杂、越来越高。

大家都以为，只要我们的收入增多一些，我们所有的忧虑就会烟消云散，这是一个普遍存在的错误观点。据这方面的专家们说，事实并非如此。艾尔西·史泰普来顿曾经担任华纳莫克和吉姆贝尔百货公司职员的财务顾问。他确信，对大部人来说，增加一些收入只是造成更多的花费。我同意他的看法，这种做法不可能处理好一个人的收入。他的话里有一种动人与毫不在乎的意思，使我们想起小说里那些迷人的处理金钱极其随便的人——等到我们静下心里想想他话里的含义，才发觉事实真是不容乐观。

乱花钱就等于让每个人——包括肉贩、面包商和烛台制造商——都来瓜分你的收入。而有计划的花费，就能够保证你和你的家人从收入里得到公平合理的分享。

杰里·吉果斯在他所著的《钱爱》一书中提出的一种观点就是，你可以把借来的钱当作自己的收入。如果你一时还无法接受这种观点，是因为你觉得用自己的钱才能心安理得，才能真正轻松自在，那么你必须达到经济独立，即通过合理的财务预算，使自己不至于出现入不敷出的局面。事实上，要达到真正的经济独立以享受自在的生活，其实并不像人们通常想象的那么难，这并不需以庞大的财力为基础。

要想过悠闲轻松的快乐生活，并不一定要住大厦、开名车、穿金戴银。重要的是，你拥有什么生活态度。如果有了健康正确的心态，你即使靠着借来的钱，也能舒舒服服、痛痛快快地享受人生。

我认为，一个人要避免入不敷出，可以不用增加财产或收入，你所要做的只是改变自己的想法，重新想想什么是入不敷出，什么不是入不敷出。为了明确你对入不敷出的认识，你可以看看下面的几项选择中哪一个是避免入不敷出的重要因素。

1. 中了百万元的奖券？

2. 有一大笔公司退休金再加上政府的养老金？

3. 继承有钱亲戚的巨额遗产？

4. 和有钱人结婚？

5. 找财务顾问来协助做正确的投资？

我曾做过一项调查，我发现，将要退休的人最关心的事，按重要性依次排列是：财务保障、身体健康和可以共同分享退休生活的配偶或朋友。然而，有趣的是，这些人退休之后不久通常就改变了想法。健康成为他们最关注的头等大事，而经济状况则下降到了第三位。很明显，虽然他们所预期的收入还是不变，但他们对经济的看法却已经改变了。

调查结果显示，人们退休之后实际生活所需比他们原先想象的少得多，钱对高品质的生活没有那么大的影响和作用，同时，这个结果也证明了上述的几项因素没有一个是避免入不敷出的必要条件。

多明奎兹，1940 年生于美国科罗拉多州一个富豪之家，从小过着优裕的生活。然而随着年龄的渐渐增长，他不愿再依赖家里。18 岁的时候，多明奎兹靠着一份极其微薄的薪水实现了经济独立。在其他人尤其他家里人的眼中，这样的收入比贫民还不如。但多明奎兹觉得，只要自己愿意，不管收入多少，都可以达到经济独立。不要以为百万富翁才具有经济独立的能力，一个月 500 美元或者低于 500 美元就可以达到经济独立。如何能够？他说：“真正的经济独立无非是量入而出，如果你每个月只挣 500 元，但能够把开支控制到 499 元，你就是经济独立了。”多明奎兹多年来每个月就靠 500 美元生活，并拒绝家里人的援助。到 1969 年他 29 岁的时候，就经济独立地退休了。退休之前，他是华尔街的股票经纪人，看到许多人虽然社会地位颇高，收入丰厚，但却活得艰辛劳苦，一点也不快乐，这使他感到这种生活一点也没有意思。多明奎兹决定脱离这种工作环境，于是他设计了个人的财务计划，过一种简化的生活方式。他的生活舒适轻松，而且从来没有什么负担和压力，但一年却只需要 6000 美元，这等于他把积蓄投资在国库债券的利息。由于多明奎兹的生活中没有过多的物质需求，他把从 1980 年以来主持公开研讨会“扭转你和钱的关系并达到真正经济独立”的额外收入，以及在《新生活杂志》上发表指导人们正确运用金钱的文章的稿费，全数捐给了慈善机构。

生活中，我们其实不需要那么多物质和财富，对于金钱，只要使我们能吃饱肚子、有水喝、有衣服取暖，再加一个可以遮风避雨的地方足矣。现代人大都过着奢侈的生活却不自觉。两套以上的替换衣服可以算是奢侈，拥有一幢房子也是奢侈，一台电视机是奢侈品，一辆车也是奢侈品。很多人会大声疾呼这些都是必需品，但它们并不是必需品，如果它们是，在还没有这些东西出现的古代，人们是不是无法生活了，至少也是无法快乐。显而易见，事实并不是这样。

当然，这并不是要每个人的思想都必须有 180 度的大转弯，只维持最起码的需求，更不是要人们都去当清教徒、苦行僧。我自己在过去几年来也时常收入低微，生活里还是保持着某些奢侈享受，而且不愿放弃。重点是在于，一般人至少可以减少一些花费。许多奢侈品其实没有任何意义，只能带给人们虚伪的自我膨胀。招摇阔绰地展示奢华和富有是一种浅薄的手段，想要借着炫人的财富——大房子、移动电话、豪华轿车以及最先进的音响——在别人面前，尤其是比较没有钱的人面前，证明自己高人一等，这种行为显示出缺乏自尊和内在素质。

人们那种追求金钱、炫耀金钱的虚荣心态实在该改一改了，疯狂地攫取金钱，买一些只能说是垃圾的东西，目的就是展现给别人看，以此来显示自己的价值，而实际上却失去了生命中更为宝贵的东西：本质、自尊以及真实的生活。

住在阿巴达锁镇阿巴达街的莫瑞德夫妇，有两个小女儿，他们是一个真正经济独立但并不富裕的家庭。他们靠着一份差不多只有一般家庭一半的收入，就能过着很好的生活。莫瑞德夫妇都是只受过专业训练的学校老师，如果他们想，一年加起来可以挣 10 多万美元，可是只有丈夫布兰特在工作，而且是一份半职的工作，他们一家四口，一年只用不到 3 万美元就过得很舒服，因为他们学会了聪明地花钱，所以能够达到经济独立。莫瑞德一家过去 10 年来都过着简单的生活，他们说这种生活一点都不难过，他们觉得自己很好，因为他们对环保尽了一份力量。事实上，他们的哲学已经变成了"少就是多"。他们的收入虽然比一般人低，但却买到了一个珍贵的东西，很多收入比他们高上 10 倍的人却还买不起这个东西。这个珍贵的东西就是大量的休闲时间，他们可以用来做自己想做的事情。

一项统计表明，只要稍微谨慎一点用钱，大多数人都能减少可观的花费，人们如果能充分运用创造力和机智，不花什么钱，都可以过上逍遥快活的生活。

可喜的是，现在已有一部分人逐渐认识到了他们内在的真正价值，开始寻求平稳的生活步调和较少的物质享受。

要实现经济上的独立，不再为捉襟见肘的经济困境而犯愁，我们就应该做好财政上的预算，量入而出。

预算并不是一件束缚行动的紧身衣，也不是毫无目的地把花用掉的每一分钱都做个记录。预算是一张蓝图、一个经过计划的方法，用以帮助你从你的收入中得到更大的好处。正确的预算方式，将会告诉你如何达成目标——自己的家、你家小孩子们的大学教育费用、你老年的保险金、你梦想中的假期。

预算开销将会告诉你，可以删减哪些比较不重要的项目，去填补你想要做的大花费。

如果你从没有做过预算，就应该马上开始学习如何处理家庭财务。帮助丈夫成功的一个最重要方法，就是要知道如何使他的收入发挥最大的效用。如果他会赚钱但是不会节省，你就可以帮助他管紧钱包。如果他本来就节省，你可以在用钱方面与他一致，并为他增加信心。

如何才能使你自己成为家庭财务的专家？这里有个好消息：你家附近的银行可能有一种预算或咨询服务，他们将会告诉你如何做好预算计划，以适应你特殊的需要和收入。

《妇女时代》杂志对于家庭的经济知识，是一个很好的来源。它将会告诉你如何缝补旧衣服，如何烹调有营养而价格低廉的餐点，甚至还告诉你如何制造自己的家具。

不可以依赖你无意中发现的、任何一种已经印好的预算计划表。为了要显得更有价值，一个预算计划必须是专门为你订做的，不适合于其他任何人。没有其他的家庭会和你们家庭完全相同，你的经济问题就像你的脸孔和身材那样，是完全不同的，是独具特色的。

以下有些想法，可以帮助你完成你自己的家庭预算计划：

1. 记录每一笔开销，使你对于支出情形有个清楚的了解。

除非我们知道错在哪里，否则我们就无法改进任何情况。如果我们不知道在何处删减，为什么要删减，以及删减什么，节约就是毫无意义的事。所以，我们应该在一段示范期间，记录下所有的家庭开销——例如，记录3个月看看。

亚尔诺德·白尼特和约翰·D.洛克菲勒都是精明的记账专家。我也是这样。虽然我都以开支票的方式付款，我仍然喜欢按月把我的花费记录成一张整齐的单子。每年一次，我把这些每月花费加起来。结果呢？我能够很精确地告诉你，于某某年我们在食物方面花了多少钱——如燃料费、水电费、娱乐费，等等。我还可以使用这些记录，查出我家的生活费增加的情况。一旦你知道你的钱花到哪里去以后，就不必再做这种记录了。但是，我很喜欢手边有这种资料。例如，如果我怀疑我花太多钱买衣服了，我只要瞥一眼我的记录就知道真相了。

我认识的一对夫妻，当他们开始记录花费情形以后，很惊讶地发现他们每个月花掉大约 70 美元去买酒！然而，他们并不是酒鬼，只不过是一对热情的夫妇，很欢迎自己的朋友在兴致好的时候就"到家里来喝一杯"——这种事情时常会发生。他们做了一个明智的决定，认为他们不能再开免费酒吧了，于是，那 70 美元就用于更好的项目开支。

2. 根据家庭的特殊需要，设计出自己的预算。

首先，把你这一年里固定的开销列出来——房租、食物预算、利息、水电费、保险金。然后计划你其他的必要开销——衣服、医药费、教育费、交通费、交际费，等等。

每个人都知道，这是件不容易的事情。拟定计划需要决心、家庭合作，有时候还需要严谨的自制力。我们不能买下每一件东西，但是我们可以决定什么东西对我们最重要，而牺牲掉最不重要的东西。你愿意拥有一个舒适的家而放弃买昂贵的衣服吗？你宁愿自己做衣服，将节省下来的钱买一台电视机吗？显然，这些决定必须由你和你的家人自己来做。

3. 至少要把每年收入的 10% 储蓄起来。

规定你自己——也就是你的家庭——一个固定开销；至少要把 1/10 的收入储蓄起来，或拿去投资。也许你还可以想办法建立一笔额外资金，拿来做特殊用途，譬如买房子或汽车。

财务专家说过，如果你能节省你丈夫收入的 1/10，虽然物价高昂，不到几年你也就可以获得经济上的舒适。

我认识一个女人，她嫁给了一个顽固、保守的新英格兰人。她的丈夫宁愿在中央车站广场脱光了衣服，也不愿放弃节省 1/10 薪水的计划。这位太太告诉我，在经济不景气的那几年，她们可真吃足了苦头，她先生的薪水被删减得太多了。她买日用品的时候，必须想尽办法节省每一毛钱，而她丈夫每天要步行 20 多条街，以省下公共汽车费。但是，节省 1/10 薪水的老习惯，仍然照样进行。

"有时候，"这位女士承认，"当我们非常需要钱用的时候，我十分后悔还要把钱搁在一边。但是，我现在很高兴我们维持了储蓄计划。节约的结果，使我们到中年的时候拥有了自己的家和一些享受。"

4. 准备一笔意外或紧急用途的资金。

大部分的预算专家都劝告每一个年轻家庭，至少要存下 1～2 个月的收入，用于紧急事件。

但是，这些专家警告说，想要存太多钱的人，会发觉很难办到，结果根本就存不了钱。与其要断断续续地隔几周才一次存 5 元，倒不如每周固定地存下 2.5 元，效果会更好。

5. 使预算计划成为全家人的事。

预算顾问相信，预算计划必须得到全家人的合作。经常举行家庭预算讨论会，往往可以减除情绪上的不和——因为我们大家对于金钱的态度，都会受到自己的经验、气质与教育程度的影响。

6. 要考虑人寿保险的问题。

玛莉昂·史蒂芬斯·艾巴利，是人寿保险协会妇女部的主任。对全国的女士来说，她所说的话就是人寿保险专家的看法，具有独特的权威性。当我访问艾巴利女士的时候，她建议当妻子的应该自问以下这些问题：

你可知道，经过人寿保险，你的家庭能够得到什么基本需要？你可知道，一次付款和分期付款有何不同——而各有各的好处？你可知道，关于付款的方法有许多不同的选择？你可知道，现代人寿保险具有双重目的——如果一个男人过早去世了，人寿保险就可以保护这个人的家庭；如果他活着要享受余年，人寿保险就可以供给他独立的基金？

这些问题，以及其他许多相似的问题，对于你的家庭非常重要。只让你的丈夫知道所有的答案，这还不够，你也应该知道这些答案。有一天也许你会变成寡妇——有关人寿保险的知识，可以解除你的困难和忧虑。

贾得生和玛丽·南狄斯，在他们合写的《建立成功的婚姻》一书中告诉我们，家庭收入的花费，往往是婚姻生活里必须调节、适应的主要地方。

金钱并非万能，这句话可真不错。但是，如果知道如何聪明地处理我们的金钱，就可以带给我们的丈夫和家庭更多心境的安宁、幸福与利益。

所以，我们不可幻想着自己的丈夫能够像我们本来能嫁、但是后来没嫁的那个男人那样，带回来一大袋薪水，这只会浪费我们的时间，损毁我们的青春。我们的工作就是使自己变成财务能手，好好处置他赚回来的钱——如果我们想要激励他赚更多的钱。怎么做呢？只要依照以下的规则去做：

1. 记录每一件开销，使你了解花费的情形。

2. 以一年为单位，设计出一个预算计划。

3. 储蓄家庭收入的 1/10。

4. 准备一笔意外事件资金。

5. 使预算计划成为全家人的事。

6. 要考虑人寿保险的问题。

因此，消除工作和金钱烦恼的一个重要原则就是：

合理开支，不要入不敷出。

克制自己，驾驭金钱

卡耐基金言

◇金钱能买到一条不错的狗，但是买不到它摇尾巴。挥霍无度的恶习恰恰显示出一个人没有抱负，没有理想，甚至就是向失败自投罗网。

◇如果一个年轻人养成了花钱入账的好习惯，能把每次的花费都清楚地记在账本上，能够仔细地核对计算，细心筹划，这对他未来的事业发展和家庭生活，一定有不可估量的帮助。

一个人要是想获得财富，首先要善于克制自己的花钱欲望，自我克制的力量必不可少。在我们开创的事业中，资本往往有赖于自己往日的储蓄和积累。

英国著名文学家罗斯金说："一般来讲，人们觉得节俭这两个字的真正含义应该是省钱的方法。其实不对，节俭应该解释为学会用钱的方法。也就是说，我们应该学会怎样去采购必要的生活用品；怎样把钱花在刀刃上；怎样合理安排自己的衣、食、住、行的花费和娱乐等方面的花费。总的说来，我们应该把钱用在最应该用的地方，而且一定要产生良好的效果，这才是真正的节俭。"

托马斯·利普顿爵士曾经说："有许多人向我请教成功的秘诀，我告诉他们，对一个人来说，最重要的就是养成节俭的习惯。成功者大都有储蓄和积累的好习惯。任何好朋友对他的帮助和雪中送炭，都比不上一张薄薄的小存折。只有储蓄才是一个人成功的基础，才具有使人站稳脚跟的力量。储蓄能够使一个青年人挺立在事业和生活的风雨中，能使他鼓起巨大的勇气，振作精神去战胜困难，拿出力量成就人生。"

有很多年轻人由于挥霍无度的恶习，竟然把自己的前途都抵押出去了。

他们全身的服饰都要装成贵族绅士的模样，而且要紧跟服装的时尚。他们整天考虑的事情就是怎样去花钱，随后，他们就有了这样的念头：怎样用非法手段去尽快地弄些钱来。结果，他们不但债台高筑，而且常常会丢掉好的职位。因此，他们原本更有意义的生活——似锦的前程、快乐的享受和高尚的理想，一切都像昨日黄花一样，悄悄逝去。那些不愿意量入为出的年轻人经常还要掩掩饰饰，自欺欺人。他们不了解，这样的习惯会使他们成功的基础毁灭殆尽，而且将来也决计无法挽回。你不考虑眼前的问题，难道将来可以从头做起吗？你认为今年将田地荒废不顾，明年仍然可以重新耕种吗？你认为过了今天还有明天吗？时间老人是毫不留情的，你一旦造成了错误，他决不会再给你一个从头开始的机会。未来的收获都得看你年轻时播的种子怎样；假如你播的是杂草，将来也休想收获丰硕的果实。

当然，节俭不等同于吝啬。但是，即便是一个生性吝啬的人，他的前途也仍然大有希望；但假如是一个挥金如土、毫不珍惜金钱的人，他们的一生可能将因此而断送。不少人尽管以前也曾经刻苦努力地做过很多事情，但至今依然是一穷二白，主要原因就在于他们没有储蓄的好习惯。

如果每个年轻人都有储蓄和积累的习惯，世界上就不知要少多少个伤天害理、坑蒙拐骗的人。晚年的约翰·阿斯特先生说，如今他赚 10 万元比以前赚 1000 元还容易，但是，如果没有当初的 1000 元，他也许早已饿死在贫民窟里了。

很多人只因为用钱一点也不算计，没有计划性，所以就在不知不觉中花完了身上所有的钱。如果一个青年养成了花钱入账的好习惯，能把每次的花费都清楚地记在账本上，能够仔细核对计算、细心筹划，这对于他未来的事业发展和家庭生活，一定有不可估量的帮助。这样不但能使他学会记账，还可以使他熟悉金钱往来的各种手续和流动的规律，从而获得宝贵的生活个人经验。

这种账本最好能够随身携带，以便你能随时随地地把自己的每一笔花费记在本子上。这样坚持下去，对改正挥霍无度的坏习惯一定有很大的帮助。账本能够明确无误地告诉你，过去的钱都花在哪些地方，什么地方是完全可以节省的，什么地方是非要用不可的。

一般来讲，农村的孩子比城市里的孩子要懂得节俭得多。最重要的原因是城里充斥着各种各样专门引诱小孩去消费的商品、质量低劣的玩具和缺乏卫生保证的糖果食品。但乡下的孩子就不同了，他们更看重金钱，也没有受到这么多东西的诱惑，他们往往不会像城里的小孩那样花起钱来毫不考虑。他们会非常珍惜自己口袋里不多的几个钱，不时地从口袋里拿出来数弄着，决不舍得花钱去买那些流行的玩意，以博得自己一时的欢喜。等到他们积累到100块时，就非常兴奋，甚至欢呼叫喊。这些乡下小孩的父母们时常地细心地教导他们，使他们明白储蓄和积累的好处，还鼓励他们把钱到银行里存起来，不要放在身上。而城里的孩子们往往不大把钱当作一回事，他们一有了钱就要把它们立刻花掉，否则很不舒服。

就像很多城里的孩子宁愿把钱放在口袋里，方便使用，也不愿存在银行里一样，有很多青年人也习惯把所有的钱都带在身上，这样往往就使他们养成了随随便便花钱，胡乱挥霍、毫无节制的坏习惯。虽然把钱存到银行里以后，用起来就没有在身上的口袋里那样方便，但是后者太不清醒了，因为习惯把钱放在身上的人基本上都会失去节制，动不动就翻口袋买东西。

所以，节俭的最重要的有效果的办法就是把所有的钱全部放到银行里，而且最好存到一家离你住的地方远一点的银行。这样一来，等你心急火燎要用钱时就必须到那家很远的银行去取，这时你就会考虑要花的钱是否值得？能否省下来？

富兰克林说："致富的唯一方法就是支出低于收入。"他还说："如果你不想因有人讨债而心虚气短，想避免饥饿和寒冷的痛楚，那样你最好和'忠'、'信'、'勤'、'苦'四个字交朋友。并且，不要让你辛苦赚来的任何一分钱从你的指缝间轻易地溜走。"

以前有一个小伙子到印刷厂里去学习基本的技术。其实，他的家庭经济状况挺不错的，他爸爸却要求他每晚必须在家里睡，不许乱跑，但是他每月要付给家里一笔住宿费。一开始，那个年轻人觉得父亲这样太苛刻了，因为他每月的收入，基本就能够支付这笔住宿费，他没有任何其他的零花钱了。但是，几年以后当这个年轻人想创办一个印刷厂的时候，他的爸爸把他叫到面前说："好孩子，现在你可以把你这几年付给家里的住宿费拿回去了。我之所以这样做，是为了能够让你把这笔钱保存起来，并非真的向你索要住宿费。好啊，现在你可以拿这笔钱去发展你的事业了。"那年轻人至此才明白爸爸的良苦用心，对爸爸的智慧感激不已。如今，那青年人已经当上了美国的著名印刷厂的总裁，而他当年的小伙伴却因毫无节制地花钱，如今仍然挣扎在贫困线上。

以上所述是一个富有教育意义的真实故事。它给你的启示是：唯有养成储蓄和积累的习惯，将来才有希望享受到成功与财富。

有位作家的一段话说得非常好，他说，在我们的社会中，"浪费"两个字不知使人们失去了多少快乐和幸福。浪费的原因不外乎 3 种：

1. 对于任何物品都想讲究时髦，比如服饰、日用品、饮食都要最好的、最流行的。总之，生活的一切方面都愈阔气愈好。

2. 不善于自我克制，无论有用没用，想到什么就去买什么。

3. 有了各种各样的嗜好，又缺乏戒除这些嗜好的意志。总结起来就是一个问题，他们从来没有考虑过要修养自己的性格，克制自己的欲望。造成如今社会上事事追求浮华虚荣的最大原因就是人们习惯于随心所欲、任性为之的做法。

很多年轻人往往把他们本来应该用于发展他们事业的必备资本，用到雪茄烟、香槟酒、舞厅、戏院等等无聊的方面。假如他们能把这些不必要的花费节省下来，时间一久一定大为可观，能够为将来发展事业奠定一个资金上的基础。

不少青年一踏入社会就花钱如流水一般，胡乱挥霍，这些人似乎从不明白金钱对于他们将来事业的价值。他们胡乱花钱的目的仿佛是想让别人说他一声"阔气"，或是让别人感到他们很有钱。

当他与女友约会时，即便是在隆冬季节，他也非得买些价格很贵的鲜花，或各种糖果、小玩意儿不可。他却从来不曾想到，要这样费心机、花费钱财追来的老婆，将来决不会帮他积蓄钱财，而一定是花钱如流水、挥金如土。

如此的年轻人一旦用钱把场面撑起来后，一切烦恼苦闷的事情就会接踵而至。为了顾全面子，他们就再也不能过节俭日子了。他们也不会认识到自己已经沦落到怎样的地步了。有些人入不敷出以后，就开始动歪脑筋，挪用公款来弥补自己的财政缺口。久而久之，耗费越大，亏空也就越多，渐渐地就陷入了罪恶的深渊，难以自拔。到了这时，他才想到自己不该胡乱花费，不该为此干那违背天理良心的事情，不该挪用公款，可是为时已晚！为了满足这种喜欢花架子、空排场的恶习，不知有多少人到头来要挨饿，甚至有许多人因此丢了性命，更有无数人因此而丧失了职位！

正如一句谚语中所讲到的，金钱能买到一条不错的狗，但是买不到它摇尾巴。挥霍无度的恶习恰恰显示出一个人没有抱负，没有理想，甚至就是向失败自投罗网。如果你想在工作和生活中摆脱金钱的困扰，请记住下面一句话：

克制自己，驾驭金钱。

第**8**章
笑对讥讽批评，
从别人的镜子中打量自己

这是我的错

卡耐基金言

◇假如我们知道自己势必要遭到责备时，我们首先应自己责备自己，这样岂不比别人责备好得多么？

◇任何愚蠢的人都会尽力为自己的错误进行辩解——而且多数愚蠢的人都会这样去做。但承认自己的错误，感觉有别于他人，会有一种尊贵怡然的感觉。

◇用争夺的方法，你永远得不到满足，但用让步的办法，你可能得到比你所期望的更多。

我住的地方，几乎是在大纽约的地理中心点上，但是从我家步行一分钟，就可到达一片森林。春天，黑草莓丛的野花白茫茫一片，松鼠在林间筑巢育子，野草长到高过马头。这块没有被破坏的林地，叫作森林公司——它的确是一片森林，也许与哥伦布发现美洲那天下午所看到的没有什么不同。我常常带雷斯到公园散步，它是我的小波士顿斗牛犬。它是一只友善而不伤人的小猎狗，因为我们在公园里很少碰到人，我常常不给雷斯系狗链或戴口罩。

有一天，我们在公园遇见一位骑马的警察，他好像迫不及待地要表现出他的权威。

"你为什么让你的狗跑来跑去，却不给它系上链子或戴上口罩？"他申斥我道，"难道你不晓得这是违法的吗？"

"是的，我晓得，"我轻柔地回答，"不过我认为它不至于在这儿咬人。"

"你认为！你认为！法律是不管你怎么认为的。它可能在这里咬死松鼠或咬伤小孩。这次我不追究，但假如下回让我看到这只狗没有系上链子或套上口罩在公园里的话，你就必须去跟法官解释啦。"

我客客气气地答应照办。

我的确照办了，而且是好几回。可是雷斯不喜欢戴口罩，我也不喜欢那样，因此我们决定碰碰运气。事情很顺利，但接着我们撞上了暗礁。一天下午雷斯和我在一座小山坡上赛跑，突然间——很不幸地——我看到那位执法大人，跨在一匹红棕色的马上。雷斯跑在前头，径直向那位警察冲去。

我这下栽定了。明白这点，我决定不等警察开口就先发制人。我说："警官先生，这下您逮了我一个正着。我有罪，我无话可说。您上星期警告过我，若是再带小狗出来而不替它戴口罩就要罚我。"

"好说，好说，"警察回答的声调很柔和，"我知道在没有人的时候，谁都忍不住要带这么一条小狗出来溜达。"

"你这样的小狗大概不会咬伤别人吧？"警察反而为我开脱。

"不，它可能会咬死松鼠。"我说。

"哦，你大概把事情看得太严重了，"他告诉我，"我们这样办吧。你只要让它跑过小山，到我看不到的地方，事情就算了。"

那位警察也是一个人，他要的是一种重要人物的感觉。因此当我责怪自己的时候，唯一能增强他自尊心的方法，就是以宽容的态度表现慈悲。

但如果我有意为自己辩护的话，嗯，你是否跟警察争辩过呢？

我没有和他正面交锋，我承认他绝对没错，我绝对错了，我爽快地、坦白地、热诚地承认这点。因为我站在他那边说话，他反而为我说话，整个事情就在和谐的气氛下结束了。

如果我们知道免不了会遭受责备，何不抢先一步，自己先认错呢？听自己谴责自己不比挨人家的批评好受得多吗？

你要是知道有人想要或准备责备你，就自己先把对方要责备你的话说出来，那他就拿你没有办法了。十之八九他会以宽大、谅解的态度对待你，忽视你的错误，正如那位警察对待我和雷斯那样。

费丁南·华伦是一个卖艺术品的商人，曾使用这个办法，和一位暴躁的顾客化干戈为玉帛。

"精确而严谨的态度，在制作商业广告和出版品中是最重要的。"华伦先生事后说，"一些艺术编辑要求别人立刻实现他们设想，这样难免会发生一些偏差。我服务的某位艺术编辑就很挑剔，我从他的办公室出来时，心里总是很不舒服，倒不是因为他批评我，而是因为他对待我的方式。最近，我交了一件急件给他，他打电话说要我立刻到他办公室去，稿件有误。我到他办公室后，果然，他很高兴有了挑剔我的机会，而且满怀敌意。正在他滔滔不绝地数落我时，我运用了自我批评的方法。我说：'某某先生，你说的对，我

的错误确实不可原谅，我为你工作了这么多年，还不知道怎么做，我真是不好意思。'

"于是他开始为我说话了：'你说得对，不过还没有那么严重。只是——'我马上插嘴道：'任何错误，都可能导致严重的后果，我怎么没看到呢？'我绝不让他为我开脱。这是我第一次因为批评自己而感到高兴。

"我说：'我应该更加细心，你给了我这么多的活，我却不能令你满意，我一定要重新做。'于是，他说不用那样麻烦，并夸奖起我的作品来，还说他再改一改就可以了，这点小错也不会让他的公司费几个钱。总之，小事一桩，不值一提。

"我的这种自我批评，不但使他没了脾气，而且他还请我吃了午饭，他又给我一张支票，让我再干别的活。"

当你坦然面对自己的错误时，会感到某种意义上的满足。因为这消除了自己的罪恶感，也在某种紧张的气氛下保护了自己，更有利于迅速准确地解决错误。

新墨西哥州阿布库克市某公司的一位负责人布鲁斯·哈威，有一次批准给一位请病假的员工支付了整月的工资。随后，他发现了这个错误，要在这位员工下次的工资中减去多发的金额。那位员工不同意，因为这样会给自己造成严重的财务问题，他请求分期扣回他多领的钱。哈威必须先征求上级的同意才能决定。"如果直接去向老板请求的话，"哈威说，"一定会使他很不高兴。要更好地解决这个问题，应找到合适的方法。我意识到一切混乱都是我造成的，必须在老板面前自我检讨。

"进了他的办公室，我告诉他我办了件错事，然后说了事情经过。他开始发火，先说这应该由人事部门来负责，又大声指责会计部门的疏忽，我一再地坚持这是我的错误，应该由我来负责。可他又开始批评办公室的另外两个同事，我还在解释这是我的错误。终于他看了看我说：'好吧，是你的错。交给你解决吧。'错误被改过来了，也没有造成其他的麻烦。我觉得很高兴，因为我有勇气不去找借口，妥当地处理了一件棘手的事情。而且，我的老板对我更加器重了。"

即使傻瓜也会为自己的错误辩护，但能承认自己错误的人，却会凌驾于其他人，而有一种高贵怡然的感觉。比方说，历史上对南北战争时的李将军有一笔极美好的记载，就是他把毕克德进攻盖茨堡的失败完全归咎在自己身上。

毕克德那次的进攻，无疑是西方世界最显赫、最辉煌的一场战斗。毕克德本身就很辉煌；他长发披肩，而且跟拿破仑在意大利战役中一样，他几乎每天都在战场上写情书。在那悲剧性的七月的一个午后，当他的军帽斜戴在右耳上方，轻盈地放马冲刺北军时，他那群效忠的部队不禁为他喝彩起来。他们喝彩着，跟随他向前冲刺。队伍密集，军旗翻飞，军刀闪耀，阵容威武、骁勇、壮大，北军也不禁为之赞赏。

毕克德的队伍轻松地向前冲锋，穿过果园和玉米田，踏过花草，翻过小山。同时，北军大炮一直没有停止向他们轰击，但他们继续挺进，毫不退缩。

突然，北军步兵从隐伏的基地山脊后面窜出，对着毕克德那毫无预防的军队，一阵又一阵地开枪。山间硝烟四起，惨烈有如屠场，又像火山爆发。几分钟之内，毕克德所有的旅长，除了一个之外，全部阵亡，5000 士兵折损 4/5。阿米士德统率其余部队拼死冲刺，奔上石墙，把军帽顶在指挥刀上挥动，高喊："弟兄们，宰了他们！"

他们做到了。他们跳过石墙，用枪把、刺刀拼死肉搏，终于把南军军旗竖立在基地山脊的北方阵地上。

军旗只在那儿飘扬了一会儿。虽然那只是短暂的一会儿，但却是南军战功的辉煌纪录。

毕克德的冲刺——勇猛、光荣，然而却是结束的开始。李将军失败了。他没办法突破北方战线，而他也知道这点。

南方的命运决定了。

李将军大感懊丧，震惊不已，他将辞呈呈送南方的戴维斯总统，请求改派"一个更年轻有为之士"。如果李将军要把毕克德的进攻所造成的惨败归咎于任何人的话，他可以找出数十个借口。有些师长失职啦，骑兵到得太晚不能接应步兵啦。这也不对，那也错了。

但是李将军太高明，不愿意责备别人。当残兵从前线退回南方战线时，李将军亲自出迎，自我谴责起来。"这是我的过失，"他承认说，"我，我一个人，败了这场战斗。"

历史上很少有将军有这种勇气和情操，承认自己独负战争失败的责任。

在香港卡耐基课程任教的麦克·庄告诉我们，某些时候应用某一项原则，可能比遵守一项古老的传统更为有益。他班上有一位中年同学，多年来他的儿子都不理他。这位做父亲的以前是个鸦片鬼，但是现在已经戒除了烟瘾。根据中国传统，年长的人不能够先承认错误。他认为他们父子要和好，必须由他的儿子采取主动。在这个课程刚开始的时候，他和班上同学谈到他从来没有见过的孙子孙女，以及他是如何地渴望和他的儿子团聚。他的同学都是中国人，了解他的欲望和古老传统之间的冲突。这位父亲觉得年轻人应该尊敬长者，并且认为他不让步是对的，而要等他的儿子来找他。

等到这个课程快结束的时候，这位做父亲的却改变了看法。"我仔细考虑了这个问题。"他说，"戴尔·卡耐基说：'如果你错了，你就应该马上并且明白地承认你的错误。'我现在要很快地承认错误已经太晚了，但是我还可以明白地承认我的错误。我错怪了我的儿子。他不来看我，以及把我赶出他的生活之外，是完全正确的。我去请求年幼的人原谅我，固然使我很没面子，但是犯错误的是我，我有责任承认错误。"全班都为他鼓掌，并且完全支持他。在下一堂课中，他讲述他怎样到他儿子家里，请求并且得到了原谅，并且开始和他的儿子、媳妇，以及终于见到面的孙子孙女建立起新的关系。

艾柏·赫巴是会闹得满城风雨的最具独特风格的作家之一，他那尖酸的笔触经常惹起对手强烈的不满。但是赫巴那少见的做人处世技巧，常常将他的敌人变成朋友。

例如，当一些愤怒的读者写信给他，表示对他的某些文章不以为然，结尾又痛骂他一顿时，赫巴就如此回复：

回想起来，我也不完全同意自己。我昨天所写的东西，今天不见得全部满意。我很高兴知道你对这件事的看法。下回你在附近时，欢迎驾临，我们可以交换意见。遥致诚意。

赫巴谨上

面对一个这样对待你的人，你还能说什么呢？

当我们对的时候，我们就要试着温和地、技巧性地使对方同意我们的看法。而当我们错了——若是对自己诚实，这种情形十分普遍——就要迅速而热诚地承认。这种技巧不但能产生惊人的效果，而且，信不信由你，任何情形下，都要比为自己争辩还有用得多。

别忘了这句古语："用争斗的方法，你绝不会得到满意的结果。但用让步的方法，收获会比预期的高出许多。"

争论之中没有赢家

卡耐基金言

◇天下只有一种方法能得到辩论的最大利益——那就是避免辩论。

◇如果你辩论、争强、反对，你或许有时获得胜利；但这种胜利是空洞的，因为你永远得不到对方的好感。

第二次世界大战结束后不久的一个晚上，我在伦敦得到了一个无价的教训。我当时是史密斯爵士的私人助理。在战争期间，他曾在巴勒斯坦做奥国的航空领袖，而在宣布和平不久之后，他因在 30 天内环绕地球半周而轰动了世界，因为向来未曾有人有过这样惊人的举动。这件事轰动一时，奥国政府奖给他 5 万先令，英国国王封他为爵士，此时，他成了在英国国旗下被谈论得最多的一个人。有一个晚上，我参加一个欢迎罗斯爵士的宴会，在席间，坐在我旁边的一个人讲了一个幽默的故事，这故事与这一句话有些关联："无论我们如何粗俗，有一位神，就是我们的目的。"

这位讲述故事的人提到这句话系出自《圣经》。他错了，我知道的，我确实知道，绝对肯定。所以，为了得到自重感并显示我的优越，我委任自己为一个未经请求、不受欢迎的人去矫正他。他坚持他的阵地：什么？出自莎士比亚？不可能！不近情理！那句话出自《圣经》！

这位讲故事的人坐在我右边，我的一位老朋友加蒙坐在我左边。加蒙先生曾用多年的功大专心研究莎士比亚，所以我们同意由加蒙先生来解答这一问题。加蒙先生静听着，在桌下用脚碰碰我，然后说道："戴尔，你错了，这位先生是对的，是出自《圣经》。"

当晚回家的时候，我对加蒙先生说："老实说，你知道那句话是来自莎士比亚的。"

"是的，当然，"他回答说，"是在《哈姆莱特》第五幕第二场。但我是一个盛会的客人，为什么要证明一个人是错的？那能使他喜欢你吗？为什么不让他保住面子？他并没有征求你的意见，他也不要你的意见。那你为什么同他争辩？要永远避免正面的冲突。"

"永远避免正面的冲突。"说这句话的人现在已去世了，但他所给我的教训却一直留在我的记忆中，而且这一教训极其重要，因为我向来是一个执拗的辩论者。在我少年的时候，我曾同我弟兄辩论天下一切的事。当到大学的时候，我研究逻辑及辩论术，并加入辩论比赛。后来我在纽约教授辩论术。我羞于承认，我有一次曾计划写一本关于辩论的书，从那时以后，我曾静听、批评，从事数千次的辩论，并注意它们的影响。从这些结果中，我得出了一个结论：天下只有一种方法能得到辩论的最大利益——那就是避免辩论。

10次中有9次辩论结束之后，每个争论的人都比以前更坚信他是绝对正确的，你不能辩论得胜。你不能，因为如果你辩论失败，那你当然失败了；如果你得胜了，你还是失败的。为什么？假定你胜过对方，将他的理由击得漏洞百出，并证明他是神经错乱，那又怎样？你觉得很好，但他怎样？你使他觉得脆弱无援，你伤了他的自尊，他要反对你的胜利。

有这样一个例子。几年前，我的学员中，有一个叫欧·亨利的爱尔兰人。他受的教育不多，却总是喜欢争论。他给别人开过车，又做过汽车推销，但做得不好，于是来我这儿求教。经过简短的交谈，我知道他总是习惯于和顾客争论，如果对方说他的汽车哪儿不好，他立即会急躁地和顾客吵起来。他在这样的争论中取得了不少的胜利，但是，他的汽车却没卖出去几部。后来，他对我说："在离开他们的办公室时，我总是说：'我这次毕竟把那个驴给治了。'他的确被我治了一次，可他也没买我的东西。"

于是我明白，首要的不是让欧·亨利学怎样说话，而是教他学会克制，不和别人吵架。

现在，欧·亨利已成为纽约怀特汽车公司的推销明星。

他是如何走向成功的呢？听听他的话："假如我现在去向客户推销，但他说：'什么？怀特的汽车？不好！不要钱我都不要，何西公司的汽车才是我想要的。'我会说：'何西的东西确实好，买他们的货是不会错的，何西的车都是著名厂家生产的，而且业务员也很棒。'于是，在这点上他就没什么可说的了，因为我认同了他的看法，也就不用再谈论什么何西了。于是，我就开始说明怀特公司的好处。

"但是，要是当年我听到他这种话，我早就生气了。我就会开始说何西公司的毛病，结果是，我越挑何西的毛病，他就越说它好。越是争论，他就越喜欢我的竞争对手的东西。

"一想起那时候，真不知道我当初的推销是怎么做的。过去我用了那么多的时间在抬杠上，现在我懂得了自制，收到了效果。"

充满智慧的老富兰克林常说："如果你辩论、争强、反对，你或许有时获得胜利；但这种胜利是空洞的，因为你永远得不到对方的好感了。"

所以你自己打算打算。你宁愿要什么？是一种暂时的、口头的、表演式的胜利，还是一个人的长期好感？你很少能二者兼得。

在你进行辩论的时候，你也许是对的，绝对是对的。但在改变对方的思想方面，你大概毫无所得，一如你错了一样。

我认为，我们绝不可能对任何人——无论其智力的高低——用口头的争斗改变他的思想。

有一位所得税顾问巴森士与一位政府税收稽查员因为一项9000元的账单发生的问题争辩了一个小时之久。巴森士先生声称这9000元确实是一笔死账，永远收不回来，当然不应纳税。"死账，胡说！"稽查员反对说，"那也必须纳税。"

"这位稽查员冷淡、傲慢、固执，"巴森士先生在班里讲述事情的经过时说，"理由对他是毫无用处的，事实也没有用——我们辩论得越久，他越固执。所以我决定避免辩论，改变题目，给他赞赏。

"我说：'我想这事与你必须作出的决定相比，应该算是一件很小的事情。我也曾研究过税收问题，但我只是从书本中得到知识，而你是从经验中获得知识，我有时愿意从事像你这样的工作，这种工作可以教我许多。'我每句话都是出于真意。

"于是，那稽查员在椅上挺起身来，向后一倚，讲了许多关于他工作的话，告诉我所发现的巧妙舞弊的方法。他的声调渐渐地变为友善，片刻后他又讲起他的孩子来。当他走的时候，他告诉我他要再考虑我的问题，在几天之内，给我答复。

"3天之后，他到我的办公室告诉我，他已经决定按照所填报的税目办理。"

这位稽查员表现的正是一种最普通的人性特点，他需要一种自重感。巴森士先生越是与他辩论，他越想扩大自己的权力，得到他的自重感。但一旦承认他的重要，辩论便立即停止，因为他的自尊心得到了满足，他立即变成了一个同情和友善的人。

拿破仑家中的管家常与约瑟芬打台球。这位管家在他所著的《拿破仑私生活的回忆》中说："我虽有相当的技艺，但我始终要设法使她胜我，这样她会非常欢喜。"我们要从这一故事里学到一个有用的教训。我们要使我们的顾客、情人、丈夫、妻子在偶然发生的细小讨论上胜过我们。

释迦牟尼说："恨不止恨，爱能止恨。"而误会永远不能用辩论停止，需用手段、外交、和解来使对方产生同情的欲望。

林肯有一次责罚一个青年军官，因为他与同僚激烈争执。"凡决意成功的人，"林肯说，"不能费时于个人的成见，更不能费时去承受结果，包括他损坏自己的脾气，丧失自制。你不能过分显示你自己，而要放弃。与其为争路权而被狗咬，不如给狗让路。即使将狗杀死，也不能治好受伤的伤口。"

《点滴》一书中的一篇文章，建议持不同意见者这样避免争论：

1. 欢迎异见。

有这样一句话："人们不需要意见总是相同的伙伴。"如果有人提出了你没想到的东西，你就应该衷心感谢。不同的意见可以使你避免犯重大错误。

2. 不要盲信直觉。

当有人提出不同意见的时候，你最开始的自然反应是自我保护。你要谨慎，心平气和，注意你的直觉反应，因为这可能是你特别不好的地方。

3. 控制情绪。

记住，根据一个人在什么情况下会发脾气，可以判定这个人的气度以及作为。

4. 首先倾听。

给予不同意见者表达的机会。不要打断他，让他把他的意思完整地表达出来。用心地倾听，增加沟通和了解。

5. 寻找相同点。

在你听完了持不同意见者的话以后，首先去寻找你和他意见相同或相近的地方。

6. 诚实为本。

发现自己的错误，就要勇于向对方承认，并为此而道歉，这有助于沟通和减轻对方的敌对心理。

7. 答应认真考虑不同的意见。

要真心地承认，他的不同意见可能是对的。因此，答应考虑他们的意见是比较聪明的做法。不要等对方对你说"我早就对你说了，但是你却不听"，而让你感到难堪。

8. 感谢持不同意见者的关心。

因为关心同一件事情，所以才产生不同的意见。把他们看作能给你带来帮助的人，也许他们会成为你的朋友。

9. 不急于行动，给双方时间。

适当地停下来，把事情更仔细地考虑一下，再举行会谈。在准备期间，想一想：他们的意见，会不会是对的，或者部分是对的呢？他们的立场或理由是不是有道理呢？我的反应是基于客观问题本身还是自己的主观感受呢？对方因此和我的分歧是更大还是更小呢？我的反应会不会让别人对我的看法更好呢？我将会胜利还是失败呢？假如我胜利了，会让我付出什么样的代价呢？假如我保持沉默，分歧就会不存在了吗？这个难题是我的一次机会吗？

皮尔斯是歌剧男高音，他结婚快 50 年了。他说过："我和我太太很长时间以来有一个默契，那就是：当一个人大声吼叫时，另一个会平静地听。因为如果我们一块儿对着叫，那只有噪音和激动，根本就不可能沟通。"

没有人会踢一只死狗

卡耐基金言

◇如果你被人批评，那是因为批评你能给他一种满足感。这也说明你是有成就的，而且引人注意。

◇小人常为伟人的缺点或过失而得意。

◇不合理的批评往往是一种掩饰了的赞美。

1929 年，美国发生了一件震动全国教育界的大事，美国各地的学者都赶到芝加哥去看热闹。在几年之前，有个名叫罗勃·郝金斯的年轻人，半工半读地从耶鲁大学毕业，当过作家、伐木工人、家庭教师和卖成衣的售货员。现在，只经过了 8 年，他就被任命为美国第四有钱的大学——芝加哥大学的校长。他有多大？ 30 岁！真叫人难以相信。老一辈的教育人士都大摇其头。人们对他的批评就像山崩落石一样一齐打在这位"神童"的头上，说他这样，说他那样——太年轻了，经验不够——说他的教育观念很不成熟，甚至各大报纸也参加了攻击。

在罗勃·郝金斯就任的那一天，有一个朋友对他的父亲说："今天早上我看见报上的社论攻击你的儿子，真把我吓坏了。"

"不错，"郝金斯的父亲回答说，"话说得很凶。可是请记住，从来没有人会踢一只死了的狗。"

不错，这只狗愈重要，踢它的人愈能够感到满足。后来成为英王爱德华八世的温莎王子（即温莎公爵），他的屁股也被人狠狠地踢过。当时他在帝文夏的达特莫斯学院读书——这个学校相当于美国安那波里市的海军军官学校。温莎王子那时候才14岁，有一天，一位海军军官发现他在哭，就问他有什么事情。他起先不肯说，可是终于说了真话：他被军官学校的学生踢了。指挥官把所有的学生召集起来，向他们解释王子并没有告状，可是他想晓得为什么这些人要这样虐待温莎王子。

大家推诿拖延又支吾了半天之后，这些学生终于承认说：等他们自己将来成了皇家海军的指挥官或舰长的时候，他们希望能够告诉人家，他们曾经踢过国王的屁股。

大概很少有人会认为耶鲁大学的校长是一个庸俗的人，可是有一位担任过耶鲁大学校长的摩太·道特，却竟然能够责骂一个竞选上了总统的人。"我们就会看见我们的妻子和女儿，成为合法卖淫的牺牲者。我们会大受羞辱，受到严重的损害。我们的自尊和德行都会消失殆尽，使人神共愤。"

这听起来很像对希特勒的痛责，是吗？其实不然，这是对托马斯·杰斐逊的公开抨击，也许你会问，是哪一个杰斐逊？难道是那个《独立宣言》的起草者，民主政体的守护圣徒托马斯·杰斐逊？不错，那人攻击的正是这位杰斐逊。

你知道哪一个美国人被骂为"伪善者"、"骗子"或"比杀人凶手稍微好一点的人"？有份报纸的漫画描述这个人站在断头台前，台上的大刀正预备砍下他的头。当他被载往刑场行刑的时候，群众对着他叫骂。这个人是谁？是乔治·华盛顿。

但这都是很久以前的事了，也许现在人性已改进不少。让我们看看下面的皮尔利将军的例子。

皮尔利是个探险家，1899年4月6日，他用狗拉着雪车到达北极，举世震惊。几个世纪以来，北极探险一直是各路英雄的目标，却无人写下纪录，反而因受伤、饥饿而丧生的人不少。皮尔利本人也差点死于严寒和断粮，他有 8 个脚趾因冻坏而不得不被锯掉，另有好几次因无法克服气候上的骤变而几乎精神崩溃。由于皮尔利声名大噪，广受群众欢迎，导致在华盛顿的几个海军高级长官对他不满而排挤他。他们指控皮尔利为科学研究募集捐款是"招摇撞骗、一事无成"的勾当。这些人可能相信皮尔利真如他们所指控的，人一旦想相信某事，就很难再让他们不信。他们极力诽谤皮尔利，阻止他的研究工作。最后还是麦肯利总统直接过问，才使皮尔利的工作得以继续下去。

假如皮尔利当时只在华盛顿的海军部办公，他会遭到如此无情的攻击吗？当然不会，因为他的重要性还不足以引起旁人的妒意。

格兰特将军（后成为美国第十八任总统）的遭遇更坏。1862 年南北战争时，格兰特的军队在北方赢得第一次大胜利——那一次大胜利使格兰特一夕之间成为全美崇拜的偶像；那一次大胜利使远方的欧洲都震惊不已；而且使得缅因州到密西西比河岸边的教堂钟声和庆祝营火不断。可是，6 个星期还不到，这位北方英雄格兰特将军就成了阶下囚，军队也解散了，他只有带着羞辱和绝望，空自悲叹。

为什么格兰特将军会在胜利的高潮时期被逮捕？大概因为他的胜利引起了某些长官的妒意吧！

因此，当你受到他人充满恶意的批评与攻击时，请记住平安快乐的第一大原则：

不用理它，因为没有人会踢一只死狗。

给对方一个台阶下

卡耐基金言

◇伽利略说："你不可能教会一个人做任何事情，你只能帮助他自己学会做这件事情。"

◇苏格拉底在雅典一再告诫门徒："我只知道一件事，就是我一无所知。"

◇你如果先承认自己也许弄错了，别人才可能和你一样宽容大度，认为他有错。

西奥多·罗斯福承认说，当他入主白宫时，如果他的决策能有 75% 的正确率，就达到他预期的最高标准了。像罗斯福这么一位 20 世纪的杰出人物，最高希望也只有如此。

如果你肯定别人弄错了，而率直地告诉他，可知结果会如何？沙斯先生是一位年轻的纽约律师，最近在最高法庭内参加一个重要案子的辩论。案子牵涉了一大笔钱和一项重要的法律问题。

在辩论中，一位最高法院的法官对沙斯先生说："海事法追诉期限是 6 年，对吗？"

"庭内顿时静默下来，"沙斯先生后来在讲述他的经验时说，"似乎气温一下就降到冰点。我是对的，法官是错的。我也据实地告诉了他。但那样就使他变得友善了吗？没有。我仍然相信法律站在我这一边。我也知道我讲得比过去都精彩。但我并没有使用外交辞令。我铸成大错，当众指出一位声望卓著、学识丰富的人错了。"

没有几个人具有逻辑性的思考。我们多数人都犯有武断、偏见的毛病。我们多数人都具有固执、嫉妒、猜忌、恐惧和傲慢的缺点。因此，如果你很想指出别人犯的错误时，请在每天早餐前坐下来读一读下面的这段文字。这是摘自詹姆斯·哈维·罗宾森教授那本很有启示性的《下决心的过程》中的一段话：

"我们有时会在毫无抗拒或热情淹没的情形下改变自己的想法，但是如果有人说我们错了，反而会使我们迁怒对方，更固执己见。我们会毫无根据地形成自己的想法，但如果有人不同意我们的想法时，反而会全心全意维护我们的想法。显然不是那些想法对我们珍贵，而是我们的自尊心受到了威胁……'我的'这个简单的词，是做人处世的关系中最重要的，妥善运用这两个字才是智慧之源。不论说'我的'晚餐、'我的'狗、'我的'房子、'我的'父亲、'我的'国家或'我的'上帝，都具备相同的力量。我们不但不喜欢说我的表不准，或我的车太破旧，也讨厌别人纠正我们对火车的知识、水杨素的药效或亚述王沙冈一世生卒年月的错误……我们愿意继续相信以往惯于相信的事，而如果我们所相信的事遭到了怀疑，我们就会找尽借口为自己的信念辩护。结果呢，多数我们所谓的推理，变成了找借口来继续相信我们早已相信的事物。"

有时候，一句或两句体谅的话，对他人态度作宽大的谅解，这些都可以减少对别人的伤害，保住他的面子。

几年以前，通用电气公司面临一项需要慎重处理的工作：免除查尔斯·史坦因梅兹担任某一部门的主管。史坦因梅兹在电器方面是第一等的天才，但担任计算部门主管却彻底地失败。然而公司却不敢冒犯他。公司绝对奈何不了他——而他又十分敏感。于是他们给了他一个新头衔。他们让他担任"通用电气公司顾问工程师"——工作还是和以前一样，只是换了一项新头衔——并让其他人担任部门主管。

史坦因梅兹十分高兴。

通用公司的高级人员也很高兴。他们已温和地调动了这位最暴躁的大牌明星职员，而且他们这样并没有引起一场大风暴——因为他们让他保住了面子。

让他有面子！这是多么重要，多么极端重要呀，而我们却很少有人想到这一点！我们残酷地抹杀了他人的感觉，又自以为是，我们在其他人面前批评一位小孩或员工，找差错，发出威胁，甚至不去考虑是否伤害到别人的自尊。然而，一两分钟的思考，一句或两句体谅的话，对他人态度作宽大的谅解，都可以减少对别人的伤害。

下一次，我们在辞退一个佣人或员工时，应该记住这一点。

以下，我引用会计师马歇尔·格兰格写给我的一封信的内容：

"开除员工并不是很有趣，被开除更是没趣。我们的工作是有季节性的，因此，在3月份，我们必须让许多人离开。

"没有人乐于动斧头，这已成了我们这一行业的格言。因此，我们演变成一种习俗，尽可能快点把这件事处理掉，通常是依照下列方式进行：'请坐，史密斯先生，这一季已经过去了，我们似乎再也没有更多的工作交给你处理。当然，毕竟你也明白，你只是受佣在最忙的季节里帮忙而已。'等等。

"这些话为他们带来失望，以及'受遗弃'的感觉。他们之中大多数一生皆从事会计工作，对于这么快就抛弃他们的公司，当然不会怀有特别的爱心。

"我最近决定以稍微圆滑和体谅的方式，来遣散我们公司的多余人员，因此，我在仔细考虑他们每人在冬天里的工作表现之后，一一把他们叫进来，而我就说出下列的话：'史密斯先生，你的工作表现很好（如果他真是如此）。那次我们派你到纽约华克去，真是一项很艰苦的任务。你遭遇了一些困难，但处理得很妥当，我们希望你知道，公司很以你为荣。你对这一行业

懂得很多——不管你到哪里工作，都会有很光明远大的前途。公司对你有信心，支持你，我们希望你不要忘记！'

"结果呢？他们走后，对于自己被解雇的感觉好多了。他们不会觉得'受遗弃'。他们知道，如果有工作的话，我们会把他们留下来。而当我们再度需要他们时，他们将带着深厚的私人感情，再来投效我们。"

在我们课程内有一个学期，两位学员讨论挑剔错误的负面效果和让人保留面子的正面效果。宾夕法尼亚州哈里斯堡的弗瑞·克拉克提供了一件发生在他公司里的事："在我们的一次生产会议中，一位副董事以一个非常尖锐的问题，质问一位生产监督，这位监督是管理生产过程的。他的语调充满攻击的味道，而且明显的就是要指责那位监督的处置不当。为了不在他的攻击者面前被羞辱，这位监督的回答含混不清。这一来使得副董事发起火来，严斥这位监督，并说他说谎。

"这次遭遇之前所有的工作成绩，都毁于这一刻。这位监督，本来是位很好的雇员，从那一刻起，对我们的公司来说已经没有用了。几个月后，他离开了我们公司，为另一家竞争对手的公司工作。据我所知，他在那儿还非常称职。"

另一位学员，安娜·马佐尼提供了在她工作上非常相似的一件事，所不同的是处理方式和结果。马佐尼小姐，是一位食品包装业的市场行销专家，她的第一份工作是一项新产品的市场测试。她告诉班上说："当结果出来时，我可真惨了。我在计划中犯了一个极大的错误。整个测试都必须重来一遍。更糟的是，在下次开会我要提出这次计划的报告之前，我没有时间去跟我的老板讨论。

"轮到我报告时，我真是怕得发抖。我尽了全力不使自己崩溃，我知道我决不能哭，以免让那些人以为女人太情绪化而无法担任行政业务。我的报告很简短，只说是因为发生了一个错误，我在下次会议，会重新再研究。我坐下后，心想老板定会批评我一顿。

"但是，他只谢谢我的工作，并强调在一个新计划中犯错并不是很稀奇的事。而且他相信，第二次的普查会更确实，对公司更有意义。

"散会之后，我的思想纷乱，我下定决心，我决不会再让我的老板失望。"

假如我们是对的，别人绝对是错的，我们也不应让别人丢脸而毁了他的自我。传奇性的法国飞行先锋和作家安托安娜·德·圣苏荷依写过："我没有权利去做或说任何事以贬抑一个人的自尊。重要的并不是我觉得他怎么样，而是他觉得他自己如何，伤害人的自尊是一种罪行。"

已故的德怀特·摩洛，拥有让双方好战分子和解的神奇能力。他怎么办得到呢？他小心翼翼地找出两方面对的地方——他对这点加以赞扬，加以强调，小心地把它表现出来——不管他做何种处理，他从未指出任何人做错了。

每一个公证人都知道这一点——让人们留住面子。

世界上任何一位真正伟大的人，绝不浪费时间满足于他个人的胜利。我举一个例子来说明：

1922 年，土耳其在经过几世纪的敌对之后，终于决定把希腊人逐出土耳其领土。

穆斯塔法·凯末尔，对他的士兵发表了一篇拿破仑式的演说，他说："你们的目的地是地中海。"于是近代史上最惨烈的一场战争终于展开了，最后土耳其获胜。而当希腊两位将领——的黎科皮斯和迪欧尼斯前往凯末尔总部投降时，土耳其人对他们击败的敌人加以辱骂。

但凯末尔丝毫没有显出胜利的骄气。

"请坐，两位先生，"他说，握住他们的手，"你们一定走累了。"然后，在讨论了投降的细节之后，他安慰他们失败的痛苦。他以军人对军人口气说："战争这种东西，最佳的人有时也会打败仗。"

即使是像罗斯福总统这样伟大的人物也难免会犯错误，所以，对待别人错误的讥评，我们应当怀着一颗宽容平静的心态来看待，即使对方错了，也要尊重他们，让他们保住面子。

让批评随风而去

卡耐基金言

◇只要相信自己做得对，就不要在意别人怎么说。

◇林肯说："只要我不对任何攻讦作出反应，这件事就会到此为止。"

◇史密德里·柏特勒说："有人骂我是黄狗、毒蛇、臭鼬……我不会调转头去看是什么人在说这些话。"

◇凡事尽力而为，然后避开他人的批评之箭。

有一次我去访问史密德里·柏特勒少将——就是绰号叫作"老锥子眼"、

"老地狱恶魔"的柏特勒将军。还记得他吗？他是所有统帅过美国海军陆战队的人里最多彩多姿、最会摆派头的将军。

他告诉我，他年轻的时候拼命想成为最受欢迎的人物，想使每一个人都对他有好印象。在那段日子里，一点点的小批评都会让他觉得非常难过。可是他承认，在海军陆战队里的 30 年使他变得坚强多了。"我被人家责骂和羞辱过，"他说，"骂我是黄狗，是毒蛇，是臭鼬。我被那些骂人专家骂过，会不会让我觉得难过呢？哈！我现在要是听到有人在我后面讲什么的话，甚至于不会调转头去看是什么人在说这些话。"

我们大多数人对不值一提的小事情都看得太过认真。我还记得在很多年以前，有一个从纽约《太阳报》来的记者，参加了我办的成人教育班的示范教学会，在会上攻击我和我的工作。我当时真是气坏了，认为这是他对我个人的一种侮辱。我打电话给《太阳报》执行委员会主席委尔·何吉斯，特别要求他刊登一篇文章，说明事实的真相，而不能这样嘲弄我。我当时下定决心要让犯罪的人受到适当的处罚。

现在我却对我当时的作为感到非常惭愧。我现在才了解，买那份报的人大概有一半不会看到那篇文章；看到的人里面又有一半会把它只当作一件小事情来看，而真正注意到这篇文章的人里面，又有一半在几个星期之后就把这件事整个忘记。

我现在才了解，一般人根本就不会想到你我，或是关心别人批评我们什么话，他们只会想他们自己——他们对自己的小问题的关心程度，要比能置你或我于死地的大消息高 1000 倍。

即使你和我被人家说了无聊的闲话，被人当作笑柄，被人骗了，被人从后面刺了一刀，或者被某一个我们最亲密的朋友给出卖了，也千万不要纵容自己自怜，应该提醒我们，想想耶稣基督所碰到的那些事情。他 12 个最亲密的友人里，有一个背叛了他，而他所贪图的赏金，如果折合我们现在的钱来算的话，也不过 19 块美金；他最亲密的友人里另外还有一个，在他惹上麻烦的时候公开背弃了他，还 3 次表白他根本不认得耶稣，一面说还一面发誓。出卖他的人占了 1/6，这就是耶稣所碰到的，为什么你我一定要希望我们的情况比他更好呢？

我在很多年前就已经发现，虽然我不能阻止别人对我做任何不公正的批评，我却可以做一件更重要的事：我可以决定是否要让我们自己受到那些不公正批评的干扰。

让我把这一点说得更清楚些：我并不赞成完全不理会所有的批评，正相反，我所说的只是不理会那些不公正的批评。有一次，我问依莲娜·罗斯福，她如何处理那些不公正的批评——老天知道，她所受到的可真不少。她有过热心的朋友和凶猛的敌人，大概比任何一个在白宫住过的女人都要多得多。

她告诉我她小时候非常害羞，很怕别人说她什么。她对批评害怕得不得不去向她的姑妈，也就是老罗斯福的姐姐求助，她说："姑妈，我想做一件这样的事，可是我怕会受到批评。"

老罗斯福的姐姐正视着她说："不要管别人怎么说，只要你自己心里知道你是对的就行。"依莲娜·罗斯福告诉我，当她在多年后住进白宫时，这一个小小的忠告，还一直是她行事的原则。她告诉我，避免所有批评的唯一方法，就是："只要做你心里认为对的事——你反正是会受到批评的。'做也该死，不做也该死。'"这就是她对我的忠告。

逝去的马修当年还在华尔街 40 号美国国际公司任总裁，我问过他是否对别人的批评很敏感？他回答说："是的，我早年对这种事情特别敏感，当时急于要使公司里的每一个人都觉得我特别完美。要是他们不这样想的话，就会使我忧虑。只要哪一个人对我有些怨言，我就会想法子去取悦他。可是我所做的讨好他的事情，总会使另外一些人生气。然后等我想要补足这个人的时候，又会惹恼了其他的，最后我发觉，我越想去讨好别人，以避免别人对我的批评，就越会使我的敌人增加，因此最后我对自己说：只要你超群出众，你就肯定会受到批评，所以还是趁早适应这种情况的好。这一点对我帮助很大。从那以后，我就决定只尽我最大能力去做，而把我那把破伞收起来。让批评我的雨水从我身上流下去，而不是滴在我的脖子里。"

狄姆士·泰勒再进一步，他让批评的雨水流进他的脖子，而对这件事情大笑一番——而且当众这样。有一段时间，他在每个星期天下午纽约爱乐交响乐团举行的空中音乐会休息时间，发表音乐方面的评论。有一个女人写信给他，说他是"骗子、叛徒、毒蛇和白痴"。泰勒先生在他那本叫作《人与音乐》的书里说："我猜她只喜欢听音乐，不喜欢听讲话。"在第二个星期的广播节目里，泰勒先生把这封信宣读给好几百万听众听了几天后，他又收到这位太太写来的另外一封信。"表达她一点没有改变她的意见，"泰勒先生说，"她仍然觉得，我是一个骗子、叛徒、毒蛇和白痴。"我们实在不能不佩服用这种态度来接受批评的人，我们佩服他的沉着、毫不动摇的态度和他的幽默感。

查尔斯·舒维伯对普林斯顿大学学生发表演讲的时候表示，他所学到的最重要的一课，是一个在他钢铁厂里做事的德国老者教给他的。那个德国老者和别的一些人为战事问题发生了争执，被那些人丢到了河里。

"当他走到我的办公室时，"舒维伯先生说，"满身都是泥和水。我问他对那些把他丢进河里的人怎样说？他回答说：'我只是报之一笑。'"

舒维伯先生说，最后他就把这个德国老者的话当作他的座右铭：只报之一笑。当你成为不公正批评的受害者时，这个座右铭特别管用。别人骂你的时候，你可以回骂他，但是对那些报之一笑的人，你能说什么呢？

林肯要不是学会了对那些谴责他的话置之不理，恐怕他早就承受不住内战的压力而崩溃了。他写下的怎样处理别人批评自己的方法，已经成为一篇文学意义上的经典之作。在二次大战期间，麦克阿瑟将军曾经把这些话抄写下来，挂在他总部写字桌的墙上，而英国首相丘吉尔也把这段话镶了边框，挂在他书房的墙上。这段话是这样的："假如我只是试着要去读——更不用说去回答所有对我的攻击，这店不如关了门，去做别的生意。我尽我所知的最好办法去做——也尽我所能去做，而我计划一直这样把事情做完。如果结果证明我是错的，那样即便花十倍的力来说我是对的，也没有什么用。"

用幽默化解危机

卡耐基金言

◇并非所有人都具有很强的攻击性，而有的人只是为了想要让别人发笑，以得到赞美，另外，他们会采用嘲弄的策略来引人注意。

◇如果你不喜欢被嘲弄，而且容易受到狙击的伤害，那么其实你非常容易成为狙击手的目标。

心理学研究表明，并非所有人都具有很强的攻击性，而有的人只不过是想要获得别人的注意。有时候只是因为了想要让别人发笑，来得到赞美，另外，他们会采用嘲弄的策略来引人注意。

有时候这种"奚落的幽默"反而能增加彼此的友谊。在今天电视媒介处处存在的情况下，这被人称之为情景喜剧。这种喜剧中每个人都无情地嘲弄别人，观众于是大笑不已，但是对真实的嘲弄一笑了之。但是有时候开玩笑的狙击，可能会造成致命的伤害。

让我们先来看下面一个实例。

达伦和杰伊同是工程师，而且又都在一家高科技公司任职。达伦的年纪比杰伊长5岁，而在公司的工龄也比杰伊多3年，众人都认为达伦升迁的可能性大。但是杰伊为人随和，工作努力，做事主动，并且有丰富的创造力。后来，他的努力终于获得上级的赏识而且得到回报了：他被提升为地区业务经理。

上任之后的第一个星期，有一回杰伊在停了车走进办公大楼，朝新办公室走的时候，看到整班的人都围着达伦站在走道上，他们似乎对达伦所说的每句话都很在意，而且笑得很开心。但是当杰伊走近这群人的时候，他们的笑声却戛然而止，不过杰伊却可以清楚地听到达伦对他恶毒的狙击。达伦注意到他的听众不再笑了，于是把头转向众人目光的方向，结果看到杰伊狼狈的表情："噢，原来是来了个大人物！"

"我怎么会遭到这样的待遇？"杰伊自问，又想着对这位"狙击手"的攻击该怎样回应？

狙击行为背后的动机各有不同。有些人对事情的发展感到愤怒，有些人则会对阻碍计划的人怀恨在心并采取狙击行为。有些人会利用狙击来打击任何可能阻碍他们计划的人。有些人狙击的目的只不过是想获得别人的注意。

想要做完事情的人，如果遇到事情没有照计划进行，或是遇到受到他人阻挠的情形，可能会通过狙击的手段来消除异己。为了避免遭人报复，狙击手常常会采取在暗中行动。暗暗地使用一些无礼的批评、讽刺的幽默、尖酸刻薄的口气和眼神等。狙击手也会说一些"张冠李戴"、风马牛不相及的话，使人摸不着头脑而出尽洋相，也就是说，他会把令人困惑当成是一种武器。

以达伦和杰伊的例子来说，达伦生气的原因就是因为自己没有获得升迁，而且把这件事怪到杰伊身上。

如果你不喜欢被嘲弄，而且容易受到狙击的伤害，那么其实你非常容易成为狙击手的目标。一旦这种个性被传出去，就会有人利用你的个性去狙击你了。如果你是那种无法忍受狙击的人，对方会利用你的弱点而变得毫无禁忌。受到这样的捉弄之后，你可能想要盲目地反击或是逃跑。如果你选择上两种中的任一种，也许你可以改变局面，不过要小心，如果你还没有学会以幽默的方式来对难缠人物说些令人不快的事，你多半会失败，因此你最好勇敢地面对狙击。要停止狙击，最好先学会与他们和平共处。因为如果你没有反应，狙击便变得毫无意义了。对付狙击手要先培养出好奇的态度，采取旁观者的姿态来看这样的行为。如果狙击手攻击你，不要把它当成是针对自己而发的，希望你有足够的好奇心。把注意力放在狙击手身上，而不是自己的身上。因为狙击行为的出现可能是缺乏安全感，你大可把头痛人物的行为看成是缺乏安全感的小学生行为。也许你还记得对讽刺最好的反应是："我知道你是这样，而我呢？"其次是"我们两个半斤八两，那么骂我和骂你是一样的"。这样做会很有帮助，虽然难以置信，不过确实有惊人的力量，说出来也是具有同样的力量。

玛丽有个同事叫罗恩，总喜欢在会议的时候狙击她。有一天，在受到狙击之后，她以天真的口气说："我知道你是这样的人，而我呢？"会议上除了罗恩，每个人都对他们的对话内容大笑不已。玛丽以幽默的方式让气氛轻松起来，不但化解了自己的不快，也从这么简单的一句话中让人看出了狙击手的幼稚。罗恩显然觉得自讨没趣，以后就再也不对她发动狙击了。

幽默是一个人应对危机的最佳态度。苏格拉底有一次在和自己的学生讨论哲学问题的时候，他的太太突然破门而入，当着众人的面，指着苏格拉底劈头盖脸地一顿臭骂，事后还不解气，将屋角的一盆凉水对着苏格拉底的头顶便浇了下去，众人都惊呆了。没有想到苏格拉底静静地擦了擦身上的水，微笑地说道："没什么，我知道打雷后通常都会下雨。"众人都被苏格拉底的幽默和睿智逗得大笑起来。一场尴尬一转眼便消解得无影无踪。

同样，生活中我们也难免会受到一些言语的攻击和伤害，如果我们能够以微笑应对，用幽默清洗不快，我们就会成为一个不被言语所伤的智者。

第 **9** 章

逆风飞扬，舞出生命精彩

有悲伤的地方才会有圣地

◇伟人，就是像神那样无畏的普通人。

◇为自己的错而悲伤的人有福，因为他们必定会得到安慰。

◇坐在幸福的椅垫上，人会睡着；在被奴役、被鞭打而受苦的时候，人才会得到学习一些事物和道理的机会。

要成功并不容易。想要获得成功的人得像风筝，与强风对抗，方能升向高空。立基于成功的信念，以便坚定向前，无惧于沿途所遭逢的困难。

确定你的信念能支持你在迈向成功的旅程中，忍受一切艰难险阻。当你确知自己在做什么，当你有个明确的目标和实施计划，那么，你或许得与周遭的狂风搏斗，却不至于有被吹垮的顾虑。风势愈强，你会飞得愈高。

超越自然的奇迹，总是在对厄运的征服中出现。塞涅卡曾说："伟人就是像神那样无畏的普通人。"这是一句诗一样美的妙语。古代诗人在他们的神话中曾描写过：当赫克里斯去解救普罗米修斯的时候，他是坐在一个瓦盆里漂洋过海的。这个故事其实正是对于人生的象征：因为每一个人也正是驾着血肉之躯的轻舟，横渡波涛翻滚的生活之海的。幸运中需要的美德是节制，而厄运所需要的美德是坚忍，后者比前者更为难能。一切幸运都并非没有烦恼，而一切厄运也绝非没有希望。最美的刺绣，是以明丽的花朵映衬于暗淡的背景，而绝不是以暗淡的花朵映衬于明丽的背景。从这种图像中去汲取启示吧。人的美德犹如名贵的香料，在烈火焚烧中散发出最浓郁的芳香。正如恶劣的品质可以在幸运中暴露一样，最美好的品质也正是在厄运中被显示的。

"你如果是贫穷的，你是幸福的，因为神是属于你们的。""为自己的错而悲伤的人有福了，因为他们必定会得到安慰。"这是《圣经》里的话。前句的意思，当然不用细说，只有贫穷的人，才了解神是照顾他们的。只有经过悲伤的人，才会成长。

19 世纪，英国诗人奥斯卡·怀路曾在监狱服刑期间写过这样的话：

"有悲伤的地方，才有圣地，相信社会中的每一个人早晚都会了解到这一点！还未了解这一点之前，可以说那是他还不了解人生！"

也就是说，突破眼前的悲伤或痛苦之后，才能到达豁然的境界。

著有《睡着成功》这本书的美国牧师马非先生，也曾说过："一切的灾祸中，一定匿藏着幸运的胚芽。"下面就是他写的一段文字：

"坐在幸福的椅垫上，人会睡着；在被奴役、被鞭打而受苦的时候，人才会得到学习一些事物和道理的机会。"

换句话说，先得到幸福的，后面就紧跟着不幸。伟大的哲学家老子，也曾说过"祸兮，福所倚；福兮，祸所伏"的至理名言。年轻的朋友们，先看一看这个人的经历吧，他一定会给你许多的启发。

1832 年，他失业了；同一年里，他决心要做政治家，当上一名州议员，但不幸的是他的竞选又失败了。

于是，他又自己开办了一家店铺，可上帝总爱和他开玩笑。一年不到，店铺又倒闭了。他不得不在长达 17 年的时间里，为偿还债务而到处奔波，吃尽了苦头。

他又一次决定参加竞选州议员，这一次他成功了！但不幸并没有离他远去，第二年，在离他结婚仅有几个月的时候，他的未婚妻却不幸因病去世了，他也悲伤得卧床不起。次年，他因此而得了神经衰弱症。

两年之后，他又参加州议会的选举，可他又失败了。5 年后，他又参加美国国会议员的选举，仍然是失败。

第二年，也就是 1846 年，他最终当上了国会议员，可在争取连任时，他却又一次落选了。

世上的失败事情几乎让他全撞上了：店铺倒闭，情人去世，竞选败北。他会怎么样呢？会不会放弃奋争呢？

现实中的他却没有服输。1854 年，他竞选参议员，失败；1858 年，再一次竞选参议员，仍然是失败！

他尝试了 11 次，可只成功了两次，但他一直没有放弃自己的追求，一直在做自己生活的主宰。1860 年，他终于获得了成功，当选为美国总统。这个人就是林肯——美国历史上最伟大的总统之一。

要是生命中每一项我们所求的事物，都只要花极少的努力就可以得到预期的结果，我们将什么也学不到，而生命也将索然无味。做什么事都成功，人将会变得多么傲慢自大！失败才能使人谦虚。当自己面对失败，要理性地劝慰自己：这是绝佳的学习机会，诚然不易，但这的确是难得的经验。

在克里米亚的一次战争中，有一枚炮弹击中一个城堡后，毁灭了一座美丽的花园。可在那个炮弹落下的深穴里，竟不住地流出泉水来，后来这里竟然成了一个永久不息的著名喷泉。同样，不幸与苦难，也会将我们的心灵炸破，而在那炸开的缝隙里，也会时刻流出奋斗前进的泉水来。

对于一个人来说，假使你年轻时便知道怎样对付打击，那么以后再碰到打击的时候，便能处置得更为适当些。

苦难失败往往会激发人的潜力，唤醒沉睡的雄狮，引人走上成功的道路。有勇气的人，会把逆境变为顺境，如同河蚌能将恼它的沙泥化成珍珠一样。

一个真正勇敢的人，愈为环境所迫，反而愈加奋勇，不战栗不逡巡，昂首挺胸，意志坚定；他敢于对付任何困难，轻视任何厄运，嘲笑任何障碍，因为贫穷困苦不足以伤他毫发，反而增强了他的意志、品格、力量与决心，这使他成为一个卓越的人。对于这样的人，命运绝无法阻挡他们的前程。

所以，年轻的朋友们，一定要记住奥斯卡给我们留下的诗句："有悲伤的地方，才有圣地。"

学会赢在失败

卡耐基金言

◇已经得到第一名的人，不会遇到比得第一名更荣耀的事了，对他而言，顶多只能继续保持第一名而已，而且还可能有降到第二名或第三名的不幸事件。相反，得到最后一名的人，对他来说，最坏的结果也只是最后一名而已，但有进步到倒数第二、第三，甚至为第一名的可能。

◇那些能成功的人，只不过比别人多坚持了5分钟。

纵观人类历史上的伟人和杰出人物，他们中的相当一部分人曾经有过艰辛的童年生活，甚至还备受命运的虐待，但强者总是善于找到生命的支点。

他们及时调整了自己的心态，坚韧地承受着生活的艰辛，在一贫如洗的岁月里安然走过，并用恒久的努力打破了重重的围困，在脱离了贫穷困苦的同时也脱离了平凡，造就了卓越与伟大。

有的苦难是如此的严重，一旦向它屈服，就等于输掉整场比赛。李奇威将军担任指挥官时，发现兵力推进太过，而受到敌军的猛烈攻击。但他坚持守住阵地而使美军免于被逼入海中，而且很快地进行反攻。挫折发生时，你也许没有时间来考虑修正错误以避免更进一步的失误。但千万别裹足不前，此刻最重要的是确定自己的目标，并采取能保存你所有的资源及希望的行动。要是你就此认输，你将失去自信且难以再恢复。

所以你必须坚守原则，最后你将知道，你保住了自身所拥有的最重要的东西。

要是你曾仔细地反省自己，并研究那些你所钦慕的成功者的一生，你就会发现所有最好的机会，都发生在处于逆境的时候。因为只有在面对失败的可能时，才会想要做一根本的改变，从险中求胜。当你经历一些暂时的挫折，你也知道这只是暂时的，你就可以抓住逆境带来的机会。

有一天，两个强盗偶然路过一座吊死犯人的绞架，其中一个便叫起来："如果没有这该死的吊死人的绞架，我们的职业是多么好呀！"另一个强盗接着说："呸！你这笨蛋，好在有这架子，如果没有的话，人人都要做强盗了，哪轮得到你我？"

其实，世界上的各种职业、技艺与事业，莫不如此，都是因为困难吓退了一些庸碌的竞争者。斯潘琴说："许多人的生命之所以伟大，都来自他们所承受的苦难。"最好的才干往往是从烈火中冶炼的，都是从坚石上磨炼出来的。

世界上有许多人因为没有经历苦难的磨炼，激发不出他们体内潜伏着的力量来，因此他们的才能竟然得不到淋漓尽致的发挥。而只有努力奋进才能帮助人们达到成功的境地，只有尽力奋斗的人才会获得自己心中期望的东西。

苦难与障碍并不是我们的仇人，而是我们的恩人。因为我们人人都有一种逆反的心理，这种逆反的心理在人体里发展了反对的力量。正是苦难与障碍的出现，使得我们体内克服障碍、抵制苦难的力量得以发展。这就好像森林里的橡树，经过千百次暴风雨的摧残，非但不会折断，反而愈见挺拔。正像暴风雨吹打橡树一般，人们所承受的种种痛苦、折磨和悲伤，也在启发人们的才能，都在锻炼他们。

芝加哥北密契根大道的一个地区现称为"富丽里"。1939年，那里的办公楼群可说是日暮途穷了。一座座大楼只有空荡荡的地板。一座楼出租出去一半就算是幸运的，这正是商业不景气的一年。消极的心态像乌云一般笼罩在芝加哥不动产商的心头。那时，你常可以听到这样一些论调："登广告毫无意义，根本就没有钱。""我们没有必要工作了。"然而就在这时，一位抱着积极心态的经理进入了这个景象阴翳的地区。他有一个想法，他立即行动起来了！

这个人受雇于西北互助人寿保险公司，前来管理该公司在北密契根大道上的一座大楼。公司是以取消抵押品的赎取权而获得这座大楼的。他开始担任这项工作时，这座大楼只出租了10%。但不到一年，他就使它全部租出去了，而且还有长长的待租人名单送到他的面前。这其中有什么秘密呢？新经理把无人租用办公室作为一个挑战，而不是作为一个不幸。我们访问他时，他介绍了他所做的事情：

"我清楚地知道我要干什么，我要使这些房间100%地租出去，在当时的情况下，要做到这一点是很难的。因此我必须把工作做到万无一失，必须做到下列5点：

"1. 要选择称心的房客。

"2. 要激发吸引力，给房客提供芝加哥市最漂亮的办公室。

"3. 租金要不高于他们现在所付的房租。

"4. 如果房客按为期一年的租约付给我们同样的月租，我就对他现在的租约负责。

"5. 除此以外，我要免费为房客装饰房间。我要雇用富有创造性的建筑师和内装工，改造我们大楼的办公室，以适合每个新房客的个人爱好。

"我通过推理，可以得到下列结果：

"1. 如果一个办公室在以后几年中不能出租，我们就不能从那个办公室得到收入，但如果照我的方法做，我们到年底可能得不到什么收益，但这种情况总不会比我们没有采取任何行动时的情况更糟。而我们的境况应该好，因为我们满足房客的需要，他们在未来的年份中会准时如数地交付房租。

"2. 出租办公室仅以一年为基数，这是已经形成了的习惯。在大多数情况下，房间仅仅只空几个月就可接纳新的房客。因此，得到租金的希望就不至于太落空。

"3. 在一所设备良好的大楼里，如果一个房客一定要在他租约满期的那一年的末期退租，也比较易于再租。免费装饰办公室也不会得不偿失，因为这会增加全楼的股票价值，结果极好。每一个新近装饰过的办公室似乎都比以前更为富丽堂皇。房客都很热心，许多房客花费了额外的费用。有一个房客在改建工作中就花费了 2.2 万美元。

"这座大楼开始时只租出 10%，到年底便 100% 地租出了。没有一个房客在他的租约满期后想走的。他们很高兴住上了超摩登的新办公室。第一年的租约期满后，我们也没有提高租金；这样，我们就赢得了房客的信任和友情。"

现在让我们回顾一下这个故事的始末。有一个人面临着一个严重的问题。他手上有一座巨大的办公大楼，可是这座大楼 9/10 的办公室都是空闲未租。然而，在一年内这座大楼便 100% 地出租了。现在，就在它的隔壁左右，仍有几十座大楼是空荡荡的。

这两种情况之间的差别当然就是每座大楼的经理对这个问题所持的不同的心理态度。一种人说："我有一个问题，那是很可怕的。"另一种人说："我有一个问题，那是很好的！"

如果一个人能够抓住他的问题尚未显露出真相的好机会，洞察它并寻求解决，那么他就是懂得积极心态之要义的人。

如果一个人能形成一种行之有效的想法，并紧接着付诸实行，他就能把失败转变为成功。

简单地说，已经得到第一名的人，不会有比得到第一名更荣耀的事了，对他而言，顶多只能继续保持第一名而已，而且还有可能会降到第二名或第三名的不幸事件。相反的，得到最后一名的人，对他来说，最坏的结果也只是最后一名而已，但有进步为倒数第二、第三名的可能。困境对我们来说反而是一种刺激，而且可以激励我们的成长与进步。

这里所指的贫穷或富裕，当然不单独指经济上的因素，也可以说是失败和成功、堕落和成长，也就是一般人常说的"顺境与逆境"。日本著名作家谷口雅春先生在他的著作《你是无限能力者》一书中曾说过——"坠落才是机遇"，其意义也是相同的。这些话，都是我们应该好好体会的。的确，如果一粒麦子不落地死亡，怎能再结出许多麦子呢？经历了越激烈的痛苦，在精神上、人格上，也会越早成熟、越早进步。

因此，一旦当我们面临困境时，不要畏惧退缩，心中只要牢牢记住一件事：不要被逆境所吞噬。纵使你面临着前所未有的激烈痛苦，也不要因此而被淹没。

要知道如果太过于沉溺于自怜自艾之中，将会因为这一次的堕落而失去一切，永不得翻身。我们应该庆幸逆境来临，因为这正是我们考验自己的最佳良机，坚强地渡过危险之后，一条坦荡的康庄大道将展现在我们面前。

"能够成功的人，只不过比别人多坚持了 5 分钟。"你我均应牢记这句话。

化劣势为优势

卡耐基金言

◇越研究那些有成就者的事业，人们就越加深刻地感觉到，他们之中有非常多的人之所以成功，是因为开始的时候有一些会阻碍他们的缺陷，促使他们加倍地努力而得到更多的报偿。正如威廉·詹姆斯所说的："我们的缺陷对我们有意外的帮助。"

◇如果你的 A 弦断了，就在其他三根弦上把曲子演奏完。

尼采对超人的定义是："不仅是在必要情况之下忍受一切，而且还要喜爱这种情况。"

越研究那些有成就者的事业，人们就越加深刻地感觉到，他们之中有非常多的人之所以成功，是因为开始的时候有一些会阻碍他们的缺陷，促使他们加倍地努力而得到更多的报偿。正如威廉·詹姆斯所说的："我们的缺陷对我们有意外的帮助。"

不错，很可能密尔顿就是因为瞎了眼，才能写出更好的诗篇来；而贝多芬是因为聋了，才能作出更好的曲子。

海伦·凯勒之所以能有光辉的成就，也就是因为她的瞎和聋。

如果柴可夫斯基不是那么的痛苦——他那个悲剧性的婚姻几乎使他濒临自杀的边缘——如果他自己的生活不是那么悲惨，他也许永远不能写出他那首不朽的《悲怆交响曲》。

"如果我不是有这样的残疾，"那个在地球上创造生命科学的基本概念的人写道，"我也许不会做到我所完成的这么多工作。"达尔文坦白承认他的残疾对他有意想不到的帮助。

达尔文在英国出生的那一天，另外一个孩子生在肯塔基州森林里的一个小木屋里，他的缺陷也对他有帮助。他的名字就是林肯——亚伯拉罕·林肯。如果他出生在一个贵族家庭，在哈佛大学法学院得到学位，而又有幸福美满的婚姻生活的话，他也许绝不可能在心底深处找出那些在盖茨堡所发表的不朽演说。他不会说出他第二次政治演说中所说的那句如诗般的名言——这是美国的统治者所说的最美也最高贵的话——"不要对任何人怀有恶意，而要对每一个人怀有爱……"

有一位大学毕业生曾经给一位报社编辑写了一封信。在信中，他写道：

我是一名大学毕业生，参加工作已5年。5年来我工作顺利，深得领导赏识，按理该没有什么忧虑。但是，自古男大当婚，女大当嫁，我已到了恋爱结婚的年龄，就是这件事，弄得我好忧虑，好伤心。

我的身高只有1.64米，这是爹妈给的，并非我的过错。可人家帮我介绍过3个女朋友，最后都以"拜拜"告吹。她们说，学历、文凭和工作单位没说的，只是个子太矮了，没有风度，没气派。有位姑娘还很惋惜地说："可惜，只要再高6公分，有1.70米就好了。"

这6公分之差，使我非常痛苦。现在我有点心灰意冷，恨爹妈为什么不让我长高些。因此工作也无精打采，我不愿这样消沉下去，可我该怎么办呢？

其时，有些人之所以烦恼、忧虑，正是由于自卑。

其实身材矮小何必自惭形秽？一位国际舞台上的名矮子对此自有一番高论。他名叫罗慕洛，长期担任菲律宾的外交部长，他身高也只有1.63米。面对高大的对方，他一点不自卑，却以此自豪。他写了一篇在世界上出名的文章，叫《愿生生世世为矮人》。现在附在下面，读了以后，你就会知道矮子确有矮子的好处。

有一次，在巴黎举行的联合国会议上，我和苏联代表团团长维辛斯基激辩。我讥刺他提出的建议是"开玩笑"。突然之间，维辛斯基把他所有轻蔑别人的天赋都向我发挥出来。他说："你不过是个小国家的人罢了。"

在他看来，这就是辩论了。我的国家和他的相比，不过是地图上的一点而已。而且我自己穿了鞋子，身高只有 1.63 米。

即使在我家中，我也是矮子。我的 4 个儿子全比我高七八厘米。我的太太穿高跟鞋的时候，要比我高寸把。我们婚后，有一次她接受访问，曾谦虚地说："我情愿躲在我丈夫的影子里，沾他的光。"一个熟悉的朋友就打趣地说："这样的话，就没有多少地方好躲了。"

我身材矮小，和鼎鼎大名的人物在一起时，常常特别惹人注意。第二次世界大战期间，我是麦克阿瑟将军的副官，他比我高 20 厘米。那次登陆雷伊泰岛，我们一同上岸，新闻报道说："麦克阿瑟将军从深及腰部的水中走上了岸，罗慕洛将军和他在一起。"一位专栏作家立即拍电报调查真相。他认为如果水深到麦克阿瑟将军的腰部，我就要淹死了。

我一生当中，常常想到高矮的问题。我但愿生生世世都做矮子。

这句话可能会使你诧异，许多矮子都因为身材而自惭形秽。我得承认，年轻的时候也穿过高底鞋，但用这个法子把身材加高实在不舒服，并不是身体上的，而是精神上的不舒服。

这种鞋子使我感到，我在自欺欺人，于是我再也不穿了。

其实这种鞋子剥夺了我天赋的一大便宜。因为：矮小的人起初总被人轻视，后来，他有了表现，别人就觉得出乎意料，不由得佩服起来，在他们心目中，他的成就格外出色。

有一年我在哥伦比亚大学参加辩论小组，初次明白了这个道理。我因为矮小，所以样子不像大学生，就像小学生。一开始，听众就为我鼓掌助威，在他们看来，我已经居于下风，而大多数人都喜欢看居下风的人得胜。

我一生的境遇都是如此。平平常常的事经我一做，往往就似乎成了惊天动地之举，因为大家对我毫不寄以希望。

1945 年，联合国创立会议在旧金山举行，我以无足轻重的菲律宾代表团团长身份，应邀发表演说。讲台差不多和我一样高，等到大家静下来，我庄严地说出这一句话："我们就把这个会场当作最后的战场吧。"全场登时寂然，接着爆发出一阵热烈的掌声。我放弃了预先准备好的演讲稿，畅所欲言，思如泉涌。后来，我在报上看到当时我说了这样一段话："维护尊严，言辞和思想比枪炮更有力量　　唯一牢不可破的防线是互助互谅的防线！"

这些话如果是大个子说的，听众可能客客气气地鼓一下掌。但菲律宾那时离独立还有一年，我又是矮子，由我说出来，就有意想不到的效果。从那天起，小小的菲律宾在联合国大会中就被各国当作资格十足的国家了。

矮子还占一种便宜：通常都特别会交朋友。人家总想维护我们，容易对我们推心置腹。大多数的矮子早年就都懂得：友谊和筋骨健硕、力量强大一样重要。

早在 1935 年，大多数的美国人还不知道我这个人，那时我应邀到圣母大学接受荣誉学位，并且发表演说，那天罗斯福总统也是演讲人。事后他笑吟吟地怪我"抢了美国总统的风头"。

我相信，身材矮小的人往往比高大的人富有"人情味"而平易近人。他们从小就知道自视绝不可太高，身材魁梧的人态度冷峻，别人会说他有"威仪"。但是矮小的人摆出这种架子来，大家就要说他"自大"了。

矮子如果稍有自知之明，很早就会明白脾气是不好随便乱发的。大个子发脾气，可能气势汹汹，矮子就只像在乱吵乱闹了。

一个人有没有用，和个子大小无关。身材矮小可能真有好处。历史上许多伟大的人物都是矮子。贝多芬和纳尔逊都只有 1.63 米高，但是他们和只有 1.52 米高的英国诗人济慈及哲学大师康德相比，已经算高大的了。

当然还有一位最著名的矮子是拿破仑。好些心理学家说，历史上之所以有拿破仑时代，完全是拿破仑的身材作祟。人们说，他因为矮小，所以要世人承认他真正是非常伟大的人物，失之东隅，收之桑榆。

本文一开始，我就提到苏联代表维辛斯基因为我胆敢批评他的国家而出言相讥的事，我不喜欢别人以为我任凭他侮辱矮子，而不加反驳。他一说完，我就跳起身来，告诉联合国大会的代表说，维辛斯基对我的形容是正确的，但是我又说："此时此地，把真理之石向狂妄的巨人眉心掷去——使他们行为有些检点，是矮子的责任（《圣经》里的典故）！"

维辛斯基凶狠地瞪着眼，但是没有再说什么。

"我愿生生世世做矮人！"这就是罗慕洛流传于世的名言。他不仅正视生活中的自我，极力消除传统文化的偏见，而且因自己与别人的身体的不同而感到快乐和自足。

哈瑞·艾默生·福斯狄克在他那本《洞视一切》的书中说："斯堪的那维亚半岛人有一句俗话，我们都可以拿来鼓励自己：北风造就维京人。我们为什么会觉得，有一个很安全而且很舒服的生活，没有任何困难，舒适与轻闲，这些就能够使人变成好人或者很快乐呢？正相反，那些可怜自己的人会继续地可怜他们自己，即使舒舒服服躺在一个大垫子上的时候也不例外。可是在历史上，一个人的性格和他的幸福，却来自各种不同的环境，好的、坏的，只要他们肩负起他们个人的责任。所以我们再说一遍：北风造就维京人。"

假设我们颓丧到极点，觉得根本不可能把我们的柠檬做成柠檬水。那么，下面是我们为什么应该试一试的两点理由——这两点理由告诉我们，为什么我们只赚而不会赔。

理由第一条，我们可能成功。

理由第二条，即使我们没有成功，只是怀着要化负为正的企图，也就会使我们向前看而不会向后看。所以，用肯定的思想来替代否定的思想，能激发你的创造力，能刺激我们根本没有时间也没有兴趣去忧虑那些已经过去和已经完成的事情。

有一次，世界最有名的小提琴家欧利·布尔举行一次音乐会，他小提琴的 A 弦突然断了，可是欧利·布尔就用另外的那三根弦演奏完了那支曲子。"这就是生活，"哈瑞·艾默生·福斯狄克说，"如果你的 A 弦断了，就在其他三根弦上把曲子演奏完。"

这不仅是生活，这比生活更可贵——这是一次生命上的胜利。

不要认为自己一无所有

卡耐基金言

◇对于那些生来一无所有的年轻人，我想向他们表示祝贺，因为他们出生在一个令人荣耀的境地。这种环境注定了他们必须孜孜以求，不懈努力才能够改变自己的处境，才能出人头地。

◇如果我能够选择的话，我宁愿给一个年轻人留下一些磨难让他们去承受，去磨砺，而不是留给他们万能的金钱，让金钱成为他们的负担和重压。

美国钢铁大王安德鲁·卡内基在一次讲话中这么说过：

"对于那些生来一无所有的年轻人，我想向他们表示祝贺。因为他们出生在一个令人荣耀的境地，这种环境注定了他们必须孜孜以求、不懈努力，才能够改变自己的处境，才能出人头地。对于一个年轻人而言，他要挎的最重的篮子莫过于一个盛满了各种证券的篮子。他通常会让这个篮子压得摇摇晃晃、站立不稳。

"在我们的这个城市里有无数的青年，他们依靠自己的力量努力拼搏，站在了最优秀的人群的前列，成为对社会有用的公民。他们无愧于授予他们的所有荣誉。而大部分富豪的子孙们却难以抵制住先辈们留给他们的一大笔财富的诱惑，沦落为对社会没有任何价值的寄生虫。

"如果我能够选择的话，我宁愿给一个年轻人留下一些磨难让他去承受、去磨砺，而不是留给他万能的金钱，让金钱成为他的负担和重压。值得你们害怕的竞争对手不是来自这个富有的阶层，不是你的那些富有的合作伙伴的后代子孙们，你要时刻警惕的竞争对手是那些来自贫穷家庭的青年们，那些比你还要贫穷的青年人，他们的父母甚至没有能力负担他们在这个学院里上一门课的费用，而你们却拥有这个，能够让你们在自己的同类中有了立于前排的决定性优势。

"你们要重视这些看来不可能在你这一个职位上向你挑战或是超越你的年轻人，不要轻视那些从普通的学校里走出来，一头扎进工作中的年轻人，也不要轻视那些在办公室里干诸如端茶扫地一类最低等活的年轻人，他很可能就是一匹黑马，你最好还是密切注意他，终有一天他会向你挑战的。"

1913年1月5日，凯蒙斯·威尔逊诞生于美国南方孟菲斯市西北的奥西奥拉小城镇。他的父亲查尔斯·凯蒙斯·威尔逊曾在海军服役，当一名司炉工和办事员，后来离开了海军，在国民人寿和意外事故保险公司工作，推销保险。由于工作出色，于1912年接受公司的委派，前往奥西奥拉，在那里开设一个办事处。他的母亲多尔·威尔逊出生在孟菲斯市一个十分贫困的家庭，她十多岁时就去当卖杂货的营业员。他们的小男孩出生了，这时对于这位年纪轻轻又有雄心壮志的保险代理人及其新娘来说，前途看来一片灿烂光明。他们给儿子取名为小查尔斯·凯蒙斯·威尔逊。

可是，仅仅9个月后，悲剧突然袭来。29岁的老凯蒙斯患了重病，是得了一种叫作肌肉萎缩性侧索硬化症的不治之症，支配肌肉运动的神经细胞出现病变衰退，非常痛苦。1913年10月4日，他还来不及看到自己的儿子过3周岁生日便去世了，并留下多尔——年方18岁就成了寡妇和单身母亲。

老凯蒙斯有预见，生前买了一份保价为2000美元的保险单，死后赔款付给多尔。这笔钱在1913年时是一笔可观的金额。可是，一名没有道德的丧葬用品销售商在同多尔打交道时，利用了年轻寡妇的悲痛心情，劝说她给亡夫大办丧事，从而把根据保险单得到的全部款项耗用殆尽。老凯蒙斯的墓葬颇有气魄，但丧事过后，多尔几乎分文不剩。

正是在那个年代、那个地方，一个年方18岁的寡妇几乎身无分文，却下定主意：任何艰难困苦都阻挡不住自己抚养儿子，并把他培养成将来在世界上有所建树、留下印记的人。

多尔带了她的婴儿回到了孟菲斯市，迁往沃特金斯北街336号自己的母亲处居住。在取得政府补助之前的那段日子里，多尔别无选择，只有走出家门去工作，以养活自己和年幼的儿子。威尔逊后来回忆说："我的母亲找到了一份工作，给一位牙医当助手，每周工资11美元。后来，她当上了一名簿记员。可是，她一个月的收入从来没有超过125美元。此情此景，你能想象得出吗？回首当年，那是何等艰难的岁月，真是度日如年啊！"

在这种困窘的生活环境下，凯蒙斯·威尔逊在年幼时就开始干活挣钱了。经过艰辛的创业历程，威尔逊经营过爆玉米花和弹球机，经营过电影院，幼年艰苦的生活使他成为孟菲斯市最坚定不移、蒸蒸日上的青年企业家之一，而立之年未过，便已创下庞大的事业。

纵观那些世界知名企业家的成功历程，我们会发现他们无一例外都是从一无所有的困境中白手起家，依靠自己坚韧的品质和不懈的努力，创下了引以为傲的世界，由命运的弃儿变成众人称羡的天之骄子。因此，如果你觉得命运对自己太不公平，请记住下面一句话：

苦难是金，不要认为自己一无所有。

当太阳升起时再度充满精神

卡耐基金言

◇要树立对自己的信心，对于每一次的挫折与失败，都要微笑地面对，不要害怕，不要退后，因为毕竟你才是自己的主宰。

◇成功者之所以成功，正是在于他们不惧怕失败，能在失败之后重新鼓起奋斗的勇气。

一个身处逆境却依旧能含着笑的人，要比一个陷入困境就立即崩溃的人获益更多。处逆境而乐观的人，才具有获得成功的潜质，并且要比一般人更强；而有好多人往往一处逆境，便立刻会感到沮丧，因此达不到他们的目的。

我们生活于一个竞争激烈的世界，人们以成功者及失败者来衡量成就，并且强调每一个胜利都会产生对等的失败。要是一个人赢了，理论上必定有人输了。但事实上，你自己与自己的竞争才是真正重要的。

在通往成功的道路上，能不能经得住失败的考验，决定了能否达到成功的目标。有的人因为失败而徘徊不前，悲观失望，他们往往会由于害怕失败而遭受到更多的失败，最终落于人后；有的人却是微笑地面对失败，从哪里跌倒再从哪里爬起来，用信心和勇气来战胜失败，他们往往都是踏上了成功巅峰的出类拔萃的人。

在我们的社会上，绝没有郁郁不乐者、忧愁不堪者或陷于绝望者的地位。如果一个人在他人面前总是表现出郁郁不乐，就没有人愿意同他在一起，人们都要避而远之。

人类的天性是喜欢与和谐快乐的人相处。一个人不应该做情绪的奴隶，让一切行动皆受制于自己的情绪，人应该反过来控制自己的情绪。无论你周围的境况怎样的不利，你也应当努力去支配你的环境，把自己从黑暗中拯救出来。当一个人有勇气从黑暗中抬起头来，面向光明大道走去后，后面便不会有阴影了。

许多人在疲累或沮丧的时候，会面对自己日常的工作而感到困惑："究竟我做的这一切有什么用处？"

在这里，我把自己一生所获得的最切实的感受告诉大家：

"要树立自己的信心，对于每一次的挫折与失败，都要微笑地面对，不要害怕，不要后退，因为毕竟你才是自己的主宰。"

心态会带给你成功。当你在和失败战斗时，就是你最需要积极心态的时候。当你处于逆境时，你必须花数倍的心力，去建立和维持自己的积极心态。同时也应动用你对自己的信心以及你的明确目标，将积极心态化为具体行动。

在经过对无数成功者成功秘诀的深入探讨之后，我们更有理由相信这一点："成功者之所以成功，正是在于他们不惧怕失败，能在失败之后重新鼓起奋斗的勇气。"

只有在现实生活中拥有百折不挠的勇气的人，才能深刻地领会"失败是成功之母"这句话的真正含义。

1510 年，帕里斯出生在法国南部，他一直从事玻璃制造业，直到有一天看到一只精美绝伦的意大利彩陶茶杯。这一下，改变了他一生的命运。

"我也要造出这样美丽的彩陶。"这是他当时唯一的信念。

他建起烤炉，买来陶罐，打成碎片，开始摸索着进行烧制。

几年下来，碎陶片堆得像小山一样，可他心目中的彩陶却仍不见踪影，他甚至无米下锅了。他只得回去重操旧业，挣钱来生活。

他赚了一笔钱后，又烧了 3 年，碎陶片又在砖炉旁堆成了山，可仍然没有结果。

以后连续几年，他挣钱买燃料和其他材料，不断地试验，都没有成功。

长期的失败使人们对他产生了看法。都说他愚蠢，是个大傻瓜，连家里人也开始埋怨他。他也只是默默地承受。

试验又开始了，他十多天都没有脱衣服，日夜守在炉旁。

燃料不够了。他拆了院子里的木栅栏，怎么也不能让火停下来呀！

又不够了！他搬出了家具，劈开，扔进炉子里。

还是不够，他又开始拆屋子里的木板。劈劈啪啪的爆裂声和妻子儿女们的哭声，让人听了鼻子都是酸酸的。

马上就可以出炉了，多年的心血就要有回报了，可就在这时，只听炉内"嘭"的一声，不知是什么爆裂了。所有的产品都沾染上了黑点，全成了次品。

眼看到手的成功，又失败了！

帕里斯也感受到了巨大的打击，他独自一人到田野里漫无目的地走着。不知走了多长时间，优美的大自然终于使他恢复了心里的平静，他平静地又开始了下一次试验。

经过 16 年无数次的艰辛历程，他终于成功了，而这一刻，他却一片平静。

他的作品成了稀世珍宝，价值连城，艺术家们争相收藏。他烧制的彩陶瓦，至今仍在法国的罗浮宫上闪耀着光芒。

帕里斯的成功之路是艰辛而漫长的。他的成功来得何等不易。在一次又一次的失败中一次又一次地重新站起，这正是帕里斯的成功所在。

影响人类成功最坏的敌人，便是思想的不健康，便是以沮丧的心情来怀疑自己的生命。其实，一切事情，全靠我们的勇气，和我们对自己有信仰，全靠我们对自己有一个乐观的态度。唯有如此，方能成功。然而一般人处于逆境的时候，或是碰到沮丧的事情，处于充满凶险的境地时，他们往往会让恐惧、怀疑、失望的思想来捣乱，于是丧失了自己的意志，以致使自己多年以来的计划毁于一旦。有很多人如同从井底向上爬的青蛙，辛辛苦苦向上爬，但是一旦失足，就前功尽弃。

突破困境，首先在于要肃清胸中快乐和成功的仇敌，其次在于要集中思想，坚定意志。只有运用正确的思想，并抱着坚定的精神，才能战胜一切逆境。

一个在思想心智上训练有素的人，能够做到在几分钟内从忧愁的思想中解脱出来。但是大多数人却不能排除忧愁去接受快乐，不能消除悲观去接受乐观。他们把心灵的大门紧紧地封闭起来，虽然费力在那里挣扎，却没什么成效。

人在忧郁沮丧的时候，要尽量改换自己的环境。但是，对于使自己痛苦的问题，不要过多去思考，不要让它再占据你的心灵，而要尽力想着最快乐的事情。对待他人，也要表现出最仁慈、最亲热的态度，说出最和善、最快乐的话，要努力以快乐的情绪去感染你周围的人。

这样做了以后，思想上黑暗的影子，必将离你而去，而那快乐的阳光将映照你的一生。

诗人马伦在一篇名为《机会》的诗中写出了积极心态的力量：

我哭不是因为失去了宝贵的机会；
我流泪不是因为精华岁月已成云烟；
每天晚上我都烧毁当天的记录；
当太阳升起又再度充满了精神。
像个小孩子似的嘲笑已顺利完成的光彩，
对消失的欢乐不闻不问；
我的思考力不再让逝去的岁月重回眼前；
但却尽情地迎向未来。

恐惧、自我设限以及接受失败，最后只会像莎士比亚所说的使你"困在沙州和痛苦之中"，但是你可借着信心、积极心态和明确目标来克服这些消极心态。

如果你能在失败之后，重新鼓起奋争的勇气，你就会离成功越来越近。而做到这一点，则取决于你积极的心态。面对失败时，要记住让自己的灵魂"在太阳升起时再度充满精神"。

第**10**章

迈向活力的巅峰

你为什么会疲劳

◇我们所感到的疲劳绝大部分是由于心理的影响。事实上，纯粹由生理引起的疲劳是很少的。

◇一个坐着工作的人，如果健康情形良好的话，他的疲劳100%是受心理因素，也就是情感因素的影响。

◇困难的工作本身很少造成好好休息之后不能消除的疲劳，忧虑、紧张和情绪不安才是产生疲劳的三大原因。

◇你在任何时候都能放松，任何地方也能放松，只是不要花费力气去让自己放松。

有一个很令人吃惊而且非常重要的事实：单单用脑不会使你疲倦。这句话听起来非常荒谬，可是几年之前，科学家曾试图了解，人类的脑子能够工作多久而不致使"工作效率降低"，也就是科学上对疲劳的定义。令这些科学家们非常吃惊的是，他们发现通过活动中的脑细胞的血液，毫无疲劳的迹象；但如果你由一个正在做工的人的血管里抽出血液，就会发现血液里充满了"疲劳毒素"和各种废物。但是如果你从爱因斯坦的脑部抽出血来，即使是在一天的终了，也不会有任何疲劳毒素在内。

如果只用脑的话，那么，"在8个甚至12个小时之后，工作能量还像开始时一样地迅速和有效率"，脑部是完全不会疲倦的……那么是什么使你疲倦呢？

心理治疗专家大都认为，我们所感到的疲劳，多半是由精神和情感因素所引起的。英国最有名的心理分析家J.A.哈德非尔德在他那本《权力心理学》里说："我们所感到的疲劳绝大部分是由于心理的影响。事实上，纯粹由生理引起的疲劳是很少的。"

一位美国著名的心理分析家A.A.布里尔博士说得更详细。他说："一个坐着工作的人，如果健康情形良好的话，他的疲劳100%是受心理因素，也就是情感因素的影响。"

什么心理因素会影响到坐着不动的工作者，而使他们疲劳呢？是快乐？是满足吗？不是的，绝不是这样！而是烦闷、懊恨，一种不受欣赏的感觉，一种无用的感觉，过于匆忙、焦急、忧虑……这些都是使那些坐着工作的人精疲力竭的心理因素。它们使他容易感冒，减少他的工作成绩，而且会让他回家的时候带着神经性的头痛。不错，我们之所以感到疲劳，是因为我们的情绪使我们的身体紧张。

大都会人寿保险公司，在一本讨论疲劳的小册子上特别指出了这一点。"困难的工作本身，"这本小册子上说，"很少造成好好休息之后不能消除的疲劳，忧虑、紧张和情绪不安，才是产生疲劳的三大原因。通常我们以为是由劳心劳力所产生的疲劳，实际上都应该怪在这3个原因之上……请记住！紧张的肌肉，就是正在工作的肌肉，应该要放松，把你的体力储备起来，以应付更重要的责任。"

为什么我们在劳心的时候，也会产生这些不必要的紧张呢？丹尼尔·乔斯林说："我发现主要的原因……是几乎所有的人都相信，越是困难的工作，越要有一种用力的感觉，否则做出来的成绩就不够好。"所以我们一集中精神就皱起了眉头，耸起了肩膀，要所有的肌肉都来"用力"。事实上这对我们的思考，根本没有丝毫帮助。

碰到这种精神上的疲劳，应该怎么办呢？要放松！放松！再放松！要学会在工作时放轻松一点。

这很容易吗？那才不，你恐怕得把你养成了一辈子的习惯都改过来。可是花这种力气是值得的，因为这样可以使你的生活起革命性的变化。威廉·詹姆斯，在他那篇题名《论放松情绪》的文章里说："过度紧张、坐立不安、着急以及紧张痛苦的表情……这是一种坏习惯，不折不扣的坏习惯。"紧张是一种习惯，放松也是一种习惯，而坏习惯应该祛除，好习惯应该养成。

你怎样才能放松呢？是该先从思想开始，还是该从你的神经开始呢？二者都不是。你应该先放松你的肌肉。

让我告诉你应该怎么做。我们先从你的眼睛开始，先把这一段读完，当你读完之后，把头向后靠，闭起你的眼睛来。然后默不出声地对你的眼睛说："放松，放松；不要紧张，不要皱眉头；放松，放松。"如此慢慢地重复、再重复念一分钟……

你是否注意到，经过几秒钟之后，你眼睛的肌肉就开始服从你的命令了？你是否觉得，有一只无形的手把这些紧张的情绪都驱走了。噢，虽然看起来令人难以置信，可是在这一分钟里，你却已经试过了放松情绪艺术的全部关键和秘诀。你可以用同样的办法放松你的脸部肌肉、头部、肩膀、整个身体。但是你全身最重要的器官，还是眼睛。芝加哥大学的爱德蒙德·雅各布森博士曾说，如果你能完全放松眼部肌肉，你就可以忘记你所有的烦恼了。在消除神经紧张时，眼睛之所以这样重要，是因为它们消耗了全身散发出来能量的 1/4。这也就是为什么很多眼力很好的人，却感到"眼部紧张"，因为他们自己使眼部感到紧张。

以写长篇小说著名的女作家维基·鲍姆曾说，她小时候遇见一位老人，教了她一生所学过的最重要的一课。她摔了一跤，跌破了膝盖，还扭伤了手腕。那个以前在马戏团当小丑的老人把她扶了起来，在帮她把身上灰尘拂干净的时候，老人说："你之所以会碰伤，是因为你不知道怎样放松你自己。你应该假装你自己软得像一只袜子，像一只穿旧了的袜子。来，我来教你怎么做。"

那个老头子就教她和其他的孩子们怎么样跑，怎么样跳，怎么样翻斤斗，还一直教他们说："要把你自己想象成一只旧袜子，那你就能放松了。"

任何时候都能够放松，任何地方你也能够放松，只是不肯花费力气去让自己放松。所谓放松，就是消除所有的紧张和力气，只想到舒适和放松。开始的时候先想怎样放松你眼部的肌肉和脸上的肌肉，不停地说着："放松……放松……"放松，再放松。要感觉到你的体力，由你的脸部肌肉，一直到你身体的中心。要使你自己像孩子一样完全没有紧张的感觉。

这也是著名的女高音盖莉·库尔奇所用的办法。海伦·吉卜森告诉过我，他常常看见盖莉·库尔奇在表演之前坐在一张椅子上，放松全身的肌肉，而且下颚松得像脱臼似的。这种做法非常不错——可以使她在登台的时候，不至于感到太紧张，也可以防止疲劳。

下面是帮你学会怎样放松的 5 项建议：

1. 请看关于这方面的一些好书——大卫·哈罗·芬克博士所写的《消除神经紧张》。我也建议你看一看这本书——由丹尼尔·乔斯林所写的《为什么会疲倦》。

2. 随时放松自己，使你的身体软得像一只旧袜子。我工作的时候，常在书桌上放一只红褐色的旧袜子，提醒我应该放松到什么程度。如果你找不到一只旧袜子的话，一只猫也可以。你有没有抱过在太阳底下睡觉的猫呢？当你抱起它来的时候，它的头就像打湿了的报纸一样垮下去。印度的瑜伽术也教你，如果你想放松，应该多去学学猫。要是你能像猫一样地放松自己，大概就能避免这些问题了。

3. 工作时采取舒服的姿势。要记住，身体的紧张会产生肩膀的疼痛和精神上的疲劳。

4. 每天自我检讨 5 次，问问你自己："我有没有使我的工作变得比实际上更重？我有没有用一些和我的工作毫无关系的肌肉？"这些都有助于你养成放松的好习惯。就像大卫·哈罗·芬克博士所说的："那些对心理学最了解的人们，都知道疲倦有 2/3 是习惯性的。"

5. 每天晚上再检讨一次，问问你自己："我有多疲倦？如果我感觉疲倦，这不是我过分劳心的缘故，而是因为我做事的方法不对。""我算算自己的成绩，"丹尼尔·乔斯林说，"不是看我在一天完了之后有多疲倦，而是看我有多不疲倦。"他说："当那一天过完而我感到特别疲倦时，或者是我感觉我的精神特别疲乏的时候，我会毫无问题地知道，这一天不论在工作的质和量上都做得不够。如果每一位生意人都能学会这一点，因为神经紧张而引起疾病致死的比率，就会马上降低了，而且在我们的精神疗养院里，也不会再有那些因为疲劳和忧虑，导致精神崩溃的人。"

每日多清醒一小时

卡耐基金言

◇防止疲劳和忧虑的第一条规则是，经常休息，在你感到疲倦以前就休息，这样你每天清醒的时间就可以多增加一小时。

◇爱迪生认为他无穷的精力和耐力都来自他能随时想睡就睡的习惯。

◇休息并不是绝对什么事都不做，休息就是"修补"。

在这本谈论如何防止忧虑的书里，我为什么要写进防止疲劳的问题呢？

很简单，因为疲劳容易使人产生忧虑，或者至少会使你较容易忧虑。任何一个还在学校里学医的学生都会告诉你，疲劳会减低身体对一般感冒和疾病的抵抗力；而任何一位心理治疗家也会告诉你，疲劳同样会减低你对忧虑和恐惧等等感觉的抵抗力，所以防止疲劳也就可以防止忧虑。

我是否说"可以防止不快乐"呢？这话说得太温和了些。艾德蒙·雅各布森医生说得更清楚。雅各布森医生是芝加哥大学实验心理学实验室的主任，他写过两本关于如何放松紧张情绪的书——《消除紧张》和《你必须放松紧张情绪》。他花过好多年的时间，主持研究放松紧张情绪的方法在医疗上的用途。他认为任何一种精神和情绪上的紧张状态，"在完全放松之后就不可能再存在了"。这也就是说，如果你能放松紧张情绪，就不可能再继续忧虑下去。

所以要防止疲劳和忧虑，规则第一条就是：经常休息，在你感到疲倦以前就休息。

这一点为什么重要呢？因为疲劳增加的速度快得出奇。美国陆军曾经进行过好几次实验，证明即使是年轻人——经过多年军事训练而很坚强的年轻人——如果不带背包，每一小时休息10分钟，他们行军的速度就会加快，也更持久，所以陆军强迫他们这样做。你的心脏也正和美国陆军一样的聪明。你的心脏每天压出来流过你全身的血液，足够装满一节火车上装油的车厢；每24小时所供应出来的能力，也足够用铲子把20吨的煤铲上一个3尺高的平台所需的能量。你的心脏能完成这么多令人难以相信的工作量，而且持续50年、70年，甚至可能90年之久。你的心脏怎么能够承受得了呢？哈佛医院的沃尔特·加农博士解释说："绝大多数人都认为，人的心脏整天不停地在跳动着。事实上，在每一次收缩之后，它有完全静止的一段时间。当心脏按正常速度每分钟跳动70次的时候，一天24小时里实际的工作时间只有9小时，也就是说，心脏每天休息了整整15个小时。"

在第二次世界大战期间，丘吉尔已经六七十岁了，却能够每天工作16小时，一年一年地指挥大英帝国作战，实在是一件很了不起的事情。他的秘诀在哪里？他每天早晨在床上工作到11点，看报告、口述命令、打电话，甚至在床上举行很重要的会议。吃过午饭以后，再上床去睡一个小时。到了晚上，在8点钟吃晚饭以前，他要再上床去睡两个小时。他并不是要消除疲劳，因为他根本不必去消除，他事先就防止了。因为他经常休息，所以可以很有精神地一直工作到半夜之后。

约翰·洛克菲勒也创造了两项惊人的纪录：他赚到了当时全世界为数最多的财富，也活到 98 岁。他如何做到这两点呢？最主要的原因当然是，他家里的人都很长寿；另外一个原因是，他每天中午在办公室里睡半个小时午觉。他会躺在办公室的大沙发上——而在睡午觉的时候，哪怕是美国总统打来的电话，他都不接。

在那本名叫《为什么要疲倦》的书里，丹尼尔说："休息并不是什么事都不做，休息就是修补。"在短短的休息时间里，就能有很强的修补能力；即使只打 5 分钟的瞌睡，也有助于防止疲劳。棒球名将康尼·麦克告诉我，每次出赛之前如果他不睡午觉的话，到第五局就会觉得筋疲力尽了。可是如果他睡午觉，哪怕只睡 5 分钟，也能够赛完全场，并且一点也不感到疲劳。

我曾问过埃莉诺·罗斯福夫人，当她在白宫当第一夫人的 12 年里，如何应付那么紧凑的节目。她对我说，每次接见一大群人或者是要发表一次演说之前，她通常都坐在一张椅子或是沙发上，闭起眼睛休息 20 分钟。

我最近到麦迪逊广场花园，去拜访吉恩·奥特里这位参加世界骑术大赛的骑术名将。我注意到他的休息室里放了一张行军床。"每天下午我都要在那里躺一躺，"吉恩·奥特里说，"在两场表演之间睡一个小时。当我在好莱坞拍电影的时候，"他继续说道，"我常常靠坐在一张很大的软椅子里，每天睡两次午觉，每次 10 分钟，这样可以使我精力充沛。"

爱迪生认为他无穷的精力和耐力，都来自他能随时想睡就睡的习惯。

在亨利·福特过 80 岁大寿之前，我去访问过他。我实在猜不透他为什么看起来那样有精神，那样健康。我问他秘诀是什么，他说："能坐下的时候我决不站着，能躺下的时候我决不坐着。"

被称为"现代教育之父"的霍勒斯·曼在他年事稍长之后也是这样。当他担任安蒂奥克大学校长的时候，常常躺在一张长沙发上和学生谈话。

我曾建议好莱坞的一位电影导演试试这一类的方法，他后来告诉我说，这种办法可以产生奇迹。我说的是杰克·切尔托克，他是好莱坞最有名的大导演之一。几年前他来看我的时候，他是 M—G—M 公司短片部的经理，他说他常常感到劳累和筋疲力尽。他什么办法都试过，喝矿泉水、吃维他命和别的补药，但对他一点帮助也没有。我建议他每天去"度假"。怎么做呢？就是当他在办公室里和手下开会的时候，躺下来放松自己。

两年之后，我再见到他的时候，他说："出现了奇迹，这是我医生说的。以前每次和我手下的人谈短片的时候，我总是坐在椅子里，非常紧张。现在每次开会的时候，我躺在办公室的长沙发上。我现在觉得比我20年来都好过多了，每天能多工作两个小时，同时很少感到疲劳。"

你是如何使用这些方法的呢？如果你是一名打字员，你就不能像爱迪生或是山姆·戈尔德温那样，每天在办公室里睡午觉；而如果你是一个会计员，你也不可能躺在长沙发上跟你的老板讨论账目的问题。可是如果你住在一个小城市里，每天中午回去吃中饭的话，饭后你就可以睡10分钟的午觉。这是马歇尔将军常做的事。在第二次世界大战期间，他觉得指挥美军部队非常忙碌，所以中午必须休息。如果你已经过了50岁，而觉得你还忙得连这一点都做不到的话，那么赶快买人寿保险吧——最近葬礼的费用涨得相当高，而且这种事都来得非常突然，而那位小女人也许想拿你的保险金，去嫁一个比你年轻的男人呢。

如果你没有办法在中午睡个午觉，至少要在吃晚饭之前躺下休息一个小时，这比喝一杯饭前酒要便宜得多了。而且算起总账来，比喝一杯酒还要有效5467倍。如果你能在下午5点、6点或者7点钟左右睡一个小时，你就可以在你生活中每天增加一小时的清醒时间。为什么呢？因为晚饭前睡的那一个小时，加上夜里所睡的6个小时——一共是7小时——对你的好处比连续睡8个小时更多。

从事体力劳动的人，如果休息时间多的话，每天就可以做更多的工作。弗雷德里克·泰勒，在贝德汉钢铁公司担任科学管理工程师的时候，就曾以事实证明了这件事情。他曾观察过：工人每人每天可以往货车上装大约12.5吨的生铁，而通常他们中午时就已经精疲力竭了。他对所有产生疲劳的因素做了一次科学性的研究，认为这些工人不应该每天只送12.5吨的生铁，而应该每天装运47吨。照他的计算，他们应该可以做到目前成绩的4倍，而且不会疲劳，只是必须要加以证明。

泰勒选了一位施密特先生，让他按照马表的规定时间来工作。有一个人站在一边拿着一只马表来指挥施密特："现在拿起一块生铁，走……现在坐下来休息……现在走……现在休息。"

结果怎样呢？别的人每天只能装运12.5吨的生铁，而施密特每天却能装运到47.5吨生铁。而当弗雷德里克·泰勒在贝德汉姆钢铁公司工作的那3

年里，施密特的工作能力从来没有减低过，他之所以能够做到，是因为他在疲劳之前就有时间休息：每个小时他大约工作26分钟，而休息34分钟。他休息的时间要比他工作的时间多——可是他的工作成绩却差不多是其他人的4倍！

让我再重复一遍：照美国陆军的办法去做——常常休息；照你自己心脏做事的办法去做——在你感到疲劳之前先休息，这样你每天清醒的时间，就可以多增加一小时。

一张抗疲劳的良方

卡耐基金言

◇如果你在一天之中没有笑，那你这一天就算白活了。

◇"一笑解千愁"，"乐而忘忧"，笑能使人驱散忧虑和压抑的消极情绪，使人变得快乐。

笑口常开，青春常在。经常笑的人，会比心情郁闷、整天绷着脸的人拥有更多青春活力，同时，也更健康。

中国著名科普作家高士其曾高度评价笑的作用，他指出："笑，是治病的偏方，是健康的使者。"

传说神医华佗有一天路过一个村庄，看见一对小姐妹眼睛红肿如桃。华佗询问得知姐妹因失去双亲，日思夜哭，眼患重疾。华佗告诉他们："你们只要每日在足心抓49下，过半个月，病就会好的。不过，要当心，抓多了不灵，抓少了不行。"妹妹一有空就抓起来，手指一触足心就发痒，忍不住就笑，果然，不到半个月，眼疼就获痊愈，可谓"笑到病除"。可姐姐不相信，未按华佗医嘱去抓，两眼仍然红肿。

笑能使人精神愉悦，同时还对心脏大有好处；相反，心情沮丧则不利于身体健康，甚至会增加早死的危险。马里兰大学的迈克尔·米勒博士表示，笑给心血管带来的好处就像锻炼可以给心血管带来好处一样，因为笑可以促使血液流通。而北卡罗莱纳大学的另一项研究则表明，心情沮丧或缺少笑容常常与诸如抽烟、吸毒等不健康的生活习惯联系在一起，同时还能将死亡的危险增加 44%。

在调查过程中，米勒选择了 20 部让人发笑的喜剧片或是会使人紧张不安的悲剧片，并让 20 名平均年龄为 33 岁的，不吸烟、身体健康的志愿者观看这些影片。当志愿者观看影片时，研究人员检测他们血管内发生的变化。研究显示，观看悲剧片时，20 名志愿者中有 14 人胳膊上的动脉血流量减少；相反，在观看喜剧影片时，20 人中有 19 人的血流量增加。研究人员得到的结论是，在笑的时候，血流量会平均增加 22%；而当人们有了精神压力时，血流量则会减少 35%。

由此，米勒博士得出这样的结论，笑和做有氧运动时差不多，但笑可以使我们远离由运动带来的伤痛和肌肉紧张等不良影响。但是，他也同时表示，笑也不可能取代体育锻炼，两者应该有规律地同时进行。他说："我们建议人们一周进行 3 次体育锻炼，每次 30 分钟；另外，每天要笑 15 分钟，这样会对人们保持活力和身体健康有好处。"

现在，世界各国的人们逐步认识到乐观幽默在生活和事业中的重要作用，于是都纷纷做出努力，千方百计地创造条件，让大家生活得快乐些。这些年，几乎在全世界都掀起了一股漫画热。尤其是在日本，漫画达到了风靡的程度，以至于形成了一种所谓漫画文化，使漫画成了与空气一样不可缺少的东西。现在日本最畅销的报刊就是漫画报刊。

据统计，漫画杂志一年可销售 16.8 亿册，平均每个日本人一年购买 15 册。人们认为，日本漫画热的形成首先是因为日本社会的高度紧张，人们都很疲劳，为了松弛一下，便纷纷逃到漫画世界里去。而现在，日本的一些漫画家甚至把一些难读难解的书籍如经济、历史等方面的著作也编成漫画。人们在轻松地阅读中领略到笑意，在笑意中理解书的内容，可真是寓教于乐。

我们在前文说过，笑是一种有益的健身锻炼，笑有利于消化、循环和新陈代谢，重要的是笑有助于乐观地对待现实。生活中如果没有了笑声，人就会生病，并使病情日趋严重，而幽默则能激起内分泌系统的积极活动进而有效地解除病痛。

乐观、愉快、喜悦、幽默和笑，都能使大脑皮层处于中等兴奋状态。这是一种最佳情绪和最佳心理状态。在这种最佳情绪和最佳心理状态下，大脑皮层对身体内外的刺激会产生最佳反应，并发出最佳指令，从而使身体各部分得到最佳调节，使生命活力和抵抗力得到最佳表现，从而最有利于心身，并能战胜各种疾病的侵袭；同时，它能使人的才能、智力、体力和创造力得到最佳发挥，所以又最有利于获得事业的成功和取得最佳的成就。

由此，我们认为，乐观的情绪是保健延年的最佳药方，是成就事业的最佳方法。健康的大笑是消除疲劳的最好方法，也是一种很愉快的发泄不良情绪的好方式。而看看喜剧或是听听笑话，从而引发内心的喜悦，让你由心底发出笑意也是一个松弛神经的好方法。

生理学家对笑的生理学原理进行了认真的研究，得出的结论是：笑具有很好的医疗效果。其中包括笑对血压的冲击力、对神经内分泌的反应、对呼吸的良好影响作用。

莎士比亚曾说过一句话："如果你在一天之中没有笑，那你这一天就算是白活了。"医学证明人在幽默欢乐的过程中，会引起荷尔蒙的改变，与长寿有着积极联系。

现在一些保健专家也建议：医生不要犹豫为病人开出"笑"的处方，给他们指出适当的笑的频率，教给病人一些发笑方法，这对健康和长寿是有益无害的。

归纳起来，笑有六大好处：

1. 增强肺的呼吸功能，清洁呼吸道；

2. 抒发健康的情感；

3. 消除神经紧张现象，使肌腱放松；

4. 散发多余的精力，驱除愁闷；

5. 减轻社会束缚感；

6. 克服羞怯心理，乐观地面对现实。

我相信，本书的很多读者会像奥尔嘉·加维一样，具有那种意志力和内在力量。她住在爱达和州，在最悲惨的情况之下，发现自己还能停止忧虑。我非常坚定地相信你和我也都能那样做，只要我们应用这本书里所讨论的一些很古老的道理。下面就是奥尔嘉·加维所写的故事：

"8年半以前，医生宣告我将不久于人世，会很慢、很痛苦地死去。国内最有名的医生——梅奥兄弟也证实了这个诊断。我走投无路，死亡就要扑向我。我还很年轻，我不想死，绝望之余，我打电话找到了我的医生，告诉他我内心的绝望。他有点不耐烦地拦住我说：'怎么回事，奥尔嘉？难道你一点斗志也没有吗？你要是一直这样哭下去的话，毫无疑问，你一定会死。不错，你碰上了最坏的情况。要面对现实，不要忧虑，然后想点办法。'就在那一刹那，我发了一个誓，我是如此坚决以至于连指甲都深深地掐进肉里，而且背上一阵发冷：'我不会再忧虑，我不会再哭泣，如果还有什么需要我常常想的，那就是我一定要赢！我一定要继续活下去！'

"在不能用镭照射的情况之下，每天只能用 X 光照射 10 分半钟，连续照 30 天。但他们每天为我照 14 分半钟的 X 光，照了 49 天。虽然我的骨头在我瘦削的身体里撑出来，像是荒凉山边的岩石，虽然我的两脚重得像铅块，我却不忧虑，也没哭过一次。我面带微笑，不错，我的的确确在勉强自己微笑。

"我不会傻到以为只要微笑就能治疗癌症。可是我的确相信，愉快的精神状态有助于抵抗身体的疾病。总之，我经历了一次治愈癌症的奇迹。在过去这些年里，我再也没有像现在这么健康过，这都多亏了这句富于挑战性和战斗性的话：'面对现实，不要忧虑，然后想点办法。'"

在这一节结束的时候，我要再重复一次亚历西斯·卡瑞尔博士的这句话："不知道怎样抗拒忧虑的人都会短命而死。"

4 个工作的好习惯

卡耐基金言

◇清除你桌上所有的纸张，只留下与你正要处理问题的有关东西。

◇根据事情的重要程度来做事。

◇当你碰到问题时，如果必须做决定，就当场决定，不要迟疑不决。

◇学会如何组织、分层管理和监督。

良好的工作习惯可以让一个人保持充沛的精力和持续高效地工作。下面我们为你推荐 4 种良好的工作习惯，可以让你高效工作，摆脱疲劳的困境。

良好的工作习惯之一：清除你桌上所有的纸张，只留下与你正要处理的问题有关的东西。

芝加哥与西北铁路公司的总裁罗兰德·威廉姆斯说："一个桌上堆满很多种文件的人，若能把他的桌子清理开来，留下手边待处理的一些，就会发现他的工作更容易，也更实在。我称之为家务料理，这是提高效率的第一步。"

如果你走进位于华盛顿特区的国会图书馆，你就可以看到天花板上悬挂着几个字，这是著名诗人波普曾写过的一句话："秩序，是天国的第一条法则。"

秩序也应该是商界的第一条法则。但是否如此呢？一般生意人的桌上，都堆满了可能几个星期都不会看一眼的文件。一家新奥尔良的报纸发行人有一次告诉我，他的秘书帮他清理了一张桌子，结果发现了一部两年来一直找不着的打字机。

光是看见桌上堆满了还没有回的信、报告和备忘录等等，就足以让人产生混乱、紧张和忧虑的情绪。更坏的事情是，经常让你想到"有100万件事情待做，可自己就是没有时间去做它们"，这样不但会使你忧虑得感到紧张和疲倦，也会使你忧虑得患高血压、心脏病和胃溃疡。

宾夕法尼亚大学医学院的教授约翰·斯托克博士，曾在美国医药学会全国大会上宣读过一篇论文——题目叫作"生理疾病所引起的心理并发症"。在这篇论文里，斯托克博士在一项"病人心理状况研究"的题目下，共列出了11种情况，下面就是其中的第一种：

"总是有一种必须去做或是不得不做的感觉，总是感到有做不完的事情，而且必须去做。"

像清理桌子，作出各种决定等等，这些简单的事情怎么能帮你避免那些很重的压力——那种"不得不做"，以及那种"必须做而且永远也做不完"的感觉呢？著名的心理治疗家威廉·萨德勒博士，就让一个病人用这种简单的办法避免了精神崩溃。这个病人是芝加哥一家大公司的高级主管，当他初到萨德勒博士诊所去的时候，非常紧张不安，而且很忧虑。他知道他可能精神崩溃了，可是他没有办法辞去工作。他需要有人帮助他。

"当这个人正把他的问题告诉我的时候，"萨德勒博士说，"我的电话铃响了起来，是医院打来的电话。我没有过多讨论这些问题，当场就下了决定。我总是尽可能当场解决问题。我刚把电话挂上，铃声又响了。这次又是一件很紧急的事情，我花了一点时间讨论。第三次来打扰的是我的一个同事，为了他一个病得很重的病人来问我的意见。当我和他讨论完了以后，我转过身来准备向我的病人道歉，因为我一直让他在旁边等着。可是他脸上的表情完全不一样，非常的开心。""不必道歉了，大夫，"这个人对萨德勒说，

"在刚才的那 10 分钟里，我想我已经知道我的问题在哪里了。我现在要动身回到我自己的办公室里，改一改我的工作习惯……可是在我走之前，你能不能让我看看你的书桌呢？"

萨德勒博士打开他书桌的几个抽屉，里面都是空的，一只放了一些文具。"请你告诉我，"那位病人说，"你没有办完的公事都放在哪里？"

"都做完了。"萨德勒说。

"那么你还没有回的信放在哪里呢？"

"都回了，"萨德勒告诉他说，"我的规则是，信决不放下来。我都是马上口述回信，让我的秘书打字。"

6 个星期之后，那位高级主管把萨德勒博士请到自己的办公室去。他整个儿改变了，他的办公桌也不一样了。他打开办公桌的抽屉，抽屉里不再有还没做完的公事。"6 个星期以前，"这位高级主管说，"我在两个办公室里有 3 张写字台，我整个人都埋在工作里，事情永远也做不完。当我和你谈过以后，我回到办公室里，清出一大车报表和旧文件。现在我的工作只需要一张写字台，事情一到马上就办完。这样就不再会有堆积如山的没有做完的公事威胁我，让我紧张和忧虑。可是，最让我想不到的是，我完全恢复了健康，现在一点病也没有了。"

以前担任过美国最高法院大法官的查尔斯·伊文斯·休斯说："人不会死于工作过度，而会死于浪费和忧虑。"不错，死于浪费精力——而他们之所以忧虑，是因为他们的工作似乎永远做不完。

良好的工作习惯之二：按照事情的重要程度来做事。

查尔斯·卢克曼，从一个默默无闻的人，在 12 年之内，变成了派索登特公司的董事长，每年有 10 万美元的年薪，另外还能赚 100 万美元——他说这都是归功于他能够根据事情的轻重缓急行事的能力。

查尔斯·卢克曼说："就我记忆所及，我每天早上都在 5 点钟起床，因为那时候我的思想要比其他时间更清楚——那时候我可以考虑周到，计划一天的工作。计划去按事情的重要程度来决定做事的先后次序。"

弗兰克·贝特吉是美国最成功的保险推销员之一，他不会等到早上 5 点钟才计划他当天的工作。他在头一天晚上就已经计划好了。他替自己订下一个目标，订下一个一天要卖掉多少保险的目标。要是他没有做到，差额就加到第二天——依此类推。

我由长久以来的经验知道：一个人不可能总按事情的重要程度，来决定做事的先后次序。可是我也知道，按计划做事，绝对要比随兴之所至而去做事好得多。

如果萧伯纳没有坚持该先做的事情就先做的这个原则，他也许就不可能成为一个作家，而一辈子做一个银行出纳员了。他拟定计划，每天一定要写 5 页。这个计划使他每天 5 页地写了 9 年。虽然在这 9 年里他一共只得了三十几块美元——大约每天只得到一毛钱。就连漂流在荒岛上的鲁滨孙，也订出每天每一个钟点应该做些什么事的计划。

良好的工作习惯之三：当你碰到问题时，如果必须做决定，就当场决定，不要迟疑不决。

我以前的一个学生——已故的 H.P. 豪威尔告诉我，当他在美国钢铁公司任董事的时候，开起董事会总要花很长的时间——在会议里讨论很多很多的问题，达成的决议却很少。其结果是，董事会的每一位董事都得带着一大包的报表回家去看。

最后，豪威尔先生说服了董事会，每次开会只讨论一个问题，然后作出结论，不耽搁、不拖延。这样所得到的决议也许需要更多的资料加以研究，也许有所作为，也许没有，可是无论如何，在讨论下一个问题之前，这个问题一定能够达成某种决议。豪威尔先生告诉我，结果非常惊人，也非常有效。所有的陈年旧账都清理了，日历上干干净净的，董事也不必再带着一大堆报表回家，大家也不会再为没有解决的问题而忧虑。

这是个很好的办法，不仅适用于美国钢铁公司的董事会，也适用于你和我。

良好的工作习惯之四：学会如何组织、分层管理和监督。

很多生意人替自己挖下了个坟墓，因为他不懂得怎样把责任分摊给其他人，而坚持事必躬亲。其结果是，很多枝枝节节的小事使他非常混乱。他总觉得很匆促、忧虑、焦急和紧张。要学会分层负责，是很不容易的。我知道，我以前就觉得这个很难，非常的困难。可是分层负责虽然很困难，一个做上级主管的，如果想要避免忧虑、紧张和疲劳，却非要这样做不可。

远离亚健康

卡耐基金言

◇疲劳，是一种信号，它提醒你，你的机体已经超过正常负荷，出现疲劳感就应该进行调整和休息。如果长期处于疲劳状态，不仅降低工作效率，还会诱发疾病。

◇不会休息的人就不会工作，什么叫会休息呢？现代科学赋予的含义就是主动休息。这是一种积极的休息方式，比起累了才休息的被动休息法有着质的进步。

在竞争十分激烈的当代社会，人们的疲劳感正在蔓延，最流行的问候语由10年前的"吃了吗"变成了如今的"吃力吗"。在我们的周围，不乏这样的"工作狂"，他们早上班，迟下班，整日整夜地工作，连星期天、节假日也不休息。很多人年纪轻轻健康就已经严重损毁，甚至发生"过劳死"。

"过劳死"就是在慢性疲劳综合症基础上发展、恶化的结果。而慢性疲劳综合症，是以持续或反复发作至少半年以上的虚弱性疲劳为主要特征的症候群，特点是从生物学上（指临床体检、化验等）查不出明显的器质性病变，但自我感觉很累，工作时无精神，生活中缺少乐趣，而且常伴有抑郁、焦虑等情绪反应，也就是处于一种似病非病的第三状态，即亚健康状态。

刚过而立之年的美术师汤姆森先生，虽说工作、生活都还算过得去，但地位、收入都较平平。他不甘心，四处活动，做了好几个兼职，集艺术学校美术教师、广告公司创意总监、美展中心顾问于一身，一个星期几头跑，名声大了，腰包鼓了。正当他春风得意之际，身体向他抗议了，他用一个字来概括：累！每晚回到家里，觉得骨头都要散架了，一上床那些莫名其妙的梦便来烦他。

安东尼已近40岁，典型的上班族，最怕夜晚来临。因为不知从什么时候开始，她成了没有睡眠的人，几乎用尽了除药物以外的所有土法洋方，也未能解决失眠问题。不仅如此，食欲下降、神经衰弱、性欲减退等症状也相继赶来凑热闹，去医院又查不出什么问题。

疲劳，是一种信号，它提醒你，你的机体已经超过正常负荷，出现疲劳感就应该进行调整和休息，做到劳逸结合，张弛有度。如果长期处于疲劳状态，不仅降低工作效率，还会诱发疾病。

人体就像"弹簧"，劳累就是"外力"。当劳累超过极限或持续时间过长时，身体这个弹簧就会产生永久形变，导致老化、衰竭、死亡，所以每个人都要小心地保持它的弹性，不要超过它的弹性限度。因此，适当的休息和减压是保持"弹力"的良方。"过劳死"只能预防，"累"病没有特效药，病程越长越难治，病程要是超过三四年的话，治疗会相当困难。劳逸交替才能保持弹性，增加承受力，保持旺盛的生命力。人都要学会调节生活，短途旅游、游览名胜、爬山远眺、开阔视野、呼吸新鲜空气、增加精神活力、忙里偷闲听听音乐、跳舞唱歌、观赏花鸟鱼虫都是解除疲劳，让紧张的神经得到松弛的有效方法，也是防止疲劳症的精神良药。

日本"过劳死"预防协会列出"过劳死"十大信号：

1. "将军肚"早现。30～50岁的人，大腹便便，是成熟的标志，也是高血脂、脂肪肝、高血压、冠心病的潜在危险信号。

2. 脱发、斑秃、早秃。每次洗桑拿都有一大堆头发脱落，这是工作压力大，精神紧张所致。

3. 频频去洗手间。如果你的年龄在30～40岁之间，排泄次数超过正常人，说明消化系统和泌尿系统开始衰退。

4. 性能力下降。中年人过早地出现腰酸腿痛，性欲减退或男子阳痿、女子过早闭经，都是身体整体衰退的第一信号。

5. 记忆力减退，开始忘记熟人的名字。

6. 心算能力越来越差。

7. 做事经常后悔，易怒、烦躁、悲观，难以控制自己的情绪。

8. 注意力不集中，集中精力的能力越来越差。

9. 睡觉时间越来越短，醒来也不解乏。

10. 经常头疼、耳鸣、目眩，检查也没有结果。

日本"过劳死"预防协会还公布了自查方法，如下：

具有上述两项或两项以下者，则为"黄灯"警告期，目前尚无须担心。具有上述3～5项者，则为一级"红灯"预报期，说明已经具备"过劳死"的征兆。6项以上者，为二级"红灯"危险期，可列为"综合疲劳症"——"过劳死"的预备军。

3种人易"过劳死"：

1. 有钱（有势）的人，特别是其中只知消费不知保养的人。

2. 有事业心的人，特别是称得上"工作狂"的人。

3. 有遗传早亡血统又自以为身体健康的人。

人类为何会与"过劳伤害"或"过劳死"结缘呢？科学家归咎于以下诸方面因素：

一是信息技术革命带来的负面影响；

二是社会竞争的加剧；

三是人们错误地认为不加班或休假是工作态度不积极的表现，进而影响到工资待遇与晋升，因而不得不以健康为代价拼命工作。

我们常说，不会休息的人就不会工作。这句话精辟地概括了休息与工作之间的辩证关系，也是现代人防止"过劳伤害"的"灵丹妙药"。

什么叫"会休息"呢？现代科学赋予的含义是主动休息。近年来，科学家提出了一种全新的休息方式——主动休息。即在身体尚未感到疲乏和心境达到临界状态时就休息，包括主动休身和主动休心。这是一种积极的休息方式，比起累了才休息的被动休息法有着质的进步。

掌握生活平衡

卡耐基金言

◇生活的原则是和谐，因此，你要在工作和休息之间，事业和家庭之间取得平衡。

安妮花了5年时间思考，今年终于决定改变工作，重新安顿身与心。她领悟到，工作中的快不快乐，可能只是5.1：4.9的微差而已，中间有个阶梯，你可能爬到中间的梯子拥有恰好的平衡，也可能只走了一阶。即使如此，你也在进步，平衡尺上的浮标又往前游移一格。

安妮有个生命平衡法则，用来制衡工作与生活。她将生命切成健康、时间、自由与快乐等4块，视个人状况分配比重以及排序。如果每个元素都不缺，反映到工作中的态度与情绪，就比较平和，因而获得适当的平衡。长期处在平衡中，就能正向积极思考。许多专家呼吁，积极思考可以调适工作压力，清除不必要的情绪，上班族多亲近正向思考的人，能减少倦怠感。

具体做法是，如果将事情弄得很糟时，只允许情绪低落一下子。她很快会换个想法，太棒了，我们又学到一招，下次又有机会尝试其他处理方法，我们不因此认为自己很差劲。

学会工作也要学会休息。

在职场上学习让自己喘口气，是一门学问，郑淑敏，一个中型电脑公司的总经理，她一年至少休一次长达两星期的假，半年内会有几次短短两天的假，不一定出国，有时只是到山里或海边走走。

如果感觉莫名的倦怠迫在眉睫，休假又遥遥无期，试着忙里偷闲吧。一位女作家透露她平时如何排解倦怠："我偶尔请个半天假，溜去街上晃晃、逛书局或找个清幽的咖啡店想事情。在忙碌中留点空间给自己，因为塞得太满容易窒息。"

美国石油大王洛克菲勒在平衡工作与生活关系方面可谓是一个专家。谈起工作和生活，他说："这么多年以来，我执行的原则就是好好工作，好好享受，花一点时间来当父亲。但是回头看去，很显然我所选择的平衡对于我家里和办公室的其他人都有不利的影响。例如，我的孩子们主要是由他们的母亲独自带大的。"

尽管工作与生活的平衡问题一直是很多中年人所关心的问题，但似乎直到我退休之后，它才真正热门起来。在我过去的工作中，我听到了许多这方面的问题。最常见的是："你怎么会有那么多的时间去打球，还能继续干好总裁的工作？"

在个人应该如何排列生活中各部分的优先次序的问题上，我显然不是专家。何况我一直以为这些选择应取决于个人。

洛克菲勒认为要平衡好工作与生活的关系，首先应该处理好管理的优先秩序问题。他是这样说的，我们首先要谈谈所谓的"工作与生活的平衡"究竟指的是什么。它涵盖了我们所有人应该如何管理生活、支配时间的问题——关于优先次序和价值观的问题。基本上，这个平衡是关于"我们应该把多少精力消耗在工作上"的讨论。

工作与生活的平衡是一个交易——你和自己之间就所得和所失进行的交易。平衡意味着选择和取舍，并承担相应的后果。让我们站到你的老板的视角上，换个位置对工作与生活的平衡问题做些思考。

1. 你的老板最关心的事情是竞争力。当然他也希望你能快乐，但那只是因为你的快乐能够帮助他的公司赢利。实际上，如果他的工作做得好，他就可以让你的工作变得很有吸引力，使你的个人生活显得不那么拖后腿。

老板给你付工资的原因，是因为他们希望你贡献所有的一切——包括你的头脑、体力、活力和献身精神。

2. 绝大多数老板都非常愿意协调员工的工作与生活的矛盾，如果你能给他出色的业绩。这里的关键词是"如果"。

实际上，我倒愿意通过一个老式的积分系统来处理工作与生活的平衡问题。那些有突出业绩的人可以获得"积分"，用以交换自己工作的弹性。

3. 老板们很清楚，公司手册上面关于工作、生活平衡的政策主要是为了招聘的需要，而真正的平衡是由一对一的谈判决定的，其背景是一个相互支持性的企业文化，而不要总是强调"但是公司说过……"

公司手册是件华丽的宣传品，有醒目的照片、多项终身福利的介绍，也包括倒班或工作弹性等。然而许多聪明人很快就明白，手册上所列举的"工作与生活的平衡规划"主要是面向新人的招聘工具。

真实的平衡安排是在老板与员工之间就具体问题进行单独谈判得到的，使用的方法正好是我们刚介绍过的业绩与弹性交换的制度。

4. 那些公开为工作与生活的矛盾问题而斗争、动辄要求公司提供帮助的人会被当作动摇不定、摆资格、不愿意承担义务或者无能的人，或者以上全部。因此，那些消极抱怨的人最后总免不了被边缘化的命运。

所以，在你第五次开口，要求公司减少你的出差，要求在星期四上午请假，或者希望回家去照顾小孩之前，你应该知道自己是在发表一项声明。而且不管你用什么辞令，你的请求在别人听来都似乎是："我对这里的工作并不真的感兴趣。"

5. 即使最宽宏大量的老板也会认为，工作和生活的平衡是需要你自己去解决的问题。实际上，绝大多数人也知道，的确有一些策略能帮助你处理好这个问题，他们也希望你能采用。

毫无疑问，谈判、协调这种平衡关系要给经理人的工作再增加一层复杂性。但是你的经理人应该欢迎这种挑战，因为那会给他提供另外一套办法，来激励和挽留优秀的员工。这套新办法与高薪、红利、晋升或其他所有形式的认可一样有效。

不过，在此期间，你也可以并且应该学会帮助自己。有关工作与生活的话题已经讨论了相当长的时间了，也有不少好的经验被总结出来。那些非常老练的老板们都知道这些技巧，很多人自己已经开始采纳，他们也希望你能借鉴。

通过上面的一段话，我们知道平衡工作和生活是一个人取得事业上成功的关键因素，也是很多企业在招聘员工时的重要参照标准。一个能够出色处理工作与生活平衡的人既不会像工作狂那样拼命地忠于工作，不顾生活，也不会像一个碌碌无为、毫无事业心整日混日子的小职员那样打发时光。他应是一个高效工作、精力充沛、富于生活情趣的人。

再见，郁闷

卡耐基金言

◇郁闷不是疾病，但比真正的疾病更可怕，它不仅可以摧毁你的健康，而且还会成为你成功路上的一大障碍。

◇郁闷情绪的产生来自于个人认知上的误区。改变对郁闷的看法，你就可以彻底地摆脱郁闷。

在《人性奥秘》一书中，有一篇标题为《无名病》的文章，作者弗雷德曼说到现今世界愈来愈多妇女所面临的苦境，她们对生活厌烦不满，她们压根儿就没有快乐。

一位25岁的母亲如此自述：

"我身体健康，孩子们都活泼可爱，家庭舒适，经济上也算宽裕。我的丈夫是一个电子工程师，前途无量，但不知为何我总觉得不满足，我常问自己为什么会这样。我的丈夫认为我可能需要度假休息一阵子，但我需要的并不是休息，因为我根本就不能独自坐下来看书。孩子们午睡时，我就会在房间里走来走去，等着去叫醒他们。有时早晨醒来，我会觉得一点盼头也没有。"

一个名叫史密斯的医生，在《读者文摘》上写道：

"现今世界的文明和优越的物质生活乃前所未有的，然而现今一代的人却愈来愈厌倦生活。我们寻求娱乐却常常觉得索然无味；甚至在剧院上演一幕精彩的戏剧时，也常常出现幕还没拉上就走了好几批观众的现象。我们坐在电视机前，看着一出又一出的电视剧、电影，但脑子里却不知道看了些什么。我们看报章、杂志的时候也是心不在焉，大多数人在说'我累了'的时候，实际上是指他们对自己所做的事情厌倦了，对自己的生活感到索然无味。"

弗雷德曼所讲的"无名病"就是厌烦病。各个行业、各个阶层的人都会患这种病；无论你有什么，抑或你没有什么，都不能保证你不会患上厌烦病。无论是富人还是穷人，聪明的还是愚拙的，知识分子还是文盲，都同样会患上此病。

厌烦病不仅是妇女特有的病症，男人也同样会有。有一个商人去医院看病，却说不清自己有什么不妥。于是医生给他做了彻底的检查，结果找不到这个商人有任何毛病。经过一段轻松的谈话后，医生就对他说："我有一个好消息要告诉你的，你的体格检验完全正常，我不用在你的病历卡上写任何东西。"

商人听了并不显得高兴，他说："医生，我从早晨起床到晚上睡觉，没有一刻不觉得疲倦。"这时，医生才意识到他的病人患的是"厌烦病"，而不是一般的身体不适。于是医生就开始指出这个商人所拥有的一切：兴隆的生意、舒适的家庭、漂亮的妻子、可爱的孩子和其他能用金钱买到的许多东西。但这个商人听了以后却说："让别人把这些东西都拿去吧，我对这些简直厌透了。"

为什么会出现这种现象？难道患这种病的人大多不是生活一帆风顺的人吗？难道他们不是处于别人不能奢望的"顺境"之中吗？

这还是和我们的心理习惯有关。这个世界上，可以说除了圣人之外，没有人能随时感到快乐。一位哲人曾说道："如果我们感到可怜，很可能会一直感到可怜。"对于日常生活中使我们不快乐的那些众多琐事与环境，我们可以由思考使我们感到快乐，这就是：大部分时间想着光明的目标与未来。而对小烦恼、小挫折，我们也很可能习惯性地反映出暴躁、不满、懊悔与不安，这样的反应我们已经"练习"了很久，所以成了一种习惯。这种不快乐反应的产生，大部分是由于我们把它解释为"对自尊的打击"等这类原因。

司机没有必要冲着我们按喇叭；我们讲话时某位人士没注意听甚至插嘴打断我们；认为某人愿意帮助我们而事实却不然；甚至某个人对于事情的解释，结果也会伤了我们的自尊；我们要搭的公共汽车竟然迟开；我们计划要郊游，结果下起雨来；我们急着赶搭飞机，结果交通阻塞……这样我们的反应是生气、懊悔、自怜，或换句话说——闷闷不乐。

抑郁就好像透过一层黑色玻璃看一切事物。无论是考虑你自己，还是考虑世界或未来，任何事物看来都处于同样的阴郁而暗淡的光线之下，诸如"没有一件事做对了"、"我彻底完蛋了"、"我无能为力，因此也不值一试"、"朋友们给我来电话仅仅是出于一种责任感"。当你工作中出了一点毛病，或思想开了小差，你就认为"我已经失去了干好工作的能力"，好像你的能力已经一去不回了。回想过去，你的记忆中充满着一连串的失败、痛苦和亏损，而那些你曾经认为是成就或成功的事情，以及你的爱情和友谊，现在看来都一文不值了。你的回忆已经染上了抑郁的色彩。一旦戴上这副黑色的滤光镜，你就再也不能在其他的光线下观察任何事物。消极的思想与抑郁相伴，情绪低落导致消极的思想和回忆；反之，消极的思想和回忆又导致情绪低落。如此反复下去，形成一个持久而日益严重的抑郁恶性循环。

在某种程度上，你对你的抑郁是有责任的。你可以采取许多办法来控制它，甚至还能控制它的某些起因。你肯定能改变它，如果你真的想要克服郁闷的习惯，你就必须改变自己对待郁闷的态度。然而人们对于抑郁症的感受程度是各不相同的。我们每个人的情绪都会有所波动，有所摇摆，看来这部分是由于我们大脑中的生物化学精密结构之差异所致，而这种生物化学结构是不能随意控制的。因此，把你的抑郁症看成是超出你控制能力的事，就像你患感冒一样，不要看得过于严重，有时候也许对你是有帮助的。用这种体贴的态度对待自己，反而能帮助你解脱抑郁，不至于被它所控制。

不要让一时的抑郁长时间地主宰你的情绪，如果你想让自己永葆活力的话，请记住下面的原则：

换一个角度看问题，你就能够轻松地摆脱郁闷。

自然轻松入眠

卡耐基金言

◇为失眠症而忧虑，对你伤害的程度，远远超过失眠症本身。

◇治疗失眠症的最好办法，就是使你自己的体力劳动到疲倦的程度。

疲劳容易使人产生忧愁，而且会减轻身体对一般感冒和疾病的抵抗力，疲劳也同样会减轻你对忧虑的恐惧等的抵抗力。同时，任何一种精神和情绪上的紧张状态，在完全放松之后，它就消失了。防止疲劳，就是要好好休息，在你疲劳产生之前好好地休息。因为，如果你常常没有办法入睡，那是因为"忧"得让你自己得了失眠症。

为失眠症而忧虑，对你伤害的程度，远超过失眠症本身。

如果你经常睡不好觉的话，你会不会忧虑呢？你也许愿意知道塞缪尔·昂特迈耶——国际知名的大律师——这一辈子从来没好好睡过一天。

塞缪尔·昂特迈耶上大学的时候，很担心两件事情——气喘病和失眠症，这两种病似乎都没有办法治好。于是他决定退一步去想，他要充分利用清醒的时间。他不在床上翻来覆去，不让自己忧虑到精神崩溃的程度，他下床来读书。结果呢？他在班上每一门功课都名列前茅，成为纽约市立大学的奇才。

甚至在他开始执行律师业务以后，他的失眠症还是没有治好。可是昂特迈耶一点也不忧虑，他说："大自然会照顾我的。"事实果然如此。他虽然每天睡得很少，健康情形却一直很好，而且也能像纽约法律界所有的年轻律师一样努力工作，甚至超过其他人，因为别人睡觉的时候，他还是清醒的。

昂特迈耶大律师21岁的时候，每年的收入已经高达7.5万美元，因此很多其他年轻的律师都到法庭去研究他的方法。1931年，他在一个诉讼案子上所得到的酬劳，可能是有史以来律师界所得酬劳最高的一次——整整100万美元，而且都是现金。

可是他还是有失眠症。晚上他有一半的时间都在看书，然后清早5点钟就起床，开始口述信件。当大多数人刚刚开始工作的时候，他一天的工作差不多就已经做完一半了。他一直活到 81 岁，一辈子里却难得有一天晚上睡得很熟。可是如果他一直为失眠症担心忧虑的话，恐怕他这一辈子早就殁了。

我们的生活中，有 1/3 用于睡眠，可是没有一个人知道睡眠究竟是怎么一回事。我们知道这是一种习惯，也是一种休息状态。可是我们不知道每一个人需要几小时的睡眠，我们甚至不知道我们是否非睡觉不可。

很难想象，在第一次世界大战期间，一个名叫鲍劳·柯恩的匈牙利士兵，脑前叶被枪弹打穿。他的伤养好了，可是奇怪的是，他从此没有办法再睡着。不管医生用什么样的办法——他们使用过各种镇静剂和麻醉药，甚至使用了催眠术——鲍勃·柯恩就是没有办法睡着，甚至不会觉得困倦。

所有的医生都说他活不久了，可是他令所有人吃惊了。他找到一份工作，非常健康地活了好多年。他有时候会躺下来闭上眼睛休息，可是永远也没有办法睡着。他的病例还是医学史上一个未解的谜，也推翻了我们对睡眠的很多想法。

有些人的睡眠时间必须比其他人长。著名指挥家托斯卡尼尼每晚只需要睡 5 个小时，可是柯立芝总统却需要两倍的时间。每 24 个小时，柯立芝要睡 11 个小时。换一句话说，托斯卡尼尼一生大概只花了 1/5 的时间在睡眠上，而柯立芝却几乎睡掉了他生命的一半时间。

为失眠症而忧虑，对你伤害的程度，远超过失眠症本身。举个例子来说，我的一个学生——伊勒·桑德拉，就几乎因为严重的失眠症而自杀。下面是他所讲述的故事：

"我真的以为我会精神失常，问题是，最初我是个睡得很熟的人，就连闹钟响了也不会醒来，结果每天早上上班都迟到。我因为这件事情而非常忧虑——事实上，我的老板也警告我说，我一定得准时上班。我知道我如果再这样睡过头的话，我就会丢了工作。

"我把这件事情告诉我的朋友，有一个人建议我，应该在睡觉以前集中我的精神去注意闹钟，就这样造成了我的失眠症。那个该死的闹钟的滴答滴答声缠着我不放，让我睡不着，整夜翻来覆去。到了早晨，我几乎病得不能动，又疲劳又忧虑。这样继续了有 8 个星期之久，我所受到的折磨简直无法用语言来形容。我深信自己一定会精神失常的。有时候我会走来走去转上好几个钟点，甚至想从窗口跳出去一了百了。

"最后，我去见一个我认得的医生。他说：'伊勒，我没有办法帮你的忙；

没有一个人能够帮你，因为这种事情是你自己找的。每天晚上上床后，要是你睡不着的话，就不要去理它，对你自己说：我才不在乎我睡得着睡不着哩，就算醒着躺在那里一直到天亮，也没有关系。闭上你的眼睛说：反正我只要躺在这里不动，不去为这件事担忧，就能得到休息。'

"我照他的话去做，不到两个星期我就能安稳地睡着了。不到一个月，我就能每天睡 8 个小时，而我的精神也恢复了正常。"

伊勒·桑德拉受到折磨的不是失眠症，而是失眠症所引起的忧虑。

在芝加哥大学担任教授的纳撒尼尔·克莱特曼博士，曾对睡眠问题做过很多的研究，他是全世界有关睡眠问题的专家。他说过，从来没有听说哪一个人是因失眠症而死的。实际上，可能有人为失眠而忧虑以致体力减低受到细菌的侵袭，可是这种损害是由忧虑所造成的，而不是由于失眠症。

克莱特曼博士也曾说过，那些为失眠症担忧的人，通常所得到的睡眠比他们所想象的要多很多。那些指天誓日地说"我昨天晚上连眼睛都没有闭一下"的人，实际上可能睡了好几个钟点，只是自己不知道而已。举个例子来说，19 世纪最有名的思想家赫伯特·斯宾塞，老年的时候还是独身，寄住在一间宿舍里，整天都在谈他的失眠问题，弄得每个人都烦得要命。他甚至在耳朵里带上"耳塞"来避免外面的吵闹声，镇定他的神经，有时候还吃鸦片来催眠。有一天晚上，他和牛津大学的塞斯教授同住在一个旅馆房间里，第二天早上斯宾塞说他昨天晚上整夜没有睡着，实际上却是塞斯教授根本没有睡着，因为斯宾塞的鼾声吵了他一夜。

要想安稳地睡一夜的第一个必要条件，就是要有安全感。我们必须感觉到有一种比我们大得多的力量，一直照顾我们到天明。托马斯·希斯洛普博士在英国医药协会的一次演讲中就特别强调这一点。他说："根据我多年行医的经验发现，使你入睡的最好办法之一就是祈祷。这样说，纯粹是以一个医生的身体来说的。对有祈祷习惯的人来说，祈祷一定是镇定思想和神经最适当也最常用的方法。"

"把自己托付给上帝——然后放松你自己。"

著名的歌唱家兼电影明星珍妮·麦当娜告诉我说，每当她感觉精神颓丧而忧虑得难以入睡的时候，她就重读《诗篇》第 23 篇来让她自己得到"一种安全感"。

如果你没有信仰，不能轻松地解决失眠问题的话，我们可以从放松肌肉开始。芬克博士推介的方法——而且在实际上也很有效用——就是把枕头放在我们膝盖下，来减轻两脚的紧张。然后把几个小枕头垫在手臂底下。然后叫自己的下颚、眼睛、两个手臂和两腿放松，我们就会在还不知道是怎么回事之前入睡了。我自己曾经试过，所以我知道有效。如果你有失眠症，想办法去买一本芬克博士的书《消除神经紧张》，这本书我前面也曾经提到过，这是我所知道唯一具有可读性、又能治好失眠症的一本书。

另外一种治疗失眠症的最好办法，就是使你自己的身体劳动到疲倦的程度。你可以去种花、游泳、打网球、打高尔夫球、滑雪，或者只是做很多体力劳动的工作。这是名作家西奥多·德莱塞的做法。在他还是一个为生活挣扎的年轻作家时，也曾经为失眠症而忧虑过。于是他到纽约中央铁路去找了一份铁路工人的工作，在做了一天打钉和铲石子的工作之后，就疲倦得甚至于没有办法坐在那里把晚饭吃完。

如果我们够疲倦的话，即使我们是在走路，大自然也会逼迫我们入睡。我可以举一件事情来说明：我 13 岁那年，父亲要运一车猪到密苏里州的圣乔城去，因为他有两张免费的火车票，所以他带着我一起去。在那以前，我从来没有去过任何 4000 人口以上的小城。当我到了圣乔城——一个人口有 6 万人的大城市——我兴奋得无以复加。我看见 6 层高的楼，还有——再好也不过的是——我看到了一辆电车。我现在闭上眼睛，好像还能看到、还能听到那辆电车。在经过我一生最兴奋的一天之后，父亲带我坐火车回家。到达的时候已经是半夜两点钟了，我们得走 4 里路回到农庄上。我当时已经疲倦到一面走一面就睡着了，还做着梦。我也常常骑在马背上就睡着了，这都是我亲身经历过的事。

当一个人完全筋疲力尽之时，即使在打雷或战争的恐怖与危险之下，也能够安睡。神经科医生佛斯特·肯尼迪博士告诉我说，在 1918 年，英国第五军撤退的时候，他就看过精疲力竭的士兵随地倒下，睡得就像昏过去一样。虽然他用手撑开他们的眼皮，他们仍不会醒过来。他说，他注意到，所有人的眼球都在眼眶里向上翻起。"在那以后，"肯尼迪医生说，"每次我睡不着的时候，我就把我的眼珠翻成那个位置。我发现，不到几秒钟，我就会开始打呵欠，感到瞌睡，这是一种我没有办法控制的自动反应。"

从来没有一个人会用不睡觉来自杀。不论他有多强的意志力，大自然都会强迫一个人入睡。大自然会让我们可以长久不吃东西、不喝水，却不会让我们长久不睡觉。

谈到自杀，就使我想起亨利·林克博士在他那本《人的再发现》一书里所谈到的一个例子。林克博士是心理问题公司的副总裁，他曾经和很多忧虑而颓丧的人谈过。他谈到一个想要自杀的病人。林克博士知道，跟这个人争论，只会使情况更坏，所以他对这个人说："如果你反正都要自杀的话，至少要做得英雄一点。绕着这条街跑到你累死为止吧。"

他果然去试了，不只是一次，而且试了好几次。每一次都让他觉得好过一点，不过那是在心理上而不是生理上的。到了第三晚，林克博士终于达到他最先想要达到的目的——这个病人由于肉体疲劳，使他能睡得很沉。后来他参加了一个体育俱乐部，参加各种运动项目，不久就感觉到开心而想要永远活下去了。

第11章
用智慧"撬起"工作的重量

工作 + 思考 = 智慧

卡耐基金言

◇人作为高级动物，最大的特点就是会动脑筋。沙克的正确思考，使他发明了小儿麻痹疫苗；马歇尔的正确计划使他得以振兴经过希特勒蹂躏之后的欧洲经济。

我们在生活中所读到的所有成功者的故事，都可证明正确思考的好处——包括对个人和对社会的好处。

沙克的正确思考，使他发明了小儿麻痹疫苗。马歇尔的正确计划使他得以振兴经过希特勒蹂躏之后的欧洲经济。

人作为高级动物，最大的特点就是会动脑筋。这一点，美国著名企业家艾柯卡有切身体会。他坦陈自己之所以有那么大的发展，与两个人有很大关系。其中一个人，是他刚刚参加工作时遇到的分公司经理。他对艾柯卡说：

"你要记住，马更有力气，狗更忠诚。你作为人类的唯一长处就是你有动脑的智慧，这是你唯一能超越它们的地方。"

另一个对他影响最大的人，是他的父亲。他父亲曾在镇上开了一家电影院，生意一直不错，因为他总在不断推出优惠的措施来吸引观众，包括每天提供几张免费票给老教师、退伍军人。

但有一天，该给优惠票的人都给完了，而票还剩几张，该怎么办呢？

他父亲在门口愁眉苦脸地想，正好看到几个孩子在门口玩耍，于是突然想出一个主意：让几个脸上最脏的孩子免费看电影。

这完全是一种出乎意料的做法：因为以往的优惠，都是优惠给那些值得尊敬的人，现在，优惠的做法，却给了几个脏孩子，这算什么呢？但是，他的做法是一种幽默，更是一种人性化的经营。果然，之后人们愿意更多地光顾他的电影院。

不管是创业还是取得工作上的成功，道理都是同样的：不怕做不到，就怕想不到！

罗斯·派格特原来在美国最大的计算机公司 IBM 担任推销员，他发现很多计算机的功能，许多用户并没有充分利用。他认为，如果 IBM 公司能够增设数据处理业务，帮助这些用户发掘计算机潜力，定能获得成功。

于是罗斯·派格特精心撰写了一份有关数据处理服务市场的报告，呈递给 IBM 管理层。不料建议却被公司决策层否定了。于是，他下决心成立公司自己创业。

然而他遇到一个很大的问题：买不起昂贵的计算机，所以服务也无从谈起。但是他并没有退缩，最后想出了一个绝招：

他在一家保险公司，以"批发价"买下了安装在该公司的 IBM 计算机的使用时间，然后花了 5 个月的时间，找到一家无线电公司，又以"零售价"将使用时间卖给这家公司，并提供给其计算机服务。

没想到市场一下子打开了，业务蜂拥而至。后来，他所创办的电子数据公司（EDS）成为拥有数十亿资产的大公司了。

很多人认为只有条件充足了才可以创业，但罗斯·佩格特的成功，却告诉我们一个道理：缺乏条件同样可以创业！

只要你下决心并肯动脑筋，就可以让条件为信念让路！

罗斯·派格特的例子告诉我们，没有正确的思考，是不会成就这些伟大的事情的。如果你不学习正确的思考，是绝对成就不了杰出的事情的。

正确的思考以下列两种推理作为基础。

1.归纳法，这是从部分导向全部，从特定事例导向一般事例，以及从个人导向宇宙的推理过程。它是以经验和实证作为基础，并从基础中得出结论。

2.演绎法，以一般性的逻辑假设为基础，得出特定结论的推理过程。

这两种推理方法之间有很大的不同，但二者可以一起运用。例如每当你用石头打窗户的时候，只要石头不变，则窗户一定会被打破，反复几次用石头打窗户之后，你可归纳出一个结论，亦即玻璃是易碎的，而石头不会碎。

因此，从这个结论出发，你可进行演绎推理，将了解其他不易碎的东西也会打破玻璃，而石头也会打破其他易碎的东西。

但我们很可能一不小心就做出错误的推理，进而导出错误的结论，你必须严格地要求推理的正确性，也就是严格地要求自己进行正确思考。必须审查你的推理结果，并找出其中的错误。除了审查你自己的思考过程之外，你还可以运用这两种推理方式，审查别人的思考结果是否正确。

为了成为一位正确的思考者，你必须把事实和感觉、假设、未经证实的假说和谣言分开。将事实分成两个范畴：重要的和不重要的事实。

除了正确的思考者之外，一般人都会有许多意见，但这些意见多半都是没有价值的。在没有价值的意见之中，有许多都可能是危险的，而且具有破坏性。希特勒就是一个最好的例子。

你只能接受那些以事实或正确的假说为基础所提出的意见。同样的，你不可提供没有事实或正确假说作为根据的意见。正确思考者在没有确信之前，是不会提供任何意见的，虽然他们从别人那儿听取事实、资料和建议，但是他们保留接受与否的权利。报纸、闲聊和谣言，都不是得知事实的可靠媒介，因为它们所传达的消息经常会出现变化，而且也没有经过严格的查证。

"期待"通常是形成大众所接受之"事实"。想要了解真正的事实，通常是必须付出代价的，也就是努力追查事件的真实性的代价。

美国曾经弥漫着一个谣言：在百事可乐的罐子里，曾发现皮下注射器的注射针。当时有二十几个州都有这样的报道。基于此一"事实"，百事可乐的股价一下子严重下跌，投资人以赔本的价钱抛售百事可乐股票，但即使如此，该公司的管理阶层仍然保证这种情况几乎不可能发生。

但是正确的思考者并不相信此一"事实"，并且买进该公司的股票，最后联邦药物管理局和联邦调查局宣布这些报道完全是恶作剧。

在这个事件中谁才是真正的获利者？是那些因为恐慌而赔本卖出股票的人，还是那些经过正确思考后低价买进股票的人？

目标明确，态度坚决

卡耐基金言

◇把你所有的蛋放在一个篮子里，然后看住这个篮子，不要让任何一个蛋掉出来。事实上大多数人如果专注于一项工作，并集中精力于这项工作，他们就能把这项工作做得很好。

钢铁大王卡内基提出了这样的忠告："把你所有的蛋放在一个篮子里，然后看住这个篮子，不要让任何一个蛋掉出来。"当然，他这项忠告的意思是说，我们不应该因为从事分外工作而分散了我们的精力。

卡内基是一位很有见地的经济学家，他知道，大多数人如果专注于一项工作，并集中精力于这项工作，他们将能把这项工作做得很好。

在仔细观察过 100 多位在其本行业获得杰出成就的男女人士的商业哲学观点之后，就会发现这个事实：他们每个人都具有明确果断的优点。

做事有"明确的主要目标"的习惯，将会帮助你培养出能够迅速作出决定的习惯，而这种习惯对你所有的工作都有很大帮助。

配合一项明确的主要目标做事的习惯，将帮助你把全部的注意力集中在一项工作上，直到你完成了这项工作为止。

关于目标所蕴藏的巨大能量，没有谁比保尔更清楚了。保尔曾经听过我的讲座，他决心推销自己的书《自我潜能挖掘》，并以推销成功作为自己的目标。保尔把这个目标写下来贴在他的梦想板上面，并且把目标录在录音带上面。

经过不断地反复，在一个月内，它就登上了畅销书排行榜，成了两家书店的排行榜第一名，以及慧延书店的第六名。

这实在是非常非常令他惊讶，因为，那时候保尔是一个完全没有知名度的人。

保尔事后激动地说，是我给了他 3 万倍的力量，竟然可以让他在一个月之内，就把他的书从销售量是零，提高到一个月 8000 本，实在非常让人惊讶。

现在，这本书已经销售过 8 万本以上，并且仍然在畅销中。

所以，不管你要实现什么目标，只要你能照这些方法去实践，它都可以非常戏剧性地改变你的人生。

可是，问题就是这些方法实在是太简单了，一般人都不愿意去尝试，不尝试的话，铁定没有效。

有非常多的学生用了保尔这样的方法，也许他还没有达到保尔的目标，可是他们都进步非常非常的快，甚至在非常短的时间内，进步了五六成。

保尔有一个员工，用了这样的办法，收入从原本是零增加到第二个月的 30 万，虽然 30 万对某些人来说不是非常大，但对保尔的这位员工而言，是一个非常巨大的改变。

保尔建议大家不妨用这种方法试试看，相信一定会产生非常惊人的绩效。

我们每个人都希望得到更好的东西——如金钱、名誉、受尊重——但是大多数的人都仅把这些希望当作一种愿望而已，如果你知道你希望得到的是什么，如果你对达到自己的目标的坚定性已到了执著的程度，而且能以不断的努力和稳健的计划来支持这份执著的话，那你就已经是在实现你的明确目标。因此，认识愿望和强烈欲望之间的差异是极为重要的。

假设你已经设定了明确目标，接下来你可能会问："在哪里可以得到执行计划所需要的资源？"

使潜意识发挥作用，只是迈向成功的第一步而已。如果你不能说服他人与你合作，而且又无法遵守严格标准的话，一样不会成功的。

当然，从贫穷到富有，第一步是最困难的。其中的关键，在于你必须了解，所有财富和物质的获得，都必须先建立清晰且明确的目标；当目标的追求变成一种执著时，你就会发现，你所有的行动都会带领你朝着这个目标迈进。

成功关键并不只是"辛勤工作"而已，你可能也发现到，有些人和你一样辛勤工作——甚至比你更努力——但却没有成功。教育也不是关键性的因素，华尔顿从来没有拿过罗德奖学金，但是他赚的钱，比所有念过哈佛大学的人都多。

伟大的成就，是得自对积极的心态的了解和运用，无论你做任何一件事，你的心态都会给你一定的力量并为自己设立明确的目标。

抱持着积极心态，意味着你的行为和思想有助于目标的达成；而抱持消极心态，则意味你的行为和思想将不断地抵消你所付出的努力。当你将欲望变成执著，并且设定明确目标的同时，也应该建立并发挥你的积极心态。

但是设定明确目标和建立积极心态，并不表示你马上就能得到你所需要的资源，你得到这些资源的速度，须视需要范围的大小，以及你控制心境使其免于恐惧、怀疑和自我设限的情形而定。

如果你只需要1万美金来实现你的明确目标，可能在很短的时间内就能筹得；但是，如果是100万美金，可能就得花较长的时间了。在此一过程的一项重要变数是，你要拿什么来交换这1万或100万美金。提供相对服务或其他等价物的时间，对取得资源的速度快慢也是相当重要的，你必须清楚地了解在你"取得"之前应"付出"些什么。

运用"简单"的威力

卡耐基金言

◇有些人成天忙得团团转，但他是否真的很勤快呢？甚至到了下班时间，还有一大堆事情尚未处理完，这是否意味着他的忙碌是没有意义的呢？或许你会发现，像这种成天忙碌的人，工作是很不具效率的。

◇工作没有次序、缺乏条理的商人，总会因办事方法的失当而蒙受极大的损失。

有些主管整天踱来踱去，骂这骂那；书桌上的公文及资料文件堆积如山，似乎有忙不完的工作：我将他们称为"无事忙"。

若是你有事请教，他会很不耐烦地转头说："我很忙。"在你问题尚未说出前，就给你来个下马威。的确，他是很忙，但这种忙碌是否具有实质意义呢？相反的，有的人对每件事都处理得井然有序，不管公司内外，大大小小的事，他都能迅速地亲自处理，并且让人一目了然，甚至有时还悠闲地表现一些幽默和情趣，这到底是怎么回事呢？我曾对公司内那些"无事忙"的主管做过心理分析，很不幸地，我发现他们忙碌的理由都是可笑的，有的甚至只是为了要将自己的能力表现给他人看，却完完全全地与效率和合理脱了节。

在我们做一件工作前，应当考虑如何用最简省的方法去获得最佳的成效，拟定一个周密的计划，再着手去做。若只是因一时的兴起而从事工作，不但事倍功半，而且也不易成功。如果只是要将自己的忙碌告诉他人，我们可以断定他所忙的都只是一些无聊的事，因为一个工作有计划的人，是不会那么忙碌的。我认识一位公司的高级主管，他总是笑脸迎人，优哉自若，非常有效率。和他一见面，他会直截了当地告诉你："今天我只有 30 分钟能和你谈。"或是："今天我的时间较充裕，我们可以慢慢谈。"有一次我为了一件重要事情去拜访他，他立刻就将事务科长叫到办公室；第二天，这件事情就解决了。因为他冷静，所以能很快地下决断，成天无事忙的人，是绝对没有这种"当机立断"的能力的。

无论是高层主管还是员工，若能在一天规定的 8 小时工作时间内将预定工作做完，才是一个有效率的人。我常看到有些人，要在下班铃响后，才开始紧张忙碌地工作。如果有这样的员工，必定也有这样的主管，因为他的无能，双方才能臭味相投。若是一个主管认为员工如此工作是没有效率的，相信员工也不会有如此恶劣的表现。

条理性是我们简化工作的一个重要方法。在许多工作没有计划和条理的商行里，有不少拿着高薪的员工做着极简单的工作，比如拆信、把信札分类、寄发传单等等事情。其实，此类工作，即便是待遇微薄的职工也一样能够胜任。像这样一些没有精细规划的商行是永远不会有发展的。

只有很少商人和店主，对于商行管理过程中时间的节约与职员的能力，有着相当的研究，但大部分商人和店主并不善于指挥，总不能使工作有条理和系统化，这样就无法增加员工的办事效率。其实，不去注意工作上的条理和效率，是经营上最大的失策。

工作没有次序、缺乏条理的商人，总易因办事方法的失当，而蒙受极大的损失。他们不知怎样去有效地措置业务；对于雇员的工作，他们不知道好好地安排；做起事来，有的地方不及，但有的地方却过之；仓库里有许多过时、不合需要的存货，也不及时把货物整理一下，结果什么东西都纷乱不堪。这样的商行，必要失败。

一个在商界颇有名气的经纪人把"做事没有条理"列为许多公司失败的一大重要原因。

没有条理、做事没有次序的人，无论做哪一种事业绝没有功效可言。而有条理、有次序的人即使才能平庸，他的事业也往往有相当的成就。

工作没有条理，同时又想做成大规模营业的人，总会感到手下的人手不够。他们认为，只要人雇用得多，事情就可以办好了。其实，他们所缺少的，不是更多的人，而是使工作更有条理、更有效率。由于他们办事不得当、工作没有计划、缺乏条理，因而浪费了大量职员的精力和体力，但还无所成就。

一个性急的人，不管你在什么时候遇见他，他都很匆忙。如果要同他谈话，他只能拿出数秒钟的时间，时间长一点，他便要拿出表来看了再看，暗示着他的时间很紧。他公司的业务做得虽然很大，但是花费更大。究其原因，主要是他在工作上毫无秩序、七颠八倒。他做起事来，也常为杂乱的东西所阻碍。结果，他的事务是一团糟，他的办公桌简直就是一个垃圾堆。他经常很忙碌，从来没有时间来整理自己的东西，即便有时间，他也不知道怎样去整理、安放。

这个人自己工作没有条理，更不知如何恰到好处地进行人员管理，他只知一味督促职工。但他只是催促职工做得快些，却谈不上有条理。因此，公司职员们的工作也都混乱不堪、毫无次序。职员们做起事来，也很随意，有人在旁催促便好像很认真地做，没有人在旁催促便敷衍了事。

其实，做事有方法、有秩序的人时间也一定很充足，他的事业也必能依照预定的计划去进行。

今日之世界是思想家、策划家的世界。唯有那些办事有次序、有条理的人，才会成功。而那种头脑混乱，做事没有次序、没有条理的人，这世上绝没有他成功的机会。

将自信注入工作

卡耐基金言

◇自信心对于一个人的成长着相当重要的作用，它可以支持强者闯过难关，帮助弱者赢得成功。在一个人的整个职业生涯中，要对工作充满信心，保持热情与精力，这样才能有所成就。

一名企业家曾说过："对任何一个公司而言，若要生存并获得成功的自豪感，必须有一套健全的原则，可供全体员工遵循，但最重要的是，大家要对此原则充满自信。"

自信心对一个人的成长着相当重要的作用，它可以支持强者闯过难关，帮助弱者赢得成功。一名精明的主管，要有效地调动自己的下属，会让他们在能够产生自我激励、自我评估与自信心的气氛中工作。而一名优秀的员工，只有对工作充满信心，保持热情与精力，这样才会有所成就。

凯恩斯是一名普通修理工，生活虽然勉强过得去，但离自己的理想还差得很远。有一次，他听说旧金山一家维修公司招工，决定前去试一试，希望能够换一份待遇较高的工作。他星期六下午到达旧金山，面试时间定在星期日。

吃过晚饭，他独自坐在旅馆房间中，不知为什么，他想了很多，把自己经历过的事情都在脑海中回忆了一遍。突然间他感到一种莫名的烦恼：自己并非一个智力低下的人，为什么至今依然一事无成，毫无出息呢？

他取出纸笔，写下4位自己认识多年、薪水比自己高、工作比自己好的朋友的名字。其中两位曾是他的邻居，已经搬到高级住宅区去了，另外两位是他以前的老板。他扪心自问：和这4个人相比，除了工作比他们差以外，自己还有什么地方不如他们？聪明才智？凭良心说，他们实在不比自己高明多少。

经过很长时间的思考和反思，他悟出了问题的症结——自我性格情绪的缺陷。在这一方面，他不得不承认自己比他们差了一大截。

虽然是深夜1点钟，但他的头脑却出奇的清醒。他觉得自己第一次看清了自己，发现自己过去很多时候不能控制自己的情绪，爱冲动，自卑，不能平等地与人交往，等等。

整个晚上，他都坐在那儿自我检讨。他发现自从懂事以来，自己就是一个极不自信、妄自菲薄、不思进取、得过且过的人；他总是认为自己无法成功，也从不认为能够改变自己的性格缺陷。

而后，他决定绝不再有自己不如别人的想法，绝不再自贬身价，一定要完善自己的情绪性格，弥补自己的不足。

第二天早晨，他满怀自信前去面试，顺利地被录用了。在他看来，之所以能得到那份工作，与前一晚的沉思和醒悟让自己多了份自信不无关系。

在走马上任的两年内，凯恩斯逐渐建立起了好名声，人人都认为他是一个乐观、机智、主动、热情的人。随之而来的经济不景气，使得个人的情绪因素受到了考验。而这时，凯恩斯已是同行业中少数可以做到生意的人之一了。公司进行调整时，分给了凯恩斯可观的股份，并且加了他的薪水。

成功不可能来自于一种失败的观念，就好像玫瑰不可能生长在长满蓟草的土壤中一样。当一个人非常担心失败或贫困时，当他心中总是想着可能会失败或贫困时，他的潜意识里就会形成这种失败的印象，这将会使他自己处于越来越不利的地位。有一天，我在某市文化中心举行的实业家会议发表演讲，当我正在讲台上致词时，有名男子朝我逐步走近，而且诚恳地对我说："我有个相当要紧而严重的问题，不知是否能私下与您谈谈？"我听了这句话后，便答应等会议结束后再与他详谈。

他向我说明："我准备在这个城镇开创自己这一生中最大的事业，如果成功的话，将对我产生无比的意义；但若不幸失败，我将会失去所有的一切！"

听了这番话后，我先安抚他，希望他能放松心情，接着委婉地对他说："并非每件事都能达到预期的理想结果。成功固然美好，但即使失败，明天的风仍是继续地吹着，希望依然存在。"我如此开导他、劝慰他。

然而，他依旧愁容满面地说："但是，有件令我相当苦恼的事，我始终无法对自己产生自信。对于任何事我都没有把握，甚至无法确信自己是否真的能顺利完成一件事。通常，在事情尚未开始着手之前，我的意志便不由自主地消沉下来。事实上，目前我已相当泄气了。"他继续说着，"如今，我已是40岁的中年人，却一直受困于自卑感的烦恼，因此对自己总是抱持否定的态度，今晚聆听您的演讲，对于您所谈有关思考力量的问题，希望有进一步的了解，我想明白该如何做，才能对自己产生自信与肯定。"

我对这名男子做了这样的回答："有两个方法可以解决你的问题：第一是探讨无力感的来源。当然，若要找出源头，必得花费不少时间分析，但这是绝对必要的重要步骤。我们必须学习科学家的做法，以科学方法来探究这种生活病态的原因。不过，这件事绝不可能在短期内得到答案，再者也不可能在短时间内能得心应手地运用，这是一种为达到永久治愈目标的治疗法，因此对你的迫切需要并不适宜。但是还有一个方法可以临时应急，以解决你迫在眉睫的问题。我要给你开一帖处方，若能好好运用，想必能有效解决你的困难。"我继续向他郑重说明，"今天晚上，当你走在街上时，不妨重复默念我将告诉你的这句话；等你回到家，躺在床上时，也要对自己重复说上几次。待明天睡醒时，记得在起床前把这句话说上3次。倘若你本着虔诚的心意来做这件事，你将会获得足够的能力面对这个问题。当然，如果可能的话，尝试花些时间去进行分析问题的基础研究，是再好不过的事。但不论研究结果如何，我现在要赠予你的这帖处方，在治疗上却是扮演着绝对重要的角色。"

这句话的内容是："虔诚的信仰给了我无比的力量，凡事都能做。"

由于在此之前，他并未听过这句话，因此我把这句话写在卡片上递给他，并请他大声复诵3次。然后，再次细心叮咛："那么，你就按照我刚才所说的去做吧！我相信一切将很顺利！"

他站起身来，先是静静地站在原地，一动也不动，后来带着激动的表情与口吻对我说："好的，先生，我知道了！"

我看着他昂首挺胸的身影在夜幕中逐渐消失，尽管那身影看来仍有些悲伤的意味，但是看着他那昂然离去的姿态，仿佛无言的暗示，信仰已在他的心中萌芽。

日后，这名男子曾感激地对我表示："这帖简易的处方确实为我缔造了奇迹。"此外他还强调，"简直令人难以置信，想不到这么一小句话竟能带给人们这么大的效果！"

后来，他也应用科学的研究方法，努力探究自己自卑感的原因所在。结果，终于去除了长久以来的自卑感。最重要的是，他真正学会了应该如何拥有信仰，并恪守某些特定的训诲。他逐渐拥有强大、坚定不移的信心，现在任何事情对他而言都不再是难以克服的困难了，而是完全可由他来操控安排。这样的变化实在令人惊讶，大量事实的确如此。他的人格再也不似昔日般消极悲观，而是充满积极与斗志，现在他不仅不会与成功绝缘，相反地，更将成功拉向了自己。尤其可以肯定的一点是，他已经对于自己本身的能力真正具有信心了。

挣取你的"脑力薪"

卡耐基金言

◇不要以为你毕业于最高学府就应该领取头脑薪，也不要以为你办事快就能领取效率薪；事实上，我们都是以做事的方法和实际效果来决定自己的薪酬。

我常常在想：倚仗着年资久或是毕业于最高学府，脑筋却不怎么样的人，凭什么比只有高中毕业的优秀者领到更多的薪水？靠关系走后门却没有能力的人，凭什么比辛勤努力的人领到更高的薪水？

美国的一本袖珍读物上，有这么一段故事：

在东海岸的某一港街，有一家著名的毛皮公司。这家公司的工作人员中有三兄弟。有一天，他们的父亲要求见总经理，原因是他不明白为何三兄弟的薪水不同。大儿子杰斯的周薪是 350 美元，二儿子杰菲的周薪是 250 美元，三儿子杰亮的周薪是 200 美元。

总经理默默地听三兄弟的父亲说完，然后说："我现在叫他们三人做相同的事，你只要看他们的表现，就可知道答案了。"总经理先把杰亮叫来，吩咐说：

"现在请你去调查停泊在港边的 C 船上的毛皮的数量、价格和品质，你都要详细地记录下来，并尽快给我答复。"

杰亮将工作内容抄下来后，就离开了。5 分钟后，便回来了，向总经理汇报情况。

杰亮因为总经理命令他要尽快，所以他就利用电话询问：一通电话就完成了他的任务。

总经理再把杰菲叫来，并吩咐他做同一件事情。

杰菲在一小时后，回到经理办公室。气喘吁吁地说他是坐公车往返的，并且将 C 船上的货物数量、品质等详细报告出来。

总经理再把杰斯找来，先把杰菲报告的内容告诉他，然后吩咐他再去详细调查。杰斯说可能要花点时间，然后走了。

3 小时后，杰斯回到公司。

杰斯首先重复报告了杰菲的报告内容，说他已按照总经理的要求将任务完成，为了方便总经理和货主订契约，他已请货主明天早上 10 点到公司来一趟。回程中，他又到其他的两三家毛皮商公司询问了货的品质、价格，并请可以做成买卖的公司负责人明天早上 11 点到公司来。

在暗地里看了三兄弟的工作表现后，父亲很高兴地说："从他们三人的行动能力上给了我最满意的答案。"

由这个小故事，我们可以知道能力薪和脑力薪是有所不同的，只是人们常将它们混为一谈。

正确地做事与做正确的事

卡耐基金言

◇创设遍及全美事务公司的亨瑞·杜哈提说，不论他出多少薪水，都不可能找到一个具有两种能力的人。这两种能力是：第一，能思想；第二，能按照事情的重要程度来做事。

◇正确地做事是一味地例行公事，而不顾及目标能否实现，是一种被动的、机械的工作方式；而做正确的事不仅注重秩序，更注重目标，是一种主动的、能动的工作方式。

创设遍及全美的事务公司的亨瑞·杜哈提说，不论他出多少钱的薪水，都不可能找到一个具有两种能力的人。这两种能力是：第一，能思想；第二，能按事情的重要程度来做事。因此，在工作中，如果我们不能选择正确的事情去做，那么唯一正确的事情就是停止手头上的事情，直到发现正确的事情为止。由此可见，做事的方向性是至关重要的。然而，在现实生活中，无论是企业的商业行为，还是个人的工作方法，人们关注的重点往往都在于前者：效率和正确做事。

实际上，第一重要的却是效能而非效率，是做正确的事而非正确做事。"正确地做事"强调的是效率，其结果是让我们更快地朝目标迈进；"做正确的事"强调的则是效能，其结果是确保我们的工作是在坚定地朝着自己的目标迈进。换句话说，效率重视的是做一件工作的最好方法，效能则重视时间的最佳利用——这包括做或是不做某一项工作。

"正确地做事"是以"做正确的事"为前提的，如果没有这样的前提，"正确地做事"将变得毫无意义。首先要做正确的事，然后才存在正确地做事。正确做事，更要做正确的事，这不仅仅是一个重要的工作方法，更是一种很重要的工作理念。任何时候，对于任何人或者组织而言，"做正确的事"都要远比"正确地做事"重要。

正确地做事与做正确的事是两种截然不同的工作方式。正确地做事就是一味地例行公事，而不顾及目标能否实现，是一种被动的、机械的工作方式。工作只对上司负责，对流程负责，领导叫干啥就干啥，一味服从，铁板一块，是制度的奴隶，是一种被动的工作状态。在这种状态下工作的人往往不思进取，患得患失，不求有功，但求无过，做一天和尚，撞一天钟，混着过日子。

而做正确的事不仅注重程序，更注重目标，是一种主动的、能动的工作方式。工作对目标负责，做事有主见，善于创造性地开展工作。这种人积极主动，在工作中能紧紧围绕公司的目标，为实现公司的目标而发挥人的能动性，在制度允许的范围内，进行变通，努力促成目标的实现。

这两种工作方式的根本区别在于：是只对过程负责，还是既对过程负责又对结果负责；是等待工作，还是主动地工作。同样的时间，这两种不同的工作方式产生的区别是巨大的。

举个工作中的例子，比如说某客户服务人员接到服务单，客户要装一台打印机，但服务单上没有注明是否要配插线，这时，客户服务人员有3种做法：

第一种做法：照开派工单；

第二种做法：打电话提醒一下商务秘书，是否要配插线，然后等对方回话；

第三种做法：直接打电话给客户，询问是否要配插线，若需要，就配齐给客户送过去。

第一种做法，可能导致客户的打印机无法使用，引起客户的不满；

第二种做法，可能会延误工作速度，影响服务质量；

第三种做法，既能避免工作失误，又不会影响工作效率。

你觉得，哪种做法最好呢？相信大多数人会选择第三种做法。第三种做法就是在做正确的事，第一、二种做法就是在正确地做事，这二者的区别就在结果的不同，其原因是没有把公司的目标与自己的工作结合在一起。

若要集中精力于当急的要务，就得排除次要事务的牵绊，此时需要有说"不"的勇气。

我的妻子曾被选为社区计划委员会的主席，可是既放不下许多更重要的事，又不好意思拒绝，只好勉为其难地接受。后来她打电话给一位好友，问她是否愿意在委员会工作，对方却婉拒了，我的妻子大失所望地说："我那时也能拒绝就好了。"

这不是说社区活动或社会服务不重要，而是人各有志，各有优先要务。必要时，应该不卑不亢地拒绝别人，在急迫与重要之间，知道取舍。

我在一所规模很大的大学任教时，曾聘用一位极有才华又独立自主的撰稿员。有一天，有件急事想拜托他。

他说："你要我做什么都可以，不过请先了解目前的状况。"

他指着墙壁上的工作计划表，显示超过 20 个计划正在进行，这都是我俩早已谈妥的。

然后他说："这件事至少占去几天时间，你希望我放下或取消哪个计划来空出时间？"

他的工作效率一流，这也是为什么一有急事我会找上他。但我无法要求他放下手边的工作，因为比较起来，正在进行的计划更为重要，我只有另请高明了。

我的训练课程十分强调分辨轻重缓急以及按部就班行事。我常问受训人员：你的缺点在于：

1. 无法辨别事情重要与否？

2. 无力或不愿有条不紊地行事？

3. 缺乏坚持以上原则的自制力？

答案多半是缺乏自制力，我却不以为然。我认为，那是"确立目标"的功夫还不到家使然。而且不能由衷接受"事有轻重缓急"的观念，自然就容易半途而废。

这种人十分普遍。他们能够掌握重点，也有足够的自制力，却不是以原则为生活重心，又缺乏个人使命宣言。由于欠缺适当的指引，他们不知究竟所为何来。

以配偶或金钱、朋友、享乐等为重心，容易受第一与第三类事务羁绊。至于自我中心者则难免被情绪冲动所误导，陷溺于能博人好感的第三类活动，以及可逃避现实的第四类事务。这些诱惑往往不是独立意志所能克服的，只有发乎至诚的信念与目标，才能够产生坚定说"不"的勇气。

管理好时间

卡耐基金言

◇做好时间管理，你可以用 20% 的时间来完成 80% 的事。

◇高效能的职业人士有一个共同特点，他们都是时间管理的高手，而低效率的工作人员无一例外地都不善于管理时间。

在现实生活中，有一个很著名的叫"80/20 法则"的原理，对于我们的工作和生活有很大的影响。"80/20 法则"对工作的一个重要启示便是：避免将时间花在琐碎的多数问题上，因为就算你花了 80% 的时间，你也只能取得 20% 的成效。你应该将时间花于重要的少数问题上，因为解决这些重要的少数问题，你只需花 20% 的时间，即可取得 80% 的成效。

在工作生活中，我们都见过许多这样的人，他们虽然怀有大干一番事业、做出辉煌成绩的想法，可是总不见行动，只是把这些想法挂在嘴边，每天都踏步不前。因此，为了避免成为一个空谈主义者，为了更有效地提高我们的工作效率，我们必须立即行动起来。

我们每个人每天面对的事情，按照轻重缓急的程度，可以分为以下 4 个层次，即重要且紧迫的事；重要但不紧迫的事；紧迫但不重要的事；不紧迫也不重要的事。

1. 重要而且紧迫的事情。

这类事情是你最重要的事情，而且是当务之急，有的是实现你的事业和目标的关键环节，有的则和你的生活息息相关，它们比其他任何一件事情都值得优先去做。只有它们都得到合理高效的解决，你才有可能顺利地进行别的工作。

2. 重要但不紧迫的事情。

这种事情要求我们具有更多的主动性、积极性和自觉性。从一个人对这种事情处理的好坏，可以看出这个人对事业目标和进程的判断能力。因为我们生活中大多数真正重要的事情都不一定是紧急的。比如读几本有用的书、休闲娱乐、培养感情、节制饮食、锻炼身体。这些事情重要吗？当然，它们会影响我们的健康、事业，还有家庭关系。但是它们急迫吗？不。所以很多时候这些事情我们都可以拖延下去，并且似乎可以一直拖延下去，直到我们后悔当初为什么没有重视，没有早点来着手重视解决它们。

3. 紧迫但不重要的事情。

紧迫但不重要的事情在我们的生活中十分常见。例如，本来你已经洗漱停当准备休息，好养足精神明天去图书馆看书时，忽然电话响起，你的朋友邀请你现在去泡吧聊天。你就是没有足够的勇气回绝他们，你不想让你的朋友们失望。然后，你去了，次日清晨回家后，你头昏脑涨，一个白天都昏昏沉沉的。你被别人的事情牵着走了，而你认为重要的事情却没有做，这或许会造成你很长时间都比较被动。

4. 既不紧迫又不重要的事情。

很多这样的事情会在我们的生活中出现，它们或许有一点价值，但如果我们毫无节制地沉溺于此，我们就是在浪费大量宝贵的时间。比如，我们吃完饭就坐下看电视，却常常不知道想看什么和后面要播什么。只是被动地接受电视发出的信息。往往在看完电视后觉得不如去读几本书，甚至不如去跑跑健身车，那么刚才我们所做的就是浪费时间。其实你要注意的话，很多时候我们花在电视上的时间都是被浪费掉了。

我们可以按照上述的分类，将重要而且紧迫的事情定为 A 类，将重要但不紧迫的事情定为 B 类，紧迫但不重要的事情定为 C 类，既不紧迫又不重要的事情定为 D 类，在实际工作中，我们应该先干重要的事，即 A 类事情，这一类事情做得越多，我们的工作效率就越高。

在工作中，我们需要时刻提醒自己："此刻，什么是我利用时间的最佳方式？"在每月事先安排的工作计划中，应使自己除了能为"重点"的项目留出额外的时间外，还能使工作有所变化并保持平衡。

另外，计划赶不上变化，如果目标不随着工作进程而及时修改的话，很容易成为工作效率提高的障碍，因此，我们应该坚持每月修订一次自己的人生目标。每天重温自己制定的目标，并用每天的行动去接近这个目标。你可以在办公室里放上自己的人生目标的陈述，借此提醒自己。即使是在干一件最小的事，心中也不忘那个长期的目标。在每天早晨就进行计划，安排好一天工作的轻重缓急。每天都有一张当天要做哪些事的清单，并将它们按重要性程度排列，然后尽可能一有时间就去干最重要的工作。为自己、也为别人都定下工作的最后期限。养成好习惯，按着"任务清单"的顺序干，决不跳过困难的工作。永远放弃"等候时间"。如果不得不等什么，就把它当作"时间的礼物"，用它来休憩，或去做一些本来不会去做的事情。检查自己的旧习惯，看看是否有需要杜绝或加以改进的地方。

法国哲学家布莱斯·巴斯卡说："把什么放在第一位，是人们最难懂得的。"

一个人在工作中常常难以避免被各种琐事、杂事所纠缠。有不少人由于没有掌握高效能的工作方法，而被这些事弄得筋疲力尽，心烦意乱，总是不能静下心来去做最该做的事，或者是被那些看似急迫的事所蒙蔽，根本就不知道哪些是最应该做的事，结果白白浪费了大好时光，致使工作效率不高，效能不显著。为此，每个人都应该有一个自己处理事情的优先表，列出自己一周之内急需解决的一些问题，并且根据优先表排出相应的工作进程，使自己的工作能够稳步高效地进行。

回家，把工作关在门外

卡耐基金言

◇对于社会来说，"工作狂"不见得是什么坏事，但对于家庭来说，"工作狂"是极其危险的，它会造成夫妻感情的冷漠。

◇当你锁上了办公室的门时，也请你把生意和工作上的烦恼都锁在里面。当你把钥匙插到家门上时，请想象一下打开门时你会看到这样一句用很大字母写成的箴言："在这里不允许有生意上的担心或焦虑，也不允许有生意上的思考或讨论。"

对于一个男人来说，如果他在事业上没有成功，则会被人看不起。所以事业成功对男人确实很重要，因为事业是男人价值的体现，也是男人强大的心理压力。

正因如此，男人才全身心地投入到工作中去，不这样他就无法取得成功。

历史积淀下来的严酷的社会准则，使得男人在社会中面临巨大的精神压力：他的房子、汽车、社会地位、奋斗取得的各种荣耀，尤其是他内心世界的完整，都需要用工作与事业来维持。

现代社会中，"工作是男人的世界"这种观念更加盛行。一方面社会的大变革给男人们提供了创造、冒险、征服的更加广阔的空间；另一方面，挑战、竞争、机遇也更大地使男人的野心膨胀。自然而然，这个时代比别的时代孕育了更多的男性"工作狂"。

虽然对社会来说"工作狂"不见得是什么坏事，但对于家庭来说，"工作狂"却是极其危险的，它会造成夫妻感情冷漠。

男人一旦结婚成家，就觉得他的最大责任即为家庭提供足够的物质保证。他在工作中不惜代价往上爬，一方面可以提高家庭生活水平，另一方面也可以证明他是一个成功的男人。

当他完成了他认为必须履行的工作义务后，回到家中已是满身疲惫，没有更多时间和精力给予妻子在感情上、肉体上充分的满足。而此时的女人，正处于精神、肉体都需要男人爱抚的时刻，这种愿望满足不了时，女人会感到寂寞、孤独、不被人重视的痛苦。她开始唠叨或者抱怨，这使他们之间的关系开始疏远。

忙碌于工作的丈夫却依然无暇注意到妻子情感的变化，不被注意的女人刚开始时也会去奉迎、影响、吸引、劝导他，可时间一长，如同寡居的生活刺激了女人天性中刻薄的一面。

她开始因他的疏忽而找茬儿刺激他，使他尴尬，使他难堪。出于缓和紧张局势、稳定后方家庭（因为家庭动乱会使男人工作分心，让他没面子）的考虑，男人也会做出一些努力，如抽些时间陪妻子、与她聊天、带她出去吃饭，但他工作狂的本性难移，他仍然把很多的精力放在工作上，这样使妻子的失望、愤怒愈来愈重，并为此喋喋不休。

这种情况下，脆弱的女人会把自己的头靠在任何一个走近她的男人肩上，只要这个男人不至于让她太讨厌。与自己的工作狂丈夫相比，这个男人富有同情心、怜悯之心、理解之心，与他在一起能够使她快活、开心。于是不知不觉这个女人便会陷入婚外恋的漩涡中不能自拔。

生活中大多数女人的移情别恋属于这种情况。与其说这是女人们的错误，不如说是这些男性工作狂逼得女人去犯这样的错误。

最近有一个寡妇讲述了她曾经和丈夫一起度过的一段悲惨生活。她的丈夫似乎只有一种想法，这种想法占据了他整个的生活——那就是赚钱。他对于生活本身的舒适丝毫不感兴趣，而生活本身绝对不能干扰他为赚更多钱而制定的工作计划。这个寡妇说，后来他们的家完全不是一个家了。他一回到家里，就为更多的生意进行思考和安排计划，为赚更多钱制订更多的方案。这样，赚钱已经成为了他唯一的癖好。长此以往，他总是显得那么疲惫不堪，当他晚上回到家时，他甚至累得抬不起头来。但即使这样，他仍然不休息，而是很快地投入到工作中去，思考并计划着更多的生意。于是，他总是使自己处在一种连续的疲劳状态之中。

应该留在办公室里的生意和业务，总是时时刻刻伴随着他。"一夜又一夜，"他的寡妻后来说，"我记得他在午夜以后还坐在那里，凝视着他的本子并且仍然在思考、在作计划。我听见了他那痛苦的咳嗽声，于是我常常走下楼去恳求他为了健康而休息一下，该上床睡觉了。但他从来都是很固执。

"他坦率地对我说过许多次，我的乞求毫无用处，如果在他的计算过程中少了一分钱，他也不会放弃，直到查出那分钱为止。有几次，我在地板上丢下一便士，并且把它捡起来交给他说：'这就是差额。我刚把它从地板上捡起来，也许是你丢的。'但是，他很敏锐地看穿了我的诡计。他无法停下来，直到在自己的书中发现了那一便士，哪怕为此干上一个通宵！"

尽管这个人有上百万的财产，但是他没有家庭生活，也享受不到家庭的欢乐。后来，他的妻子和孩子们完全疏远了他。他从来没有像别人那样拥有空余时间去享受快乐。他总是处于不停地思考、计划和努力工作之中，直到死亡把他带走。

当你锁上了办公室的大门时，也请你把生意和工作上的烦恼都锁在里面。别把它们带回家。别把你的担忧或焦虑的想法带到你的娱乐和游玩上，否则你从中将得不到任何好处。当你把钥匙插到家门上时，请想象一下打开门时你会看到这样一句用很大的字母写成的箴言："在这里不允许有生意上的担心或焦虑，也不允许有生意上的思考或讨论。"

回到家后享受你今晚的家庭生活。不要在晚上浪费你宝贵的精力，不要让你过于疲惫，不要老在晚上反思一天的工作或为过去悲哀，更不要想自己能否把这个做得更好或者把那个做得更好。当你这样做的时候，你只是在浪费你更多的宝贵精力和时间而已，那有什么用呢？如果你早已出色地完成了工作，为什么还要在它上面浪费更多的时间和宝贵的精力呢？好好干手上的事情吧！通过更好地完成现在的事情，通过把你的精力有效地投入到正确的方向上，从而去弥补你过去的不足。

　　当你回到家，肉体和精神上都疲惫不堪时，就对自己说："这里是我力量的家园；这里是我为了明天的工作得到力量和补给的地方，是我恢复精力和体力的地方；这里是我得到新的生命和新的勇气的地方，是我成为一个新人的地方。我无法忍受我的精力被耗尽。这里是我的理想重新被照亮、我的雄心重新被确立的地方，这里是更新自我、恢复自信，为明天的工作而获得积极心态的地方。"

第 12 章
拥有美好家庭生活

为什么婚姻会出现问题

卡耐基金言

◇当你的婚姻出现裂痕时，你是意气用事、大吵一顿，还是心平气和地问问自己："为什么婚姻会出问题？"

狄克斯是关于婚姻问题的美国第一权威，他宣称50％以上的婚姻是失败的，他知道这么多罗曼史的梦，会在离婚的石上撞碎的一个原因，就是因为批评——令人心碎的批评。所以如果你要保持你的家庭生活快乐，记住不要批评。除了批评，事实上我们还有更多的事情要做。

美国杂志在1933年6月份刊出艾麦特·克鲁西一篇叫作"婚姻为什么出问题"的文章。下面那些问题，就是从这篇文章中转载过来的。当你答复这些问题的时候，你或许会发现这些问题很值得一答。如果每个问题你的答复是"是"的话，一题就可得10分。

问丈夫的问题：

1.你是否还在"追求"你的太太？如偶尔送她一束花，记住她的生日和结婚纪念日，或出乎她意料的殷勤，非她所预期的体贴。

2.你是否注意永远不在他人面前批评她？

3.除了家庭开支以外，你是否还给她一些钱，让她随意使用？

4.你是否花精神去了解她各种女性方面的情绪问题，并帮助她度过疲倦、紧张和不安的时期？

5.你是否至少空出你一半的娱乐时间，跟你太太共度？

6.除了可以显示她的长处，你是否机智地避免将你太太的烹调手艺和理家本领跟你母亲或某某人的太太相比较？

7.对于她的知识生活，她的俱乐部和社团，她所看的书，和她对地方行政的看法，你是否也有一定的兴趣？

8.你是否能够让她和其他男人跳舞，接受他们的友谊照顾，而不会说些吃醋的话?

9. 你是否经常注意找机会夸奖她，表示你对她的赞赏?

10. 关于她为你做的小事情，如缝纽扣、补袜子、把衣服送去洗，你是否会谢谢她?

问太太的问题:

1. 你会让丈夫在处理他自己的工作方面有完全的自由吗? 比如尽量不去议论和他交往的人、他选的秘书，给他一定的自由时间等。

2. 你是否使家庭更有情趣?

3. 你是否在做饭时，经常注意调节搭配?

4. 你是否对你丈夫的事业有一定的了解，能和他做良性的探讨?

5. 你是否能勇敢地、愉快地面对家庭财政出现的危机，而且不会抓住他的错误不放，或用不满的态度把他和成功的人做比较?

6. 你是否尽力地和他的母亲或其他亲戚很好地相处?

7. 你在买衣服时，是否考虑他对颜色和样式喜不喜欢?

8. 你是否会为了家庭和睦，而不那么固执己见?

9. 你是否培养对丈夫的爱好的兴趣，能和他一起玩得很高兴?

10. 你是否注意社会上新的信息，以便能和丈夫有趣地交流?

婚姻是幸福的温床

卡耐基金言

◇步入婚姻的殿堂比单身生活更有安全感，尽管两个人生活不一定更舒适，但它确实更令人感到安全。

◇最伟大的英雄行为都成于四壁之内——家庭的隐秘当中。

"爱与被爱都是世界上最美好、最幸福的感觉。" 19 世纪俄国最伟大的作家托尔斯泰曾这样说过。

霍尔姆斯说:"美是伟大的，但是衣物、房子和家具之美仅仅是用于衬托家庭之爱的装饰，即使把世界上所有华丽的东西堆积起来都比不上一个美好的家庭。因此，我将对自己的家庭更多地付出我的真爱，哪怕一点点，也胜过很多的家具和世界上所有的设计师能够提供的最华丽的物品。"

杰勒米·泰勒则说："步入婚姻的殿堂比单身生活使人更有安全感，尽管两人生活不一定更舒适，但它确实更令人感到安全。婚姻可能使你更快乐，也可能使你更感悲伤；婚姻可能使生活有更多的欢乐，也可能使生活有更多的痛苦；婚姻会使你背负更重的担子，但是同样会以爱和宽厚的力量来支撑你。无论如何，婚姻仍然令人感到非常愉快。同样，婚姻也是人类之母，使人类延续，使国家强大。"

一位思想家曾说过，女人是来自于天堂的珍贵礼物，带着连无所不能的上帝都无法给予的伟大的爱；她会净化、抚慰和照亮我们的家庭、社会和国家；很少有人能意识到女人的这些价值，除非那个人的母亲与他共同生活了相当长的时间，或是因为发生了一些重大的人生变故，当他连续失意、遭到所有人的抛弃时，他的妻子却坚定地站在他的身边，使他重新树立了对生活的全新信念，才会使他明白。

稳固的婚姻，使男女之间建立了一种在两性之间无法用其他方式建立的情感和兴趣的联系。

拉法耶特将军在美国时，认识了两个年轻人。"你结婚了吗？"拉法耶特将军问其中一个。"是的，长官。"这位年轻人回答说。"你是个幸福的男人。"拉法耶特将军说。随后，他用同样的问题问了另一个年轻人，得到的回答是："我还是一个单身汉。""多么不幸的家伙啊！"将军说。这就是对婚姻问题的最好评论。

对于一个由于对婚后生活心存顾虑而逃避婚姻的男人来说，他事实上是由于对微不足道的烦恼的恐惧，而与一生的幸福擦肩而过。这种人和那些为了免除鸡眼带来的疼痛而将整个脚或手切除并且还沾沾自喜的人不相上下。

有一些男人从来没有结婚，而且按通常的标准来衡量，他们的生活是成功的。但是，那些了解他们或者详细阅读过他们资料的人会感到，这样的人生尽管成功却算不上完整。

"'家'这个词包含着许多内容，"一位诗人说，"它可以唤醒我们心中最美好的情感，不仅仅是给予你'家'的亲人们才会使你感到亲切，而且从小居住地周围的小山、岩石、小溪也会使人迷恋。弹起悠扬的竖琴，唱起'家，甜蜜的家'，这是多么自然而然的感觉。"饱含感情的路德在谈及他的妻子时说："只要和她在一起，即便再怎么清贫，我也甘之如饴；如果失去她的话，万贯家财对我也毫无意义。"

家庭是社会的细胞，是幸福的温床、神圣的乐园。很多人把家庭当成自己成功的动力，事实确实如此，如果一个人有一个幸福美满的家庭，那么他在自己的工作上也容易取得很大的成就。反之，如果整天困扰于家庭纠纷之中，就很难把工作做得出色。人人都需要并追求一个幸福的家庭，以爱情为基础的婚姻是家庭幸福的基础，美满的家庭能使人享受天伦之乐。

家庭的建立以婚姻为前提。婚姻是男女两性之间的一种特殊社会关系，家庭既体现着以两性关系为特征的社会关系，又体现着以血缘关系为特征的社会关系。婚姻是家庭赖以存在的前提，家庭是婚姻的必然结果。

无论社会怎样发展，家庭作为人类情感的避风港这个职能在当今社会越来越受到重视。高质量的家庭——以爱为基础的幸福美满的家庭——是当今社会人们的共同奋斗目标。

家庭是幸福的温床，但它又不是静止的，而是变动的，它是随着社会的发展而变化的。当今，世界上科学技术的巨大进步和生产力的发展，社会的深刻变革给家庭这座亘古以来便给人以慰藉的快乐宫殿带来了巨大的冲击：离婚率上升，少年犯罪增多，代沟裂痕扩大，未婚同居、家庭暴力等现象越来越严重。这些使人们不由得想到这样的问题：什么样的家庭才算美满幸福的家庭？如何才能得到一个美满幸福的家庭？探讨这些问题，必须与社会的变化对家庭的影响相联系。

首先，家庭幸福需要相互了解。

要幸福，就要了解别人。要认识到别人不会和你完全相同。他不可能和你一样思考，他所喜欢的东西不一定就是你所喜欢的东西。当你认识到这一点时，你更易于发展积极的心态，更易于做一些事情，使得别人能作出称心的反应。

磁铁相反的两极互相吸引，而具备相反性格特点的人们也是这样。一个有进取心、乐观、有雄心、有信心，并且具有巨大的内驱力、能力和毅力的人，与一个易满足、胆怯、害羞、机智和谦逊，还可能包括缺少自信心的人在一起时，经常会互相吸引，互相补充、加强和完善。他们联合以后，便可融合他们的性格，这样，每个人的缺点也就互相抵消了。

假如你同一个性格恰好与你相同的人结了婚，你会感觉幸福和受到鼓舞吗？你如果作出真实的回答，那也许是"不"。

　　同样，父母和子女之间也应当通过互相了解，增进沟通。家庭中许多不幸正是因为孩子们不了解、不尊重他们的父母所造成的。但这是谁的过失呢？是孩子的，还是父母的？或者是双方的？

　　不久以前，在一次培训课结束之后，我曾和一位大企业的总裁单独做了一次交谈。这位大企业家因为工作卓越，大名曾出现在美国各大报显要的版面上，但是，在我见到他的那一天，他却满脸忧愁，无精打采，事业上的风光并不能掩盖他生活中的失败。"没有人喜欢我！甚至我的孩子们也恨我！这是为何呢？"他问道。

　　实际上，他是一个心地善良的人。他给了孩子们金钱所可能买到的所有东西，为他们创造了安逸的生活。但是，他灭绝了孩子们奋斗的必要性，让他们不再像他过去那样必须进行奋斗。当他的儿女还是孩子的时候，他从未要求或盼望他们尊重他，而他也从未得到过尊重。然而他确定，孩子们了解他，并不必要努力去探索。

　　事情本来会与此迥然不同，假如他真的教育孩子们要尊重人，并且至少部分地依靠艰苦奋斗，依靠自己的力量安排自己的生活。他给了孩子们幸福，却没有教育他们使别人幸福，因而使自己更幸福。假如在他们成长的时候，他就信任他们，并且告诉他们，为了他们的利益，自己曾历尽坎坷，或许他们早就更加了解他了。

　　可是，这位企业家，或者和他处在同样境况中的任何人，没有必要依然处在不愉快中。他能把他法宝的积极的心态那一面翻过来，尽力使自己为他亲爱的人所熟悉和了解。

　　假如他能表明他热爱孩子的方式是同他们分享他自己的优点，而不是只给他们提供那些物质的东西；假如他能同他们自由地分享他的优点，正像分享他的金钱一样，他就会体验到孩子们由于爱和了解所回报的丰富报酬。

　　其次，用语言浇开幸福之花。

　　无论你是谁，你都能够是一个绝妙的人！但是某些个别的人可能不这样想。假如你觉得他们对于你所说的话、所做的事反应不当，并含有不应有的对立，你对这事就要采取一些措施。他们，正与你一样，也是通情达理的。

　　别人对你作出的令人不快乐的反应，可能是因为你所说的话以及你说这些话的方式或态度不当。话音经常能反映说话人的语气、态度和心中潜在的思想。你要认识到过失在于你，这可能是困难的，当你认识到过失确实在于你时，你要采取主动，改正错误，这或许是同样困难的——可是你能做到这一点。

假如别人说的话或者说话的方式使你的感情受到伤害，那就很可能是因为你自己说了什么错话或者说话的方式不对而冒犯了别人。断定了你的感情受到伤害的真正原因，你才能避免使得别人作出同样的反应。

假如你发觉某人对你说话的声调和态度不大喜欢，你就应该避免使用这样的声调和态度，以免冒犯别人。

假如某人用一种发怒的声音向你叫喊而使你感觉十分不快，你就要想到假如你用那种声音对别人叫喊，也会使别人感到不快——即便他是你5岁的儿子，或者很亲密的亲戚。

假如一个人误解了你的好意，你就该表明你的真心，以消除误会。假如你喜欢受到称赞，假如你喜欢人家记住你，如果你得悉某人在怀念你，你就觉得愉快。你应该确信：假如你称赞别人，或者写一封短信，让他们了解你在想念他们，他们一定是很高兴的。

再次，利用书信增进幸福。

彼此分离的人，假如常有书信往来，反而会觉得更亲密。有许多分居两地的人之所以举行了婚礼，就是因为在分别之后，他们的爱情通过书信反而变得更深厚的缘故。

通过书信交流，双方能够增强理解。每个人都能在信件中表达自己正直的内心思想。表达爱情的信件不必、也不应当因结婚而中止。马克·吐温天天都给他的妻子写情书，甚至当他们都在家的时候，也是如此，他们在一起过着非常幸福的生活。

你要写信，就一定思考，把你的思想提炼在纸上。你能够借助回忆过去、分析现在和展望将来发展你的想象力。你越是常写信，你就越对写信感兴趣。你写信时最好采用提问的方式，这样，易使收信人给你回信。当他回信的时候，他就成了作者，你就能够体验到收信人的欢乐。

你的收信人是依据你的思路进行思考的。假如你的信是经过周详考虑写下的，它就能使收信人的理智和情绪沿着你指引的路径前进。收信人读你的信时，信中令人鼓舞的思想被记录在他的下意识心理中，将不可磨灭地深印在他的记忆里。

最后，乐在知足。

有一位作家写过一篇文章，它的标题是《满足》。我觉得它可能会给你带来一定的启发，下面是我对其中一些精辟见解的摘录：

全世界最富有的人住在"幸福谷"。

他富有历久不衰的人生理想，富有他所不能失去的东西，这些东西可以给他提供满足、健康、宁静的心情和内心的谐和。

以下是他的财产清单，它们本身明确了他是怎样获得这些财产的：

我获得幸福的办法就是帮助别人获得幸福。

我获得健康的办法就是生活有节制，我只吃维持我的身体健康所必需的食物。

我不怨恨任何人，不嫉妒任何人，而是热爱和尊敬全人类。

我从事我所喜爱的劳动，我还把游戏与劳动相结合，所以我很少感到疲劳。我每天祈祷，不是为了更多的财富，而是为了更多的智慧，用以认识、利用、享受我所已经拥有的诸多财富。

我不应用辱骂的语言。我不要求所有人的恩赐，只要求我有权把我的幸事分享给那些需要帮助的人。

我和我良心的关系良好，所以它总是指导我正确处理一切事情。我所拥有的物质财富多于我的需要，因为我清除了贪婪之心。

我的财富取自因分享了我的幸福而受益的那些人。

我所拥有的"幸福谷"的资产当然是不能课税的。

它主要以无形财富的形式存在于我的心里，这种财富无法估计价值，也不能被占用，除去那些能接受我的生活方式的人。我用了一生的时间，尽力观察自然的规律，形成了遵循自然规律的习惯，因而创造了这种财产。

"幸福谷"中的人的成功信条是没有版权的。这些信条也可以给你带来智慧、宁静和满足。

宾斯托克在他的著作《信任的力量》中谈到幸福的问题时说："人类是一起诞生的，整个人类原是一个整体。正是人类所形成的世界把人类分开了。多么愚蠢的世界！多么虚伪的世界！多么恐惧的世界！假如人类有了信任的力量，就可让人类重新聚集到一起——信任他自己，信任他的同胞，信任他的命运，信任他的上帝。那时，仅在那时，人类才能真正成为一个整体。那时，仅在那时，人类才能找到幸福和宁静。"

认识爱情，结识幸福

卡耐基金言

◇一个享受爱情的人，就像一艘加满燃料和食物、淡水的船只，有足够的信心和力量向自己的目标行驶。

◇爱情是人生重要的生活领域之一。我们只有正确地认识爱情，才能更好地享受爱情。

爱情是人生重要的生活领域之一。

人从少年时代开始朦胧地产生了爱情，它也许会历经磨难，饱受沧桑，但是它会持续到人生的最后一刻……

爱情生活，决不只是局限在家庭范围内，停留在休闲时间里，它会融进人的所有的领域，所有的时间里。谁都知道，一个享受爱情的人，会在精神上怎样地满足。他就像一艘加满燃料和食物、淡水的船只，有足够的信心和力量向自己的目标行驶。

那么，一对男女为什么会互相倾慕，也就是说，爱情的动力是什么呢？

人是自然界的人，那么人就具有自然性，自然性表现在两个方面，其一就是人和其他动物一样有生存的欲望，延续种族的需要是生命意志的最高表现。这种需要深深地埋藏在每一个发育正常的人身上。到成年时，人们对这种欲望要求得非常迫切，如果缺乏这方面的满足，就会影响人们身体和精神的健康。由此可见，爱情首先具有一种自然属性。人同时又是社会的人，因而，包括爱情，其本质属性是社会性。爱情的本质属性——社会性表现在以下几个方面：一是，爱情中爱的力量是从非性欲的爱的素养中培养出来的，爱情中的主要动力并不是来源于性欲。一个人，如果不爱他的父母、同志和朋友，他就永远不会爱他所选来作为爱人的那个人；他的非性欲的爱范围越广，他们的爱情价值就越高。二是，爱情关系是一种由自然关系连接起来的人与人之间最亲密的特殊的社会关系，是历史的、具体的，是随着社会的发展而不断向前发展的。三是，爱情把两个人的命运紧密联系在一起。四是，爱情的表达方式是具有社会性的，它是以一种丰富的不断变化的社会方式进行的。

以上这一切，都说明爱情和社会性是紧密相连的，其本质属性是社会性。由此可见，禁欲主义和纵欲主义都是错误的。事实上，禁欲主义根本无视人的自然欲望，从而也就否定了人类社会本身，因为社会的人是由自然的人发展而来的；纵欲主义则片面强调人的自然欲望的合理性，把人的本来是具有社会意义的爱情和性行为，完全等同于动物的本能冲动，根本否定了人的社会存在本质，颠倒了自然性和社会性的关系。社会学家认为，两性间的爱情不但是人的生理欲望的满足，而且上升到精神的需求，它不再由性欲支配，而体现了人性的特征。

我们知道，爱情是两个异性间感情的升华，为两个异性间共同拥有的。因而，爱情与相爱双方的个人素质特别是思想道德素质有着直接的关系。

爱情作为一种社会关系，具有双重的价值，一方面，具有个人价值，它体现在有利于双方的身心健康和全面发展上。另一方面，爱情又具有社会价值，它体现在有利于社会风貌的进步和文明程度的提高上。

爱情作为一种社会关系，首先表现为一种特殊关系。相爱的男女双方彼此依存、彼此渗透，促进着相爱双方的身心健康和全面发展，从而形成了爱情的个人价值。爱情从个人价值来说，是爱者（爱情主体）和被爱者（爱情客体）之间的关系，它表明了被爱者对爱者的意义。在爱情中，男女双方各自既是爱情客体，又是爱情主体；既是爱者，又是被爱者；既有爱的需求，又能满足爱的需求。相爱的男女双方，从爱情主体来说，对方所给予的，正是自己所需求的；从爱情客体来说，自己所给予对方的，正是对方所需求的。因此，爱情价值绝对不同于一般的价值，它表现为相爱双方的需求和满足这种需求的行为、活动及方式的统一。真正的爱情，不是单纯的给予，也不是单纯的满足，而是给予和满足的统一。

爱情从社会价值来说，是相爱双方和社会之间的关系，它表明爱情对社会的意义。如果相爱双方的个人自身需求与社会发展的需求相一致，爱情就具有崇高的社会价值，就有利于社会的发展，同时还有利于社会文明程度的提高。从根本上说，爱情的个人价值与社会价值具有一致性。凡是有利于相爱双方身心健康和全面发展的爱情，必将有利于社会的进步和社会文明程度的提高。但是，爱情的个人价值有时和社会价值也存在矛盾。因为爱情的主客体的个人利益和社会的整体利益，或多或少存在不一致的情况。因此，为了保持和真正实现爱情的价值，每一对相爱的男女都应当注意社会发展和自己需求的关系，要及时地引导和调整自身的需要，使其与社会发展相一致，而不要为所欲为。

每天增进爱情的深度

卡耐基金言

◇如果没有爱情，成功又有什么意义呢？缺乏爱情，财富和权势也就等于废物和灰烬了。

◇爱情是一种精神食粮，我们的精神靠着它生存和成长，如果没有爱情，我们的心就变得乏味。

◇爱情在人类社会里的潜力就像原子能那样大。爱情能够产生，而且的确每天都产生着奇迹。

"小孩子觉得没有人爱他，这是少年犯罪的主要原因之一。"纽约市少年家庭董事会秘书、社会工作专家艾西尔·H.怀特先生在社会工作讨论会上说了这样的话。

我和我的妻子发觉这种说法是正确的，我们曾经在奥克拉荷马州艾尔·雷诺的联邦少年感化院，对少年犯们讲授有关人际关系的课程。

渴望爱心，似乎是所有这些不幸的孩子们的普遍问题。有个少年说，他的母亲从不给他回信，后来他写信告诉他母亲，说他正在上一些课，这些课程使他觉得已经把自己的外貌改变得比以前好多了。不久他母亲写信给他，说她认为没有东西能够对他有好处——监狱是他最适合去的地方。

另一个男孩，19岁男孩汤米，他的生命里有10年以上的时间是在孤儿院和感化院度过。他说："我们最需要的，就是有人来爱我们。但是从来就没有人爱我或要我。在我16岁以前，我没有得到过一件圣诞礼物。"

毫无疑问，这些忍受着情感缺乏的孩子们，常常会开始犯罪，以补偿这种基本的缺陷——就像一个饿昏了的人，当他找不到食物的时候，他也会吃下对身体有害的杂物的。

爱是一种最适当的食粮，我们的精神靠着它生存和成长，如果没有爱情，我们的道德心就会弯曲变质。

"一个普通人所能说的最正确的话就是，"心理学家高登·W.沃尔波特说，"他从来不会觉得，他的爱或是别人给他的爱已经使他满足了。"

真的，爱在人类社会里的潜力，就如同原子能那样大。爱情能够产生，而且的确每天都产生了奇迹。你给你丈夫的爱，是他成功的基本因素——因为，如果你真心爱他，你就会心甘情愿地尽你所能去做每一件事，使他快乐或成功。

你给了你丈夫哪一种爱情，也会影响到子女的幸福。保罗·柏派诺博士是美国家庭关系协会会长，他在全国教师家长联谊会上讲演说："教师家长联谊会，如果愿意在年会里完全不谈小孩子的事情，而讨论如何使丈夫和妻子更加相爱，也许对小孩子的幸福会有更大的贡献呢。"

那么，我们怎样做才能提升爱情的深度呢？以下有一些特殊的建议：

1. 每天都要表现出爱心。

最可悲的事情，就是在事情过了以后才发觉自己曾经享受过人生最珍贵的东西。

许多女人碰到危机的时候，都能够高明地应付自如，可是，很可悲地，她却很少知道带给丈夫最渴望的每天的爱情面包。假使丈夫失业了、患上结核病或是被关进监狱时，这位小女士都能够像直布罗陀海峡的岩石那么坚强，不断地帮助丈夫；而当生活正常平稳地进行的时候，妻子就忘了告诉她的丈夫：你在我的心目中是何等重要。

大部分的女人相信，她们是应该被爱护、听人讲些甜言蜜语的。因而通常有些女人会抱怨自己的丈夫忽略她们，不知道赞扬她们的女人，往往也吝于对丈夫赞赏示爱。她们时常挑剔和批评错误。她们的丈夫从来就不赞美她们，或注意她们身上所穿的衣服，或是给她们任何在外表看得出来的爱的表示。但是，这些女人对待她们丈夫的态度也是同样冷淡，然后，她们才感觉奇怪，为什么自己的丈夫会追求那些懂得称赞他们英俊、雄伟、健壮的迷人的女人。爱情的饥渴并不是女性专有的一种疾病。男人也会患这种病的。

曾经有人把夫妻间对爱情的冷淡叫作"精神食粮不足"。这是一个很恰当的比喻。因为，男人不是只靠面包就活得下去；有时候，他也需要一块爱的蛋糕——还要在上面加一点糖霜。

2. 培养一种好心情——把事情看开一点。

有责任心的妻子，常常会患有一种完美主义者的毛病。孩子们的行为总是要管教好；晚餐要做得美味可口；家里要一尘不染。完美主义者常常过分注重细节，而忽略了重要的大事。事情发生的时候，要以好的心情去接受，不要把小事搅得天翻地覆，这样就可增强夫妇间的爱情。

3. 要有宽大的胸怀。

没有其他的事情，能够像互相深爱的人结婚那么迷人。爱情就是给予，要给得丰富与慷慨。有些妻子愿意在许多事情上面做出牺牲，但是却常常在许多小地方缺乏精神上的慷慨——例如，嫉妒丈夫从前的女朋友。

如果你的丈夫无意间提及他今天碰见了一个过去的女友，而如果你问他，那个女孩子是不是还扎着辫子说着不成熟的话，那你就太吝啬太不够慷慨了。你应该赞美她的好处——如果你能够想出一些；如果你想不出来，也应该编造一些。

4. 对于每一件小事，都要表示谢意。

男人在结婚以后，带妻子到戏院过了一个愉快的晚上，送给妻子一束紫罗兰，甚至只是每天早晨倒个垃圾，他也很希望听到妻子的道谢的。如果他所做的每件事情，妻子都视为理所当然而不加致谢，无疑地，这个丈夫就会停止取悦他的妻子了。

我们之中有些人，不知道丈夫每天为我们做了多少小服务，这只是因为我们习惯于让丈夫为我们做这些工作。一位妻子曾经认为她丈夫没有帮过她什么忙。她说要他去弄杯水来喝，也是个大工程，他不会换小孩子的尿布，或是弄紧一支漏水的水龙头。然而，有个夏天他到欧洲去了，她才很惊讶地发现，他每天都为我做了许许多多的琐事——她却没有向他说过一声谢谢——现在她必须自己去做那些事了。

5. 要互相谅解和体贴。

当丈夫想要换上拖鞋休息一会儿的时候，我们却穿好衣服想要出门，这是不行的。具有深挚爱心的妻子，应该先了解她丈夫每天在外面工作后的需要，然后才跟着盘算自己的需要。

上面说的这些，是不是就像许多妻子所做的、没有报酬的努力？妻子在一生中慷慨地奉献给丈夫的爱情，难道丈夫会不知道感谢吗？

丈夫会感谢的！我就看过一个十全十美的妻子，得到了丈夫的敬爱。安格斯先生所说的话，也是为其他许许多多幸福的丈夫们说的："很可能因为我娶了这个女子，所以我才比大部分的男人更加幸福。我所能给她的最大赞赏就是对她说，如果我能够回到 32 年前，而且了解我现在了解的事情，我仍然愿意再和她结婚——只要她愿意再嫁我！我所获得的任何成功，都直接来自于这位可爱的妻子的陪伴。"

如果没有爱情，成功又有什么意思呢？缺乏爱情，财富和权势也就等于废物和灰烬了。如果你的丈夫从你深挚的爱情里得到了安心和幸福，那么，他带给你更高的生活水准的机会也就大大地增加了。

做丈夫忠实的"信徒"

卡耐基金言

◇ 每一个男人都需要一个信徒——一个在与环境抗争的时候，捍卫着他的女人。

男人需要一个建立起他的信心和抵抗力的太太，让他知道没有任何事情能够动摇她对他的信任。如果连他的妻子都做不到这一点，还有谁会信任他呢？

回想 19 世纪末，密西根底特律的电灯公司以月薪 11 美元雇用了一名年轻的技工。他每天工作 10 小时，回家以后，还常常花半个晚上在屋后一间旧棚子里工作，想要设计出一种新的引擎。

他的农夫父亲，认为儿子纯粹是在浪费时间。邻居们都说，这位年轻技工是个大笨蛋。每个人都在取笑他，没有人认为他笨拙的修补能够造出什么东西来。

除了他的太太，没有人相信他。当白天的工作完成以后，他的太太就在小棚子里帮助他研究。冬天，天色很早就暗了，他太太在一旁提着煤油灯，使他能够继续工作，她的牙齿在寒冷中颤抖着，手冻成了紫色。但是她相信她丈夫的引擎总有一天会成功，所以她丈夫称呼她"信徒"。

在旧棚子里艰苦工作了 3 年以后，这个异想天开的稀奇玩意终于研制成功了。1893 年，在这个年轻人 30 岁生日的前几天，他的邻居们都被一连串奇怪的声音吓了一大跳。他们跑到窗口，看到那个大怪人——亨利·福特——和他的太太，正乘坐着一辆没有马的马车，在路上摇晃着前进。那辆车子真的可以跑到拐角那么远而又跑回来呢！

一个新工业在那天晚上诞生了—— 一个新的对这个国家有很深影响的工业。如果亨利·福特是这个新工业之父，当然福特夫人这位"信徒"，就有权力被称为新工业之母了。

50 年以后，福特先生被问到他下一次出生时希望变成什么时，他说："我不在乎，只要能够和我太太在一起。"他终生都称他的太太为"信徒"，而且希望永远和她在一起。

每一个男人都需要一个信徒，一个在与环境抗争的时候，护卫着他的女人。当有什么事情不对劲的时候，当处境危急的时候，当他失败的时候，男人需要一个建立起他的信心和抵抗力的太太，让他知道没有任何事情能够动摇她对他的信任。如果连他的妻子都做不到这一点，还有谁会信任他呢？

信任是一种主动的特质。它不会承认失败，它会继续恢复失去的信心。

罗勃·杜培雷的经验也是个好例子。

罗勃·杜培雷一直想要做个推销员。1947 年他的机会来了，他开始招揽保险。但是不管他多么努力，事情都没有好转。他有点忧虑——对没有卖出的保险感到担忧。他紧张而痛苦，最后，他觉得必须辞职以免精神崩溃。我面前有一封杜培雷先生的信，他告诉我这个故事。"我觉得我完全失败了，"罗勃·杜培雷写道，"但是桃乐丝——我的太太，坚持这只是个暂时的挫折。'下一次你将会成功，'她不断告诉我，'不要担心，罗勃。我知道你有办法成为一个成功的推销员。'"

罗勃在一家工厂里找到工作，桃乐丝也是。但是她不让罗勃忽略衣着和谈吐。"在接下去一年半之中，"罗勃说，"桃乐丝不断地赞美我的美好气质，并且指出我具有适于推销工作的天赋才华——一些甚至我自己都不知道我有的才华。如果不是她持续不停的鼓励，我可能已经放弃再试一次看看的想法了。桃乐丝不愿意我放弃。'你具有这种能力，'她告诉我，一次又一次，'只要你努力就能够办到！'

"我怎能违背她这么深切的信任？她成功地在我身上建立了她对我的信心。我离开工厂而回到推销工作上，这一次我信任自己了——因为我身旁有了个信徒。

"我仍然有一段长路要走。但是，谢谢桃乐丝，至少我已经上路了。她已经使我深认，只要我真想达到我就能够达成。"

如果我要雇用推销员，我会认为一个有个像桃乐丝·杜培雷这种太太的男人，是最值得试试的。这种信徒不会让她们的丈夫承认失败。她们在一次失败以后，会适当地鼓舞她们的丈夫，清除掉他们的秽气，然后把他们送回激烈的竞争中。

西盖·洛克曼尼诺夫，这位伟大的俄籍音乐家，在 25 岁的时候就是个成功的作曲者。由于过分自负，他写了一首很不成功的交响曲。结果，他觉得十分泄气，度过了许多失望的日子。最后他的朋友带他去看尼可拉斯·达尔医师，一位心理专家。达尔医师一次又一次地反复告诉他这个想法："你的身上潜藏着伟大的东西，等待着你向全世界宣示。"

这个想法渐渐在洛克曼尼诺夫心里生根，终于唤起他对自己的信心。在第二年还没有过完以前，他已经完成了那首伟大的 C 小调第二协奏曲，并且把这首曲子献给达尔医师。当这首曲子首次公演的时候，听众们都热烈得发狂。于是洛克曼尼诺夫再次回到成功之路了。

是的，鼓励对于男人，就像燃料对于引擎那么重要。鼓励使得男人的引擎继续发动，使人们心理和精神的电池充电，将失败转为成功。

运气有时候会挫减我们每个人的锐气，严重的打击似乎还会使我们挺不起腰来。但是如果有我们所喜欢的人告诉我们："别放在心上。像这样的事情是打不倒你的。我知道你一定会赢！"那么事情就不一样了。

这就是有信心的妻子们，对于她们的丈夫的一种信任。她们以一种特殊的视角，看到了别人看不出来的特质。她们用眼睛去看，也用内心的爱去看。

但是如果信心没有用言语表达出来，也就毫无作用了，妻子必须运用技巧表达对丈夫的信心，以鼓励、赞美与爱的语言和行动去表达。

如要幸福，请注意礼貌

卡耐基金言

◇礼貌是婚姻的润滑剂。

◇婚姻家庭里也要讲礼貌，不管怎么说，蛮不讲理都是一件让人头疼的事情。

美国杰出的演说家、曾做过总统候选人的詹姆斯·布莱思，把他的女儿嫁给了瓦特·杜鲁芝。小两口的婚姻在以后的日子里都非常的幸福。他们难道有什么要诀吗？

杜鲁芝夫人说："我们夫妻婚后可以说是相敬如宾，我希望年轻的夫妻们，也要做到以礼相待，不管怎么说，蛮不讲理总是一件让对方头疼的事情。"

蛮不讲理会让爱情生病的。人们明白这点，但常常忽视它。很多时候，人们对待陌生人，比对待家人更有礼貌。

人们不会随便把陌生人的说话打断，人们不会不经允许偷看别人的信件，而对于家人，人们却常常这样做。

陶丽丝·迪克斯的话还可以用在这里："这让人吃惊，但却是事实，说伤害我们的话最多的人，就是我们的家人。"

亨利·克劳也说过礼貌对于婚姻和家庭的重要性："礼貌是婚姻的润滑剂。"

奥利佛·哈姆斯在他的《早饭的独裁者》这本书里写的情景，可能存在于所有家庭，可其实他自己的家里却不是这样。事实上他太为别人着想了，他从不让他的家人看他的脸色，即使他心情不好的时候，他也自己一个人忍着。

哈姆斯是这样做的，可一般人呢？一般人要是在工作上遇到麻烦，往往就会回家冲家人发火。

在荷兰，你要把鞋子留在玄关外面，然后才能走进屋里。根据哈利爵士的意见，我们应当跟荷兰人学一学，在进到屋子之前，把一天工作上的麻烦，脱下留在外面。

威廉·詹姆斯曾写了一篇文章，叫作《人类的某种盲目》。这篇文章值得你专程地跑到图书馆去阅读。"本论文所要讨论的现代人的盲目，"他写着，"就是不了解动物和人的感情。这种盲目使我们都遭受了痛苦。"

对顾客，甚至生意上的伙伴尖声讲话，许多人都会很后悔；但对太太大吼，却不以为然。然而，在个人的幸福快乐方面，婚姻比事业更加重要、更加切身。一般人假如有快乐的婚姻，就远比独身的天才生活得更快乐。俄国伟大的小说家屠格涅夫受到整个文明世界的赞誉，可是他说："假如在某个地方有某个女人对我过了吃晚饭的时间还没有回家，会觉得十分关心，我宁愿放弃我所有的天才和所有的著作。"

婚姻幸福快乐的机会，究竟有多少呢？如我曾经提到过的桃乐丝·狄克斯认为，半数以上的婚姻都是失败的；但保罗·波皮诺博士的看法相反。他说："男人在婚姻上取得成功的机会，比他在任何行业上获得成功的机会都大。

进入商界的男人，40%会失败；而步入结婚礼堂的男人和女人，40%会成功。"

对于这件事情，桃乐丝·狄克斯的结论是如此的：

"跟婚姻相比，"她说，"在我们一生中，命只是一支插曲，死更是一件小事。

"虽然说，有一位满足的太太、一个和睦而愉悦的家庭，对一个男人来说，比赚100万元还显得重要，但是100个男人之中，还找不到一个慎重地这样想过。他把一生中最重要的事情交给了命运，成功或失败就看幸运之神是否照顾他。当钞票都在丈夫的口袋里，能够用柔和的方式而不需要强力的手段时，为什么他们不和婉地对待太太？这点真令太太们不了解。

"每个男人都知道，用奉承的方式可使他的太太情愿做任何事情，而且什么也不顾地去做。他知道，假如他只夸奖她几句，说她家庭管理得如何地好，说她如何地帮助了他而不必花他一个钱，她都会把她的每一分钱都赔上了。每一个男人都知道，假如告诉他太太，说穿上她去年的某件衣服她将会是多么的美丽可爱，她就会宁愿不买从巴黎进口的最新款式。每一个男人都知道，他能够把太太的眼睛亲得闭起来，一直亲到她像蝙蝠般瞎了；他只热情地吻一下她的嘴唇，她就会像虾子一样地变哑。

"每一个太太都明白她丈夫了解这些事情，由于她早已把如何对待她的方式完全告诉了他。但他宁愿不顺从她的意思，反而花钱吃不好的东西，把钱浪费在为她买新衣服、新型豪华轿车上，而不去花精神来奉承她一点，不情愿以她所要的方式来对待她。她真不知道该喜欢他呢，还是讨厌他。"

所以，假如你要维持家庭生活的幸福快乐，请注意要殷勤有礼。

真正的幸福源自细节

卡耐基金言

◇女人对生日和纪念日很重视。这究竟为什么，恐怕永远是一个谜。

◇婚姻就是一串串琐事构成的。轻视这一基本事实的，将使一对夫妇的婚姻面临困难。

自古以来，花就被认为是爱的语言。它们不必花费你多少钱，在花季的时候尤其便宜，而且常常街角上就有人在贩卖。但是从一般丈夫买一束水仙花回家的情形之少来看，你或许会认为它们像兰花那样贵，像长在阿尔卑斯山高入云霄的峭壁上的薄云草那样难于买得到。

为什么要等到太太生病住院，才为她买一束花？为什么不在明天晚上就为她买一束玫瑰花？你是喜欢试验的人，那就试试看会有什么结果。

乔治·柯汉在百老汇那么忙，但他每天都要打两次电话给他母亲，一直到她去世为止。你是不是会认为每次他都能够告诉她一些惊人的消息？没有。这些小事的意义是：向你所爱的人表示你在想念着她，你想使她高兴，而你心里非常重视她是否幸福快乐。

女人非常重视自己的生日和结婚周年纪念——为什么这样，这将是永远没有人明白的女性神秘之一。一般的男人虽然不记得许多日子，但仍然能够凑合着过一生，但有些日子他还是必须记住的：1492年（哥伦布发现新大陆）、1776年（美国独立）、他太太的生日，以及他自己结婚的年月日。不然的话，他甚至还可以不管前面那两个日子——但绝对不可以忘记后面这两个！

芝加哥的约瑟夫·沙巴斯法官，他曾审理过4万件婚姻冲突的案子，并使2000对夫妇复和。他说："大部分的夫妇不和，根本是肇因于许多琐屑的事情。诸如，当丈夫离家上班的时候，太太向他挥手再见，可能就会使许多夫妇免于离婚。"

劳勃·布朗宁（英国诗人）和伊丽莎白·巴瑞特·布朗宁（英国女诗人）的婚姻，可能是有史以来最美妙的了。他永远不会忙得忘记在一些小地方赞美她和照顾她，以保持爱的新鲜。他如此体贴地照顾他的残废的太太，结果有一次她在写给姊妹们的信中这样写道："现在我自然地开始觉得我或许真的是一位天使。"

太多的男人低估在这些日常而又小的地方表示体贴的重要性。正如盖诺·麦道斯在《评论画报》中一篇文章里所说的："美国家庭真需要弄一些新噱头。例如，床上吃早饭，就是大多数女人喜欢放纵一下的事情。在床上吃早饭，对于女人，就像私人俱乐部对于男人一样，会收到奇特的效果。"

社会学家说，人们一生的婚姻史就像穿在一起的念珠。忽视这些小事的夫妇，就会不和。艾德娜·圣·文生·米蕾，在她一篇小的押韵诗中说得好：

并不是失去的爱破坏我美好的时光，但爱的失去，尽都是在小小的地方。

这是值得记下来的一节好诗。在雷诺有好几个法院，一个星期有 6 天为人办理结婚和离婚，而每有 10 对来结婚，就有一对来离婚。这些婚姻的破灭，你想究竟有多少是由于真正的悲剧呢？其实，真是少之又少。假如你能够从早到晚坐在那里，听听那些不快乐的丈夫和妻子所说的话，你就知道"爱的失去，全都是一切小的细节问题所造成的"。

拿出一把小刀来，把下面一段话割下来，然后贴在帽子里面或贴在镜子上面，好让人们每天都得到提醒：

"凡事一逝不可追，因此，凡是有益于任何人，而我又可以做的事情，或是我可以向任何人表示亲切的事情，我现在就去做。不可因循，不可疏忽，因为凡事一逝不可追。"

如果你要维护家庭生活的幸福快乐，要注意一些细节问题，花点心思对自己的家庭生活起着举足轻重的作用。

真诚地欣赏对方

卡耐基金言

◇每一个男人事实上都是两个人，一个是他真正的自己，另一个是理想中的自己。

◇真诚的赞美和激赏是值得尝试而能使男人发挥出最大能力的有效方法。

"多数男子寻求自己的伴侣时，他们不像在寻找高级职员，而是寻求一个对自己具有诱惑并情愿奉承他们的虚荣心，使他们感到优越的人。"如果一位女办公室主任应邀吃一次午餐，但她总是将大学时代的那些哲学思潮作为谈话的内容，甚至坚持自付餐费，那最后的结果只能是，自此以后独自吃午餐了。

"反过来说，即使一个未进过大学的打字员，应邀吃午餐的时候，她能温情地注视着她的男伴，仰慕地说'再给我讲些有关你的事'，最后的结果可能是，他会告诉别人：'她不是十分美丽，但我从未遇见过比她更会说话的人。'"

每个男人都需要女性的欣赏和支持。

"每一个男人事实上都是两个人,"查士德·斐尔爵士写道,"一个是他真正的自己,另一个是理想中的自己。"

如果一个人本来是羞怯的,他就想要勇敢些。如果他并没有广受欢迎,他就想要被大众所喜爱。如果他缺乏信心,他就渴望成为毫不惧怕的人。

妻子的职责,就是帮助她的先生成为他理想中的那个人。

做妻子的人,永远不可以对她的丈夫说:"你失败了。"玛格丽特·芭宁在写给《四海》杂志的一篇文章里如此劝告我们:"如果他真的失败了,他的老板将会毫不迟疑地告诉他。但是在家里,在早餐的时候,在床上,人们应该勉励他,人人都可以成功的,向丈夫说'你无论如何也不会成功'的妻子,只会使这句话更快实现而已。"

这是千真万确的。一个女人说出的经过明智选择的话,可以改变一个男人对自己的整个看法,使他变得更好,使他对生命有个全新的看法。拿汤姆·强森的例子来说——他是个年轻的第二次世界大战退伍军人。

汤姆·强森在战争中受了伤,他的一条腿有点残废,而且疤痕累累。幸运的是,他仍然能够享受他喜欢的运动——游泳。

有个星期天,他和他的太太在汉景顿海滩度假。做过简单的冲浪运动以后,强森先生在沙滩上享受日光浴。不久他发现大家都在注视他。从前他没有在意过自己满是伤痕的腿,但是现在他知道这条腿太惹眼了。

下个星期天,强森太太提议再到海滩去度假。但是汤姆拒绝了——说他不想去海滩而宁愿留在家里。他的太太的想法却不一样。"我知道你为什么不想去海边,汤姆,"她说,"你开始对你腿上的疤痕产生错觉了。"

"我承认了我太太的话,"强森先生说,"然后她向我说了一些我将永远不会忘记的话,这些话使我的心里充满了喜悦。她说:'汤姆,你腿上的那些疤痕是你的勇气的徽章,你光荣地赢得了这些疤痕。不要想办法把它们隐藏起来,你要记得你是怎样得到它们的,而且是骄傲地带着它们。现在走吧——我们一起去游泳。'"

汤姆·强森去了,他的太太已经除掉了心中的阴影,甚至将会有更好的开始。

再看看艾礼·卡柏森的例子。他是个杰出的桥牌手。有一次,卡柏森先生在访问中告诉我，说他 1922 年刚到美国的时候，不管做的什么事都完全失败，甚至是个最差劲的桥牌手。但是，当他娶了一位名叫约瑟芬·狄伦的桥牌老师以后，他的运道改变了。她说服他，使他相信自己是个很有潜力的桥牌天才。他太太的鼓励，终于使他选择了桥牌作为职业。

是的，真诚的赞美和激赏，是值得尝试而能使男人发挥出最大能力的有效方法。我们完全尽力了吗？没有人知道。有一天我们将会失去"两个丈夫"里头的一个，而只剩下一个保留着——那个他想要变成的人。

同样，像强森太太一样，男性对于女性追求美观及装束得体的努力应表示欣赏。所有的男人都忘了，如果他们注意的话，将知道女性是如何注重自己的衣着。例如，如果一男子同一女子在街上遇见另一男子同一女子时，这女子很少看那男子，她却会不时地留意看另一女子穿的衣服怎么样。

我的祖母在 98 岁时死去。她去世前不久，我给她看一张她自己在 30 多年前所摄的相片。她的老花眼已看不清相片，但她问的唯一问题是："那时我穿着什么衣服？"试想一想！一位在她生命最后 12 月的老太太，虽然年事已高，卧床不起，记忆力衰弱得几乎不能辨认她自己的女儿了，还注意自己 30 多年前穿的什么衣服！

对很多男人来讲，他们也许想不起自己 5 年前穿的什么衣服，什么衬衫，他们也丝毫没有心思去顾及它们，但女人则不同。法国上等社会的男子都要接受训练，对女人的衣帽表示赞赏，而且一晚不止一次。5000 万的法国人不会都错的！

有一次，我在剪报的时候发现过这样一个故事，我知道不是真的，但它证明了一个真理。

有一位农家妇女，经过一天的辛苦以后，在她的男人面前放下一大堆草。当他恼怒地问她是否发狂了，她回答说："啊，我怎么知道你注意了？我为你们男人做了 20 年的饭，在那么长的时间里，我从未听见一句话，使我知道你们吃的不是草！"

莫斯科与圣彼得堡的那些养尊处优的贵族曾有很好的礼貌。上层人有一种风俗，当他们享受过丰美的菜肴时，坚持将厨师召来，接受他们的恭贺。

为什么不同样体恤一下你的妻子？下次她烧鸡烧得很嫩，你就这样告诉她，使她知道你欣赏她的手艺——你不是只在吃草。或像格恩常说的："好好地捧一捧这位小妇人。"因为她们都喜欢被人这样。

当你正要作出这样的表示时，不要怕她知道她对你的快乐是如何的重要。狄斯累利这位英国伟大的政治家，正如我们所知，他就不羞于使世界都知道他对他的"小妇人沾光多少"。我有一次浏览杂志时，看见这么一段话，那是从埃第康德的访问中得来的："我沾光于我夫人的多于世上其他任何人。我在儿童时，她是我最好的朋友，她帮助我勇往直前。在我们结婚以后，她节省每一镑钱，然后进行再投资，她为我储存了一个家当。我们有 5 个可爱的孩子。她一直为我建造一个美丽的家庭，如果我有成就应归功于她。"

在好莱坞，婚姻似乎是一件冒险的事，甚至伦敦的劳慈保险公司也不愿打赌，在少数快乐婚姻中，巴克斯德算是一个。巴克斯德夫人以前叫勃莱逊，她放弃灿烂的舞台事业而结婚了，但她事业上的牺牲并没有使之失去他们的快乐。"她失掉了来自舞台成功的鼓掌称赞，"巴克斯德说，"但我已尽力使她完全感觉到了我的鼓掌称赞。如果一个女子完全要在她丈夫那里求得快乐，她必须在他的欣赏与真诚中得到。如果那欣赏与真诚是实际的，那他的快乐也就得到了答案。"

现在你应该明白了，如果你要保持家庭生活快乐，一个重要的原则是给予对方真诚的欣赏。

爱的语言不需要唠叨

卡耐基金言

◇林肯夫人、于金尼皇后、托尔斯泰女爵，由于她们的喋喋不休，除了悲剧之外，没得到任何东西，她们将自己的"宝贝"亲手毁坏了。

◇海勃格，在纽约市家庭法庭任职 11 年，曾调查过数以千计的男性遗弃案件，他说男人离家出走的一个主要原因，就是因为他们的妻子喋喋不休。

◇正如《波士顿邮报》上所说的，"许多做妻子的，用连续不断的挖掘，造好她们自己的坟墓。"

林肯一生的大悲剧是他的婚姻，而不是他的被刺杀。请注意，是他的婚姻。布斯开了枪以后，林肯就不省人事，永远不知道他被杀了，但是在他生前的 23 年的婚姻中，他所得到的是什么呢？根据他律师事务所合伙人荷恩所描述的，是"婚姻不幸的后果"。"婚姻不幸？"说的还算婉转的呢：几乎有 1/4 世纪，林肯夫人唠叨着他，骚扰着他，使他不得安宁。

她老是抱怨这，抱怨那，老是批评她的丈夫；他的一切，从来就没有对的——他老伛偻着肩膀，走路的样子也很怪。他提起脚步，直上直下的，像一个印第安人。她抱怨他走路没有弹性，姿态不够优雅；她模仿他走路的样子以取笑他，并唠叨着他，要他走路时脚尖先着地，就像她从勒星顿孟德尔夫人寄宿学校所学来的那样。他的两只大耳朵，成直角地长在他的头上的样子，她不喜欢。她甚至还告诉他，说他鼻子不直，嘴唇太突出，看起来像痨病鬼，手和脚太大，而头又太小。

亚伯拉罕·林肯和玛利·陶德，在各方面都是相反的——教育、背景、脾气、爱好，以及想法——他们经常使对方不快。

举一个例子来说，林肯夫妇刚结婚之后，跟杰可比·欧莉夫人住在一起——欧莉夫人是一位医生的遗孀，环境使她不得不分租房子和提供膳食。

一天早晨，林肯夫妇正在吃早饭，林肯做了某件事情，引起了他太太的暴躁脾气。究竟是什么事，现在已经没有人记得了。但是林肯夫人在盛怒之下，把一杯热咖啡泼在她丈夫的脸上。当时还有许多其他房客在场。当欧莉夫人进来，用湿毛巾替他擦脸和衣服的时候，林肯羞愧地静静坐在那里，不发一言。

林肯夫人的嫉妒，是如此的愚蠢、凶暴和令人不能相信，只要读到她在大众场合所弄出来的可悲而又有失风度的场面——而且在 70 年以后——都会叫人惊讶不已。她最后终于发疯了。对她最客气的说法，也许是说，她之所以脾气暴躁，或许是受了她初期精神病的影响。

这样的唠叨、咒骂、发脾气，是否就改变了林肯呢？在某方面说，的确使林肯有所改变。确实改变了他对她的态度，确实使他深悔他不幸的婚姻，以及使他尽量避免和她在一起。

当时春田镇的律师一共有 11 位之多，要赚取生活费并不容易，因此，当法官大卫、戴维斯到各个地方开庭的时候，他们就骑着马跟着他，从一个郡到另一个郡。这样，他们才能在第八司法区所属各郡郡政府所在的各镇，弄到一些业务。

每个星期六，其他的律师都想办法回到春田镇，和家人共度周末。可是林肯并不回春田镇——他害怕回家。春天3个月，然后秋天再3个月。他都随着巡回法庭留在外面，而不走近春田镇。他每年都是这样。乡下旅馆的情况常常很恶劣；但尽管恶劣，他也宁愿留在旅馆，而不要回到自己家里去听他太太的唠叨，和受她暴躁脾气的气。

75年前，法国皇帝拿破仑三世——伟大的拿破仑·波拿巴的侄子，和于金尼·德伯女伯爵——世界上最美丽的女人产生了爱情，并与她结了婚。他的顾问们反对说，她不过是一位不重要的西班牙伯爵的女儿。但拿破仑回答说："那又如何？"她的优雅、她的年轻、她的美貌、她的魅力使他充满幸福。他甚至向全国的民众宣称："我已经爱上了一位我喜欢的女人，她是我知心的女人。"爱情的圣火从未发出比这更光亮的光芒。

但很可惜，圣火不久就熄灭了，炽热很快变冷了——直至成为灰烬。拿破仑可以使于金尼成为皇后，但拥有美丽法国的全部，或皇帝的全部爱情力量，或皇帝的最高权力，都不能使她停止喋喋不休。

由于嫉妒和猜疑，她蔑视他的命令，她甚至不允许他拥有一点点私人秘密。当他处理国家大事的时候，她闯入他的办公室，阻挠他召开最重要的会议。她拒绝让他独处，永远害怕他与别的女性交往。她常常到她姐姐处抱怨她的丈夫。

抱怨、哭泣、喋喋不休，有时还有恫吓。她强行进入他的书房，向他发作、谩骂。拿破仑，虽然是富丽堂皇宫殿的主人、法国的皇帝，却不能找到哪怕一个小橱柜，可以在里面定一定心。

于金尼用这些方法得到的是什么？这里是答案。

我现在从莱茵哈德的精心著作《拿破仑与于金尼：一个帝国的悲喜剧》里摘录下来："后来，拿破仑常常在夜里，从一个侧门偷偷溜出去，他戴一顶软帽，将眼睛遮住，只由一名亲信随从，到等待他的美女那里去，或像古时骑士似的遨游于这座大城市里，经过的街市，都是皇帝在神仙故事以外见不到的，因为只有在那里，他才可以呼吸些新鲜空气。"

这就是喋喋不休给于金尼带来的恶果。

是的，她坐在法国的皇位上；是的，她是世界上最美丽的妇人。但在喋喋不休的毒气中，皇位与美貌都不能保证爱情的生存。于金尼可以像古时的乔波那样高声呼喊："我最怕的事来到了我身上。"来到她身上吗？是她自找的，可怜的妇人，因为她的嫉妒和喋喋不休而得到的。

在所有烈火中，地狱魔鬼发明的毁灭爱情的一切方式中，喋喋不休是最致命的，因为使用者得到的永远都是失败。

维吉尼亚大学教授沙姆·W.史蒂文博士在一次讲演中，呼吁丈夫们应该享有4种新自由：免于被唠叨、挑剔的自由，免于被呼喊使唤的自由，免于消化不良的自由，以及可以在一天的繁忙工作后换上旧衣服轻轻松松的自由。

为什么女人要对她们的丈夫唠叨不停？理由真不少。有时候，唠叨是一种身体不舒服的征兆。时常找医生做健康检查，可以使我们身体健康，这就好像时常检查我们的汽车能够使它们维持良好的驾驶状况那样。

长期的疲乏，常常会转变成一种唠叨的倾向。治疗的方法是，把这个人的生活安排得更有效率些；找出造成疲乏的原因，并且消除它。

心理学家说："受到压抑的打击，常会造成唠叨。"婚姻问题，性的挫折，爱的失落，内心对生命的不满——这些都是典型的打击，它们常常以唠叨、埋怨或诉苦的方式发泄出来。分析一个人的心理，找出这些打击，并且引导它们发泄出来，做一些有关这方面的事情，就是消除它的最好方法。以唠叨的方式来发泄，只不过是火上浇油而已。

有时候，甚至法律也把唠叨当成减轻刑罚的依据。

在佐治亚州最高法院的一个案例里，如果丈夫为了躲避妻子的唠叨而把自己锁在客房里，那是无罪的。法庭的说法是："所罗门王说过：'住到阁楼上的角落里，总比在大厅里受着女人的闲气要好过多了。'"

如果你现在相信唠叨对男人的工作和成功有如此大的阻碍，那是不是也想知道，有没有什么补救的方法？是的，如果爱唠叨的人能够了解它所带来的痛苦，并且真心想要改过的话。

除非你知道自己有这种毛病，否则你是无法治好它的。唠叨是一种破坏性的心理疾病。如果你不知道自己有没有这种毛病，快去问一下你的丈夫。如果他竟然告诉你，你是一个爱唠叨的人，请不要马上愤怒地否认——这只是证明他的看法没错而已。相反，你要立刻采取办法改正这个情况。以下是6个可能对你有益的建议：

1. 取得你丈夫和家人的合作。

每当你快要发怒、下着严格的命令，或是正对某一细节问题喋喋不休的时候，请他们罚你5块钱。

2. 训练你自己把话只讲一遍——然后就忘掉它。

如果你必须很不耐烦地提醒你的丈夫六七次，说他曾经答应过要去洗碗，想必他大概不会去洗了，为什么你还要浪费唇舌？唠叨只不过使他更想拒绝，下定决心绝不屈服而已。

3. 想办法使用温和的方式达成目的。

"用甜的东西抓苍蝇，要比用酸的东西有效多了。"我们的老祖母常常这么说。其实，这句话到今天还是很正确的。"如果你愿意去割草，亲爱的，我将烘好你所喜爱的水果饼让你晚饭时吃。"或者是，"亲爱的，真高兴看到你把我们的草地修得这么整齐——艾莲·史密斯说过，她真希望她的丈夫能够像你这样勤快呢。"这些方法，以及其他类似的方法，将使你的希望更容易达成。

4. 培养出一种幽默感。

幽默感将会使你常常保持良好的心情。只有傻子才会在悲伤的时候傻笑。经常因芝麻小事不高兴的人，早晚会精神崩溃的。有些太太在催丈夫到浴室去拿浴巾的时候，竟然也大动肝火，严重的程度令人吃惊。从没有一个有理智的女人会浪费到对一件便宜衣裳付出法国名牌专卖店的价钱；然而我们之中有些人却常常浪费精神，紧绷着一张脸，为了一些不值一提的小事，把爱情转变成怨恨。

5. 冷静地讨论重大的不愉快事件。

发生不愉快事件的时候，想办法在纸条上写下来。在发生的时候不要说什么话。然后，当你和你的丈夫都很冷静的时候，再把这些事情拿出来讨论。如果是微小和不重要的事情，你一定会不好意思再提起。人们必须有理智地、不意气用事地讨论引发怒气的主要原因，看看能不能利用相互的信任和合作来消除它们。

6. 你可以不唠叨就能达到目的。

学习和掌握人际关系的艺术。学习激励别人去做你想要的事，而不要驱使别人。根据查尔斯·史考伯的说法，这就是操纵男人的秘诀。当然，他的话是不会错的——因为这种能力，才会有人付给他100万美元的年薪。

就像一首歌唱的那样，你不能用一把枪套牢一个男人——当然也不能用唠叨的话来套住他。那样做，只会破坏他的精神，毁灭你自己的幸福。

不要试图改造对方

卡耐基金言

◇无论她在公众场所显出如何无知识，或没有思想，他从不批评她；他从未说过一句责备的话。如果有人讥笑她，他马上站起来忠诚地维护她。

◇与人交往，第一件应学的事情就是不要干涉他们自己快乐的特殊方法，如果那些方法与我们不相冲突的话。

◇婚姻的成功，绝不只是寻找一个适当的人，而是自己做个适当的人。

"我一生或许会犯许多的错误，"英国著名政治家狄斯瑞利说，"但我永远不打算为爱情结婚。"

事实上，他在35岁以前真的没有结婚。

后来，他向一位有钱的寡妇求婚，一位比他大15岁的寡妇，尽管也才50岁，但头发却已苍白。是爱情吗？嗨，不是，她知道他不爱她，她知道他为她的金钱娶她！所以她只要求一件事：她请他等一年，给她一段时间研究他的品格。

到限期的那天，他们结了婚。

听起来很平凡、很商业化，是不是？也够矛盾的，狄斯瑞利的婚姻，是被玷污的爱情中，最生动的成功例子。

狄斯瑞利所选择的有钱寡妇既不年轻，也没有美貌，也不聪明——比平常人差远了。她的说话充满了令人发笑的错误。例如，她"永不知道希腊人和罗马人哪一个在先"。她对服装的品味是古怪的；她对屋舍装饰的品味是奇异的，但她是一个天才，一个真正的天才。她的天才表现在婚姻中最重要的事情上：处置男人的艺术。

她没有用她的智力与狄斯瑞利对抗。

当他整个下午与机智的公爵夫人们勾心斗角地谈得筋疲力尽以后回家时，恩玛莉的轻松闲谈使他松弛，家庭使他日增愉快，成为他获得心神安宁温存的地方。

那些与他的年长夫人在家度过的时间，是他一生最快乐的时间。她是他的伴侣、他的亲信、他的顾问。每天晚上他从众议院匆匆回来，告诉她白天的新闻。而最重要的无论他从事什么，恩玛莉简直不相信他会失败。

30 年来，恩玛莉为狄斯瑞利而生活，她尊重自己的财产，因为那能使他的生活更加安逸。反过来说她是他的女英雄，在她死后他才成为伯爵；但在他还是一个平民时，他就劝说维多利亚女王擢升恩玛莉为贵族。所以，在1868 年，她被封为毕根菲尔特女爵。

无论她在公众场所显示出如何无知识，或没有思想，他永不批评她，他从未说出一句责备的话；而且，如果有人敢讥笑她，他即刻起来猛烈忠诚地护卫她。恩玛莉不是完美的，但 30 年来，她从未厌倦谈论她的丈夫，称赞他。结果呢？"我们已经结婚 30 年了，"狄斯瑞利说，"她从来没有使我厌倦过。"

"谢谢他的恩爱，"恩玛莉习以为常地告诉他与她的朋友们，"我的一生简直是一幕很长的快乐。"在他俩之间有一句笑话。"你知道的，"狄斯瑞利会说，"无论怎样，我不过为了你的钱才同你结婚。"恩玛莉笑着回答说："是的，但如果你再重选择一次，你就要为爱情而与我结婚了，是不是？"而他承认那是对的。

正如詹姆斯所说的："与人交往，第一件应学的事情就是不要干涉他们自己快乐的特殊方法，如果那些方法与我们不相冲突的话。"所以，如果你要你的家庭生活快乐，请记住：

不要试图改造你的配偶。

不要批评对方

 **卡耐基金言**

◇狄克斯，婚姻问题的美国第一权威，宣称婚姻的 50％以上是失败的。她知道，使这么多罗曼蒂克梦在离婚的礁石上撞碎的一个基本原因就是因为批评——无用的、令人心碎的批评。

狄斯瑞利在公众生活中最激烈的对手是格来斯东，这两个人几乎在每个问题上，都要发生冲突，但他们有一件相同的事，即他们私生活的无上快乐。格来斯东夫妇共同生活了 59 年，差不多 60 年时间拥有持久的相互忠诚。

我喜欢想到格来斯东，英国最尊贵的首相，握着他妻子的手，踏着炉前的地毯起舞，唱这支歌：

> 一个褴褛的丈夫与一个粗鲁的妻子，
>
> 在生活的一起一伏中，我们跳动并摩擦着。

格来斯东在公众场所是一个令人可怕的敌手，在家中却从未批评过人。当他早晨下楼早餐时，发现家中别的人都还在睡觉，他有一种温柔的方法，表示他的责备。他提高嗓门使屋中充满了神秘的声音，他是在提醒别人：英国最忙的人，独自在楼下等候他的早餐。他有外交手段，体恤他人，竭力避免家庭中的批评。

凯瑟琳也常常这样做。凯瑟琳曾统治世界上一个最大的帝国，她对数百万的国民操有生杀之权。在政治上，她是一个残忍的暴君，她把她的几十个仇人判处死刑，并用射击队杀戮。但如果厨师将肉烤焦，她什么也不说，微笑着吃下去，这种忍耐，值得一般美国丈夫效法。

狄克斯，婚姻问题的美国第一权威，宣称婚姻的 50% 以上是失败的。她知道，使这么多罗曼蒂克梦在离婚的礁石上撞碎的一个基本原因就是因为批评——无用的、令人心碎的批评。

所以如果你要想拥有家庭生活的快乐，请记住下面的原则：

不要批评对方。

做个家庭宝贝：让丈夫快乐回家

卡耐基金言

◇我们不可陷进庞杂单调的家务里，忘了家事的真正目的：为我们心里最爱的丈夫创造一个爱情的、安全的和舒适的小岛。

你的丈夫忙碌了一天以后，回到家里看到的是一种怎样的气氛呢？哪一种家庭才能使他在每个早晨提高工作兴趣、恢复精神去努力呢？这些问题的答案和你丈夫事业的成功或是失败比你所想象的关系更密切。

"家庭对你的丈夫和小孩具有什么意义，这就要看你的表现了。"克里福特·R.亚当斯博士在《妇女家庭》杂志的专栏"如何创造婚姻幸福"里写道，"丈夫和小孩当然也有责任，但是决定性的影响就要看你创造出来的环境，你所培养出来的气氛，以及最重要的，你所呈现出来的榜样。"

为了使丈夫能够以最高的效率工作，丈夫的家庭必须供给他一些基本要素。

1. 轻松。

不管一个男人多么喜爱他的工作，他的工作总会带给他某种程度的紧张。在他回家以后，如果这些紧张能够消除，他就能够为他心理的、身体的和情感的动能加油打气，好在第二天开始娴静热诚的生活。

每个女人都想做个好的家庭主妇，但是有时候男人在家里得不到休息和放松，因为他的太太是个太好太好的家庭主妇。我小的时候，我的邻居就有这么一个女人。她的孩子不可以把朋友带回家——小孩子们可能会弄脏她一尘不染的地板；她的丈夫不可以在家里抽烟——可能会使窗帘沾上烟味。如果她的丈夫看完一本书或报纸，就必须准确地放回原处。精神病症状？也许是。但是这种情况比我们所了解的要更加普遍得多。

在全国基督家庭生活第20届年会里，美国基督教大学精神科教授罗勃特·P.奥典华特博士，在讲演中把母亲们对于一尘不染的洁净的愿望描述成是"在我们的美国文化里最大的压迫"。

乔治·凯利所写的《克莱格的妻子》是在几年前获得普立策奖的戏剧。它之所以会普遍受到欢迎，主要是由于事实上有许多女人都很像哈丽莱特·克莱格。哈丽莱特生活的主要重心，就是保持家里绝对的干净，她甚至连放错了坐垫也无法忍受，朋友们来访并不受欢迎，因为他们会把东西搞乱。而她认为她那正常、不拘小节的丈夫是个破坏专家，因为她的丈夫会扰乱了她所创造出来的冷酷的完美。

当丈夫们把星期天的报纸、烟屁股、眼镜盒和其他各种东西随便乱丢在刚被辛勤收拾干净的客厅里的时候，那些当妻子的常常都有一种冲动，想要拿一把利器去对付他。但是，在大骂他是个毫不体贴的莽汉以前，我希望一个聪明的妻子应当想一想，家是他能够放松的、变成他本来任性的、可爱的、自己的、唯一的地方。

2. 舒适。

由于装饰和布置家庭通常是妻子的工作，她必须记得，舒适是男人最大的需要。细长的桌椅，过于精致的毛织物，一堆一堆的小装饰品，在女人的眼里也许是迷人的，但是这些东西令一个疲倦的男人讨厌，他需要一个地方去搁脚，放烟灰缸、报纸与烟斗。

你想知道男人所喜欢的布置方式吗？不妨研究单身汉整理房间的情形。

有一位很会布置自己房子的单身汉华特尔·林克，他是新泽西州标准石油公司的主任地质学家。林克先生的工作使他必须跑遍全世界最偏远的角落，而他在纽约城拥有一间超现代的公寓。他利用旅行带回来的纪念品装饰这个房子——爪哇的手工染布、刚果的木雕、东方的象牙雕刻品。还有，他的床单是从秘鲁带回来的鹿马皮。林克先生的公寓由于明亮、宽敞和舒适，以及富有个性的趣味而显得特别迷人。

难怪这些有结婚资格的家伙仍然做单身汉了——很少有女人能够使他们像自己服侍自己那样舒适。

当妻子们布置房间的时候，常常会忽略男人对于舒适的要求。梅尔夫人曾经从巴黎买了一些可爱的、古式的小瓷器烟灰缸回来。知道她丈夫是怎么做吗？他到廉价商店去，买回好几个大型玻璃烟灰缸，而且分别把它们放在楼上楼下使用。当客人来访的时候，他们也都用那廉价商店的特产品。这些烟灰缸尽到了它们本来设计好的功用，而且看来相当好——可是梅尔夫人那精致的法国小东西就没有人要用了。

如果你的丈夫对于你辛苦布置好的家似乎会带来破坏，这很可能是因为你布置的方式有点错误了。他把报纸满地乱丢吗？可能是茶几太小，或上头堆满了装饰品，他根本就找不到地方放报纸。

3. 有秩序和清洁。

大部分男人宁愿住在一间收拾整齐的帐篷里，也不愿住在凌乱不堪的漂亮房子里。开饭很少准时，早餐的盘子到了吃晚饭的时间还放在水槽里不洗，浴室里堆满废弃物，卧室不加整理，这些现象以及其他混乱的情形，会使男人跑到球场、酒吧以及妓院去。对男人来说，除了自己的凌乱以外，似乎没有办法忍受任何人的不整洁。

一位丈夫告诉自己的妻子他曾经打消了向一个漂亮的女孩子求婚的念头，只因为有一天他到她的公寓去找她，发觉她房间里杂乱的情形，就像刚刚被洗劫过。

我上面所说的是长期的不整理。任何一个有修养的丈夫，对于偶然发生的过失，都是能够体谅的。他会在清扫日愉快地吃着剩菜，当我们碰到一些不寻常的问题必须应付的时候，他也会帮忙或是为我们解决——只是这种情况不是时常发生就好。

4. 一个愉快、祥和的气氛。

家里的气氛，主要是女人的责任。你的丈夫在业界的表现，将会受到你所创造的家庭环境的影响。

他的烟灰到处乱弹，使你无法忍受吗？为他买个最大型的烟灰缸——而且要多买几个。他常常把脚搁在你心爱的、精致的脚凳上吗？把这个脚凳拿到客厅去，另外替你丈夫买个坚固的、塑胶做的脚垫。

他有个特定的地方放他的照相机、烟斗、收藏物、嗜好品、书本和报纸吗？或是他只能把这些东西放在阁楼的小角落，和其他废弃物放在一起？

让一个男人在家里感到舒适是使他留在家里的最好方法。

《福星》杂志曾做了一项有关公司生活的调查研究。他们引述一位总经理的话说："我们控制一个人在工作上的环境，但是等他一回到家里，这些控制就失效了。"

作为一个女人，虽然不希望她们的丈夫完全被工作占据，或是身体和精神完全被工作控制，但是，我们又希望他们在这些工作上有最好的表现。事实上，妻子们如果能创造快乐而祥和的气氛，等着他回来，那么，她们就能够使他在这两方面都达成了。

保罗·柏派诺博士是洛杉矶家庭关系协会会长。他相信，家庭应该是男人的避难所，使男人暂时摆脱业务的麻烦而得到安宁。"现代商业或工业界里的生活，"他说，"并不像野餐那样轻松愉快。必须整天与对手竞争，在各种情况下都是。当下班铃响的时候，他就渴望着宁静、舒适、爱情……

"在公司里，大家都只看到——或是想办法要找出他错误的一面。只有在家里，有一位天使看到他最美好的一面。这些天使不会把她自己的困扰加到她先生身上，也不会替他制造一些新的困扰。她恢复了他的能力，保护着他的精神，在情感上使他愉快，使他在第二天早晨充满了精神，热情地出门。"

"在家里创造出那种气氛的妻子，"柏派诺博士作结论说，"能够在丈夫的生活里尽到妻子的责任，应该说是最了解自己职责的人了！"

5. 要觉得家庭是丈夫的，也是妻子的。

让丈夫觉得在家里像个国王，而不是在娇艳的女性王国里当个笨拙的破坏专家，这种努力是很值得的。

当你的家需要一件新家具，或是重新装饰的时候，应该征得他的意见，共同决定，不要只是把付款单交给他而已。为了买下你丈夫想要的摇椅，你必须放弃你心爱的古典式沙发。也许你会埋怨，但是，通常你会发觉他对家的喜爱和你是同样深的——而且，如果他对于发生的事情拥有更多的决定权，家对他的意义将会更加重大。如果他想亲自下厨做菜，不妨在星期天晚上让他在厨房里自由发挥——虽然他会留下堆积如山的锅子和碟子让你为他清洗。

男人对于家庭的关心，和你是同样热切的——他需要一种感觉，觉得家庭没有他就不完整。

我认识一个女孩子，她擅长花费很少的钱来装饰屋子，所以她的房子充满精致、迷人、近乎完美的味道：柔软温和的色调，易碎的摆饰品，精巧别致的风格。可是，这个女孩子却嫁给了一个高大的、浓眉粗发的、烟斗不离口的标准男性。她的丈夫在这个女性化的仙境里，完全格格不入。他爱他的妻子，但是他在家里觉得非常不自在，所以他招待他的朋友的方式是和同事去钓鱼，或是到他可以表现自我的森林小屋里去玩。这个女孩子抱怨着这种种情形，但是她仍然坚持要把家布置得只合于她自己的情况。

我们不可陷进庞杂的家务里，忘了家事的真正目的：为我们心里最爱的丈夫创造出一个充满爱意的、安全而舒适的小岛。

记住下面这几条基本原则，就可以使我们的丈夫变成快乐的人：

1. 使家变成可以轻松的地方，等他回来。

2. 使家变得舒适。

3. 使家变得清洁和有秩序。

4. 使家变得祥和、愉快。

5. 使家成为妻子的，同时也成为丈夫的。

第 **13** 章
完美交际的 **10** 项法则

结识良友

卡耐基金言

◇一个人不论有多少学识，不论有多大成就，假如不能同别人一起生活、一起互相往来，不能培养对他人的丰富的同情心，不能对别人的事情产生一点兴趣，不能辅助别人，也不能与他人分担痛苦、分享快乐，那他的生命必将孤独、冷酷，毫无人生的乐趣。

◇那些不管在何种环境下都能与任何人交上朋友，建立起真挚友谊的人，朋友对他生存竞争的帮助、对事业发展的巨大价值往往是无可估量的。

◇结交卓越的人士，便能见贤思齐；反之，若结交程度远逊于自己的朋友，则难免同流合污。

世界上没有人能够完全离群而独居，人总是要过群体生活的。在人类社会中，每一个人都像葡萄藤上的一根杈枝，其生命完全依赖在主藤上。杈枝什么时候脱离它的主枝，什么时候就要萎缩枯干。一簇葡萄之所以能味美色艳，完全是因为依在葡萄的主枝上，单单靠分枝是无能为力的。假如要把分枝从主枝上剪下来，那么分枝上的葡萄就要枯萎。

我们社会中有许多依靠朋友力量而成功的人，假如能把他们的成功过程一一进行研究，是一件很有意义的事情。一位作家说过这样的话："现代社会人们完全靠一个规模庞大的信用组织在维持着，而这个信用组织的基础却是建立在对人格的互相尊重之上，任谁也无法单枪匹马在社会的竞技场上赢得胜利，获得成功。"为什么我们喜欢结交朋友呢？有些心理学家认为：朋友间能互相取长补短，因为朋友之间能互相照顾，即使像帮对方从头发里拨出一只虫子这种小举动，也是互相关心与体贴的表现。确实，复杂、微妙却美好的人群关系是很难以简单数语解释清楚的，但千万不要忽略了其中一个因素：满足。为什么别人能吸引你呢？因为他们可供给你快乐的源头。如果想在二人所形成的人群关系中发觉每样事物都尽合心意是不太可能的，但一个成功的相处关系必定存在着某种程度的互相满意。朋友扩大了你的生活圈与见闻，并且协助你探索这世界，引领你接近更多的想法及大自然的源头。就像一位朋友邀请你到他的私人的俱乐部打网球，或是将全套的露营用具慷慨借给你，或是告诉你一些好玩的游戏，介绍你读些好书，或是带你到能以低价买到好酒及漂亮衣服的地方——也许他有些你能利用的技能或知识，也许他能教你一些做生意的窍门或是帮助你替孩子选择一所优秀的学校。

朋友之间本来就是以这种方式来互相教导与学习的，但归根究底友情的要素仍是感情的分享。有些有趣的朋友使我们无论在何时何地都开心不已，有些朋友则比较接近"同伴"型，我们和他们共同分享一些特别的活动——打球、工作或是参加研究会。与其他人共同分享感情诚然是一件有趣的事，但也有一些感情是必须通过合作才能具有的。如同一位总统候选人必须搭配另一位副总统候选人，彼此联手才可能赢得大选。恋爱也必须由二人共同分享才能称为恋爱。除了分享彼此能力之外，朋友还能鼓励你上进，支持你自我发展的决心，所有的益处都一点一滴地回馈于你的身上，并且制造更多的快乐。

关于友谊，爱默生说过一句最经典的话："一个真挚的朋友胜于无数个狐朋狗友。"确实，除了自己的力量之外，再也没有别的力量能像真挚的朋友一样，帮助你去实现成功了。一个思想与我接近、理解我的志趣、了解我的优势和弱点、能鼓励我全力以赴地干每一件正当的事、能消除我做任何坏事的不良意念的好友，不知道会增加我多少的能量、多少的勇气，他们常常能使我禁不住下更大的决心——不达成功决不罢休。

那些不管在何种环境下都能与任何人交上朋友、建立起真挚友谊的人，朋友对他生存竞争的帮助、对他事业发展的巨大价值往往是无可估量的。

好的朋友在精神上可以慰藉我们，让我们的身心得到更大的快乐，勉励我们道德上的提高。如果除去这些不谈，而单单从经营事业的角度考虑，好的朋友对一个人帮助的价值也是巨大的。

有一次，英国伦敦的一家报社悬赏征文对"朋友"一词的诠释，其中一个参赛者送去的解释是："当所有人都离我而去时，仍然在我身边的那个人。"这个解释虽然不够典雅和严格，可谁还能说出一个更好的呢？

当一个商人经济上遇到困难，或遇到出人意料的重大变故，或遇到别的不幸，正当万分焦急、手足无措时，突然有位朋友过来帮助他、支持他，从而力挽狂澜，让那位商人有了喘息之机，得以重新振作，这样的朋友是多么感人、多么宝贵啊！

有些刚跨入社会的人，因为结交了很多朋友，而在工作和事业上得到了极大的帮助。但可惜的是，当今的人际关系好像完全陷于交易和金钱方式，结果使得真正的友谊越来越难以找到。

结交朋友是一件非常重要的事情，绝不是随便玩玩就可以了，可大多数人并没有认识到这一点。

有很多人，老的朋友常常任意失去，新朋友却又不去交结，那朋友就越来越少了。

我看见过不少冷酷无情的人。一次，有一个人带着满腔热忱和喜悦去看望他一个多年不见的老同学，不想那同学正忙着做他的生意，只不过冷冷淡淡地和他敷衍了10分钟。原来，那人有一条坚定不移的原则："生意第一，友谊第二。"这种人也许可以发一点小财，可是以牺牲友谊为代价，未免太不值得了。

一个见识过人、能力很强、很聪明，比他现在的朋友发展得更快的人，假如交不到什么新朋友，那么他不管目前有多高的收入，也不能说有真正的进步，因为"一个人是否成功，很大的程度上取决于他择友是否成功"。

那么，我们怎样才能赢得让自己受益终生的友谊呢？

首先，应尽可能结交优于自己的人，并朝这一目标而努力。结交卓越的人士，便能见贤思齐；反之，若结交程度远逊于自己的朋友，自己难免同流合污。一如前面所述，人类往往是近朱者赤、近墨者黑。

当然，我这里所谓的"卓越的人士"，并非是指家世显赫、地位超绝的人，而是指有内涵、让世人所称道的人物。

"卓越的人士"大体上可区分为以下两大类型：一为立身于社会主导地位的人们；其次则是指那些有着特殊才华的人们，例如对社会有着杰出的贡献，才能突出，或是学识渊博的学者，才华洋溢的艺术家等等。此种杰出绝非凭一个人的喜好所界定，而需经由社会上的认同方可获得。当然，其间或许有些例外。总之希望你能结识这些人才。

至于怎样与这些人结交，没有固定不变的办法，也许是厚着脸皮毛遂自荐，或是经由知名人士的大力引荐，当然也可以加入群英聚会的团体里去寻觅朋友。居于其间，仔细去观察拥有不同人格、不同道德观的人们，不仅是件赏心悦目的乐事，更对你有所助益。

身份地位高的人们所聚集的团体，并不见得便是人们所称道、喜爱的。因为，即使身份高高在上的人群里，也有脑袋不灵光、不懂得人情世故、一无可取的人。这些人虽然已经获得人们衷心的尊敬，但却称不上是交往的绝佳对象。这些人往往只是一味地埋头于学问的钻研中。若是你参加此种团体，就必须不时地警惕自己，经常性地探出头来看看圈外的世界。如此一来，你的判断能力就能日渐提高。然而，一旦你紧密地参与其间，成为不知世事的学者，那在你重新踏入鲜活的社会时，就很难步履轻快了！

其次，切莫仓促地一头栽进，使自己深陷其间，此为重要的交友之道。

几乎所有的年轻人，均渴望能和才华横溢的人物成为知交。总认为假使自己也小有才气，那更是如鱼得水。即使达不到此目的，也能满足自己与其共荣的心理。然而，即使是和这些才气纵横、魅力十足的人物交往，也不可不顾一切地全身心投入。不丧失判断力，才是最适当的交往方法。

并非每个人均能心悦诚服地接受才智这种东西。相反，它往往会令人产生恐惧的心理。一般说来，在众目睽睽之下，人们每每对锋锐的才智感到惧怕。这就似妇人女子一见着枪炮便会害怕的道理一样。恐惧对方会突然扣动扳机，子弹便"咻"的一声朝自己飞了过来。但是，认识这些人，继而亲近、了解这些人，确实是件有意义、令人欢欣的事。只是，不论对方多么有魅力，如果自己就此终止和其他人的交往，单和这群人往来，那将会得不偿失。

再次，别亲近赞扬缺点的人们。

但是，我之所以要求你避免与程度低的人交往，乃是由于我觉得这些全是必须具备的观念。因为，我看过太多具有判断力、而且社会地位牢固的人们，在结识了这种人后，信用扫地，沉沦堕落，最后身败名裂。

最叫人头痛的问题，莫过于虚荣心的作祟。由于虚荣心的蒙蔽，人类往往铤而走险、作奸犯科。因此，无论从何种角度来看，结交程度不如自己的朋友，便是虚荣心作祟的一种表现。人们总希望自己能独占鳌头于群体之中，急盼能获得同僚的称许、受人尊敬、领导群众。

为了求取这种名实不符的赞扬，他们甚至不惜与不如自己的人们结交。如此将导致何种结果呢？是的，不久你就将变得与他们层次相当，从此再也不愿结交出色的朋友了。我愿不厌其烦地提醒你，人们往往会遭伙伴同化，不管这样做是使自己的层次提高了，或是降低了，其结果必然一样。你应该对交往的对象，仔细加以判断。

微笑沟通

卡耐基金言

◇微笑胜于言论，对人微笑就是向人表明："我喜欢你，你让我快乐，我喜欢见你。"

◇微笑可以解决问题，这是一个真理，任何有经验的成功商人都会明白。

◇微笑是疲倦者的港湾，失望者的信心，悲哀者的阳光，又是大自然解除患难的妙方。

我在一次宴会上遇到一位宾客，这是一位继承了一大笔遗产的妇女。她急于要使自己给他人留一个良好的印象，为此她浪费了很多金钱买貂皮、珍珠、钻石，但她的表情却是刻薄和自私的，足以使人望而生畏。她也许至今还不明白每个男人都懂得，一个女人的动人微笑比她身上所穿的衣服是否华丽要重要得多（别忘了，下次当你妻子要买皮大衣的时候，这句话可以派上用场）。查尔斯·史考伯告诉我说，他的微笑价值百万美金。他大概是在暗示这一真理。因为查尔斯·史考伯的性格、他的魅力、他善于讨人喜欢的能力，几乎完全是他卓有成就的原因。而其人格中一种最可爱的因素，就是那人见人爱的微笑。

微笑胜于言论，对人微笑就是向人表明："我喜欢你，你让我快乐，我喜欢见你。"如此别人当然就会喜欢你。

是不是要求我们见人张嘴就笑？哪怕是一种造假的微笑？不是，你要记住：微笑是不能用来欺骗他人的。如果被看出那是一种做作的微笑，人们就会从内心里表示反感。我们所指的微笑是一种真诚的微笑，发自于内心的微笑。

纽约一家大百货商店的人事部主管对我说，他宁愿招用一个小学未毕业却能时常保持微笑的女职员，而不会聘用一位面孔冷漠的哲学博士。

俄亥俄州的辛辛那提市一家电脑公司的经理曾告诉我，他是如何为一个不可或缺的工作岗位物色了一个难得的人才。他说:"我为了给公司找一个电脑专家几乎费尽心思。最后我找到一个非常好的人选,他刚从波渡大学毕业。几次电话交谈后,我知道还有其他几家公司也希望他去,而且都比我们的公司大而且有名。

"当他表示接受这份工作时,我真的是非常高兴。他开始上班时,我问他,为什么放弃其他的机会而选择我们公司。他停了一下,然后说:'我想是因为其他公司的经理在电话里都是冷冰冰的,连话语都显现了极浓的商业味,那使我觉得好像只是另一次的生意上的往来而已。但你的声音,听起来似乎你真的希望我能够成为你们公司一员。'你知道,我在听电话时是笑着的。"

美国一家大型橡胶公司的董事长对我说,根据他的观察,一个人除非对自己的事业很感兴趣,否则他很难取得成功。这位实业界的领袖,对那句"十年寒窗就可成名"的古语,并不表示十分的赞同。"我认识一些人,"他说,"他们创业的时候斗志激昂,结果,他们成功了。后来,我看到这些人变成了工作的奴隶。他们变得一点激情也没有,因此很快就失败了。"

你见到别人的时候,一定要很愉快,如果你也期望他们很愉快地见到你的话。你的笑容就是你好意的信差。

我曾鼓励过成千上万名商界人士,告诉他们一天中每一小时都要对身边每一个人微笑,微笑可以解决问题,这是一个真理,任何有经验的成功商人都会明白。

所有的人都希望别人用微笑去迎接他,而不是横眉竖眼,横眉竖眼阻碍了心灵的沟通和思想的交流。

很多公司,在招聘职员时,以面带微笑为第一条件,他们希望自己的职员脸上挂着笑容,把自己的公司推销出去。

用微笑先把自己推销出去,最好的例子是美国联合航空公司。

联合航空公司宣称,他们的天空是一个友善的天空,微笑的天空。的确如此,他们的微笑不仅仅在天上,在地面便已开始了。

有一位叫詹妮的小姐去参加联合航空公司的招聘,当然她没有关系,也没有熟人,也没有先去打点,完全是凭着自己的本领去争取。她被聘取了,你知道原因是什么吗?那就是因为詹妮小姐脸上总带着微笑。

令詹妮惊讶的是,面试的时候,主试者在讲话时总是故意把身体转过去背着她,你不要误会这位主试者不懂礼貌,而是他在体会詹妮的微笑,感觉詹妮的微笑,因为詹妮的工作是通过电话工作的,是有关预约、取消、更换或确定飞机航行班次的事情。

那位主试者微笑着对詹妮说:"小姐,你被录取了,你最大的资本是你脸上的微笑,你要在将来的工作中充分运作它,让每一位顾客都能从电话中体会出你的微笑。"

虽然可能没有太多的人会看见她的微笑,但他们透过电话,可以知道詹妮的微笑一直伴随着他们。

肯迪是一位意大利人,他是伦敦著名的沙威旅馆的总经理,这家旅馆有100年的历史了。他每天都需要做很多事,如房间预约、床位安排、床单更换、食物供应等问题,但他却能安排得很好,没有一点错误。

当我们问他有什么秘诀——作为一个总经理,每天要管理一大堆职员,从侍者到厨师,女仆到乐队,而且还要把其他问题解决得有条有理——他说他的办法很简单:

"我在问题还没有发生以前,便用微笑把它笑走了,至少可以避免将小问题变成大问题。微笑,是我性格的一部分,我就用微笑来避免遭遇问题。"

或许你会有疑问,有些事儿是不能用微笑来办理的。所以,你要解决问题,最好是一开始便避免事情的发生。也就是说,在问题发生以前,你就把它打败了,而一个真心的微笑,不管是从眼睛看到的或从声音里听到的,都是一个很好的开端。

在一个适当的时候、恰当的场合,一个简单的微笑可以创造奇迹。一个简单的微笑可以使陷入僵局的事情豁然开朗。

一两年以前,底特律的哥堡大厅举行了一次巨大的汽艇展览,在这次展览中,人们蜂拥而来参观,在展览会上人们可以选购各种船只,从小帆船到豪华的巡洋舰都可以买到。

在汽艇展览期间,有一宗巨大的生意差点跑掉了,但第二家汽艇厂用微笑又把顾客拉了回来。

在这次展览中,一位来自中东某一产油国的富翁,他站在一艘展览的大船面前,对站在他面前的推销员说:"我想买只价值2000万美元的汽船。"我们都可以想象,这对推销员来说,是求之不得的好事。可是,那位推销员,只是直直地看着这位顾客,以为他是疯子,没加理睬,他认为这位富翁是在浪费他的宝贵时间，所以，脸上冷冰冰的，没有笑容。

这位富翁看看这位推销员，看着他那没有笑容的脸，然后走开了。

他继续参观，到了下一艘陈列的船前，这次他受到了一个年轻的推销员的热情招待。这位推销员脸上挂满了欢迎的微笑，那微笑就跟太阳一样灿烂。由于这位推销员的脸上有了最可贵的微笑，使这位富翁有宾至如归的感觉，所以，他又一次说："我想买只价值 2000 万美元的汽船。"

"没问题！"这位推销员说，他的脸上挂着微笑，"我会为你介绍我们的系列汽船。"他只这样简单地附和说，便推销了他自己。而且，他在推销任何东西以前，先把世界上最伟大的东西推销出去了。

所以，这位富翁留了下来，签了一张 500 万美元的支票作为定金，并且他又对这位推销员说："我喜欢人们表现出一种他们非常喜欢我的样子，你现在已经用微笑向我推销了你自己。在这次展览会上，你是唯一让我感到我是受欢迎的人的人。明天我会带一张 2000 万美元的保付支票回来。"

这位富翁很讲信用，第二天他果真带了一张保付支票回来，购下了价值 2000 万美元的汽船。

这位推销员用微笑把他自己推销出去了，并且连带着推销了汽船。听人说，在那笔生意中，他可以得到 20％的利润，这或许已经够他一生的生活，但我们可以打赌他不会这样懒散地过日子，他会继续推销自己，并且用微笑去达到他远大的目标。

而那位脸上没有微笑的推销员，我们就不知他在哪儿了。

你不喜欢笑？这有什么关系？两个方法：第一，强迫自己微笑。在你独处的时候，强迫自己吹吹口哨、哼个曲子或唱个歌，表现得好像真的很快乐的样子。如此一来，你也真的会变得高兴起来。心理学家威廉·詹姆斯这么说道：

"行动往往跟随感觉而来。但实际上，行动与感觉是一体的。由于意志通常控制着行动，故调整行动往往也能间接引导感觉。

"假如我们感觉不快乐，则通往欢愉的有效途径便是：高兴地坐起来，表现得好像自己本来就很快乐的样子……"

每一个人都在寻求快乐，而有一个方法保证你寻找得到，那就是控制你的思想。快乐并不决定于外在的条件，而是决定于内在的情况。

使你快乐或不快乐的原因，并不在于你是什么人，住在哪里，或做什么事。举个例来说：有两个人，处在相同地点，做同样的事，而且有差不多相同的财富和地位——在这种情况下，很可能其中一人很快乐而另一个人却不。为什么呢？因为他们的精神状况并不一样。在物质条件极差的贫民窟里，我一样看见许多快乐的面孔，就像在许多大城市的豪华办公室里一样。

"事情本无好坏之分。"莎士比亚说过，"是思想制造了好坏之分。"

一天，我在纽约的长岛铁路车站，看见有三四十名撑着拐杖的男孩，正奋力要步上一道阶梯，有个男孩甚至要人抱着走上去。虽然如此，这群男孩仍然彼此嬉笑，充满欢乐之情。我为此惊讶不已，便与带领他们的一名男士攀谈起来。那位男士说道："不错，这些男孩最初听到自己将终身与拐杖为伍的时候，都十分受打击。但过了一阵子，也许体认到这就是命运，便又像一般正常孩子一样快乐了。"

我几乎要向这些男孩脱帽致敬。他们让我上了一课，但愿我永志不忘。

在封闭的办公室里独自工作，不仅孤单，而且失去与人交友的机会。墨西哥的赛娜拉·玛丽亚·冈萨雷兹，其工作性质便是如此。她对公司里其他同僚之间能彼此交谈欢笑，感到十分羡慕。在她刚上班的第一个星期，每次走过大厅通道，总是羞怯地不敢正视其他的人。

几个星期过后，她对自己说道："玛丽亚，你不能老是等着别人来找你，你得出去和大家打招呼。"等下一次她走到饮水机旁边的时候，便向碰到的每一个人打招呼，并且露出最灿烂的笑容。此法马上收效，所有同事也都报以微笑和致意。顿时，整个通道显得明亮起来，工作也不再那么枯燥了。同事间由陌生而熟识，有的更发展成为友谊，玛丽亚的整个生活形态也变得更富生趣了。

以下是一位散文家爱伯特·赫伯的一段名言，请熟读并牢记。更重要的，是要真的去实践。

"每次出门的时候，记得把下巴缩进去，把头抬高，并且把胸部抬起来。迎着灿烂的阳光，向朋友微笑问好，与人握手的时候要诚心诚意。别害怕被误解，也别浪费时间想敌人的事。先在心里打算好自己要做什么，然后，别再三心二意，就一直朝着目标一直前进。把精神用在有价值的大事上面，如此，日复一日，你便发现在不知不觉当中，你已逐渐在实现自己的心愿。在想象中描绘理想中的自己，并且认定自己每时每刻在朝那个形象改变……思想的力量伟大无比，故要维持一种好的心态——勇敢、坦白、明朗、愉快等。能正确地思考即是一种创造力。所有事物可经由意愿而完成，每一个真诚的祷告都会得到应允。只要心里坚持，事情就会如我们所愿。记得把下巴缩进去，把头抬起来，我们都像孕育在蚕蛹内准备再生的神之子。"

古老的中国充满了许多处世的智慧。他们有句格言很值得你我铭记在心："笑脸通神，恶脸不开店。"

对那些时时愁眉苦脸、闷闷不乐的人来说，你的笑容就如阳光穿过云层。因为笑容是一个人善意的使者，可以使见到的人，生命都因之变得有希望。那些处于压力下的人，不论他们的压力是来自上司、顾客、师长、双亲或小孩，一个亲切的微笑可以使他们觉得一切并非完全无望——这世界仍然有欢乐存在。

好几年前，纽约一家百货公司，深感他们的销售员在圣诞节旺季期间所受到的压力，特别刊载了一则如下充满温馨的广告：

微笑是最好的圣诞礼物。

它价值不菲，却不费一文钱。

它不会使赠送的人变得拮据，却使收受的人变得富有。

它发生于分秒之间，却能被永志不忘。

没有人因富足而不需要它，也没有人因贫穷而不受它的好处。

它为家庭带来欢乐，为事业培育关爱，也在朋友间互通情谊。

它使劳累者获得休息，使沮丧者重获光明，使哀伤的人得到抚慰，也使陷入忧烦的人得到解脱。

你买不到、求不到、借不到甚至偷不到它。它只能给予，否则便没什么好处。

在这圣诞节即将来临的时刻，也许我们的售货员因过度忙碌而忘了面露笑容，那么，您是否能把笑容带给我们呢？

因为，愈是没有人能够给予，愈是有人会迫切需要啊！

常用赞美

卡耐基金言

◇赞美就像浇在玫瑰上的水；赞美的话并不费力，却能成大事。我们要下决心对自己的亲人、朋友甚至每一个人加以赞美，并把它变成一种习惯。

◇说句好话轻而易举，只需要几秒钟，但它的功效却是巨大的，有些甚至能够让一个人受益终生。

◇爱、称赞、感谢都应该说出来，让对方知道。如果你认为只放在心里就行了，那就大错特错了。

我一直在想，为什么当我们要改变别人时，不用嘉许来代替斥责？即使是最小的进步，也让我们来赞美吧！这样会激励人们不断进步。

在《孩子，我并不完美，我只是真实的我》这本书里，著名的心理学家杰丝·雷尔评论说："称赞对温暖人类的灵魂而言，就像阳光一样，没有它，我们就无法成长开花。但是我们大多数的人，只是敏于躲避别的冷言冷语，而我们自己却吝于把赞许的温暖阳光给予别人。"

有个故事是这么说的：

社区内新开设的店都装上自动门，可是附近有一家超级市场却没有装设。

在每天早晨和下午太太们纷纷去买东西的时候，有个小男孩常站在超级市场玻璃门外，看到手里大包小包拿了好多东西的太太，就替她们拉开大门，让她们从容地走出来。

有一次，有位太太问那小男孩："你看门看了这么多日子，一定得到了许多小费，你拿来做什么用？"

那小孩有点诧异地回答："什么？她们都没有给我钱，可是她们都对我说：'你好棒！''谢谢你！'"

你也能在自己的能力之内，轻易地增加这个世界里的快乐。怎么做呢？就是对寂寞失意的人说几句真诚赞赏的话。或许，你明天就忘了今天所说的好话，但是听者却可能一生都珍惜着。

爱默生说："让我们不再去想自己的成就和自己的需求。让我们试着去想别人的优点。然后忘却恭维，发出诚实、真心的赞赏。称许要真诚，赞美要慷慨，这样人们就会珍惜你的话，把它们视为珍宝，并且一辈子都重复它们——即使你已经遗忘以后，人们还重复着它们。"

每一个人都有他值得赞扬的地方。吉斯菲尔伯爵说："各人有各人优越的地方，至少也有他们自以为优越的地方。在其自知优越的地方，他们固然喜爱得到他人公正的评价。但在那些希望出人头地而不敢自信的地方，他们更喜欢得到别人的恭维。"

有一位非常精明能干的人叫沃普尔，吉斯菲尔对他评价道："他的才干是不容别人恭维的，因为对于这一点，他自己知道得很清楚。但他常常自恐在对待女人方面是一个浮滑之徒，而愿意别人谈他温存文雅。因此，他在这一点上是极易被人恭维奉承的，这也是他喜欢并经常与人交谈的话题。由此可以证明，这是他的弱点所在。"

吉斯菲尔进一步指出："你若想轻易地发现各人身上最普遍的弱点，只要你观察他们最爱谈的话题便可。因为言为心声，他们心中最希望的，也是他们嘴里谈得最多的。你就在这些地方去搔他，一定能搔到他的痒处。"

凯雷的经验告诉我们，几句恰到好处的恭维，之所以起到金石为开的作用，皆因他能找到各种典型人物不同的虚荣表现。

凯雷还举了一个例子："有不少人，他们喜欢听相反的话；更有许多的人，喜欢别人把他们当作有思想、有理智的思想家。有一回，我与一个人讨论一件颇有争议的社会问题，我对他说：'因为你是这样的冷静、敏锐，因此我想知道，我们究竟应该站在什么立场？'他听了我的话，立刻现出满面春风的样子，并详细对我说了他对此事的立场态度。原来此人是愿意人家看他是敏锐、冷静的。"

有个客人在一家餐厅吃饭，他觉得菜做得很好，吃得津津有味，赞不绝口。

抬起头来，正好看见厨师经过，就顺口对厨师说："你这菜做得真好吃！"本来愁眉苦脸的厨师，听了这些话，顿时变得容光焕发、神采飞扬。

他说："哦！先生，听你这么说，我真的太高兴了！已经很久没有人称赞我的菜做得好了，谢谢您！"从此，那厨师就比以前更卖力。

由此我们可以发现，赞美和鼓励是引发一个人体内潜能的最佳方法。

肯·布兰查德是《一分钟管理》的作者，他推荐大家使用"一分钟赞美"，"抓住人们恰好做对了事的一刹那"。你经常这么做，他们会觉得自己称职，工作有效率，以后他们很可能不断重复这些来博得赞美。

在19世纪的初期，伦敦有位年轻人想当一名作家。他好像什么事都不顺利。他几乎有4年的时间没有上学。他的父亲锒铛入狱，只因无法偿还债务。而这位年轻人还时常受饥饿之苦。最后，他找到一个工作，在一个老鼠横行的货仓里贴鞋油纸的标签，晚上在一间阴森静谧的房子里，和另外两个男孩一起睡，他们两个人是从伦敦的贫民窟来的。他们对他的作品毫无信心，所以他趁深夜溜出去，把他的第一篇稿子寄了出去，免得遭人笑话。一个接一个的故事都被退稿，但最后他终于被人接受了。虽然他一先令都没等到，但编辑夸奖了他。有一位编辑承认了他的价值。他的心情太激动了，他漫无目的在街上乱逛，眼泪流下了他的双颊。

因为一个故事的付梓，他所获得的嘉许，改变了他的一生。假如不是这些夸奖，他可能一辈子都在老鼠横行的工厂做工。你也许听过这个男孩，他的名字叫查尔斯·狄更斯。

另外一个男孩在一家干货店工作维生。5点他就得起床，打扫店面。一天做14小时的奴隶。那真是单调又辛苦的工作，他也轻视这份工作。两年后，他无法忍耐了，有一天起床后，还没吃早餐，就跋涉了15公里的路，去投奔他做管家的母亲。

他变得狂暴起来。他向她恳求，而且哭了，他发誓假如他继续做那份工作，他会毁了自己。于是他写了一封悲惨的长信给他的老校长，说他心已死，不想再活下去了。他的老校长给了他一些安慰，并说他确实很聪明，应该得到好一点的事，于是请他当一名老师。

这份称赞改变了这位青年的一生，也为英国文学史留下了不朽的一页。这位男孩持续地写了无数本畅销书，并赚了好几百万。你也许也听说过，他叫韦尔斯。

人不分男女，无论贵贱，都喜欢听合其心意的赞誉。同时，这种赞誉，能给他们加倍的成就和自信的感觉，这的确是感化人的有效方法。

要使颂扬能够奏效，只要我们心中掌握各人性情的不同之处，区别对待，有的放矢，就能达到目的，把事情办好。

吉斯菲尔也告诉我们："几乎所有女人都是很质朴的，但对仪容仪表，她们是癖爱至深、孜孜以求的。这是她们最大的虚荣，并且常常希望别人赞美这一点。但是对那些有沉鱼落雁之容、闭月羞花之貌的倾国倾城的绝代佳人，那就要避免对她容貌的过分赞誉，因为她对于这一点已有绝对的自信。如果，你转而去称赞她的智慧、仁慈，恰巧她的智力不及他人时，那么你的称赞，一定会令她芳心大悦，春风满面的。"

使用赞美词和讲吉利话，必须在适当的交际环境和交际氛围中使用，而且要分清对象、场合和时间。如使用不当，不但无法收到预期的效果，还会让人觉得你圆滑、俗气。那么，在赞美时应注意什么呢?

对女性的赞美，重点可放在她的容貌、身姿和服饰方面，语言应健康、活泼、清新、高雅，委婉而不失真，华丽而不俗气。

服饰是女性关心的重要方面，总是希望别人对她们的服装、打扮做出评价。你尽管大胆地对女人的服装质地、款式及色彩进行赞美，如使用"新颖"、"适中"、"合身"、"鲜艳"、"明快"、"清新"、"大方"、"高雅"等词句去赞扬，是绝不会"出格"的。这会使女性在心理上得到满足，从而创造出一种良好的交往气氛。

对男性的赞美应侧重于体魄、意志、风采及知识上。因为具有事业心和雄才大略是男子汉吸引人们注意的主要方面，赞扬一般不超出这个范围。如果说女人的身材、皮肤、头发、五官、手指、声音及动作，都可以赞扬的话，那么对男性就不宜去注意这些细小的局部，而应把重点放在学识、技能、志向、思想及作风上。

在宴会的酒桌上，话题总离不开食物，可以多讲些吉利话来增添宴席的欢乐气氛，提高大家的兴致，不要只讲"请吃……"，令人感到冷清、沉闷和乏味。如果到别人家中做客吃饭，一定要赞扬女主人的烹调技术，称赞饭菜味道好，如果食后既不称赞又不致谢，那是十分失礼的，会使女主人感到失望。

勿忘倾听

卡耐基金言

◇如果你希望成为一个善于谈话的人，先要做一个善于倾听的人，如李夫人说的："要使人对你感兴趣，你要先对人感兴趣。"

◇就人性的本质来看，我们每个人当然最为关心的是自己。我们喜欢讲述自己的事情，喜欢听到与己有关的东西。你要使人喜欢你，那就做一个善于静听的人，鼓励别人多谈他们自己。

◇成功商业谈判的秘诀是什么？学者依利亚说："关于成功的商业交往，没什么秘诀   专心注意对你讲话的人极其重要，没有别的东西比那样更使人开心。"

最近我应邀参加一场纸牌会。我不会打纸牌，另有一位美丽的女子也不会打。我们正好坐下来聊聊天。我在去汤姆士从事无线电事业之前，曾一度做过她的私人经理，她知道当时我曾到欧洲各地去旅行，可以帮助她预备她要播发的讲解旅行的资料，所以她说："啊，卡耐基先生，我想请你告诉我所有你到过的名胜及所见过的奇景。"

在谈话中，她提到她同丈夫最近刚从非洲旅行回来。"非洲！"我说，"多么有趣！我总想去看看非洲，但除在爱尔裘士停过24小时外，其他地方还没到过。告诉我，你曾游历过野兽的乡间，是吗？多么幸运！我羡慕你！告诉我关于非洲的情形吧。"

那次谈话谈了45分钟。她不再问我到过什么地方，看见过什么东西了，也不要听我谈论我的旅行，她所需要的不过是一个专注的静听者，以使她能扩大她的自我，而讲述她所到过的地方。

在现实生活中，类似这位女子的人罕见吗？不，许多人也是如此。

例如，我最近在纽约的一位出版商格利伯的宴会上遇见一位著名的植物学家。我从未同植物学家谈过话，我觉得他极有诱惑力。我坐在椅子上，静听他讲大麻、室内花园，以及关于卑贱的马铃薯的惊人事实，并且他还非常热情地解答了我的几种问题。

我已经说过，我们是在宴会中。当时还有十几位别的客人在那里。但我违反了所有礼节的定例，忽略了其他人，与这位植物学家谈了数小时之久。

到了午夜，与其他客人道别时，这位植物学家转向主人，极力恭维我，说我是"最富刺激性的"等等好话，最后他还说我是一个"最有趣的谈话家"。一个有趣的谈话家？我？啊，我差不多没有说什么话。如果不改题目，即使要说，也没的说，因为我对于植物学所知道的不会比对企鹅的解剖知识多。但我做到了一点：注意静听，因为我真正地对此发生了兴趣。他也觉察到了这一点，那自然使他欢喜。静听是我们对任何人的一种最好的恭维。

一次成功的商业会谈的秘诀是什么？注重实际的学者以利亚说："关于成功的商业交往，没有什么神秘——把注意力集中到讲话的人身上。没有别的东西会如此使人开心。"其中的道理很明显，是不是？你无需在哈佛读上4年书才发觉这一点。但你我也知道，有的商人租用豪华的店面，陈设动人的橱窗，为广告花费成千上万元钱，然后却雇用一些不会静听他人讲话的店员，中止顾客谈话、反驳他们、激怒他们，甚至几乎要将客人驱出店门。

A先生的经历可作一例。他在我的班里讲述这个故事：他在近海的新泽西城里的一家百货商店买了一套衣服。这套衣服穿了一天后令人失望——上衣掉色，把他的衬衫领子也弄黑了。

他把这套衣服带回该店，他找到卖给他衣服的店员，告诉他关于事情的经过。他想诉说他的经过，但他的诉说被打断了。

"我们已经卖出了几千套这种衣服，"售货员反驳说，"这是第一次有人挑刺。"

那是他说的原话，但他的声调比他的话还要恶劣。他的好斗的声调给人的意思是："你在说谎，你想你可以欺骗我们，是不是？好，我要给你点颜色看看。"

双方正在激烈辩论的时候，另一个售货员加了进来。"所有黑色衣服起初都要褪一点颜色，"他说，"那是没有办法的，那种价钱的衣服，不能不那样，是颜料的原因。"

"到这时候，我气得简直像着了火，"A先生讲述他的经过时说，"第一个售货员质疑我的诚实，第二个暗示我买了一件次等货。我恼怒起来，正要骂他们，突然他们的部长跑了过来——他懂得他应该做什么。他使我的态度完全改变了，他将一个恼怒的人，变成了一位满意的顾客。

"他是如何做的呢？他分三个步骤：

"第一，他倾听我讲我的经过，从头至尾不说一个字。

"第二，当我说完的时候，售货员们又开始插入他们的意见，这位部长以我的观点与他们辩论。他不但指出我的领子，明显是被衣服玷污，而且他坚持说，不能使人满意的东西，不应由这商店出售。

"第三，他承认他不知道毛病的原因，他直接对我说：'你要我如何处理这套衣服呢？你尽管说，我可以照办。'

"只是在几分钟以前，我还准备告诉他们留下那套可恶的衣服。但我现在回答说：'我只要你的建议，我想知道这种情况是否是暂时的，或是能有什么改善的办法。'

"他建议我再试穿这套衣服一个星期。'如果到那时仍不满意，'他答应说，'拿来换一套满意的。让你不方便，我们非常抱歉。'

"我满意地走出了这家商店。一星期后这件衣服没再出现毛病。我对于那家商店的信任也就完全恢复了。"

怪不得那位管理员是他们的部长；至于他的下属，他们要停留——我想说他们将终身停留在店员的职位上，不，他们大概要被降至包装部，永远不能与顾客接触，甚至可能被辞退。

嗜好挑剔别人毛病的人，甚至一位正处于盛怒的批评者也常会在一个具有包容心与忍耐力的倾听者面前软化、妥协，即便那位气愤的寻衅者像一条大毒蛇正在张开嘴巴吐出毒信的时候，你也要克制自己保持倾听。

多年前，纽约电话公司成功感化过一个曾恶意咒骂接线员的客户。他甚至扬言要拆除电话，他拒绝支付他认为不合理的费用，他写信给报社，还向消费监督委员会屡屡投诉，致使电话公司引起数起诉讼。

公司中的一位经验丰富的"调解员"被派去访问这位暴躁的顾客。这位"调解员"静静地听着，并不时对其表示同情，他只是想让这位好争论的老先生发泄他的满腹怨言。

"我在他那儿静听了几乎有3小时，"这位"调解员"讲述道，"以后我再到他那里，仍然耐心地听他发牢骚。我一共访问了他4次，在第四次访问结束以前，我已成为他正在创办的一个团体的会员，但据我所知，除这位老先生之外，我是这个团体地球上唯一的会员。

"在这几次访问中，我耐心倾听，并且同情他所说的每一点，我从未像电话公司其他人那样同他谈话。他的态度慢慢变得和善了。我要见他的真实目的，在每一次访问时都没有提到，在随后的两次也没有提到，但在第四次，我圆满地解决了这一事件，他终于把所有的欠账都付清了，同时他也撤销了向消费监督委员会提出的申诉。"

毫无疑问，这位先生自认为为正义而战，保障公众权利，不受无端的侵害。但实际上他需要的是自重感。他先经由挑剔抱怨别人或事物得到这种自重感，但在他从那位聪明的"调解员"那里得到自重感后，他的所谓的冤屈就销声匿迹了。

好几年前的一个早上，有位怒气冲冲的顾客，冲向朱利安·戴莫的办公室去。朱利安·戴莫是戴莫毛料公司的创始人，后来成为全世界最大的毛料供销商。

戴莫先生向我解释道："这位先生欠了我们一笔款项，但他拒绝承认。我们知道他的确欠了钱，所以信用部门坚持他必须偿付欠款。在收到好几封催缴信之后，这位先生终于收拾行囊，只身跑到芝加哥来。他冲进我的办公室，扬言不但拒绝付款，并且不再向戴莫毛料公司买任何货物。

"我耐心听完他讲话。好几次我想打断他的话，但知道那并非良策。我让他把所有怒气发泄完毕，等他逐渐把情绪平息下来之后，才安静地说道：'非常谢谢你特别到芝加哥来告诉我这些话，可说是帮了我极大的忙。因为，我们的信用部门既然会冒犯你，想必也会冒犯到其他的顾客，这就太糟糕了。相信我，实在很感谢你告诉我这些事。'

"他完全没有料到我会这么说，所以似乎显得有点失望。他原本想我会与他大闹一场，却没想到会反过来感谢他。我向他保证会把欠账的资料除去，因为我知道他是个小心的人，而且只须料理一个账目，不像我们的信用部门，必须料理成千上万的账户。因此之故，我相信他一般不可能犯错。

"我告诉他，我完全理解他的感觉，换了我，无疑也会有相同的反应。既然他不愿再购买戴莫毛料公司的货品，我便向他推荐另几家毛料公司。

"以前，他每次来芝加哥的时候，常与我共进午餐，所以这天我又邀请他一道用餐。他本不太愿意，但后来还是接受了。午餐过后，我们回到办公室，他下了一份订单，订了比以前还多的货品。回家之后，他把账单重新检查一遍，发现其中有几张弄错了，便寄来一张支票，并且附了一封道歉的信。

"后来，他的妻子生了一个小男孩，他便把戴莫作为儿子的中间名。自此以后，他一直是公司的好朋友与好顾客。"

好几年前，有个贫穷的荷兰男孩，每天放学后都得到面包店去洗窗子，以贴补家用。他们新移民至此，家境十分困苦。所以除了洗窗子之外，男孩还得每天提一个篮子到大街小巷去，捡取由货车上掉下来的煤屑，以拿回家当作燃料。男孩名叫爱德华·拔克，仅上过 6 年学，后来却成为美国有史以来最成功的杂志编辑之一。他怎么做到这点呢? 说来话长，但简单地说，就是运用了我们现在所说的这些原则。

他 13 岁便离开学校，到西部联合公司去当小弟，并且一面自我教育。每天，他省下午餐费和车钱，步行到公司上班，等存够了钱之后，便买了一套《传记百科全书》。他熟读那些名人的生平，并且写信给他们，向他们询问一些问题或谈谈童年时期的事。他写信给加费尔德将军，问他童年时期是否在运河当过拖船工人，加费尔德将军也回答了他的问题。他又写信给葛兰特将军，问他有关一场战役的事，葛兰特将军不但画了一张地图给他，还邀请这个 14 岁的男孩到家里进餐，并足足谈了一个晚上。

没多久，这个西部联合公司的小弟，和愈来愈多的名人通了信。其中包括：拉尔伏·华尔多·爱默森、奥利弗·温戴尔·何姆斯、朗费罗、林肯夫人等等。他不仅和这些名人通信，并且一旦有空，还特地去拜访这些杰出人物。这些经验对他的影响极大，使他对自己充满信心。因为，这些杰出男女不但扩大了他的视野，更激发了他求上进的企图心。而他能够做到这点，完全是因为我们在这里提到的这些原则。

另一新闻从业人员以撒克·马可森，每天要与上百个名人见面。他宣称，许多人不能让对方留下深刻印象，是因为自己没有专心听对方讲话。他说："他们只想一会儿自己要讲什么，因而根本没注意听对方在讲什么……许多名人表示，好的听众比好的演讲者重要，但具有这种能力的人显然并不多。"

不仅名人喜欢好听众，一般人也是一样。根据《读者文摘》表示："许多人打电话给医师，其实，他真正需要的，也是听众而已。"

在内战最黑暗的时刻，林肯写信给伊利诺州春田镇的一个老朋友，请他到华盛顿共商大计。这位老邻居于是来到白宫，林肯同他谈了好几个钟头，都是有关宣告解放黑奴的可行性。林肯仔细检查了所有反对或赞成此举的议论，然后又阅读信件、报纸等。有人为不解放黑奴而攻击他，有人则怕他要解放黑奴。如此谈了好几个钟头之后，林肯向这位老邻居握手道晚安，然后送他回伊利诺州。这位老邻居根本不用提供什么意见，林肯本人自始至终是谈话的中心。因为借着谈话，他的思路变得清晰了。这位老邻居说："谈过话之后，他似乎显得轻松多了。"林肯要的不是什么忠言，他需要的只是一个友善的、会表示同情的听众来分担压力而已。这也是我们在碰到难题时的普遍心态，也是所有顾客、雇员或朋友们的需要。

当今最有名的听众之一，便是西格蒙德·弗洛伊德。有人这么描述他："他给我的印象极深，真使我终身难忘。他具有一般人所没有的特别品质，从没有一个人像他那么全神贯注。他的眼神并不锐利，不是那种'威慑他人心弦'的眼光，而是柔和可亲的。他的声音低沉亲切，也很少用手势。但他凝神听我讲话的态度，真使我难忘。"

倾听者虽然不开口说话，但聪明的倾听者往往积极地参与对话，当然这不容易做到。要做到善于倾听别人的谈话很重要的一点，就是要全心全意，而且要真心投入，其间还要能不时地问一些问题，鼓励对方展开话题。机智、周到、不离题、简洁等是善于插话、引题者的特点。

其实，积极参与谈话的方式很多，绝不需要动不动就插嘴，以打断别人的讲话。方式虽然很多，但我们用不着招招纯熟。善于倾听的人经常应用的是几种自然轻松的方式，而其良好效果关键是要实际有用。

这些方式包括偶尔点点头，偶尔附和一两声。有些可以换个姿势或俯身向前，有时候微笑一下或挪一下手。目光的交流往往能显示出你是一位友好的人，因为这表示："我在非常认真地听你说自己喜欢的事情。"

谈话中途停顿时，可以提出相关的问题，继续让他表现下去，让他有话可说、能说、想说。

最为关键的，并不是你到底应该采取哪一种倾听技巧，因为这绝不是一件机械化或一成不变的事。这些只是当你感觉很好时可以用的几个方式，它们会使跟你谈话的人变得更有兴致。当然，你完全可以根据自己的情况、具体的环境，采取更为有效的方法。

下次当你开始谈话的时候，就想着这一点：如果你要使人喜欢你，那就记住：善于倾听，会让你处处受人欢迎。

学会"纠错"

卡耐基金言

◇当面指责别人，这只会造成对方顽强的反抗；而巧妙地暗示对方注意自己的错误，则会受到爱戴。

乔治·史特尔有一次经过他的一家钢铁厂。当时是中午，他看到几个工人正在抽烟。而在他们头上正好有一块大告示牌，上面写着"禁止吸烟"。乔治·史特尔是否指着那块牌子说："你们不识字吗？"哦，不，他才不会那么做。他朝那些人走过去，递给每人一根雪茄，说："诸位，如果你们能到外面去抽这些雪茄，那我真是感激不尽。"他们立刻知道自己违犯了一项规则，而且他们很敬重他，因为他对这件事不说一句话，反而给他们每人一件小礼物，并使他们自觉很重要。很难不喜欢像他这样的人，你说是不是？

布莱恩·华纳梅克也使用了同一技巧。他每天都到费城他的大商店去巡视一遍。有一次他看见一名顾客站在台前等待，没有一人对她稍加注意。那些售货员呢？哦，他们在柜台远处的另一头挤成一堆，彼此又说又笑。华纳梅克不说一句话，他默默站到柜台后面，亲自招呼那位女顾客，然后把货品交给售货员包装，接着他就走开。

官员们常被批评不接待民众。他们非常忙碌，但有时候，是由于助理们过度保护他的主管，为了不使主管见太多的访客，造成负担。卡尔·兰福特在狄斯耐世界所在地——佛罗里达州奥兰多市，当了许多年的市长。他时常告诫他的部属，要让民众来见他。他宣称施行"开门政策"。然而社区的民众来拜访他时，都被他的秘书和行政官员挡在门外了。

最后，这位市长找到了解决的办法。他把办公室的大门给拆了。他的助手们知道了这件事，于是从此之后，这位市长真正做到了"行政公开"。

若要不惹火人而改变他，只要换两个字，就会产生不同的结果。

很多人在开始批评之前，都先真诚地赞美对方，然后一定接一句"但是"，再开始批评。例如，要改变一个孩子不专心的态度，我们可能会这么说："约翰，我们真以你为荣，你这学期成绩进步了。'但是'假如你代数再努力点的话，就更好了。"

在这个例子里，约翰可能在听到"但是"之前，感觉很高兴；而听到"但是"之后，马上，他会怀疑这个赞许的可信度。对他而言，这个赞许只是批评他失败的一条设计好的引线而已。可信度遭受到曲解，我们也许无法达到我们要改变他学习态度的目标。

这个问题只要把"但是"改为"而且"，就能轻易地解决了。"我们真的以你为荣，约翰，这学期你的成绩进步了，而且只要你下学期继续用功，你的代数成绩就会比别人高了。"

这下子，约翰就会接受这份赞许，因为没有什么失败的推论在后面跟着。我们已经间接地让他知道我们要他改的行为，更有希望的是，他会尽力地去达到我们的期望。

对那些对直接的批评会非常愤怒的人，间接地让他们去面对自己的错误会有非常神奇的效果。罗得岛上温沙克的玛姬·雅格在我们的课程中提到，她如何使得一群懒惰的建筑工人，在帮她盖房子之后清理干净现场。

最初几天，当雅格太太下班回家之后，发现满院子都是锯木屑子。她不想去跟工人们抗议，因为他们工程做得很好。所以等工人走了之后，她跟孩子们把这些碎木块捡起来，并整整齐齐地堆放在屋角。次日早晨，她把领班叫到旁边说："我很高兴昨天晚上草地上这么干净，又没有冒犯到邻居。"从那天起，工人每天都把木屑捡起来堆好放在一边，领班也每天都来，看看草地的状况。

在后备军和正规军训练人员之间，最大不同的地方就是理发，后备军人认为他们是老百姓，因此非常痛恨把他们的头发剪短。

陆军第 542 分校的士官长哈雷·凯塞，当他带了一群后备军官时，他要求自己解决这个问题，跟以前正规军的士官长一样。他可以向他的部队吼儿声或威胁他们，但他不想直接说出他要说的话。

他开始说了："各位先生们，你们都是领导者。当你以身教来领导时，那再有效也没有了。你必须为遵循你的人做个榜样。你们该了解军队对理发的规定。我现在也要去理发，而它却比某些人的头发要短得多了。你们可以对着镜子看看，你要做个榜样的话，是不是需要理发了，我们会帮你安排时间到营区理发部理发。"

成果是可以预料的。有几个人志愿到镜子前看了看，然后下午就到理发部去按规定理了发。次晨，凯塞士官长讲评时说，他已经看到，在队伍中有些人已具备了领导者的气质。

我有一个光棍朋友，年约 40 余岁，最近刚订婚。他的未婚妻一直怂恿他去学跳舞。这位朋友说道："天知道我为什么应该去学跳舞。20 年前，我第一次跳舞。当时的技术和现在一直都没什么两样。我的第一位老师讲的或许不假，她说，我的舞步全错了，必须从头学起。此话颇伤我的心，以致学舞的兴致完全消失无踪，我的学舞生涯也至此宣告结束。

"现在这位老师不知是不是哄我，但她讲的话我听了真喜欢。她说，我的舞步或许有点老式，但基本上都还不错，所以学些新舞步绝对没有问题。比较起来，第一位老师由于强调的是我不对的地方，以致让我失去学习的兴趣；第二位老师则正好相反，她一直称赞我的长处，对我的短处则尽量不提。她曾对我说：'你具有天生的节拍感，可说是天生的舞蹈家呢！'虽然，直到现在，我仍然感觉到自己并没有什么跳舞细胞，技术也一直没什么进步。但在内心深处，我还是希望这位新老师所说的话'或许'没错，所以便继续付钱让她讲这些话。

"我知道，假如这位老师没有告诉我具有天生的节拍感，我可能会跳得更差劲。因为她的话鼓舞了我，也带给我希望，使我愿意尽力去求进步。"

告诉你的孩子、配偶或雇员，说他们在某些地方看起来很蠢、很笨、没有什么能力、完全做不好等等，这马上可以完全打消他们求进步的念头。但假如你采用相反的方法——让他们自由自在，让事情看起来容易做，让他们知道你对他们具有信心，让他们觉得自己的潜力还没有完全发挥出来——那么，他们便会全力以赴，力图超越。

杜威·汤玛士是个人际关系方面的超级艺术家，他便常常使用这个技巧。举个例子：我曾有机会和汤玛士夫妇共度周末。在那个星期六晚上，他们有个桥牌聚会，我也受邀前往参加。什么，桥牌？不，不，别找我，我可一点也不懂得桥牌。这玩意儿对我犹如难测的神秘故事。不，我不可能参加的。

杜威说道："哦，戴尔，这没什么困难。除了记忆和判断，桥牌一点也没什么大学问。你已写过一篇有关记忆的文章，桥牌正合你所长呢！"

于是，还没搞清楚是怎么一回事，我发现自己已端坐在牌桌上了。这都是由于杜威告诉我的那席话，使我觉得打桥牌并不困难。

谈到桥牌，不禁使我想起罗伯特·维克森。他写的许多有关桥牌的书籍，被译成好几国的文字，销路也超过百万本。他告诉我，要不是有位女士说他具有天分，他也不可能走上这一行。

他是 1922 年移民来美的，想要找份有关哲学或社会学方面的教职，但一直都没有成功。

然后他又想办法卖煤矿，但也失败了。

后来他又想卖咖啡，也没有成功。

他也玩过几次桥牌，但从没想过要以此谋生。何况他的牌也玩得并不怎么好，人又固执，不知变通，常常在打牌的时候问太多问题或过于仔细，以致没有人愿意同他搭档。

后来，他碰见一位美丽的桥牌老师约瑟芬·艾伦，不但坠入爱河，并与她结了婚。约瑟芬注意到维克森分析牌路的时候十分小心、仔细，便预测他是牌桌上的天才。据维克森告诉我，就是这一点鼓舞了他，使他终于成为职业桥牌手。

住在得克萨斯州的克劳伦斯·琼丝，是我们训练班的讲师之一。他告诉我们，这个原则如何改变了他儿子的一生。

"有一年，我 15 岁大的儿子大卫来到辛辛那提与我同住。他童年的境遇相当不幸。先是由于车祸致使他的头部受伤，而且留下一道很明显的伤痕。后来，我和太太离婚后，大卫便随同母亲搬到得州的达拉斯去。从那时起，他在学校都是上的特殊班，就是为学习能力不足的学生专设的班级。由于他的头部有道明显的伤痕，学校方面便认为他脑部受到伤害而不能正常学习。他比一般正常学童落后两个年级，而且到了七年级的时候，还不懂得九九乘法表。他只能用手指算简单的加法，阅读的情况也很差。

"他对收音机、电视机的零件和组合十分感兴趣，很想在将来当一名电器技术人员。我便乘机鼓励他在这方面发展，并且指出这方面的训练必须有某些数学上的基础。我决定帮他好好学习数学。首先我们找来四组闪视卡片（一种教学卡。教师将卡片作短暂展示，以引起学生的迅速反应）：加、减、乘、除的运算。在我们练习的时候，每答对一题，我都极力称赞他、鼓励他，尤其是那些原先做错的题目。每个晚上，我们都重复练习，直到没有做错的题目剩下为止。每次练习，我们都用马表计时，看看完成整个练习需费多少时间。我答应大卫，只要我们能在 8 分钟内完成练习，就不用再练了。这看起来似乎很困难，因为第一次练习的时候，我们总共费时 52 分钟；第二天 48 分，然后 45 分、41 分……每次时间减少了，我们便大大庆祝一番。一个月之后，大卫已能在 8 分钟之内，完美无缺地答对所有卡片上的问题。每次若进步不多，他会要求再重做一次。他已不再对数学感到害怕了，已发现学习本身是多么容易又有趣。

"他的代数程度也大大提高。的确，一旦你懂得乘法，代数就变得容易多了。那个学期，他的数学成绩是'乙'。他自己也觉得十分惊讶，因为这在以前是不可能发生的。除数学，其他学科也有急速的发展。他的阅读情形大有改进，画图也画得很好。最近，他们的自然科学老师选他参加科学展览，并要他自选题目。大卫选了一个有关杠杆原理方面的题目。这题目不但需要绘图表现杠杆的几种模式，更需应用到数学原理。结果大卫表现得很好。他在校内的展览得到第一名，更在整个辛辛那提市的科学比赛中获得第三名。

"这便是整个事情发展的经过。一个留级了两年的小孩，被人认为'脑部受损'，被同学戏称为'僵尸怪物'，更有人说他的大脑在受伤时，从伤口'漏光了'。现在，大卫发现自己真的有学习能力，而且能圆满地把事情做好。结果呢？从第八年级的最后一季到整个高中，他都一直在荣誉班级。在高中的时候，更获选参加全国性的'荣誉协会'。我们可以这么说，一旦他发现学习是件容易的事，整个生命便因此改变了。"

掌握话题

卡耐基金言

◇打动人心的最佳方式就是，跟他谈论他最珍视的事物。当你这么做时，不但受到欢迎，也会使生命获得扩展。

打动人心的最佳方式是，跟他谈论他最珍视的事物。当你这么做时，不但会受到欢迎，也会使生命获得扩展。

在耶鲁大学任教的威廉·费尔浦斯教授，是个有名的散文家。他在散文集《人类的天性》当中写道：

"在我 8 岁的时候，有次到莉比姑妈家度周末。傍晚时分，有个中年人来访。他跟姑妈热络地寒暄过一阵之后，便把注意力转向我。那时，我正对船只很感兴趣，这位访客便滔滔不绝讲了许多有关船只的事，而且讲得十分生动有趣。等他离开之后，我仍意犹未尽，一直向姑妈提起他。姑妈告诉我，他在纽约当律师，根本不可能对船只感兴趣。'但是，他为什么一直跟我谈船只的事呢？'我问道。

"因为他是个有风度的绅士。他看你对船只感兴趣，为了让你高兴并赢取你的好感，他当然要这么说了。"

威廉·费尔浦斯最后说道："我永远也不会忘记姑妈所说的话。"

以下还有另一个例子。

爱德华·夏立甫先生在童子军活动中十分活跃。他写了一封信给我，其中提到一段有趣的经历：

"有个盛大的童子军大会在欧洲举行，我很希望美国的一些大公司，能赞助我们的男孩前往参加。

"很幸运的，就在打算去拜访这位公司负责人之前，我听说这位先生曾开过一张 100 万元的支票，后来这张支票被注销，这位先生便把支票用镜框框起来。

"所以我见到这位先生之后，首先要求是否能看看那张支票——100 万元的支票，我说我从没想过有人会开出 100 万元的支票，等我见过之后，一定要告诉孩子们我真的见过这样的一张支票。他很高兴地带我去看，我一面啧啧称赏，一面要求他把所有经过告诉我。

"没多久，这位先生突然问我：'咦，你今天来见我的目的是什么？'我便把来意说清楚。

"让我惊奇的是，这位先生不仅很爽快地答应了，还比我预期的支付更多。我本想只要求赞助一名男孩到欧洲去，他却答应赞助 5 个男孩和我一同去参加童子军大会。他给了我可以领取 1000 元信用金的信件，要我们在欧洲停留 7 个星期。他还写信给欧洲分公司的经理，要他们好好招待我们。最后并答应要在巴黎与我们会合，好带我们遍游那个美丽的城市。

"自此以后，他还提供了好几个工作机会给童子军的父母亲，并且一直热心参与童子军活动！

"所以我知道，要不是我发现了他的兴趣所在，抓住他的心，便不会那么简单就达到目的啊！"

这个方法是不是也适用于商场上呢？让我们看看纽约一家西点批发商的例子：

杜佛诺先生想将面包卖给纽约某旅馆。

4年来，每个星期他都去拜访经理，他甚至还在这家旅馆开了房，住在那里，以得到生意，但他失败了。

"后来，"杜佛诺先生说，"在研究人际关系之后，我决定改变策略。我决定找出这个人感兴趣的是什么，什么会引起他的热心。"

"我发觉他是美国旅馆服务员协会的会员。他不但是会员，由于他的热心，他现在是该会的会长和国际服务员协会的会长。不论在什么地方举行大会，他都会飞过崇山峻岭，越过沙漠、大海，参加大会。

"所以第二天见到他的时候，我首先开始谈论关于服务员协会的事。我得到非常好的反应——他对我讲了半小时关于服务员协会的事，他的声音有力、高亢，我可以清楚地看出这确实是他的业余嗜好，是他生活中的热情所在。在我离开他的办公室以前，他劝我加入该协会。

"这个时候，我仍然没有提任何关于面包的事。但几天后，他旅馆的主管打电话召我带着货样和价目单去。

"'我不知道你对那位老先生做了些什么，'主管对我说，'但他真的被你搔到痒处了。'

"试想一想我对这人紧追了4年——费力想得到他的生意，我如果没有最后费劲儿去找出他感兴趣的，他喜欢谈的，我还要死追，不知道追多少年才能成功。"

尊重对方

卡耐基金言

◇与人相处有个极为重要的法则：时时让别人感到重要。遵从这一法则，至少不会为我们带来什么麻烦，还可以同时得到许多快乐和永恒的友谊。

◇假使我们真是这么自私，这么功利，向来都吝啬于给别人带去一点快乐，一旦没有从他人身上得到好处，就不会对他人表示一点赞赏或表达一点真诚的感谢；假设我们的灵魂比野生的酸苹果大不了多少，则我们的心灵会变得多么贫乏。

人类行为有一项重要的法则，如果你承认并遵循它，就能给自己带来快乐；如果你否认并背弃它，就会使自己因此陷入无止境的挫折中。这条法则就是："尊重他人，满足对方的自我成就感。"诚如杜威教授所说：人们都希望自己能受到别人的重视。我也曾一再强调，就是这股力量促使人类创造了自己的文明。

如果，你希望满足自己被人喜欢的愿望，那么就让我们自己首先来信守这条箴言：你希望别人怎么待你，你先怎么对待别人。

有一次，我在纽约的一个邮局里排队等候寄一封挂号信。那位负责收寄邮件的办事员显然对这份单调而机械的工作感到不耐烦，他们日复一日地称重、撕邮票、找零钱、写收据，这种单调、机械的工作有时的确会让人情绪失调。我对自己说：我可以让那位办事员喜欢我。而要让他喜欢，我显然必须说些关于他的好话。称赞眼前的这位职员似乎并不让我感到困难，我马上就找出了可以称赞的话题。

在他称我的信的重量时，我真诚地对他说："我真希望能有你这样的好头发。"他抬起头，吃惊地但马上脸上溢出了微笑："哦，它早已不像以前那么好啦！"他谦虚地回答。我告诉他，虽然它可能已没有原来的好，但仍然非常漂亮。他十分高兴，和我谈了一会儿，最后说道："许多人都说我的头发好看。"

我敢保证这位先生出去吃午饭的时候，一定满面春风，晚上回家的时候，一定会将此事告诉他的妻子，他会照着镜子对自己说："这头发多么好看！"

我在一次演讲的时候提起这件事，有人问我："你想从那人身上得到什么？"我想从那人身上得到什么？假使我们真是这么自私，这么功利，向来都吝啬于给别人带去一点快乐，一旦不能从他人身上得到好处，就不对他人表示一点赞赏或表达一点真诚的感谢，如此我们的灵魂比野生的酸苹果好像大不了多少，我们的心灵会变得日益枯竭。

是的，我确实想从那个营业员身上得到一点东西。但那东西是无价的，而且我已经在真诚赞美的同时得到了。我得到了助人的快乐，这种感觉在多年之后，会永远闪烁在我记忆的天空。

与人相处有个极为重要的法则，这一法则就是：时时让别人感到重要。我们遵从这一法则，至少不会为我们惹来什么麻烦，还可以同时得到许多的快乐和永恒的友谊。如果我们无视这项法则，就难免在人际交往中出现障碍。哈佛著名心理学家威廉·詹姆斯说："人类本质中最殷切的需求是：渴望得到他人的重视。"我也曾一再指出，就是这种渴望使得人类和其他动物有了实质的区别。也正是因为有了这种渴望，才产生了丰富的人类文化。

所以，让我们诚实地遵循这一永恒的定律：你希望别人怎么对待自己，那你就应该怎么对待别人。如果你要问，我们应该什么时候去做？在什么地方去做？很简单，不论什么时候，不论什么地方。

比方说吧，如果你在餐馆里点了一份炸薯条，而女服务员却给你端上一盘马铃薯的时候，让我们说："对不起，麻烦你了，但我还是比较喜欢我点的炸薯条。"女服务员可能会回答："别客气，一点也不麻烦。"而且她还会愉快地把马铃薯换走。因为我们已经对她表示了敬意，让她感到自己的重要。

让我们来看一位康涅狄克州律师的故事，因为他亲属的关系，他不愿意让人知道他的名字，我们称他为 K 先生。

在参加我的培训课程以后不久，他同他的妻子驾车到长岛拜访她的几位亲属，她留下他同她的一位老姑母谈话，而独自跑开去拜访她的几位比她年轻的亲属。因为他要作一个演讲，讲述他如何实际运用欣赏的原则，他想，他就从这位老太太开始，所以他向房子的四周观看，看看有什么他可以真诚赞赏的。

"这间房子建造在 1890 年前后，是不是？"他问道。

"是的，"她回答道，"正是那年造的。"

"它让我想起我出生的那间房子，"他说，"非常美丽，建筑质量非常好，很宽敞。你知道，现在，人们不再建造这样的房子了。"

"你说得对，"老太太附和说，"如今的年轻人不在乎美丽的房子了，他们要的，不过是一所小公寓和一台电冰箱，然后外出，在汽车中闲游。"

"这是一所充满理想的房子，"她用颤抖的、温柔的声音回忆说，"这间房子是用爱情建造起来的，我的丈夫和我，在建造房子以前，梦想了许多年。我们没有请建筑设计师，都是我们自己亲手设计的。"

然后她引导他参观这间房子，他对她在旅行时搜集的、终身爱护的宝藏，表示真诚的赞赏：派斯莱披巾、一套古式英国茶具、凡其胡瓷器、法式床椅、意大利油画和曾一度悬于法国封建时代宫堡内的一件丝帷。

在引导他参观房子后，她带他到汽车间。那里摆放着一辆别克汽车，几乎是全新的。

"在我丈夫去世前不久，他买了这部车，"她轻轻地说，"在他死后，我从未坐过……你会欣赏好的东西，我要把这部车送给你。"

"啊，姑母，"他说，"你让我不知如何是好了。我当然感激你的盛意，但我不能接受，我又不是你的直系亲属。我有一辆新车，而你的许多亲属都喜欢那辆别克汽车。"

"亲属！"她大喊着说，"是的，我有亲属正等着我死，以便他们可以得到那辆汽车，但他们永远得不到！"

"如果你不愿意把它送给他们，你可以把它卖给一个二手车商，这很容易。"他告诉她。

"卖出去？"她嚷了起来，"你以为我愿意卖这部汽车吗？你以为我能忍受生人坐在那辆汽车里，在我丈夫为我买的汽车中在街上来往吗？我做梦也不会想卖。我要送给你，你会欣赏美好的东西。"

他竭力避免接受这辆汽车，但他不能不接受，为了不伤她的感情。

这位老太太同她的派斯莱披巾、法国古董，及她的回忆独自留在一间大房子中，正在渴求着一点他人的赏识。她曾一度年轻、貌美且被人追求；她曾建造了一所漂亮房子，充满爱情的温暖，而且从欧洲各国搜集了珍品使之美观；如今在老年的孤独和冷漠中，她渴望一点点人情的温暖，一点点真诚的欣赏——却没有人给她。当她找到时，就如同在沙漠中找到了甘泉，如果用比一辆别克汽车更少的礼物，她的感激无法完全表达出来。

我们再来看一个例子。

麦克马亨公司的总监，一位园艺师，讲述了这样一件事：

"在我听了《如何交友及影响他人》的演讲以后不久，我为一位著名法官的别墅布置园艺。这位主人出来给我提了几个要求，如在什么地方他要栽植什么等。

"我说：'法官，你的业余爱好很好，我正在欣赏你别墅的美丽景色。我听说你在麦迪生公园每年举行的大规模宠物狗展览会上得到许多奖状。'

"这点小小欣赏的表示，效果极其惊人。

"'是的。'法官回答说，'对于狗，我的确很感兴趣，你要不要看看我的狗呢？'

"他费了差不多一个小时的工夫，给我看他的狗，和它们得的奖品。他甚至拿出它们的系谱，讲解漂亮和聪敏的血统原因。

"最后他转向我问道：'你有没有小男孩？'

"'是的，我有。'我回答说。

"'好，他喜欢小狗吗？'法官问道。

"'嗨，是的，他非常喜欢。'

"'很好，我要送他一只。'法官宣布说。

"他开始告诉我如何喂养小狗，然后他停下来。'我这样口头告诉你，你会忘记的，我要写下来。'接着这位法官走进室内，将系谱和喂养方法，用打字机打好，给了我一只价值100元的小狗和他1小时又15分钟的宝贵时间。这其中大部分要归功于我对他的爱好和成就表示真诚的赞美。"

你我应从何处开始实行这种欣赏的奇妙试验？为什么不从家庭里开始？我不知道还有别的地方更需要的。你的夫人一定有些优点，至少你曾认为她有，不然你不会娶她。但从上次你对她的优点表示欣赏到现在已有多久了呢？

几年前，我曾在纽勃伦斯维克的蜜莱河上游钓鱼，我被暴风雨封锁在加拿大森林里的帐篷里，无法外出，我能找到的唯一读物就是一张乡间报纸。我把报纸上所有内容都读过了，连广告和狄克斯的婚姻指导在内，狄克斯的文章写得很好，所以我剪下保存起来。她对人们屡屡在婚前教导新娘有点不耐烦了，她宣称，应该有人把新郎拉过一边而给他以下建议：

不会甜言蜜语，不要结婚。在结婚前称赞女人是一件势在必须的事情，但在结婚后称赞她，更是必须的事情——为了你自己的安全。

婚姻不是愚昧的诚实场合，而是灵巧的外交场所。

如果你要每天生活安适，永远不要指责你夫人的治家水平，或将她与你的母亲作比较。但是，反过来，永远称赞她的治家能力。公开地恭贺你自己娶了唯一兼有维纳斯美貌和美国"第一夫人"治家水平的女子。就连肉片烧焦，变成了皮革，面包变成了渣烬，也不要抱怨。只要说饭菜没有达到她平日完美的标准，她一定尽力达到你对她的理想要求。

不要无缘无故地突然开始赞美，否则她会疑心。

但今晚或明晚，给她买些鲜花或糖果。不要只说：是的，我应当那样。实际去做！再给她一个微笑和温暖的情话。

如果有更多的夫妻这样做，我想我们不致有那么多人离婚——据说每6个婚姻即有一个要离婚。

牢记名字

卡耐基金言

◇人们极重视自己的名字，因而竭力使自己的名字被传播远扬，有时候即使牺牲也在所不惜。

◇200 年前，富人经常付给作家金钱，让作家将书献给他们。

◇图书馆、博物馆的丰富收藏，很多是不愿意让他们的名字日后被遗忘的人捐献的。

普通人总是对自己的名字倍感兴趣。记住他人的姓名并十分自然地喊出来，便是你对那个人巧妙而非常有效的恭维。但如果忘了或记错了他人的姓名，这会置你自己于很被动的地位。别人会认为你不够重视他，他甚至会因此而疏远你。

我曾在巴黎组织一次演讲，之前我给城中所有的美国居民发出过一封印刷信。但是那位法国打字员英文水平实在不高，填打姓名时经常犯错。为此，巴黎一家美国大银行的经理，写给我一封措辞激烈的责备信，因为他的名字被拼错了。可见，记住人家的名字对对方是何等重要！

钢铁大王安德鲁·卡内基成功的原因是什么？

虽然他被称为钢铁大王，但他自己并不是钢铁制造方面懂得很多的专家。然而，他手下却有几千人为他工作，他们懂得的钢铁技术显然要比他多得多。

他致富的真正原因是他知道如何与人相处。在早年，他就表现出出色的组织才能与领导天赋。10 岁的时候，他便意识到人们对于名字的惊人重视。他于是开始利用这一发现去获得与人合作的机会。当他是苏格兰的一个小孩童时，他曾收养过一对兔子。不久他就又多了一窝小兔，可是他却没有东西喂它们。不过他有一个聪明的主意，他告诉邻家的孩子们说，如果他们愿意出去采集充足的苜蓿草喂兔子，他便用他们的名字给兔子命名，以此来感激他们。结果，大家开始愉快地行动了。

这种"冠名"方法功效果真神奇，卡内基从此铭记于心。

许多年后，卡内基在商业上应用同样的心理学原理，并帮助他获得了事业上的巨大成功。有一次，他打算将钢铁路轨售给宾夕法尼亚铁路局。当时任宾夕法尼亚铁路局局长的是汤姆森。为此，卡内基在匹兹堡建造了一所大钢铁厂，命名"汤姆森钢铁厂"。当宾夕法尼亚铁路局需要钢轨的时候，汤姆森还会向别处去买吗？

在卡内基与伏尔曼互相竞争卧车经营权时，这位钢铁大王又想起了给兔子命名的经历。

当时，卡内基掌控的中央运输公司与伏尔曼所经营的公司都非常想赢得联合太平洋铁路卧车的经营权。为此，他们互相排挤、压价，以致即使胜利一方也很难有获利的机会。一天晚上，卡内基在圣尼古拉宾馆遇见了伏尔曼，他说："晚安，伏尔曼先生，我们两个难道不是在玩'两虎相斗'的游戏吗？"

"你这是什么意思？"伏尔曼问道。

卡内基接下来便试图说服伏尔曼将他们双方的力量合并起来，采取联合经营的方式。他用鲜明的语气，向伏尔曼叙述双方合作而非恶性竞争的双赢战略。伏尔曼认真倾听，但并未表示完全赞同。最后他问道："这新公司你将如何命名？"卡内基立刻回答说："当然是伏尔曼皇宫卧车公司。"

伏尔曼立即表现出极大的好感。"快到我房间里来！"他说，"我们有必要详细谈谈这件事。"的确，那次谈话创造了实业界的经典神话。

卡内基成为商界领袖的一大秘诀就是他惊人的记忆力与牢记并重视他人及同事名字的策略。他甚至能叫出许多工人的名字，这是他引以自豪的事。难怪他自夸说，在他亲自参与管理的时候，从未发生过工人罢工事件。

德州商业股份有限公司的董事长班朵兰夫认为：公司愈大，就愈使人感觉缺乏温情，从而显得有些冷漠。他认为能使它温暖一点的唯一办法，就是记住员工的名字。假如有个经理告诉我，他无法记住别人的名字，这就等于告诉我，他无法履行一份很重要的工作。这会使他缺乏成功做事的坚实基础，他无异于在流沙上做着他的工作。

著名演奏家贝德斯基，做事也有异曲同工之妙——他让他专车上的黑人厨师感到自己重要，因为贝德斯基永远称他为"考泊先生"。

贝德斯基经常旅行美国，对全国广大热烈的听众演奏。每次他在专车上旅行，都是同一位厨师为他准备夜餐，以便音乐会结束后吃。在那些年里，贝德斯基从未用美国的普通称呼，叫他"乔治"。贝德斯基永远用老式称呼，称他为"考泊先生"——考泊先生确实喜欢这样称呼他。

人们非常重视他们的名字，因此他们竭力设法使之延续，甚至牺牲一切在所不惜。就连矜夸而且老于世故的老巴纳姆，一个所谓的贵族，也因为没有儿子继续他的名字而沮丧，他情愿给他的孙子西雷 2.5 万元——如果他愿意把自己称为"西雷·巴纳姆"。

200 年前，富人们经常付给作家金钱，让作家将书献给他们。

图书馆、博物馆的丰富收藏，很多是不愿让他们的名字日后被遗忘的人捐献的。

纽约公共图书馆有爱斯德和李诺克斯捐献的收藏品。京都博物馆永远留着爱德门和马根的名字。几乎每个教堂都缀有彩色玻璃窗，纪念着捐赠人的姓名。

很多人说无法记住大量的姓名，其实他们是不愿意花时间和精力去记罢了。确实，他们会说，太忙了。

但我相信罗斯福总统比他们还忙。罗斯福总统总是花时间去记一个人的名字，哪怕是只见过一次面的机械师。

克莱斯勒公司曾经为罗斯福总统特别制作了一辆汽车。张伯伦和机械师把车子送去白宫。张伯伦在多年后说起这件事：

"我教总统先生怎么样使用一部带有复杂零件的汽车；总统先生则教给我宝贵的处理人的关系的方法。

"总统非常愉悦地叫我的名字，而且对于我讲给他听的那些汽车知识，他也非常感兴趣。

"那辆车子经过非常特别的处理和设计，可以完全地用手来控制。我们旁边围了很多人。

"罗斯福总统显得异常兴奋，他说，这个车子真是太棒了，我从未见过这么好的车子，只需要按一个钮，车子就能开出去了。这是什么道理呢，看来改天我要拆开看看到底是怎么回事。并且，罗斯福总统还当着所有人的面称赞我，感激我为他造了这么棒的一辆汽车，冷却器、前灯、后灯、座位，一切都太棒了，他还把每一个细节都指给他的太太和白宫的官员看，还把他年老的黑人司机叫过来嘱咐，要好好照顾行李箱。然后我们的驾驶课结束的时候他说，张伯伦先生，我最好还是回办公室吧，我已经让联邦储备委员会等了半个小时了。

"和我一起去白宫的那个机械师是个害羞的人,不怎么抛头露面,罗斯福总统只听别人说过一次他的名字,但是总统在离开之前就走过去,叫他的名字,感谢他到白宫。总统的声音一点都不做作,是发自肺腑的。

"回到纽约后,我很快就收到了罗斯福总统的签名照片,还有一段致谢辞,再次谢谢我的帮助。我一直弄不明白,他是怎么挤出时间来做这些事情的。"

罗斯福知道获得好感的最简单、最直接、最重要的方法,就是记住别人的姓名。但是我们之中有多少人真心地认真地记过别人的姓名呢?

对一个政治人物来说,记住一个选民的姓名是最基本的政治才能,反之则是心不在焉或在心底根本就不懂得尊重别人。

拿破仑三世对自己能记得每一个见过的人的名字而感到自豪。他询问每一个见过的人的名字,如果没听清楚,就再问一遍;如果名字有点复杂,他就请教写法。他喜欢把别人的名字和表情、特征联系起来印在脑海里。如果对方是个很重要的人物,他就偷偷用纸和笔记下对方的名字,默念几遍,然后把那张纸悄悄撕掉。

这些都要花时间,但这是值得的,爱默生说:"礼貌就是由一些小小的牺牲达成的。"

是小小的,不是大大的。

牢记别人的姓名并不是只有政界或商界的人必须修为的,每一个人都应该觉得这很重要。

诺丁汉是印度通用汽车公司的员工,他几乎天天都要去餐厅吃午餐,也天天都要看见柜台后的小姐板着脸做三明治,似乎周围的人也是三明治。诺丁汉要了一些吃的,小姐就百无聊赖地搞了几片火腿,加了一片莴苣,几片土豆。

"过几天,我在排队的时候特地看了一下她胸前的名牌,然后我笑着喊她的名字,嗨,艾丽斯。然后和她说我想要什么,结果她似乎忘了数量,给我装了一大盘子火腿、莴苣和马铃薯片。"

我们应该相信一个人的姓名里面包含着奇迹。名字使一个人变得唯一,使一个人区别于其他人。对一个人来说,他或她的名字是世界上最动听的词汇,所以,在你传递信息之前,别忘了别人的名字。

换位思考

卡耐基金言

◇我们要对那些可怜的人表示惋惜，可怜他，同情他。要像高约翰看见街上摇摇晃晃、将要摔倒的醉汉时所常说的话："如果不是靠上帝的恩典，我也同他一样走在街上。"

◇赢得友谊的关键就在于：从交往一开始你就说："我一点也不怪你有这样的看法。如果我是你，无疑也会和你一样。"如果你坚持这样说，就可以停止辩论，消除反感，创造出好感。

你有时会发现：对方可能完全错了，但他仍然不同意你正确的说法。在此情况下，不要一味指责他人，因为这是愚人的做法。你应该站在他的角度试着去了解他，而只有聪明、宽容的人才会以这样的明智态度这样做。

为什么对方会有那样的思想和行为？其中必有其内在原因。探寻出其中原因，你就等于得到了一把了解他人行动或人格的钥匙。而你要找到这把钥匙，就必须诚实地将自己放在他的地位上。在处理人际关系时，假如你常对自己说："如果我处在他当时的情景中，我将有什么感受，有什么反应？"这样你就可省去许多时间与烦恼。

多年来，作为消遣，我常常在距家不远的公园散步、骑马，像古代高尔人的传教士一样。我很喜欢橡树，所以每当我看见小橡树和灌木被不小心引起的火烧死，就非常痛心，这些火不是粗心的吸烟者引起，它们大多是那些到公园里体验土著人生活的游人引起的，他们在树下烹饪而烧着了树。火势有时候很猛，需要消防队才能扑灭。

在公园边上有一个布告牌警告说：凡引起火灾的人会受到罚款甚至拘禁。

但是这个布告竖在一个人迹罕至的地方，儿童很少能看到它。有一位骑马的警察负责保护公园，但他很不尽职，火仍然常常蔓延。

有一次，我跑到一个警察那里，告诉他有一处着火了，而且蔓延很快，我要求他通知消防队，他却冷淡地回答说，那不是他的事，因为不在他的管辖区域内。我急了，所以从那以后，当我骑马出去的时候，我担任自己委任的"单人委员会"的委员，保护公共场所。当我看见树下着火，我非常不高兴，经常急着做正义的事情却做错了事。最初，我警告那些小孩子，引火可能被拘禁，我用权威的口气，命令他们把火扑灭。如果他们拒绝，我就恫吓他们，要将他们送去警察局——我在发泄我的反感。

结果呢？儿童们当面服从了，满怀反感地服从了。在我消失在山后边时，他们重新点火、让火烧得更旺——希望把全部树木烧光。

很多年过去了，我希望自己多掌握一点人际关系的知识，用一点手段，一点从对方立场看事情的方法。

于是我不再下命令，我骑马到火堆前，开始这样说：

"孩子们，很高兴吧？你们在做什么晚餐？……当我是一个小孩子时，我也喜欢生火玩，我现在也还喜欢。但你们知道在这个公园里，火是很危险的，我知道你们没有恶意，但别的孩子们就不同了，他们看见你们生火，他们也会生一大堆火，回家的时候也不扑灭，让火在干叶中蔓延，伤害了树木。如果我们再不小心，我们这儿就没有树了。因为生火，你们可能被拘下狱，我当然不愿意干涉你们的快乐，我喜欢看你们玩耍。请你们马上将树叶耙得离火远些，好不好？在你们离开以前，请你们小心用土将火盖起来，好不好？下次你们再玩时，请你们在那边沙堆上生火，好不好？那里不会有危险……多谢，孩子们，祝你们快乐！"

这种说法产生的效果有多大！

它让儿童们乐意合作，没有怨恨，没有反感。他们没有被强制服从命令，他们保全了面子。他们觉得好，我也觉得好。因为我考虑了他们的观点——他们要的是生火玩，而我达到了我的目的——不发生火灾，不毁坏树木。

"我情愿在与人会谈以前，一个人在办公室外的人行道上踱上两个小时，而不愿走进他的办公室，"哈佛大学商学院院长彼德说，"如果对于我说的，和他的回答（基于我对他的兴趣、动机的认识而想象到的）不是十分清楚的话。"

这样一句神奇的妙语，可以软化所有刁钻而老奸巨猾者，你完全可以真诚地说出这句话，因为假如你是对方，你也会产生同他一样的感觉。

——要记住，出现在你面前的那些充满烦躁、固执、缺乏理智的人，他之所以成为这样的人，其实他们也没有很大的过错。要对他们表示惋惜、体恤与同情。要像高约翰那样，当他看见街上摇摇欲跌的醉汉时，他常会说："如果不是上帝的恩赐，我也会走在那边。"

伍勒先生可以说是领会了这句妙语的神奇魅力，他是美国第一位音乐经理人，他与世界上一些著名的艺术家打了 22 年的交道，如却利亚宾、邓肯和潘洛佛。伍勒先生告诉我，在他与那些性情无常的艺术家交往时，所得的第一个教训就是同情——对他们可笑而古怪的脾气表现出更多的同情。

3 年时间里，他都作为却利亚宾音乐会的经纪人——却利亚宾是最能打动首都大戏院高贵观众的一个最伟大的低音歌唱家。但却利亚宾行事像一个宠坏了的孩子。用伍勒先生自己独特的语句来说："他各方面都糟糕得很。"

最糟糕的一次是在一次演唱会上，却利亚宾在他将要演唱的那一天的中午前后打电话给伍勒先生说："沙尔，我觉得很不舒服，我的喉咙破得不像样了，今晚我不能歌唱。"伍勒先生同他辩论？不，他知道艺术经理人不能那样处理。所以他跑到却利亚宾的旅馆，表示同情。"多么不幸，"他惋惜地说，"多么不幸！我可怜的朋友，当然，你不能唱了。我将立即取消这约定。那只费你两三千元钱，但与你的名誉相比，那算不得什么。"

然后却利亚宾说："也许你最好下午再来，5 点钟来，看那时我觉得怎样。"

到了 5 点多钟，伍勒先生就再跑到他的旅馆，表示同情。他再坚持取消约定，却利亚宾却叹息地说："好吧，你再晚一点来看我，我到那时或许会好一点儿。"

到 7 点半，这位伟大的低音歌唱家答应唱了，唯有一个条件，就是伍勒先生要跑上首都大戏院的戏台上报告说，却利亚宾患重感冒嗓子不好。伍勒先生答应他会如此的，因为他知道那是能使这位低音歌唱家出台演唱的唯一方法。

洛慈博士有段经典的语言："人类普遍地追求同情。儿童迫切地显示他的伤痛，甚至故意割伤或打伤自己，以博取大人的同情。出于同样的目的，成人也会显示他们的伤痛，叙述他们的意外、疾病，特别是动手术开刀受苦的细节，为真实的或想象的不幸而感到'自怜'，实际上，这差不多是人性的一个重要方面。"

所以，如果你要赢得别人的赞同，就要真诚地站在对方的角度看事情。

优化自我

卡耐基金言

◇最重要的，不是别人有没有爱我们，而是我们值不值得被人爱。

渴望得到别人的赞美、追求、重视，是人与生俱来的一种特性。它促使人不停地奋斗，在别人的赞赏中得到自重感。但是，我们大部分人所想的都是有关荣耀的报偿，而不是如何努力去赢得这份荣耀。

别人为何要喜欢你呢？这世界并没有法律规定非要喜欢你或我，或任何一个人。无论是工作或社交的过程中，除非我们具有他们所要的东西，否则，他们没有必要特别注意到你我。

孔子曾经说过："最重要的，不是别人有没有爱我们，而是我们值不值得被人爱。"要想赢得别人的友谊或感情，必须先不要去担心别人是否喜欢我们，而是要用心去改善自己，增进能让别人喜欢你的优良特点。

玛丽安·安德森曾经很感人地描述她早期的生活——她那时事业失败，整个人意志消沉，差点儿要告别舞台。后来，她才慢慢恢复勇气和信心，准备继续为自己的事业奋斗下去。有一天，她兴高采烈地向母亲说道："我要再唱下去！我要每个人都喜欢我！我要创造完美！"

母亲对她说："那是个迷人的目标，要知道，人在成就伟大的事业之前，必须先学会谦卑。"玛丽安听了，深有感触，于是下决心在音乐造诣上追求十全十美，而不是"想要"完美。"谦卑先于伟大。"这是母亲给她的忠告。

好莱坞有个小女孩在试镜的时候，十分紧张，几乎没有勇气出场。导演告诉她："不要把心思放在试镜的结果上，纯粹为了跳舞的乐趣而跳，为上帝而跳吧。"

结果，那女孩放松下来不再紧张，并且试镜之后效果奇佳，最终，获得录用。

赢得别人注意的最好方法，就是不要去担心结果如何，不要太在意别人是不是喜欢我们。只要我们开始采取行动，努力去实践那些将会激发爱和友情的事。我们不妨细心体会一下威廉·奥斯勒爵士所说的话："不用为朦朦胧胧的未来担忧，只要实实在在地为现在而努力即可。"

作家荷马·柯罗伊是我的一个好朋友，他很有人缘。和他接触过的每一个人——不论是清洁工还是百万富翁，不管男人、女人还是小孩——在与他在一起待 15 分钟之后都会感受到一种温情。因为他们都感到荷马·柯罗伊能让人迅速知道他是喜欢他们的。

小孩子都喜欢跟他亲近，朋友家的佣人愿意极力为他施展厨艺。如果主人说："荷马·柯罗伊要来！"就没有人会感觉不快。而回到家里，荷马·柯罗伊也深受他太太、女儿和孙子的爱戴。

他如此受欢迎的秘诀说起来很简单——那就是真诚地爱别人。这个人是什么身份、做什么工作与他的哲学无关，他们属于人类这个事实本身已经足够。每次与一个陌生人相遇，他都能立即就结交上，不是靠标榜自己，而是靠询问那个人的一切——那些听起来很琐碎的问题。他并非琐碎的人，而是因为他确实对每一位新结识的人都感兴趣，真心想了解他们。

我曾见过一些倔强的玩世不恭者在经过这种接触之后像见到阳光的花儿一样盛开。这就如同约瑟夫·格洛大使所说："外交的秘诀可以概括为一句话：'我想要喜欢你。'"

荷马·柯罗伊从来没有为交朋友的事情烦恼过，他把每一个人都当作朋友，别人是否喜欢他这样，他并不在意，他只会集中心思喜欢别人，而不浪费精力去思考会产生什么样的结果。

一个有经验的推销员懂得对自己能否成功推销产品的担心会给心理造成障碍，这样会影响他适当地介绍他的产品。通用制造公司的董事长哈瑞·布利斯在大学期间靠推销缝纫机为生，他总结说：要想在推销员这个岗位上取得成功，就要忽略自己渴望销售出去的数量，而应该集中心思向客户介绍自己能提供什么样的服务。

如果一个人将精力用在为他人服务上，就会变得充满难以抗拒的力量。你怎么会拒绝一个企图帮你解决问题的人呢？

"我对推销员们说，"布利斯先生说，"如果他们一天到晚想的都是'我今天要尽力多帮助一些人'，而不是'我今天要尽力多卖出一些产品'的话，就会发现接近买主不是那么困难了，然后销售业绩会出奇地好。能够帮助同胞获取快乐、轻松生活的人，是最高级的推销员。"

打高尔夫球时，会有人叮嘱我们不要让眼睛离开球；向成年人传授说话技巧时，我们告诫学生要集中心思在他想要传达的信息上。紧张、害怕都是担心结果的表现，这是不可取的。

几年前，我准备发表一次演讲，据说当时的听众相当难缠，我难免流露出紧张的情绪。我忧心忡忡地问一位朋友："假如他们不喜欢我，该怎么办？"

"是啊，"朋友回答道，"他们为何要喜欢你呢？你能为他们干什么？你认为自己要讲的内容很重要吗？"

我承认在我看来我讲演的内容很重要。

"不错，"她接着说，"我倒觉得听众喜不喜欢你并不重要，重要的是你有没有把想讲的内容讲出来。至于他们喜欢或讨厌你，又有什么关系呢？你已经胜利完成了你的任务。"

朋友的这番话改变了我对演讲的整个看法。我谦卑地体会到自己只不过想传达某些信息，而不是要刻意显露自己的学问或风采。同样，我们的目的是要带给听众一些鼓舞性的思想，以期对他们的生活有所帮助。

得到友谊的最佳方法，是必须注重施予，而不是获得——但应该是亲自赢取得来，而不是靠一时的吸引或哄骗。赢取朋友的能力跟勾肩搭背、与人攀谈、动作滑稽或讲些逗趣的笑话等等的能力没有关系。这是一种心态，是一种愿意把自己的爱、兴趣、注意力及服务精神献给他人的生存理念。

为了得到友谊和情爱，我们必须先认清本末先后，要想赢得爱，先要值得被爱；要想赢得朋友，先要表示友善；要想赢得别人对我们感兴趣，就得先要对他们发生兴趣。

爱是推动人类进步的动力，也是我们与他人交往的基石，更是衡量一个人是否成熟的依据。我们必须感受到他人的感受，要有"人饥己饥，人溺己溺"的敏感。这就是"同理心"，是我们与他人"同在"的一种感觉。假如我们想与他人维持成熟的人际关系，同理心可说是基础。

附录

How to Stop Worrying and
Start Living

1　Live in "Day-tight Compartments"

In the spring of 1871, a young man picked up a book and read twenty-one words that had a profound effect on his future. A medical student at the Montreal General Hospital, he was worried about passing the final examination, worried about what to do, where to go, how to build up a practice, how to make a living.

The twenty-one words that this young medical student read in 1871 helped him to become the most famous physician of his generation. He organised the world-famous Johns Hopkins School of Medicine. He became Regius Professor of Medicine at Oxford-the highest honour that can be bestowed upon any medical man in the British Empire. He was knighted by the King of England. When he died, two huge volumes containing 1,466 pages were required to tell the story of his life.

His name was Sir William Osier. Here are the twenty-one words that he read in the spring of 1871-twenty-one words from Thomas Carlyle that helped him lead a life free from worry："Our main business is not to see what lies dimly at a distance, but to do what lies clearly at hand."

Forty-two years later, on a soft spring night when the tulips were blooming on the campus, this man, Sir William Osier, addressed the students of Yale University. He told those Yale students that a man like himself who had been a professor in four universities and had written a popular book was supposed to have "brains of a special quality" . He declared that that was untrue. He said that his intimate friends knew that his brains were "of the most mediocre character" .

What, then, was the secret of his success? He stated that it was owing to what he called living in "day-tight compartments." What did he mean by that? A few months before he spoke at Yale, Sir William Osier had crossed the Atlantic on a great ocean liner where the captain standing on the bridge, could press a button and-presto!-there was a clanging of machinery and various parts of the ship were immediately shut off from one another-shut off into watertight compartments. "Now each one of you," Dr. Osier said to those Yale students, "is a much more marvelous organisation than the great liner, and bound on a longer voyage. What I urge is that you so learn to control the machinery as to live with'day-tight compartments' as the most certain way to ensure safety on the voyage. Get on the bridge, and see that at least the great bulkheads are in working order. Touch a button and hear, at every level of your life, the iron doors shutting out the Past-the dead yesterdays. Touch another and shut off, with a metal curtain, the Future -the unborn tomorrows. Then you are safe-safe for today! ... Shut off the past! Let the dead past bury its dead. ... Shut out the yesterdays which have lighted fools the way to dusty death. ... The load of tomorrow, added to that of yesterday, carried today, makes the strongest falter. Shut off the future as tightly as the past. ... The future is today. ... There is no tomorrow. The day of man's salvation is now. Waste of energy, mental distress, nervous worries dog the steps of a man who is anxious about the future. ... Shut close, then the great fore and aft bulkheads, and prepare to cultivate the habit of life of'day-tight compartments'."

Did Dr. Osier mean to say that we should not make any effort to prepare for tomorrow? No. Not at all. But he did go on in that address to say that the best possible way to prepare for tomorrow is to concentrate with all your intelligence, all your enthusiasm, on doing today's work superbly today. That is the only possible way you can prepare for the future.

Sir William Osier urged the students at Yale to begin the day with Christ's prayer："Give us this day our daily bread."

Remember that that prayer asks only for today's bread. It doesn't complain about the stale bread we had to eat yesterday; and it doesn't say : "Oh, God, it has been pretty dry out in the wheat belt lately and we may have another drought-and then how will I get bread to eat next autumn-or suppose I lose my job-oh, God, how could I get bread then?"

No, this prayer teaches us to ask for today's bread only. Today's bread is the only kind of bread you can possibly eat.

Years ago, a penniless philosopher was wandering through a stony country where the people had a hard time making a living. One day a crowd gathered about him on a hill, and he gave what is probably the most-quoted speech ever delivered anywhere at any time. This speech contains twenty-six words that have gone ringing down across the centuries : "Take therefore no thought for the morrow; for the morrow shall take thought for the things of itself. Sufficient unto the day is the evil thereof."

Many men have rejected those words of Jesus : "Take no thought for the morrow." They have rejected those words as a counsel of perfection, as a bit of Oriental mysticism. "I must take thought for the morrow," they say. "I must take out insurance to protect my family. I must lay aside money for my old age. I must plan and prepare to get ahead."

Right! Of course you must. The truth is that those words of Jesus, translated over three hundred years ago, don't mean today what they meant during the reign of King James. Three hundred years ago the word thought frequently meant anxiety. Modern versions of the Bible quote Jesus more accurately as saying : "Have no anxiety for the tomorrow."

By all means take thought for the tomorrow, yes, careful thought and planning and preparation. But have no anxiety.

During the war, our military leaders planned for the morrow, but they could not afford to have any anxiety. "I have supplied the best men with the best equipment we have," said Admiral Ernest J. King, who directed the United States Navy, "and have given them what seems to be the wisest mission. That is all I can do."

"If a ship has been sunk," Admiral King went on, "I can't bring it up. If it is going to be sunk, I can't stop it. I can use my time much better working on tomorrow's problem than by fretting about yesterday's. Besides, if I let those things get me, I wouldn't last long."

Whether in war or peace, the chief difference between good thinking and bad thinking is this : good thinking deals with causes and effects and leads to logical, constructive planning; bad thinking frequently leads to tension and nervous breakdowns.

I recently had the privilege of interviewing Arthur Hays Sulzberger, publisher of one of the most famous newspapers in the world, The New York Times. Mr. Sulzberger told me that when the Second World War flamed across Europe, he was so stunned, so worried about the future, that he found it almost impossible to sleep. He would frequently get out of bed in the middle of the night, take some canvas and tubes of paint, look in the mirror, and try to paint a portrait of himself. He didn't know anything about painting, but he painted anyway, to get his mind off his worries. Mr. Sulzberger told me that he was never able to banish his worries and find peace until he had adopted as his motto five words from a church hymn : One step enough for me.

Lead, kindly Light ...

Keep thou my feet : I do not ask to see

The distant scene; one step enough for me.

At about the same time, a young man in uniform-somewhere in Europe-was learning the same lesson. His name was Ted Bengermino, of 5716 Newholme Road, Baltimore, Maryland-and he had worried himself into a first-class case of combat fatigue.

"In April, 1945," writes Ted Bengermino, "I had worried until I had developed what doctors call a 'spasmodic transverse colon'-a condition that produced intense pain. If the war hadn't ended when it did, I am sure I would have had a complete physical breakdown.

"I was utterly exhausted. I was a Graves Registration, Noncommissioned Officer for the 94th Infantry Division. My work was to help set up and maintain records of all men killed in action, missing in action, and hospitalised. I also had to help disinter the bodies of both Allied and enemy soldiers who had been killed and hastily buried in shallow graves during the pitch of battle. I had to gather up the personal effects of these men and see that they were sent back to parents or closest relatives who would prize these personal effects so much. I was constantly worried for fear we might be making embarrassing and serious mistakes. I was worried about whether or not I would come through all this. I was worried about whether I would live to hold my only child in my arms-a son of sixteen months, whom I had never seen. I was so worried and exhausted that I lost thirty-four pounds. I was so frantic that I was almost out of my mind. I looked at my hands. They were hardly more than skin and bones. I was terrified at the thought of going home a physical wreck. I broke down and sobbed like a child. I was so shaken that tears welled up every time I was alone. There was one period soon after the Battle of the Bulge started that I wept so often that I almost gave up hope of ever being a normal human being again.

"I ended up in an Army dispensary. An Army doctor gave me some advice which has completely changed my life. After giving me a thorough physical examination, he informed me that my troubles were mental. 'Ted,' he said, 'I want you to think of your life as an hourglass. You know there are thousands of grains of sand in the top of the hourglass; and they all pass slowly and evenly through the narrow neck in the middle. Nothing you or I could do would make more than one grain of sand pass through this narrow neck without impairing the hourglass. You and I and everyone else are like this hourglass. When we start in the morning, there are hundreds of tasks which we feel that we must accomplish that day, but if we do not take them one at a time and let them pass through the day slowly and evenly, as do the grains of sand passing through the narrow neck of the hourglass, then we are bound to break our own physical or mental structure.'

"I have practised that philosophy ever since that memorable day that an Army doctor gave it to me. 'One grain of sand at a time. ... One task at a time.' That advice saved me physically and mentally during the war; and it has also helped me in my present position in business. I am a Stock Control Clerk for the Commercial Credit Company in Baltimore. I found the same problems arising in business that had arisen during the war : a score of things had to be done at once-and there was little time to do them. We were low in stocks. We had new forms to handle, new stock arrangements, changes of address, opening and closing offices, and so on. Instead of getting taut and nervous, I remembered what the doctor had told me. 'One grain of sand at a time. One task at a time.' By repeating those words to myself over and over, I accomplished my tasks in a more efficient manner and I did my work without the confused and jumbled feeling that had almost wrecked me on the battlefield."

One of the most appalling comments on our present way of life is that half of all the beds in our hospitals are reserved for patients with nervous and mental troubles, patients who have collapsed under the crushing burden of accumulated yesterdays and fearful tomorrows. Yet a vast majority of those people would be walking the streets today, leading happy, useful lives, if they had only heeded the words of Jesus : "Have no anxiety about the morrow"; or the words of Sir William Osier : "Live in day-tight compartments."

You and I are standing this very second at the meeting-place of two eternities : the vast past that has endured for ever, and the future that is plunging on to the last syllable of recorded time. We can't possibly live in either of those eternities-no, not even for one split second. But, by trying to do so, we can wreck both our bodies and our minds. So let's be content to live the only time we can possibly live : from now until bedtime. "Anyone can carry his burden, however hard, until nightfall," wrote Robert Louis Stevenson. "Anyone can do his work, however hard, for one day. Anyone can live sweetly, patiently, lovingly, purely, till the sun goes down. And this is all that life really means."

Yes, that is all that life requires of us; but Mrs. E. K. Shields, 815, Court Street, Saginaw,

Michigan, was driven to despair- even to the brink of suicide-before she learned to live just till bedtime. "In 1937, I lost my husband," Mrs. Shields said as she told me her story. "I was very depressed-and almost penniless. I wrote my former employer, Mr. Leon Roach, of the Roach-Fowler Company of Kansas City, and got my old job back. I had formerly made my living selling books to rural and town school boards. I had sold my car two years previously when my husband became ill; but I managed to scrape together enough money to put a down payment on a used car and started out to sell books again.

"I had thought that getting back on the road would help relieve my depression; but driving alone and eating alone was almost more than I could take. Some of the territory was not very productive, and I found it hard to make those car payments, small as they were.

"In the spring of 1938, I was working out from Versailles, Missouri. The schools were poor, the roads bad; I was so lonely and discouraged that at one time I even considered suicide. It seemed that success was impossible. I had nothing to live for. I dreaded getting up each morning and facing life. I was afraid of everything : afraid I could not meet the car payments; afraid I could not pay my room rent; afraid I would not have enough to eat. I was afraid my health was failing and I had no money for a doctor. All that kept me from suicide were the thoughts that my sister would be deeply grieved, and that I did not have enough money to pay my funeral expenses.

"Then one day I read an article that lifted me out of my despondence and gave me the courage to go on living. I shall never cease to be grateful for one inspiring sentence in that article. It said : 'Every day is a new life to a wise man.' I typed that sentence out and pasted it on the windshield of my car, where I saw it every minute I was driving. I found it wasn't so hard to live only one day at a time. I learned to forget the yesterdays and to not-think of the tomorrows. Each morning I said to myself : 'Today is a new life.'

"I have succeeded in overcoming my fear of loneliness, my fear of want. I am happy and fairly successful now and have a lot of enthusiasm and love for life. I know now that I shall never again be afraid, regardless of what life hands me. I know now that I don't have to fear the future. I know now that I can live one day at a time-and that 'Every day is a new life to a wise man.'"

Who do you suppose wrote this verse :

Happy the man, and happy he alone,

He, who can call to-day his own :

He who, secure within, can say :

"To-morrow, do thy worst, for I have liv'd to-day."

Those words sound modern, don't they? Yet they were written thirty years before Christ was born, by the Roman poet Horace.

One of the most tragic things I know about human nature is that all of us tend to put off living. We are all dreaming of some magical rose garden over the horizon-instead of enjoying the roses that are blooming outside our windows today.

Why are we such fools-such tragic fools?

"How strange it is, our little procession of life I" wrote Stephen Leacock. "The child says : 'When I am a big boy.' But what is that? The big boy says : 'When I grow up.' And then, grown up, he says : 'When I get married.' But to be married, what is that after all? The thought changes to 'When I'm able to retire.' And then, when retirement comes, he looks back over the landscape traversed; a cold wind seems to sweep over it; somehow he has missed it all, and it is gone. Life, we learn too late, is in the living, in the tissue of every day and hour."

The late Edward S. Evans of Detroit almost killed himself with worry before he learned that life "is in the living, in the tissue of every day and hour." Brought up in poverty, Edward Evans made his first money by selling newspapers, then worked as a grocer's clerk. Later, with seven people dependent upon him for bread and butter, he got a job as an assistant librarian. Small as the pay was, he was afraid to quit. Eight years passed before he could summon up the courage to start out on his own. But once he started, he built up an original investment of fifty-five borrowed dollars into a business of his own that made him twenty thousand dollars a year. Then came a frost, a killing frost. He endorsed a big note for a friend-and the friend went bankrupt.

Quickly on top of that disaster came another : the bank in which he had all his money collapsed. He not only lost every cent he had, but was plunged into debt for sixteen thousand dollars. His nerves couldn't take it. "I couldn't sleep or eat," he told me. "I became strangely ill. Worry and nothing but worry," he said, "brought on this illness. One day as I was walking down the street, I fainted and fell on the sidewalk. I was no longer able to walk. I was put to bed and my body broke out in boils. These boils turned inward until just lying in bed was agony. I grew weaker every day. Finally my doctor told me that I had only two more weeks to live. I was shocked. I drew up my will, and then lay back in bed to await my end. No use now to struggle or worry. I gave up, relaxed, and went to sleep. I hadn't slept two hours in succession for weeks; but now with my earthly problems drawing to an end, I slept like a baby. My exhausting weariness began to disappear. My appetite returned. I gained weight.

"A few weeks later, I was able to walk with crutches. Six weeks later, I was able to go back to work. I had been making twenty thousand dollars a year; but I was glad now to get a job for thirty dollars a week. I got a job selling blocks to put behind the wheels of automobiles when they are shipped by freight. I had learned my lesson now. No more worry for me-no more regret about what had happened in the past- no more dread of the future. I concentrated all my time, energy, and enthusiasm into selling those blocks."

Edward S. Evans shot up fast now. In a few years, he was president of the company. His company-the Evans Product Company-has been listed on the New York Stock Exchange for years. When Edward S. Evans died in 1945, he was one of the most progressive business men in the United States. If you ever fly over Greenland, you may land on Evans Field- a flying-field named in his honour.

Here is the point of the story : Edward S. Evans would never have had the thrill of achieving these victories in business and in living if he hadn't seen the folly of worrying-if he hadn't learned to live in day-tight compartments.

Five hundred years before Christ was born, the Greek philosopher Heraclitus told his students that "everything changes except the law of change" . He said : "You cannot step in the same river twice." The river changes every second; and so does the man who stepped in it. Life is a ceaseless change. The only certainty is today. Why mar the beauty of living today by trying to solve the problems of a future that is shrouded in ceaseless change and uncertainty-a future that no one can possibly foretell?

The old Romans had a word for it. In fact, they had two words for it. Carpe diem. "Enjoy the day." Or, "Seize the day." Yes, seize the day, and make the most of it.

That is the philosophy of Lowell Thomas. I recently spent a week-end at his farm; and I noticed that he had these words from Psalm CXVIII framed and hanging on the walls of his broadcasting studio where he would see them often :

This is the day which the Lord hath made; we will rejoice and be glad in it.

John Ruskin had on his desk a simple piece of stone on which was carved one word : TO-DAY. And while I haven't a piece of stone on my desk, I do have a poem pasted on my mirror where I can see it when I shave every morning-a poem that Sir William Osier always kept on his desk-a poem written by the famous Indian dramatist, Kalidasa :

Salutation To The Dawn

Look to this day!
For it is life, the very life of life.
In its brief course
Lie all the verities and realities of your existence :

The bliss of growth
The glory of action
The splendour of achievement.
For yesterday is but a dream
And tomorrow is only a vision,
But today well lived makes yesterday a dream of happiness
And every tomorrow a vision of hope.
Look well, therefore, to this day!
Such is the salutation to the dawn.

So, the first thing you should know about worry is this : if you want to keep it out of your life, do what Sir William Osier did—

Shut the iron doors on the past and the future. Live in Day-tight Compartments

Why not ask yourself these questions, and write down the answers?

1. Do I tend to put off living in the present in order to worry about the future, or to yearn for some "magical rose garden over the horizon" ?

2. Do I sometimes embitter the present by regretting things that happened in the past-that are over and done with?

3. Do I get up in the morning determined to "Seize the day" -to get the utmost out of these twenty-four hours?

4. Can I get more out of life by "living in day-tight compartments" ?

5. When shall I start to do this? Next week? ... Tomorrow? ... Today?

2　A Magic Formula for Solving Worry Situations

Would you like a quick, sure-fire recipe for handling worry situations-a technique you can start using right away, before you go any further in reading this book?

Then let me tell you about the method worked out by Willis H. Carrier, the brilliant engineer who launched the air-conditioning industry, and who is now head of the world-famous Carrier Corporation in Syracuse, New York. It is one of the best techniques I ever heard of for solving worry problems, and I got it from Mr. Carrier personally when we were having lunch together one day at the Engineers' Club in New York.

"When I was a young man," Mr. Carrier said, "I worked for the Buffalo Forge Company in Buffalo, New York. I was handed the assignment of installing a gas-cleaning device in a plant of the Pittsburgh Plate Glass Company at Crystal City, Missouri-a plant costing millions of dollars. The purpose of this installation was to remove the impurities from the gas so it could be burned without injuring the engines. This method of cleaning gas was new. It had been tried only once before and under different conditions. In my work at Crystal City, Missouri, unforeseen difficulties arose. It worked after a fashion -but not well enough to meet the guarantee we had made.

"I was stunned by my failure. It was almost as if someone had struck me a blow on the head. My stomach, my insides, began to twist and turn. For a while I was so worried I couldn't sleep.

"Finally, common sense reminded me that worry wasn't getting me anywhere; so I figured out a way to handle my problem without worrying. It worked superbly. I have been using this same anti-worry technique for more than thirty years. It is simple. Anyone can use it. It consists of three steps :

"Step I. I analysed the situation fearlessly and honestly and figured out what was the worst that could possibly happen as a result of this failure. No one was going to jail me or shoot me. That was certain. True, there was a chance that I would lose my position; and there was also a chance that my employers would have to remove the machinery and lose the twenty thousand dollars we had invested.

"Step II. After figuring out what was the worst that could possibly happen, I reconciled myself to accepting it, if necessary. I said to myself : This failure will be a blow to my record, and it might possibly mean the loss of my job; but if it does, I can always get another position. Conditions could be much worse; and as far as my employers are concerned- well, they realise that we are experimenting with a new method of cleaning gas, and if this experience costs them twenty thousand dollars, they can stand it. They can charge it up to research, for it is an experiment.

"After discovering the worst that could possibly happen and reconciling myself to accepting it, if necessary, an extremely important thing happened : I immediately relaxed and felt a sense of peace that I hadn't experienced in days.

"Step III. From that time on, I calmly devoted my time and energy to trying to improve upon the worst which I had already accepted mentally.

"I now tried to figure out ways and means by which I might reduce the loss of twenty thousand dollars that we faced. I made several tests and finally figured out that if we spent another five thousand for additional equipment, our problem would be solved. We did this, and instead of the firm losing twenty thousand, we made fifteen thousand.

"I probably would never have been able to do this if I had kept on worrying, because one of the worst features about worrying is that it destroys our ability to concentrate. When we worry, our minds jump here and there and everywhere, and we lose all power of decision. However, when we force ourselves to face the worst and accept it mentally, we then eliminate all those vague imaginings and put ourselves in a position in which we are able to concentrate on our problem.

"This incident that I have related occurred many years ago. It worked so superbly that I have been using it ever since; and, as a result, my life has been almost completely free from worry."

Now, why is Willis H. Carrier's magic formula so valuable and so practical, psychologically speaking? Because it yanks us down out of the great grey clouds in which we fumble around when we are blinded by worry. It plants our feet good and solid on the earth. We know where we stand. And if we haven't solid ground under us, how in creation can we ever hope to think anything through?

Professor William James, the father of applied psychology, has been dead for thirty-eight years. But if he were alive today, and could hear his formula for facing the worst, he would heartily approve it. How do I know that? Because he told his own students : "Be willing to have it so ... .Be willing to have it so," he said, because "... Acceptance of what has happened is the first step in overcoming the consequences of any misfortune."

The same idea was expressed by Lin Yutang in his widely read book, The Importance of Living. "True peace of mind," said this Chinese philosopher, "comes from accepting the worst. Psychologically, I think, it means a release of energy."

That's it, exactly! Psychologically, it means a new release of energy! When we have accepted the worst, we have nothing more to lose. And that automatically means-we have everything to gain! "After facing the worst," Willis H. Carrier reported, "I immediately relaxed and felt a sense of peace that I hadn't experienced in days. From that time on, I was able to think."

Makes sense, doesn't it? Yet millions of people have wrecked their lives in angry turmoil, because they refused to accept the worst; refused to try to improve upon it; refused to salvage what they could from the wreck. Instead of trying to reconstruct their fortunes, they engaged in a bitter and "violent contest with experience" -and ended up victims of that brooding fixation known as melancholia.

Would you like to see how someone else adopted Willis H. Carrier's magic formula and applied it to his own problem? Well, here is one example, from a New York oil dealer who was a student in my classes.

"I was being blackmailed!" this student began. "I didn't believe it was possible-I didn't believe it could happen outside of the movies-but I was actually being blackmailed! What happened was this :

the oil company of which I was the head had a number of delivery trucks and a number of drivers. At that time, OPA regulations were strictly in force, and we were rationed on the amount of oil we could deliver to any one of our customers. I didn't know it, but it seems that certain of our drivers had been delivering oil short to our regular customers, and then reselling the surplus to customers of their own.

"The first inkling I had of these illegitimate transactions was when a man who claimed to be a government inspector came to see me one day and demanded hush money. He had got documentary proof of what our drivers had been doing, and he threatened to turn this proof over to the District Attorney's office if I didn't cough up.

"I knew, of course, that I had nothing to worry about-personally, at least. But I also knew that the law says a firm is responsible for the actions of its employees. What's more, I knew that if the case came to court, and it was aired in the newspapers, the bad publicity would ruin my business. And I was proud of my business-it had been founded by my father twenty-four years before.

"I was so worried I was sick! I didn't eat or sleep for three days and nights. I kept going around in crazy circles. Should I pay the money-five thousand dollars-or should I tell this man to go ahead and do his damnedest? Either way I tried to make up my mind, it ended in nightmare.

"Then, on Sunday night, I happened to pick up the booklet on How to Stop Worrying which I had been given in my Carnegie class in public speaking. I started to read it, and came across the story of Willis H. Carrier. 'Face the worst', it said. So I asked myself : 'What is the worst that can happen if I refuse to pay up, and these blackmailers turn their records over to the District Attorney?'

"The answer to that was : The ruin of my business-that's the worst that can happen. I can't go to jail. All that can happen is that I shall be ruined by the publicity.'

"I then said to myself : 'All right, the business is ruined. I accept that mentally. What happens next?'

"Well, with my business ruined, I would probably have to look for a job. That wasn't bad. I knew a lot about oil- there were several firms that might be glad to employ me. ... I began to feel better. The blue funk I had been in for three days and nights began to lift a little. My emotions calmed down. ... And to my astonishment, I was able to think.

"I was clear-headed enough now to face Step III-improve on the worst. As I thought of solutions, an entirely new angle presented itself to me. If I told my attorney the whole situation, he might find a way out which I hadn't thought of. I know it sounds stupid to say that this hadn't even occurred to me before-but of course I hadn't been thinking, I had only been worrying! I immediately made up my mind that I would see my attorney first thing in the morning-and then I went to bed and slept like a log!

"How did it end? Well, the next morning my lawyer told me to go and see the District Attorney and tell him the truth. I did precisely that. When I finished I was astonished to hear the D.A. say that this blackmail racket had been going on for months and that the man who claimed to be a 'government agent' was a crook wanted by the police. What a relief to hear all this after I had tormented myself for three days and nights wondering whether I should hand over five thousand dollars to this professional swindler!

"This experience taught me a lasting lesson. Now, whenever I face a pressing problem that threatens to worry me, I give it what I call'the old Willis H. Carrier formula'."

At just about the same time Willis H. Carrier was worrying over the gas-cleaning equipment he was installing in a plant in Crystal City, Missouri, a chap from Broken Bow, Nebraska, was making out his will. His name was Earl P. Haney, and he had duodenal ulcers. Three doctors, including a celebrated ulcer specialist, had pronounced Mr. Haney an "incurable case" . They had told him not to eat this or that, and not to worry or fret-to keep perfectly calm. They also told him to make out his will!

These ulcers had already forced Earl P. Haney to give up a fine and highly paid position. So now he had nothing to do, nothing to look forward to except a lingering death.

Then he made a decision : a rare and superb decision. "Since I have only a little while to live," he said, "I may as well make the most of it. I have always wanted to travel around the world before I die. If I am ever going to do it, I'll have to do it now." So he bought his ticket.

The doctors were appalled. "We must warn you," they said to Mr. Haney, "that if you do take this trip, you will be buried at sea."

"No, I won't," he replied. "I have promised my relatives that I will be buried in the family plot at Broken Bow, Nebraska. So I am going to buy a casket and take it with me."

He purchased a casket, put it aboard ship, and then made arrangements with the steamship company-in the event of his death-to put his corpse in a freezing compartment and keep it there till the liner returned home. He set out on his trip, imbued with the spirit of old Omar :

Ah, make the most of what we yet may spend,

Before we too into the Dust descend;

Dust into Dust, and under Dust, to lie,

Sans Wine, sans Song, sans Singer, and-sans End!

However, he didn't make the trip "sans wine" . "I drank highballs, and smoked long cigars on that trip," Mr. Haney says in a letter that I have before me now. "I ate all kinds of foods-even strange native foods which were guaranteed to kill me. I enjoyed myself more than I had in years! We ran into monsoons and typhoons which should have put me in my casket, if only from fright-but I got an enormous kick out of all this adventure.

"I played games aboard the ship, sang songs, made new friends, stayed up half the night. When we reached China and India, I realised that the business troubles and cares that I had faced back home were paradise compared to the poverty and hunger in the Orient. I stopped all my senseless worrying and felt fine. When I got back to America, I had gained ninety pounds. I had almost forgotten I had ever had a stomach ulcer. I had never felt better in my life. I promptly sold the casket back to the undertaker, and went back to business. I haven't been ill a day since."

At the time this happened, Earl P. Haney had never even heard of Willis H. Carrier and his technique for handling worry. "But I realise now," he told me quite recently, "that I was unconsciously using the selfsame principle. I reconciled myself to the worst that could happen-in my case, dying. And then I improved upon it by trying to get the utmost enjoyment out of life for the time I had left. ... If," he continued, "if I had gone on worrying after boarding that ship, I have no doubt that I would have made the return voyage inside of that coffin. But I relaxed-I forgot it. And this calmness of mind gave me a new birth of energy which actually saved my life." (Earl P. Haney is now living at 52 Wedgemere Ave., Winchester, Mass.)

Now, if Willis H. Carrier could save a twenty-thousand-dollar contract, if a New York business man could save himself from blackmail, if Earl P. Haney could actually save his life, by using this magic formula, then isn't it possible that it may be the answer to some of your troubles? Isn't it possible that it may even solve some problems you thought were unsolvable?

So, Rule 2 is : If you have a worry problem, apply the magic formula of Willis H. Carrier by doing these three things—

1. Ask yourself, "What is the worst that can possibly happen?"

2. Prepare to accept it if you have to.

3. Then calmly proceed to improve on the worst.

3　What Worry May Do to You

Some time ago, a neighbour rang my doorbell one evening and urged me and my family to be vaccinated against smallpox. He was only one of thousands of volunteers who were ringing doorbells all over New York City. Frightened people stood in lines for hours at a time to be vaccinated. Vaccination stations were opened not only in all hospitals, but also in fire-houses, police precincts, and in large industrial plants. More than two thousand doctors and nurses worked feverishly day and night, vaccinating crowds. The cause of all this excitement? Eight people in New York City had smallpox-and two had died. Two deaths out of a population of almost eight million.

Now, I have lived in New York for over thirty-seven years, and no one has ever yet rung my doorbell to warn me against the emotional sickness of worry-an illness that, during the last thirty-seven years, has caused ten thousand times more damage than smallpox.

No doorbell ringer has ever warned me that one person out of ten now living in these United States will have a nervous breakdown-induced in the vast majority of cases by worry and emotional conflicts. So I am writing this chapter to ring your doorbell and warn you.

The great Nobel prizewinner in medicine, Dr. Alexis Carrel, said："Business men who do not know how to fight worry die young." And so do housewives and horse doctors and bricklayers.

A few years ago, I spent my vacation motoring through Texas and New Mexico with Dr. O. F. Gober-one of the medical executives of the Santa Fe railway. His exact title was chief physician of the Gulf, Colorado and Santa Fe Hospital Association. We got to talking about the effects of worry, and he said："Seventy percent of all patients who come to physicians could cure themselves if they only got rid of their fears and worries. Don't think for a moment that I mean that their ills are imaginary," he said. "Their ills are as real as a throbbing toothache and sometimes a hundred times more serious. I refer to such illnesses as nervous indigestion, some stomach ulcers, heart disturbances, insomnia, some headaches, and some types of paralysis.

"These illnesses are real. I know what I am talking about," said Dr. Gober, "for I myself suffered from a stomach ulcer for twelve years.

"Fear causes worry. Worry makes you tense and nervous and affects the nerves of your stomach and actually changes the gastric juices of your stomach from normal to abnormal and often leads to stomach ulcers."

Dr. Joseph F. Montague, author of the book Nervous Stomach Trouble, says much the same thing. He says："You do not get stomach ulcers from what you eat. You get ulcers from what is eating you."

Dr. W.C. Alvarez, of the Mayo Clinic, said "Ulcers frequently flare up or subside according to the hills and valleys of emotional stress."

That statement was backed up by a study of 15,000 patients treated for stomach disorders at the Mayo Clinic. Four out of five had no physical basis whatever for their stomach illnesses. Fear, worry, hate, supreme selfishness, and the inability to adjust themselves to the world of reality-these were largely the causes of their stomach illnesses and stomach ulcers. ... Stomach ulcers can kill you. According to Life magazine, they now stand tenth in our list of fatal diseases.

I recently had some correspondence with Dr. Harold C. Habein of the Mayo Clinic. He read a paper at the annual meeting of the American Association of Industrial Physicians and Surgeons, saying that he had made a study of 176 business executives whose average age was 44.3 years. He reported that slightly more than a third of these executives suffered from one of three ailments peculiar to high-tension living-heart disease, digestive-tract ulcers, and high blood pressure. Think of it- a third of our business executives are wrecking their bodies with heart disease, ulcers, and high blood pressure before they even reach forty-five. What price success! And they aren't even buying success! Can any man possibly be a success who is paying for business advancement with stomach ulcers and heart trouble? What shall it profit a man if he gains the whole world-and loses his health? Even if he owned the whole world, he could sleep in only one bed at a time and eat only three meals a day. Even a ditch-digger can do that-and probably sleep more soundly and enjoy his food more than a high-powered executive. Frankly, I would rather be a share-cropper down in Alabama with a banjo on my knee than wreck my health at forty-five by trying to run a railroad or a cigarette company.

And speaking of cigarettes-the best-known cigarette manufacturer in the world recently dropped dead from heart failure while trying to take a little recreation in the Canadian woods. He amassed millions-and fell dead at sixty-one. He probably traded years of his life for what is called "business success".

In my estimation, this cigarette executive with all his millions was not half as successful as my father-a Missouri farmer- who died at eighty-nine without a dollar.

The famous Mayo brothers declared that more than half of our hospital beds are occupied by people with nervous troubles. Yet, when the nerves of these people are studied under a high-powered microscope in a post-mortem examination, their nerves in most cases are apparently as healthy as the nerves of Jack Dempsey. Their "nervous troubles" are caused not by a physical deterioration of the nerves, but by emotions of futility, frustration, anxiety, worry, fear, defeat, despair. Plato said that "the greatest mistake physicians make is that they attempt to cure the body without attempting to cure the mind; yet the mind and body are one and should not be treated separately!"

It took medical science twenty-three hundred years to recognise this great truth. We are just now beginning to develop a new kind of medicine called psychosomatic medicine-a medicine that treats both the mind and the body. It is high time we were doing that, for medical science has largely wiped out the terrible diseases caused by physical germs — diseases such as small-pox, cholera, yellow fever, and scores of other scourges that swept untold millions into untimely graves. But medical science has been unable to cope with the mental and physical wrecks caused, not by germs, but by emotions of worry, fear, hate, frustration, and despair. Casualties caused by these emotional diseases are mounting and spreading with catastrophic rapidity.

Doctors figure that one American in every twenty now alive will spend a part of his life in an institution for the mentally ill. One out of every six of our young men called up by the draft in the Second World War was rejected as mentally diseased or defective.

What causes insanity? No one knows all the answers. But it is highly probable that in many cases fear and worry are contributing factors. The anxious and harassed individual who is unable to cope with the harsh world of reality breaks off all contact with his environment and retreats into a private dream world of his own making, and this solves his worry problems.

As I write I have on my desk a book by Dr. Edward Podolsky entitled Stop Worrying and Get Well. Here are some of the chapter titles in that book :

What Worry Does To The Heart

High Blood Pressure Is Fed By Worry

Rheumatism Can Be Caused By Worry

Worry Less For Your Stomach's Sake

How Worry Can Cause A Cold

Worry And The Thyroid

The Worrying Diabetic

Another illuminating book about worry is lion Against Himself, by Dr. Karl Menninger, one of the "Mayo brothers of psychiatry." Dr. Menninger's book is a startling revelation of what you do to yourself when you permit destructive emotions to dominate your life. If you want to stop working against yourself, get this book. Read it. Give it to your friends. It costs four dollars-and is one of the best investments you can make in this life.

Worry can make even the most stolid person ill. General Grant discovered that during the closing days of the Civil War. The story goes like this : Grant had been besieging Richmond for nine months. General Lee's troops, ragged and hungry, were beaten. Entire regiments were deserting at a time. Others were holding prayer meetings in their tents-shouting, weeping, seeing visions. The end was close. Lee's men set fire to the cotton and tobacco warehouses in Richmond, burned the arsenal, and fled from the city at night while towering flames roared up into darkness. Grant was in hot pursuit, banging away at the Confederates from both sides and the rear, while Sheridan's cavalry was heading them off in front, tearing up railway lines and capturing supply trains.

Grant, half blind with a violent sick headache, fell behind his army and stopped at a farmhouse. "I spent the night," he records in his Memoirs, "in bathing my feet in hot water and mustard, and putting mustard plasters on my wrists and the back part of my neck, hoping to be cured by morning."

The next morning, he was cured instantaneously. And the tiling that cured him was not a mustard plaster, but a horseman galloping down the road with a letter from Lee, saying he wanted to surrender.

"When the officer [bearing the message] reached me," Grant wrote, "I was still suffering with the sick headache, but the instant I saw the contents of the note, I was cured."

Obviously it was Grant's worries, tensions, and emotions that made him ill. He was cured instantly the moment his emotions took on the hue of confidence, achievement, and victory.

Seventy years later, Henry Morgenthau, Jr., Secretary of the Treasury in Franklin D. Roosevelt's cabinet, discovered that worry could make him so ill that he was dizzy. He records in his diary that he was terribly worried when the President, in order to raise the price of wheat, bought 4,400,000 bushels in one day. He says in his diary : "I felt literally dizzy while the thing was going on. I went home and went to bed for two hours after lunch."

If I want to see what worry does to people, I don't have to go to a library or a physician. I can look out of the window of my home where I am writing this book; and I can see, within one block, one house where worry caused a nervous breakdown-and another house where a man worried himself into diabetes. When the stock market went down, the sugar in his blood and urine went up.

When Montaigne, the illustrious French philosopher, was elected Mayor of his home town-Bordeaux-he said to his fellow citizens : "I am willing to take your affairs into my hands but not into my liver and lungs."

This neighbour of mine took the affairs of the stock market into the blood stream-and almost killed himself.

Worry can put you into a wheel chair with rheumatism and arthritis. Dr. Russell L. Cecil, of the Cornell University Medical School, is a world-recognised authority on arthritis; and he has listed four of the commonest conditions that bring on arthritis :

1. Marital shipwreck.
2. Financial disaster and grief.
3. Loneliness and worry.
4. Long-cherished resentments.

Naturally, these four emotional situations are far from being the only causes of arthritis. There are many different kinds of arthritis-due to various causes. But, to repeat, the commonest conditions that bring on arthritis are the four listed by Dr. Russell L. Cecil. For example, a friend of mine was so hard bit during the depression that the gas company shut off the gas and the bank foreclosed the mortgage on the house. His wife suddenly had a painful attack of arthritis-and, in spite of medicine and diets, the arthritis continued until their financial situation improved.

Worry can even cause tooth decay. Dr. William I.L. McGonigle said in an address before the American Dental Association that "unpleasant emotions such as those caused by worry, fear, nagging ... may upset the body's calcium balance and cause tooth decay" . Dr. McGonigle told of a patient of his who had always had a perfect set of teeth until he began to worry over his wife's sudden illness. During the three weeks she was in the hospital, he developed nine cavities- cavities brought on by worry.

Have you ever seen a person with an acutely over-active thyroid? I have, and I can tell you they tremble; they shake; they look like someone half scared to death-and that's about what it amounts to. The thyroid gland, the gland that regulates the body, has been thrown out of kilter. It speeds up the heart -the whole body is roaring away at full blast like a furnace with all its draughts wide open. And if this isn't checked, by operation or treatment, the victim may die, may "burn himself out".

A short time ago I went to Philadelphia with a friend of mine who has this disease. We went to see a famous specialist, a doctor who has been treating this type of ailment for thirty-eight years. And what sort of advice do you suppose he had hanging on the wall of his waiting-room-painted on a large wooden sign so all his patients could see it? Here it is. I copied it down on the back of an envelope while I was waiting :

Relaxation and Recreation
The most relaxing recreating forces are a healthy
religion, sleep, music, and laughter.
Have faith in God-learn to sleep well-
Love good music-see the funny side of life-
And health and happiness will be yours.

The first question he asked this friend of mine was : "What emotional disturbance brought on this condition?" He warned my friend that, if he didn't stop worrying, he could get other complications : heart trouble, stomach ulcers, or diabetes. "All of these diseases," said that eminent doctor, "are cousins, first cousins." Sure, they're first cousins-they're all worry diseases!

When I interviewed Merle Oberon, she told me that she refused to worry because she knew that worry would destroy her chief asset on the motion-picture screen : her good looks.

"When I first tried to break into the movies," she told me, "I was worried and scared. I had just come from India, and I didn't know anyone in London, where I was trying to get a job. I saw a few producers, but none of them hired me; and the little money I had began to give out. For two weeks I lived on nothing but crackers and water. I was not only worried now. I was hungry. I said to myself : 'Maybe you're a fool. Maybe you will neuer break into the movies. After all, you have no experience, you've never acted at all-what have you to offer but a rather pretty face?'

"I went to the mirror. And when I looked in that mirror, I saw what worry was doing to my looks! I saw the lines it was forming. I saw the anxious expression. So I said to myself : 'You've got to stop this at once! You can't afford to worry. The only thing you have to offer at all is your looks, and worry will ruin them ! '"

Few things can age and sour a woman and destroy her looks as quickly as worry. Worry curdles the expression. It makes us clench our jaws and lines our faces with wrinkles. It forms a permanent scowl. It may turn the hair grey, and in some cases, even make it fall out. It can ruin the complexion- it can bring on all kinds of skin rashes, eruptions, and pimples.

Heart disease, is the number-one killer in America today. During the Second World War, almost a third of a million men were killed in combat; but during that same period, heart disease killed two million civilians-and one million of those casualties were caused by the kind of heart disease that is brought on by worry and high-tension living. Yes, heart disease is one of the chief reasons why Dr. Alexis Carrel said : "Business men who do not know how to fight worry die young."

The Negroes down south and the Chinese rarely have the kind of heart disease brought on by worry, because they take things calmly. Twenty times as many doctors as farm workers die from heart failure. The doctors lead tense lives-and pay the penalty.

"The Lord may forgive us our sins," said William James, "but the nervous system never does."

Here is a startling and almost incredible fact : more Americans commit suicide each year than die from the five most common communicable diseases.

Why? The answer is largely : "Worry."

When the cruel Chinese war lords wanted to torture their prisoners, they would tie their prisoners hand and foot and put them under a bag of water that constantly dripped ... dripped ... dripped ... day and night. These drops of water constantly falling on the head finally became like the sound of hammer blows-and drove men insane. This same method of torture was used during the Spanish Inquisition and in German concentration camps under Hitler.

Worry is like the constant drip, drip, drip of water; and the constant drip, drip, drip of worry often drives men to insanity and suicide.

When I was a country lad in Missouri, I was half scared to death by listening to Billy Sunday describe the hell-fires of the next world. But he never ever mentioned the hell-fires of physical agony that worriers may have here and now. For example, if you are a chronic worrier, you may be stricken some day with one of the most excruciating pains ever endured by man : angina pectoris.

Boy, if that ever hits you, you will scream with agony. Your screams will make the sounds in Dante's Inferno sound like Babes in Toyland. You will say to yourself then : "Oh, God, oh, God, if I can ever get over this, I will never worry about anything-ever." (If you think I am exaggerating, ask your family physician.)

Do you love life? Do you want to live long and enjoy good health? Here is how you can do it. I am quoting Dr. Alexis Carrel again. He said : "Those who keep the peace of their inner selves in the midst of the tumult of the modern city are immune from nervous diseases."

Can you keep the peace of your inner self in the midst of the tumult of a modem city? If you are a normal person, the answer is "yes" . "Emphatically yes." Most of us are stronger than we realise. We have inner resources that we have probably never tapped. As Thoreau said in his immortal book, Walden :

"I know of no more encouraging fact than the unquestionable ability of man to elevate his life by a conscious endeavour. ... If one advances confidently in the direction of his dreams, and endeavours to live the life he has imagined, he will meet with a success unexpected in common hours."

Surely, many of the readers of this book have as much will power and as many inner resources as Olga K. Jarvey has. Her address is Box 892, Coeur d'Alene, Idaho. She discovered that under the most tragic circumstances she could banish worry. I firmly believe that you and I can also-if we apply the old, old truths discussed in this volume. Here is Olga K. Jarvey's story as she wrote it for me : "Eight and a half years ago, I was condemned to die-a slow, agonising death-of cancer. The best medical brains of the country, the Mayo brothers, confirmed the sentence. I was at a dead-end street, the ultimate gaped at me! I was young. I did not want to die! In my desperation, I phoned to my doctor at Kellogg and cried out to him the despair in my heart. Rather impatiently he upbraided me : 'What's the matter, Olga, haven't you any fight in you? Sure, you will die if you keep on crying. Yes, the worst has overtaken you. O.K.-face the facts! Quit worrying ! And then do something about it!' Right then and there I took an oath, an oath so solemn that the nails sank deep into my flesh and cold chills ran down my spine : 'I am not going to worry! I am not going to cry! And if there is anything to mind over matter, I am going to win! I am going to LIVE!'

"The usual amount of X-ray in such advanced cases, where they cannot apply radium, is 10.5 minutes a day for 30 days. They gave me X-ray for 14.5minutes a day for 49 days; and although my bones stuck out of my emaciated body like rocks on a barren hillside, and although my feet were like lead, I did not worry! Not once did I cry! I smiled! Yes, I actually forced myself to smile.

"I am not so foolish as to imagine that merely smiling can cure cancer. But I do believe that a cheerful mental attitude helps the body fight disease. At any rate, I experienced one of the miracle cures of cancer. I have never been healthier than in the last few years, thanks to those challenging, fighting words of Dr. McCaffery : 'Face the facts : Quite worrying; then do something about it!'"

I am going to close this chapter by repeating its title : the words of Dr. Alexis Carrel : "Business men who do not know how to fight worry die young."

The fanatical followers of the prophet Mohammed often had verses from the Koran tattooed on their breasts. I would like to have the title of this chapter tattooed on the breast of every reader of this book : "Business men who do not know how to fight worry die young."

Was Dr. Carrel speaking of you?

Could be.

4　How to Analyse and Solve Worry Problems

Will the magic formula of Willis H. Carrier, described in Part One, Chapter 2, solve all worry problems? No, of course not. Then what is the answer? The answer is that we must equip ourselves to deal with different kinds of worries by learning the three basic steps of problem analysis. The three steps are :

1. Get the facts.

2. Analyse the facts.

3. Arrive at a decision-and then act on that decision.

Obvious stuff? Yes, Aristotle taught it-and used it. And you and I must use it too if we are going to solve the problems that are harassing us and turning our days and nights into veritable hells.

Let's take the first rule : Get the facts. Why is it so important to get the facts? Because unless we have the facts we can't possibly even attempt to solve our problem intelligently. Without the facts, all we can do is stew around in confusion. My idea? No, that was the idea of the late Herbert E. Hawkes, Dean of Columbia College, Columbia University, for twenty-two years. He had helped two hundred thousand students solve their worry problems; and he told me that "confusion is the chief cause of worry" . He put it this way-he said : "Half the worry in the world is caused by people trying to make decisions before they have sufficient knowledge on which to base a decision. For example," he said, "if I have a problem which has to be faced at three o'clock next Tuesday, I refuse even to try to make a decision about it until next Tuesday arrives. In the meantime, I concentrate on getting all the facts that bear on the problem. I don't worry," he said, "I don't agonise over my problem. I don't lose any sleep. I simply concentrate on getting the facts. And by the time Tuesday rolls around, if I've got all the facts, the problem usually solves itself!"

I asked Dean Hawkes if this meant he had licked worry entirely. "Yes," he said, "I think I can honestly say that my live is now almost totally devoid of worry. I have found," he went on, "that if a man will devote his time to securing facts in an impartial, objective way, his worries usually evaporate in the light of knowledge."

Let me repeat that : "If a man will devote his time to securing facts in an impartial, objective way, his worries will usually evaporate in the light of knowledge."

But what do most of us do ? If we bother with facts at all- and Thomas Edison said in all seriousness : "There is no expedient to which a man will not resort to avoid the labour of thinking."- if we bother with facts at all, we hunt like bird dogs after the facts that bolster up what we already think-and ignore all the others! We want only the facts that justify our acts-the facts that fit in conveniently with our wishful thinking and justify our preconceived prejudices!

As Andre Maurois put it : "Everything that is in agreement with our personal desires seems true. Everything that is not puts us into a rage."

Is it any wonder, then, that we find it so hard to get at the answers to our problems? Wouldn't we have the same trouble trying to solve a second-grade arithmetic problem, if we went ahead on the assumption that two plus two equals five? Yet there are a lot of people in this world who make life a hell for themselves and others by insisting that two plus two equals five-or maybe five hundred!

What can we do about it? We have to keep our emotions out of our thinking; and, as Dean

Hawkes put it, we must secure the facts in "an impartial, objective" manner.

That is not an easy task when we are worried. When we are worried, our emotions are riding high. But here are two ideas that I have found helpful when trying to step aside from my problems, in order to see the facts in a clear, objective manner.

1. When trying to get the facts, I pretend that I am collecting this information not for myself, but for some other person. This helps me to take a cold, impartial view of the evidence. This helps me eliminate my emotions.

2. While trying to collect the facts about the problem that is worrying me, I sometimes pretend that I am a lawyer preparing to argue the other side of the issue. In other words, I try to get all the facts against myself-all the facts that are damaging to my wishes, all the facts I don't like to face.

Then I write down both my side of the case and the other side of the case-and I generally find that the truth lies somewhere in between these two extremities.

Here is the point I am trying to make. Neither you nor I nor Einstein nor the Supreme Court of the United States is brilliant enough to reach an intelligent decision on any problem without first getting the facts. Thomas Edison knew that. At the time of his death, he had two thousand five hundred notebooks filled with facts about the problems he was facing.

So Rule 1 for solving our problems is : Get the facts. Let's do what Dean Hawkes did : let's not even attempt to solve our problems without first collecting all the facts in an impartial manner.

However, getting all the facts in the world won't do us any good until we analyse them and interpret them.

I have found from costly experience that it is much easier to analyse the facts after writing them Sown. In fact, merely writing the facts on a piece of paper and stating our problem clearly goes a long way toward helping us to reach a sensible decision. As Charles Kettering puts it : "A problem well stated is a problem half solved."

Let me show you all this as it works out in practice. Since the Chinese say one picture is worth ten thousand words, suppose I show you a picture of how one man put exactly what we are talking about into concrete action.

Let's take the case of Galen Litchfield-a man I have known for several years; one of the most successful American business men in the Far East. Mr. Litchfield was in China in 1942, when the Japanese invaded Shanghai. And here is his story as he told it to me while a guest in my home :

"Shortly after the Japs took Pearl Harbour," Galen Litchfield began, "they came swarming into Shanghai. I was the manager of the Asia Life Insurance Company in Shanghai. They sent us an 'army liquidator'-he was really an admiral- and gave me orders to assist this man in liquidating our assets. I didn't have any choice in the matter. I could co-operate-or else. And the 'or else' was certain death.

"I went through the motions of doing what I was told, because I had no alternative. But there was one block of securities, worth $750,000, which I left off the list I gave to the admiral. I left that block of securities off the list because they belonged to our Hong Kong organisation and had nothing to do with the Shanghai assets. All the same, I feared I might be in hot water if the Japs found out what I had done. And they soon found out.

"I wasn't in the office when the discovery was made, but my head accountant was there. He told me that the Jap admiral flew into a rage, and stamped and swore, and called me a thief and a traitor! I had defied the Japanese Army! I knew what that meant. I would be thrown into the Bridge house!

"The Bridge house 1 The torture chamber of the Japanese Gestapo! I had had personal friends who had killed themselves rather than be taken to that prison. I had had other friends who had died in that place after ten days of questioning and torture. Now I was slated for the Bridge house myself!

"What did I do? I heard the news on Sunday afternoon. I suppose I should have been terrified.

And I would have been terrified if I hadn't had a definite technique for solving my problems. For years, whenever I was worried I had always gone to my typewriter and written down two questions-and the answers to these questions：

"1. What am I worrying about?

"2. What can I do about it?

"I used to try to answer those questions without writing them down. But I stopped that years ago. I found that writing down both the questions and the answers clarifies my thinking.

"So, that Sunday afternoon, I went directly to my room at the Shanghai Y.M.C.A. and got out my typewriter. I wrote：

"1．What am I worrying about? I am afraid I will be thrown into the Bridge house tomorrow morning.

"Then I typed out the second question：

"2. What can I do about it?

"I spent hours thinking out and writing down the four courses of action I could take-and what the probable consequence of each action would be.

"1. I can try to explain to the Japanese admiral. But he "no speak English"．If I try to explain to him through an interpreter, I may stir him up again. That might mean death, for he is cruel, would rather dump me in the Bridge house than bother talking about it.

"2. I can try to escape. Impossible. They keep track of me all the time. I have to check in and out of my room at the Y.M.C.A. If I try to escape, I'll probably be captured and shot.

"3. I can stay here in my room and not go near the office again. If I do, the Japanese admiral will be suspicion, will probably send soldiers to get me and throw me into the Bridge-house without giving me a chance to say a word.

"4. I can go down to the office as usual on Monday morning. If I do, there is a chance that the Japanese admiral may be so busy that he will not think of what I did. Even if he does think of it, he may have cooled off and may not bother me. If this happens, I am all right. Even if he does bother me, I'll still have a chance to try to explain to him. So, going down to the office as usual on Monday morning, and acting as if nothing had gone wrong gives me two chances to escape the Bridge-house.

"As soon as I thought it all out and decided to accept the fourth plan-to go down to the office as usual on Monday morning-I felt immensely relieved.

"When I entered the office the next morning, the Japanese admiral sat there with a cigarette dangling from his mouth. He glared at me as he always did; and said nothing. Six weeks later-thank God-he went back to Tokyo and my worries were ended.

"As I have already said, I probably saved my life by sitting down that Sunday afternoon and writing out all the various steps I could take and then writing down the probable consequences of each step and calmly coming to a decision. If I hadn't done that, I might have floundered and hesitated and done the wrong thing on the spur of the moment. If I hadn't thought out my problem and come to a decision, I would have been frantic with worry all Sunday afternoon. I wouldn't have slept that night. I would have gone down to the office Monday morning with a harassed and worried look; and that alone might have aroused the suspicion of the Japanese admiral and spurred him to act.

"Experience has proved to me, time after time, the enormous value of arriving at a decision. It is the failure to arrive at a fixed purpose, the inability to stop going round and round in maddening circles, that drives men to nervous breakdowns and living hells. I find that fifty per cent of my worries vanishes once I arrive at a clear, definite decision; and another forty per cent usually vanishes once I start to carry out that decision.

"So I banish about ninety per cent of my worries by taking these four steps：

"1. Writing down precisely what I am worrying about.

"2. Writing down what I can do about it.

"3. Deciding what to do.

"4. Starting immediately to carry out that decision."

Galen Litchfield is now the Far Eastern Director for Starr, Park and Freeman, Inc., III John Street, New York, representing large insurance and financial interests.

In fact, as I said before, Galen Litchfield today is one of the most important American business men in Asia; and he confesses to me that he owes a large part of his success to this method of analysing worry and meeting it head-on.

Why is his method so superb? Because it is efficient, concrete, and goes directly to the heart of the problem. On top of all that, it is climaxed by the third and indispensable rule : Do something about it. Unless we carry out our action, all our fact-finding and analysis is whistling upwind-it's a sheer waste of energy.

William James said this : "When once a decision is reached and execution is the order of the day, dismiss absolutely all responsibility and care about the outcome." In this case, William James undoubtedly used the word "care" as a synonym for "anxiety" .) He meant-once you have made a careful decision based on facts, go into action. Don't stop to reconsider. Don't begin to hesitate worry and retrace your steps. Don't lose yourself in self-doubting which begets other doubts. Don't keep looking back over your shoulder.

I once asked Waite Phillips, one of Oklahoma's most prominent oil men, how he carried out decisions. He replied : "I find that to keep thinking about our problems beyond a certain point is bound to create confusion and worry. There comes a time when any more investigation and thinking are harmful. There comes a time when we must decide and act and never look back."

Why don't you employ Galen Litchfield's technique to one of your worries right now?

Here is question No.1 -What am I worrying about?

Question No.2 -What can I do about it?

Question No.3 -Here is what I am going to do about it.

Question No.4 -When am I going to start doing it?

5 How to Eliminate Fifty Per Cent of Tour Business Worries

If you are a business man, you are probably saying to yourself right now : "The title of this chapter is ridiculous. I have been running my business for nineteen years; and I certainly know the answers if anybody does. The idea of anybody trying to tell me how I can eliminate fifty per cent of my business worries-it's absurd I "

Fair enough-I would have felt exactly the same way myself a few years ago if I had seen this title on a chapter. It promises a lot-and promises are cheap.

Let's be very frank about it : maybe I won't be able to help you eliminate fifty per cent of your business worries. In the last analysis, no one can do that, except yourself. But what I can do is to show you how other people have done it-and leave the rest to you!

You may recall that on page 25 of this book I quoted the world-famous Dr. Alexis Carrel as saying : "Business men who do not know how to fight worry die young."

Since worry is that serious, wouldn't you be satisfied if I could help you eliminate even ten per cent of your worries? ... Yes? ... Good! Well, I am going to show you how one business executive eliminated not fifty per cent of his worries, but seventy-five per cent of all the time he formerly spent in conferences, trying to solve business problems.

Furthermore, I am not going to tell you this story about a "Mr. Jones" or a "Mr. X" or "or a man I know in Ohio" - vague stories that you can't check up on. It concerns a very real person- Leon Shimkin, a partner and general manager of one of the foremost publishing houses in the

United States : Simon and Schuster, Rockefeller Centre, New York 20, New York.

Here is Leon Shimkin's experience in his own words :

"For fifteen years I spent almost half of every business day holding conferences, discussing problems. Should we do this or that-do nothing at all? We would get tense; twist in our chairs; walk the floor; argue and go around in circles. When night came, I would be utterly exhausted. I fully expected to go on doing this sort of thing for the rest of my life. I had been doing it for fifteen years, and it never occurred to me that there was a better way of doing it. If anyone had told me that I could eliminate three-fourths of all the time I spent in those worried conferences, and three-fourths of my nervous strain-I would have thought he was a wild-eyed, slap-happy, arm-chair optimist. Yet I devised a plan that did just that. I have been using this plan for eight years. It has performed wonders for my efficiency, my health, and my happiness.

"It sounds like magic-but like all magic tricks, it is extremely simple when you see how it is done.

"Here is the secret : First, I immediately stopped the procedure I had been using in my conferences for fifteen years-a procedure that began with my troubled associates reciting all the details of what had gone wrong, and ending up by asking : 'What shall we do?' Second, I made a new rule-a rule that everyone who wishes to present a problem to me must first prepare and submit a memorandum answering these four questions :

"Question 1 : What is the problem?

("In the old days we used to spend an hour or two in a worried conference without anyone's knowing specifically and concretely what the real problem was. We used to work ourselves into a lather discussing our troubles without ever troubling to write out specifically what our problem was.)

"Question 2 : What is the cause of the problem?

("As I look back over my career, I am appalled at the wasted hours I have spent in worried conferences without ever trying to find out clearly the conditions which lay at the root of the problem.)

"Question 3 : What are all possible solutions of the problem?

("In the old days, one man in the conference would suggest one solution. Someone else would argue with him. Tempers would flare. We would often get clear off the subject, and at the end of the conference no one would have written down all the various things we could do to attack the problem.)

"Question 4 : What solution do you suggest?

("I used to go into a conference with a man who had spent hours worrying about a situation and going around in circles without ever once thinking through all possible solutions and then writing down : 'This is the solution I recommend.')

"My associates rarely come to me now with their problems. Why? Because they have discovered that in order to answer these four questions they have to get all the facts and think their problems through. And after they have done that they find, in three-fourths of the cases, they don't have to consult me at all, because the proper solution has popped out like a piece of bread popping out from an electric toaster. Even in those cases where consultation is necessary, the discussion takes about one-third the time formerly required, because it proceeds along an orderly, logical path to a reasoned conclusion.

"Much less time is now consumed in the house of Simon and Schuster in worrying and talking about what is wrong; and a lot more action is obtained toward making those things right."

My friend, Frank Bettger, one of the top insurance men in America, tells me he not only reduced his business worries, but nearly doubled his income, by a similar method.

"Years ago," says Frank Bettger, "when I first started to sell insurance, I was filled with a boundless enthusiasm and love for my work. Then something happened. I became so discouraged that I despised my work and thought of giving it up. I think I would have quit-if I hadn't got the idea, one Saturday morning, of sitting down and trying to get at the root of my worries.

"1. I asked myself first : 'Just what is the problem?.' The problem was : that I was not getting high enough returns for the staggering amount of calls I was making. I seemed to do pretty well at selling a prospect, until the moment came for closing a sale. Then the customer would say : 'Well, I'll think it over, Mr. Bettger. Come and see me again.' It was the time I wasted on these follow-up calls that was causing my depression.

"2. I asked myself : 'What are the possible solutions?' But to get the answer to that one, I had to study the facts. I got out my record book for the last twelve months and studied the figures.

"I made an astounding discovery! Right there in black and white, I discovered that seventy per cent of my sales had been closed on the very first interview! Twenty-three per cent of my sales had been closed on the second interview! And only seven per cent of my sales had been closed on those third, fourth, fifth, etc., interviews, which were running me ragged and taking up my time. In other words, I was wasting fully one half of my working day on a part of my business which was responsible for only seven per cent of my sales!

"3.'What is the answer?' The answer was obvious. I immediately cut out all visits beyond the second interview, and spent the extra time building up new prospects. The results were unbelievable. In a very short time, I had almost doubled the cash value of every visit I made from a call!"

As I said, Frank Bettger is now one of the best-known life-insurance salesmen in America. He is with Fidelity Mutual of Philadelphia, and writes a million dollars' worth of policies a year. But he was on the point of giving up. He was on the point of admitting failure-until analysing the problem gave him a boost on the road to success.

Can you apply these questions to your business problems? To repeat my challenge-they can reduce your worries by fifty per cent. Here they are again :

1. What is the problem?
2. What is the CAUSE of the problem?
3. What are all possible solutions to the problem?
4. What solution do you suggest?

6   How to Crowd Worry out of Your Mind

I shall never forget the night, a few years ago, when Marion J. Douglas was a student in one of my classes. (I have not used his real name. He requested me, for personal reasons, not to reveal his identity.) But here is his real story as he told it before one of our adult-education classes. He told us how tragedy had struck at his home, not once, but twice. The first time he had lost his five-year-old daughter, a child he adored. He and his wife thought they couldn't endure that first loss; but, as he said : "Ten months later, God gave us another little girl and she died in five days."

This double bereavement was almost too much to bear. "I couldn't take it," this father told us. "I couldn't sleep, I couldn't eat, I couldn't rest or relax. My nerves were utterly shaken and my confidence gone." At last he went to doctors; one recommended sleeping pills and another recommended a trip. He tried both, but neither remedy helped. He said : "My body felt as if it were encased in a vice, and the jaws of the vice were being drawn tighter and tighter." The tension of grief-if you have ever been paralysed by sorrow, you know what he meant.

"But thank God, I had one child left-a four-year-old son. He gave me the solution to my problem. One afternoon as I sat around feeling sorry for myself, he asked : 'Daddy, will you build a boat for me?' I was in no mood to build a boat; in fact, I was in no mood to do anything. But my son is a persistent little fellow! I had to give in.

"Building that toy boat took about three hours. By the time it was finished, I realised that those three hours spent building that boat were the first hours of mental relaxation and peace that

I had had in months!

"That discovery jarred me out of my lethargy and caused me to do a bit of thinking-the first real thinking I had done in months. I realised that it is difficult to worry while you are busy doing something that requires planning and thinking. In my case, building the boat had knocked worry out of the ring. So I resolved to keep busy.

"The following night, I went from room to room in the house, compiling a list of jobs that ought to be done. Scores of items needed to be repaired : bookcases, stair steps, storm windows, window-shades, knobs, locks, leaky taps. Astonishing as it seems, in the course of two weeks I had made a list of 242 items that needed attention.

"During the last two years I have completed most of them. Besides, I have filled my life with stimulating activities. Two nights per week I attend adult-education classes in New York. I have gone in for civic activities in my home town and I am now chairman of the school board. I attend scores of meetings. I help collect money for the Red Cross and other activities. I am so busy now that I have no time for worry."

No time for worry! That is exactly what Winston Churchill said when he was working eighteen hours a day at the height of the war. When he was asked if he worried about his tremendous responsibilities, he said : "I'm too busy. I have no time for worry."

Charles Kettering was in that same fix when he started out to invent a self-starter for automobiles. Mr. Kettering was, until his recent retirement, vice-president of General Motors in charge of the world-famous General Motors Research Corporation. But in those days, he was so poor that he had to use the hayloft of a barn as a laboratory. To buy groceries, he had to use fifteen hundred dollars that his wife had made by giving piano lessons; later, had to borrow five hundred dollars on his life insurance. I asked his wife if she wasn't worried at a time like that. "Yes," she replied, "I was so worried I couldn't sleep; but Mr. Kettering wasn't. He was too absorbed in his work to worry."

The great scientist, Pasteur, spoke of "the peace that is found in libraries and laboratories." Why is peace found there? Because the men in libraries and laboratories are usually too absorbed in their tasks to worry about themselves. Research men rarely have nervous breakdowns. They haven't time for such luxuries.

Why does such a simple thing as keeping busy help to drive out anxiety? Because of a law-one of the most fundamental laws ever revealed by psychology. And that law is : that it is utterly impossible for any human mind, no matter how brilliant, to think of more than one thing at any given time. You don't quite believe it? Very well, then, let's try an experiment.

Suppose you lean right back now, close your eyes, and try, at the same instant, to think of the Statue of Liberty and of what you plan to do tomorrow morning. (Go ahead, try it.)

You found out, didn't you, that you could focus on either thought in turn, but never on both simultaneously? Well, the same thing is true in the field of emotions. We cannot be pepped up and enthusiastic about doing something exciting and feel dragged down by worry at the very same time. One kind of emotion drives out the other. And it was that simple discovery that enabled Army psychiatrists to perform such miracles during the war.

When men came out of battle so shaken by the experience that they were called "psychoneurotic" , Army doctors prescribed "Keep them busy" as a cure.

Every waking minute of these nerve-shocked men was filled with activity-usually outdoor activity, such as fishing, hunting, playing ball, golf, taking pictures, making gardens, and dancing. They were given no time for brooding over their terrible experiences.

"Occupational therapy" is the term now used by psychiatry when work is prescribed as though it were a medicine. It is not new. The old Greek physicians were advocating it five hundred years before Christ was born!

The Quakers were using it in Philadelphia in Ben Franklin's time. A man who visited a Quaker sanatorium in 1774 was shocked to see that the patients who were mentally ill were busy spinning flax. He thought these poor unfortunates were being exploited-until the Quakers explained that they found that their patients actually improved when they did a little work. It was soothing to the nerves.

Any psychiatrist will tell you that work-keeping busy- is one of the best anesthetics ever known for sick nerves. Henry W. Longfellow found that out for himself when he lost his young wife. His wife had been melting some sealing-wax at a candle one day, when her clothes caught on fire. Longfellow heard her cries and tried to reach her in time; but she died from the burns. For a while, Longfellow was so tortured by the memory of that dreadful experience that he nearly went insane; but, fortunately for him, his three small children needed his attention. In spite of his own grief, Longfellow undertook to be father and mother to his children. He took them for walks, told them stories, played games with them, and immortalised their companionship in his poem The Children's Hour. He also translated Dante; and all these duties combined kept him so busy that he forgot himself entirely, and regained his peace of mind. As Tennyson declared when he lost his most intimate friend, Arthur Hallam : "I must lose myself in action, lest I wither in despair."

Most of us have little trouble "losing ourselves in action" while we have our noses to the grindstone and are doing our day's work. But the hours after work-they are the dangerous ones. Just when we're free to enjoy our own leisure, and ought to be happiest-that's when the blue devils of worry attack us. That's when we begin to wonder whether we're getting anywhere in life; whether we're in a rut; whether the boss "meant anything" by that remark he made today; or whether we're getting bald.

When we are not busy, our minds tend to become a near-vacuum. Every student of physics knows that "nature abhors a vacuum" . The nearest thing to a vacuum that you and I will probably ever see is the inside of an incandescent electric-light bulb. Break that bulb-and nature forces air in to fill the theoretically empty space.

Nature also rushes in to fill the vacant mind. With what? Usually with emotions. Why? Because emotions of worry, fear, hate, jealousy, and envy are driven by primeval vigour and the dynamic energy of the jungle. Such emotions are so violent that they tend to drive out of our minds all peaceful, nappy thoughts and emotions.

James L. Mursell, professor of education, Teachers' College, Columbia, puts it very well when he says : "Worry is most apt to ride you ragged not when you are in action, but when the day's work is done. Your imagination can run riot then and bring up all sorts of ridiculous possibilities and magnify each little blunder. At such a time," he continues, "your mind is like a motor operating without its load. It races and threatens to burn out its bearings or even to tear itself to bits. The remedy for worry is to get completely occupied doing something constructive."

But you don't have to be a college professor to realise this truth and put it into practice. During the war, I met a housewife from Chicago who told me how she discovered for herself that "the remedy for worry is to get completely occupied doing something constructive." I met this woman and her husband in the dining-car while I was travelling from New York to my farm in Missouri. (Sorry I didn't get their names-I never like to give examples without using names and street addresses- details that give authenticity to a story.)

This couple told me that their son had joined the armed forces the day after Pearl Harbour. The woman told me that she had almost wrecked her health worrying over that only son. Where was he? Was he safe? Or in action? Would he be wounded? Killed?

When I asked her how she overcame her worry, she replied : "I got busy." She told me that at first she had dismissed her maid and tried to keep busy by doing all her housework herself. But that didn't help much. "The trouble was," she said, "that I could do my housework almost mechanically, without using my mind. So I kept on worrying. While making the beds and washing the dishes I realised I needed some new kind of work that would keep me busy both mentally and physically every hour of the day. So I took a job as a saleswoman in a large department store.

"That did it," she said. "I immediately found myself in a whirlwind of activity : customers swarming around me, asking for prices, sizes, colours. Never a second to think of anything except my immediate duty; and when night came, I could think of nothing except getting off my aching feet. As soon as I ate dinner, I fell into bed and instantly became unconscious. I had neither the time nor the energy to worry."

She discovered for herself what John Cowper Powys meant when he said, in The Art of Forgetting the Unpleasant : "A certain comfortable security, a certain profound inner peace, a kind of happy numbness, soothes the nerves of the human animal when absorbed in its allotted task."

And what a blessing that it is so! Osa Johnson, the world's most famous woman explorer, recently told me how she found release from worry and grief. You may have read the story of her life. It is called I Married Adventure. If any woman ever married adventure, she certainly did. Martin Johnson married her when she was sixteen and lifted her feet off the sidewalks of Chanute, Kansas, and set them down on the wild jungle trails of Borneo. For a quarter of a century, this Kansas couple travelled all over the world, making motion pictures of the vanishing wild life of Asia and Africa. Back in America nine years ago, they were on a lecture tour, showing their famous films. They took a plane out of Denver, bound for the Coast. The plane plunged into a mountain. Martin Johnson was killed instantly. The doctors said Osa would never leave her bed again. But they didn't know Osa Johnson. Three months later, she was in a wheel chair, lecturing before large audiences. In fact, she addressed over a hundred audiences that season-all from a wheel chair. When I asked her why she did it, she replied : "I did it so that I would have no time for sorrow and worry."

Osa Johnson had discovered the same truth that Tennyson had sung about a century earlier : "I must lose myself in action, lest I wither in despair."

Admiral Byrd discovered this same truth when he lived all alone for five months in a shack that was literally buried in the great glacial ice-cap that covers the South Pole-an ice-cap that holds nature's oldest secrets-an ice-cap covering an unknown continent larger than the United States and Europe combined. Admiral Byrd spent five months there alone. No other living creature of any kind existed within a hundred miles. The cold was so intense that he could hear his breath freeze and crystallise as the wind blew it past his ears. In his book Alone, Admiral Byrd tells all about those five months he spent in bewildering and soul-shattering darkness. The days were as black as the nights. He had to keep busy to preserve his sanity.

"At night," he says, "before blowing out the lantern, I formed the habit of blocking out the morrow's work. It was a case of assigning myself an hour, say, to the Escape Tunnel, half an hour to leveling drift, an hour to straightening up the fuel drums, an hour to cutting bookshelves in the walls of the food tunnel, and two hours to renewing a broken bridge in the man-hauling sledge. ...

"It was wonderful," he says, "to be able to dole out time in this way. It brought me an extraordinary sense of command over myself. ..." And he adds : "Without that or an equivalent, the days would have been without purpose; and without purpose they would have ended, as such days always end, in disintegration."

Note that last again : "Without purpose, the days would have ended, as such days always end, in disintegration."

If you and I are worried, let's remember that we can use good old-fashioned work as a medicine. That was said by no less an authority than the late Dr. Richard C. Cabot, formerly professor of clinical medicine at Harvard. In his book What Men Live By, Dr. Cabot says : "As a physician, I have had the happiness of seeing work cure many persons who have suffered from trembling palsy of the soul which results from overmastering doubts, hesitations, vacillation and fear. ... Courage given us by our work is like the self-reliance which Emerson has made for ever glorious."

If you and I don't keep busy-if we sit around and brood- we will hatch out a whole flock of what Charles Darwin used to call the "wibber gibbers" . And the "wibber gibbers" are nothing but old-fashioned gremlins that will run us hollow and destroy our power of action and our power of will.

I know a business man in New York who fought the "wibber gibbers" by getting so busy that he had no time to fret and stew. His name is Tremper Longman, and his office is at 40 Wall Street. He was a student in one of my adult-education classes; and his talk on conquering worry was so interesting, so impressive, that I asked him to have supper with me after class; and we sat in a restaurant until long past midnight, discussing his experiences. Here is the story he told me : "Eighteen years ago, I was so worried I had insomnia. I was tense, irritated, and jittery. I felt I was headed for a nervous breakdown.

"I had reason to be worried. I was treasurer of the Crown Fruit and Extract Company, 418 West Broadway, New York. We had half a million dollars invested in strawberries packed in gallon tins. For twenty years, we had been selling these gallon tins of strawberries to manufactures of ice cream. Suddenly our sales stopped because the big ice-cream makers, such as National Dairy and Borden's, were rapidly increasing their production and were saving money and time by buying strawberries packed in barrels.

"Not only were we left with half a million dollars in berries we couldn't sell, but we were also under contract to buy a million dollars more of strawberries in the next twelve months! We had already borrowed $350,000 from the banks. We couldn't possibly pay off or renew these loans. No wonder I was worried!

"I rushed out to Watsonville, California, where our factory was located, and tried to persuade our president that conditions had changed, that we were facing ruin. He refused to believe it. He blamed our New York office for all the trouble-poor salesmanship.

"After days of pleading, I finally persuaded him to stop packing more strawberries and to sell our new supply on the fresh berry market in San Francisco. That almost solved our problems. I should have been able to stop worrying then; but I couldn't. Worry is a habit; and I had that habit.

"When I returned to New York, I began worrying about everything; the cherries we were buying in Italy, the pineapples we were buying in Hawaii, and so on. I was tense, jittery, couldn't sleep; and, as I have already said, I was heading for a nervous breakdown.

"In despair, I adopted a way of life that cured my insomnia and stopped my worries. I got busy. I got so busy with problems demanding all my faculties that I had no time to worry. I had been working seven hours a day. I now began working fifteen and sixteen hours a day. I got down to the office every morning at eight o'clock and stayed there every night until almost midnight. I took on new duties, new responsibilities. When I got home at midnight, I was so exhausted when I fell in bed that I became unconscious in a few seconds.

"I kept up this programme for about three months. I had broken the habit of worry by that time, so I returned to a normal working day of seven or eight hours. This event occurred eighteen years ago. I have never been troubled with insomnia or worry since then."

George Bernard Shaw was right. He summed it all up when he said : "The secret of being miserable is to have the leisure to bother about whether you are happy or not." So don't bother to think about it! Spit on your hands and get busy. Your blood will start circulating; your mind will start ticking -and pretty soon this whole positive upsurge of life in your body will drive worry from your mind. Get busy. Keep busy. It's the cheapest kind of medicine there is on this earth-and one of the best.

To break the worry habit, here is Rule 1 :

Keep busy. The worried person must lose himself in action, lest be wither in despair.

7 Don't Let the Beetles Get You Down

Here is a dramatic story that I'll probably remember as long as I live. It was told to me by

Robert Moore, of 14 Highland Avenue, Maplewood, New Jersey.

"I learned the biggest lesson of my life in March, 1945," he said, "I learned it under 276 feet of water off the coast of Indo-China. I was one of eighty-eight men aboard the submarine Baya S.S. 318. We had discovered by radar that a small Japanese convoy was coming our way. As day-break approached, we submerged to attack. I saw through the periscope a Jap destroyer escort, a tanker, and a minelayer. We fired three torpedoes at the destroyer escort, but missed. Something went haywire in the mechanics of each torpedo. The destroyer, not knowing that she had been at-tacked, continued on. We were getting ready to attack the last ship, the minelayer, when suddenly she turned and came directly at us. (A Jap plane had spotted us under sixty feet of water and had radioed our position to the Jap minelayer.) We went down to 150 feet, to avoid detection, and rigged for a depth charge. We put extra bolts on the hatches; and, in order to make our sub abso-lutely silent, we turned off the fans, the cooling system, and all electrical gear.

"Three minutes later, all hell broke loose. Six depth charges exploded all around us and pushed us down to the ocean floor -a depth of 276 feet. We were terrified. To be attacked in less than a thousand feet of water is dangerous-less than five hundred feet is almost always fatal. And we were being attacked in a trifle more than half of five hundred feet of water -just about knee-deep, as far as safety was concerned. For fifteen hours, that Jap minelayer kept dropping depth charges.

If a depth charge explodes within seventeen feet of a sub, the concussion will blow a hole in it. Scores of these depth charges exploded within fifty feet of us. We were ordered'to secure'- to lie quietly in our bunks and remain calm. I was so terrified I could hardly breathe. 'This is death,' I kept saying to myself over and over. 'This is death! ... This is death!' With the fans and cooling system turned off, the air inside the sub was over a hundred degrees; but I was so chilled with fear that I put on a sweater and a fur-lined jacket; and still I trembled with cold. My teeth chat-tered. I broke out in a cold, clammy sweat. The attack continued for fifteen hours. Then ceased suddenly. Apparently the Jap minelayer had exhausted its supply of depth charges, and steamed away. Those fifteen hours of attack seemed like fifteen million years. All my life passed before me in review.

I remembered all the bad things I had done, all the little absurd things I had worried about. I had been a bank clerk before I joined the Navy. I had worried about the long hours, the poor pay, the poor prospects of advancement. I had worried because I couldn't own my own home, couldn't buy a new car, couldn't buy my wife nice clothes. How I had hated my old boss, who was always nagging and scolding! I remembered how I would come home at night sore and grouchy and quarrel with my wife over trifles. I had worried about a scar on my forehead-a nasty cut from an auto accident.

"How big all these worries seemed years ago! But how absurd they seemed when depth charges were threatening to blow me to kingdom come. I promised myself then and there that if I ever saw the sun and the stars again, I would never, never worry again. Never! Never! I Never!!! I learned more about the art of living in those fifteen terrible hours in that submarine than I had learned by studying books for four years in Syracuse University."

We often face the major disasters of life bravely-and then let the trifles, the "pains in the neck", get us down. For example, Samuel Pepys tells in his Diary about seeing Sir Harry Vane's head chopped off in London. As Sir Harry mounted the platform, he was not pleading for his life, but was pleading with the executioner not to hit the painful boil on his neck!

That was another thing that Admiral Byrd discovered down in the terrible cold and darkness of the polar nights-that his men fussed more about the "pains in the neck" than about the big things. They bore, without complaining, the dangers, the hardships, and the cold that was often eighty degrees below zero. "But," says Admiral Byrd, "I know of bunkmates who quit speaking because each suspected the other of inching his gear into the other's allotted space; and I knew of one who could not eat unless he could find a place in the mess hall out of sight of the Fletcherist who solemnly chewed his food twenty-eight times before swallowing.

"In a polar camp," says Admiral Byrd, "little things like that have the power to drive even disciplined men to the edge of insanity."

And you might have added, Admiral Byrd, that "little things" in marriage drive people to the edge of insanity and cause "half the heartaches in the world."

At least, that is what the authorities say. For example, Judge Joseph Sabath of Chicago, after acting as arbiter in more than forty thousand unhappy marriages, declared："Trivialities are at the bottom of most marital unhappiness"；and Frank S. Hogan, District Attorney of New York County, says："Fully half the cases in our criminal courts originate in little things. Bar-room bravado, domestic wrangling, an insulting remark, a disparaging word, a rude action-those are the little things that lead to assault and murder. Very few of us are cruelly and greatly wronged. It is the small blows to our self-esteem, the indignities, the little jolts to our vanity, which cause half the heartaches in the world."

When Eleanor Roosevelt was first married, she "worried for days" because her new cook had served a poor meal. "But if that happened now," Mrs. Roosevelt says, "I would shrug my shoulders and forget it." Good. That is acting like an adult emotionally. Even Catherine the Great, an absolute autocrat, used to laugh the thing off when the cook spoiled a meal.

Mrs. Carnegie and I had dinner at a friend's house in Chicago. While carving the meat, he did something wrong. I didn't notice it; and I wouldn't have cared even if I had noticed it But his wife saw it and jumped down his throat right in front of us. "John," she cried, "watch what you are doing! Can't you ever learn to serve properly!"

Then she said to us："He is always making mistakes. He just doesn't try." Maybe he didn't try to carve; but I certainly give him credit for trying to live with her for twenty years. Frankly, I would rather have eaten a couple of hot dogs with mustard-in an atmosphere of peace-than to have dined on Peking duck and shark fins while listening to her scolding.

Shortly after that experience, Mrs. Carnegie and I had some friends at our home for dinner. Just before they arrived, Mrs. Carnegie found that three of the napkins didn't match the tablecloth.

"I rushed to the cook," she told me later, "and found that the other three napkins had gone to the laundry. The guests were at the door. There was no time to change. I felt like bursting into tears! All I could think was：'Why did this stupid mistake have to spoil my whole evening?' Then I thought-well-why let it? I went in to dinner, determined to have a good time. And I did. I would much rather our friends think I was a sloppy housekeeper," she told me, "than a nervous, bad-tempered one. And anyhow, as far as I could make out, no one noticed the napkins!"

A well-known legal maxim says：De minimis non curat lex- "the law does not concern itself with trifles." And neither should the worrier-if he wants peace of mind.

Much of the time, all we need to overcome the annoyance of trifles is to affect a shifting of emphasis-set up a new, and pleasurable, point of view in the mind. My friend Homer Croy, who wrote They Had to See Paris and a dozen other books, gives a wonderful example of how this can be done. He used to be driven half crazy, while working on a book, by the rattling of the radiators in his New York apartment. The steam would bang and sizzle-and he would sizzle with irritation as he sat at his desk.

"Then," says Homer Croy, "I went with some friends on a camping expedition. While listening to the limbs crackling in the roaring fire, I thought how much they sounded like the crackling of the radiators. Why should I like one and hate the other? When I went home I said to myself："The crackling of the limbs in the fire was a pleasant sound; the sound of the radiators is about the same-I'll go to sleep and not worry about the noise.' And I did. For a few days I was conscious of the radiators; but soon I forgot all about them.

"And so it is with many petty worries. We dislike them and get into a stew, all because we exaggerate their importance. ..."

Disraeli said : "Life is too short to be little." "Those words," said Andre Maurois in This Week magazine, "have helped me through many a painful experience : often we allow ourselves to be upset by small things we should despise and forget. ... Here we are on this earth, with only a few more decades to live, and we lose many irreplaceable hours brooding over grievances that, in a year's time, will be forgotten by us and by everybody. No, let us devote our life to worth-while actions and feelings, to great thoughts, real affections and enduring undertakings. For life is too short to be little."

Even so illustrious a figure as Rudyard Kipling forgot at times that "Life is too short to be little" . The result? He and his brother-in-law fought the most famous court battle in the history of Vermont-a battle so celebrated that a book has been written about it : Rudyard Kipling's Vermont Feud.

The story goes like this : Kipling married a Vermont girl, Caroline Balestier, built a lovely home in Brattleboro, Vermont; settled down and expected to spend the rest of his life there. His brother-in-law, Beatty Balestier, became Kipling's best friend. The two of them worked and played together.

Then Kipling bought some land from Balestier, with the understanding that Balestier would be allowed to cut hay off it each season. One day, Balestier found Kipling laying out a flower garden on this hayfield. His blood boiled. He hit the ceiling. Kipling fired right back. The air over the Green Mountains of Vermont turned blue!

A few days later, when Kipling was out riding his bicycle, his brother-in-law drove a wagon and a team of horses across the road suddenly and forced Kipling to take a spill. And Kipling the man who wrote : "If you can keep your head when all about you are losing theirs and blaming it on you" -he lost his own head, and swore out a warrant for Balestier's arrest I A sensational trial followed. Reporters from the big cities poured into the town. The news flashed around the world. Nothing was settled. This quarrel caused Kipling and his wife to abandon their American home for the rest of their lives. All that worry and bitterness over a mere trifle! A load of hay.

Pericles said, twenty-four centuries ago : "Come, gentlemen, we sit too long on trifles." We do, indeed!

Here is one of the most interesting stories that Dr. Harry Emerson Fosdick ever told-a story about the battles won and lost by a giant of the forest :

On the slope of Long's Peak in Colorado lies the ruin of 3 gigantic tree. Naturalists tell us that it stood for some four hundred years. It was a seedling when Columbus landed at San Salvador, and half grown when the Pilgrims settled at Plymouth. During the course of its long life it was struck by lightning fourteen times, and the innumerable avalanches and storms of four centuries thundered past it. It survived them all. In the end, however, an army of beetles attacked the tree and leveled it to the ground. The insects ate their way through the bark and gradually destroyed the inner strength of the tree by their tiny but incessant attacks. A forest giant which age had not withered, nor lightning blasted, nor storms subdued, fell at last before beetles so small that a man could crush them between his forefinger and his thumb.

Aren't we all like that battling giant of the forest? Don't we manage somehow to survive the rare storms and avalanches and lightning blasts of We, only to let our hearts be eaten out by little beetles of worry-little beetles that could be crushed between a finger and a thumb?

A few years ago, I travelled through the Teton National Park, in Wyoming, with Charles Seifred, highway superintendent for the state of Wyoming, and some of his friends. We were all going to visit the John D. Rockefeller estate in the park. But the car in which I was riding took the wrong turn, got lost, and drove up to the entrance of the estate an hour after the other cars had gone in. Mr. Seifred had the key that unlocked the private gate, so he waited in the hot, mosquito-infested woods for an hour until we arrived. The mosquitoes were enough to drive a saint insane. But they couldn't triumph over Charles Seifred. While waiting for us, he cut a limb off an aspen tree-and made a whistle of it. When we arrived, was he cussing the mosquitoes? No, he was playing his whistle. I have kept that whistle as a memento of a man who knew how to put trifles in their place.

To break the worry habit before it breaks you, here is Rule 2 :

Let's not allow ourselves to be upset by small things we should despise and forget. Remember "Life is too short to be little."

8　A Law That Will Outlaw Many of Your Worries

As a child, I grew up on a Missouri farm; and one day, while helping my mother pit cherries, I began to cry. My mother said : "Dale, what in the world are you crying about?" I blubbered : "I'm afraid I am going to be buried alive!"

I was full of worries in those days. When thunderstorms came, I worried for fear I would be killed by lightning. When hard times came, I worried for fear we wouldn't have enough to eat. I worried for fear I would go to hell when I died. I was terrified for fear an older boy, Sam White, would cut off my big ears-as he threatened to do. I worried for fear girls would laugh at me if I tipped my hat to them. I worried for fear no girl would ever be willing to marry me. I worried about what I would say to my wife immediately after we were married. I imagined that we would be married in some country church, and then get in a surrey with fringe on the top and ride back to the farm ... but how would I be able to keep the conversation going on that ride back to the farm? How? How? I pondered over that earth-shaking problem for many an hour as I walked behind the plough.

As the years went by, I gradually discovered that ninety-nine per cent of the things I worried about never happened.

For example, as I have already said, I was once terrified of lightning; but I now know that the chances of my being killed by lightning in any one year are, according to the National Safety Council, only one in three hundred and fifty thousand.

My fear of being buried alive was even more absurd : I don't imagine that one person in ten million is buried alive; yet I once cried for fear of it.

One person out of every eight dies of cancer. If I had wanted something to worry about, I should have worried about cancer -instead of being killed by lightning or being buried alive.

To be sure, I have been talking about the worries of youth and adolescence. But many of our adult worries are almost as absurd. You and I could probably eliminate nine-tenths of our worries right now if we would cease our fretting long enough to discover whether, by the law of averages, there was any real justification for our worries.

The most famous insurance company on earth-Lloyd's of London-has made countless millions out of the tendency of everybody to worry about things that rarely happen. Lloyd's of London bets people that the disasters they are worrying about will never occur. However, they don't call it betting. They call it insurance. But it is really betting based on the law of averages. This great insurance firm has been going strong for two hundred years; and unless human nature changes, it will still be going strong fifty centuries from now by insuring shoes and ships and sealing-wax against disasters that, by the law of average, don't happen nearly so often as people imagine.

If we examine the law of averages, we will often be astounded at the facts we uncover. For example, if I knew that during the next five years I would have to fight in a battle as bloody as the Battle of Gettysburg, I would be terrified. I would take out all the life insurance I could get. I would draw up my will and set all my earthly affairs in order. I would say : "I'll probably never live through that battle, so I had better make the most of the few years I have left." Yet the facts are that, according to the law of averages, it is just as dangerous, just as fatal, to try to live from age fifty to age fifty-five in peace-time as it was to fight in the Battle of Gettysburg. What I am trying to say is this : in times of peace, just as many people die per thousand between the ages of fifty and fifty-five as were killed per thousand among the 163,000 soldiers who fought at Gettysburg.

I wrote several chapters of this book at James Simpson's Num-Ti-Gah Lodge, on the shore of Bow Lake in the Canadian Rockies. While stopping there one summer, I met Mr. and Mrs. Herbert H. Salinger, of 2298 Pacific Avenue, San Francisco. Mrs. Salinger, a poised, serene woman, gave me the impression that she had never worried. One evening in front of the roaring fireplace, I asked her if she had ever been troubled by worry. "Troubled by it?" she said. "My life was almost ruined by it. Before I learned to conquer worry, I lived through eleven years of self-made hell. I was irritable and hot-tempered. I lived under terrific tension. I would take the bus every week from my home in San Mateo to shop in San Francisco. But even while shopping, I worried myself into a dither : maybe I had left the electric iron connected on the ironing board. Maybe the house had caught fire. Maybe the maid had run off and left the children. Maybe they had been out on their bicycles and been killed by a car. In the midst of my shopping, I would often worry myself into a cold perspiration and rush out and take the bus home to see if everything was all right. No wonder my first marriage ended in disaster.

"My second husband is a lawyer-a quiet, analytical man who never worries about anything. When I became tense and anxious, he would say to me : 'Relax. Let's think this out. ... What are you really worrying about? Let's examine the law of averages and see whether or not it is likely to happen.'

"For example, I remember the time we were driving from Albuquerque, New Mexico, to the Carlsbad Caverns-driving on a dirt road-when we were caught in a terrible rainstorm.

"The car was slithering and sliding. We couldn't control it. I was positive we would slide off into one of the ditches that flanked the road; but my husband kept repeating to me : 'I am driving very slowly. Nothing serious is likely to happen. Even if the car does slide into the ditch, by the law of averages, we won't be hurt.' His calmness and confidence quieted me.

"One summer we were on a camping trip in the Touquin Valley of the Canadian Rockies. One night we were camping seven thousand feet above sea level, when a storm threatened to tear our tents to shreds. The tents were tied with guy ropes to a wooden platform. The outer tent shook and trembled and screamed and shrieked in the wind. I expected every minute to see our tent torn loose and hurled through the sky. I was terrified! But my husband kept saying : 'Look, my dear, we are travelling with Brewster's guides. Brewster's know what they are doing. They have been pitching tents in these mountains for sixty years. This tent has been here for many seasons. It hasn't blown down yet and, by the law of averages, it won't blow away tonight; and even if it does, we can take shelter in another tent. So relax'. ... I did; and I slept soundly the balance of the night.

"A few years ago an infantile-paralysis epidemic swept over our part of California. In the old days, I would have been hysterical. But my husband persuaded me to act calmly. We took all the precautions we could; we kept our children away from crowds, away from school and the movies. By consulting the Board of Health, we found out that even during the worst infantile-paralysis epidemic that California had ever known up to that time, only 1,835 children had been stricken in the entire state of California. And that the usual number was around two hundred or three hundred. Tragic as those figures are, we nevertheless felt that, according to the law of averages, the chances of any one child being stricken were remote.

"'By the law of averages, it won't happen.' That phrase has destroyed ninety per cent of my worries; and it has made the past twenty years of my life beautiful and peaceful beyond my highest expectations."

General George Crook-probably the greatest Indian fighter in American history-says in his Autobiography that "nearly all the worries and unhappiness" of the Indians "came from their imagination, and not from reality."

As I look back across the decades, I can see that that is where most of my worries came from also. Jim Grant told me that that had been his experience, too. He owns the James A. Grant Distributing Company, 204 Franklin Street, New York City. He orders from ten to fifteen car-loads of Florida oranges and grapefruit at a time. He told me that he used to torture himself with such thoughts as : What if there's a train wreck? What if my fruit is strewn all over the countryside? What if a bridge collapses as my cars are going across it? Of course, the fruit was insured; but he feared that if he didn't deliver his fruit on time, he might risk the loss of his market. He worried so much that he feared he had stomach ulcers and went to a doctor. The doctor told him there was nothing wrong with him except jumpy nerves. "I saw the light then," he said, "and began to ask myself questions. I said to myself : 'Look here, Jim Grant, how many fruit cars have you handled over the years?' The answer was : 'About twenty-five thousand.' Then I asked myself : 'How many of those cars were ever wrecked?' The answer was : 'Oh-maybe five.' Then I said to myself : 'Only five-out of twenty-five thousand? Do you know what that means? A ratio of five thousand to one! In other words, by the law of averages, based on experience, the chances are five thousand to one against one of your cars ever being wrecked. So what are you worried about?'

"Then I said to myself : 'Well, a bridge may collapse!' Then I asked myself : 'How many cars have you actually lost from a bridge collapsing?' The answer was-'None.' Then I said to myself : 'Aren't you a fool to be worrying yourself into stomach ulcers over a bridge which has never yet collapsed, and over a railroad wreck when the chances are five thousand to one against it!'

"When I looked at it that way," Jim Grant told me, "I felt pretty silly. I decided then and there to let the law of averages do the worrying for me-and I have not been troubled with my 'stomach ulcer' since!"

When Al Smith was Governor of New York, I heard him answer the attacks of his political enemies by saying over and over : "Let's examine the record ... let's examine the record." Then he proceeded to give the facts. The next time you and I are worrying about what may happen, let's take a tip from wise old Al Smith : let's examine the record and see what basis there is, if any, for our gnawing anxieties. That is precisely what Frederick J. Mahlstedt did when he feared he was lying in his grave. Here is his story as he told it to one of our adult-education classes in New York :

"Early in June, 1944, I was lying in a slit trench near Omaha Beach. I was with the 999th Signal Service Company, and we had just 'dug in' in Normandy. As I looked around at that slit trench-just a rectangular hole in the ground-I said to myself : 'This looks just like a grave.' When I lay down and tried to sleep in it, it felt like a grave. I couldn't help saying to myself : 'Maybe this is my grave.' When the German bombers began coming over at 11 p.m., and the bombs started falling, I was scared stiff. For the first two or three nights I couldn't sleep at all. By the fourth or fifth night, I was almost a nervous wreck. I knew that if I didn't do something, I would go stark crazy. So I reminded myself that five nights had passed, and I was still alive; and so was every man in our outfit. Only two had been injured, and they had been hurt, not by German bombs, but by falling flak, from our own anti-aircraft guns. I decided to stop worrying by doing something constructive. So I built a thick wooden roof over my slit trench, to protect myself from flak. I thought of the vast area over which my unit was spread. I told myself that the only way I could be killed in that deep, narrow slit trench was by a direct hit; and I figured out that the chance of a direct hit on me was not one in ten thousand. After a couple of nights of looking at it in this way, I calmed down and slept even through the bomb raids!"

The United States Navy used the statistics of the law of averages to buck up the morale of their men. One ex-sailor told me that when he and his shipmates were assigned to high-octane tankers, they were worried stiff. They all believed that if a tanker loaded with high-octane gasoline was hit by a torpedo, it exploded and blew everybody to kingdom come.

But the U.S. Navy knew otherwise; so the Navy issued exact figures, showing that out of one hundred tankers hit by torpedoes sixty stayed afloat; and of the forty that did sink, only five sank in less than ten minutes. That meant time to get off the ship-it also meant casualties were exceedingly small. Did this help morale? "This knowledge of the law of averages wiped out my jitters," said Clyde W. Maas, of 1969 Walnut Street, St. Paul, Minnesota-the man who told this story. "The whole crew felt better. We knew we had a chance; and that, by the law of averages, we probably wouldn't be killed." To break the worry habit before it breaks you-here is Rule 3 :

"Let's examine the record." Let's ask ourselves : "What are the chances, according to the law of averages, that this event I am worrying about will ever occur?"

9 Co-Operate with the Inevitable

When I was a little boy, I was playing with some of my friends in the attic of an old, abandoned log house in north-west Missouri. As I climbed down out of the attic, I rested my feet on a window-sill for a moment-and then jumped. I had a ring on my left forefinger; and as I jumped, the ring caught on a nailhead and tore off my finger.

I screamed. I was terrified. I was positive I was going to die. But after the hand healed, I never worried about it for one split second. What would have been the use? ... I accepted the inevitable.

Now I often go for a month at a time without even thinking about the fact that I have only three fingers and a thumb on my left hand.

A few years ago, I met a man who was running a freight elevator in one of the downtown office buildings in New York. I noticed that his left hand had been cut off at the wrist. I asked him if the loss of that hand bothered him. He said : "Oh, no, I hardly ever think about it. I am not married; and the only time I ever think about it is when I try to thread a needle."

It is astonishing how quickly we can accept almost any situation-if we have to-and adjust ourselves to it and forget about it.

I often think of an inscription on the ruins of a fifteenth-century cathedral in Amsterdam, Holland. This inscription says in Flemish : "It is so. It cannot be otherwise."

As you and I march across the decades of time, we are going to meet a lot of unpleasant situations that are so. They cannot be otherwise. We have our choice. We can either accept them as inevitable and adjust ourselves to them, or we can ruin our lives with rebellion and maybe end up with a nervous breakdown.

Here is a bit of sage advice from one of my favourite philosophers, William James. "Be willing to have it so," he said. "Acceptance of what has happened is the first step to overcoming the consequence of any misfortune." Elizabeth Connley, of 2840 NE 49th Avenue, Portland, Oregon, had to find that out the hard way. Here is a letter that she wrote me recently : "On the very day that America was celebrating the victory of our armed forces in North Africa," the letter says, "I received a telegram from the War Department : my nephew- the person I loved most-was missing in action. A short time later, another telegram arrived saying he was dead.

"I was prostrate with grief. Up to that time, I had felt that life had been very good to me. I had a job I loved. I had helped to raise this nephew. He represented to me all that was fine and good in young manhood. I had felt that all the bread I had cast upon the waters was coming back to me as cake! ... Then came this telegram. My whole world collapsed. I felt there was nothing left to live for. I neglected my work; neglected my friends. I let everything go. I was bitter and resentful. Why did my loving nephew have to be taken? Why did this good boy-with life all before him-why did he have to be killed? I couldn't accept it. My grief was so overwhelming that I decided to give up my work, and go away and hide myself in my tears and bitterness.

"I was clearing out my desk, getting ready to quit, when I came across a letter that I had forgotten-a letter from this nephew who had been killed, a letter he had written to me when my mother had died a few years ago.'Of course, we will miss her,' the letter said, 'and especially you. But I know you'll carry on. Your own personal philosophy will make you do that. I shall never forget the beautiful truths you taught me. Wherever I am, or how far apart we may be, I shall always remember that you taught me to smile, and to take whatever comes, like a man.'

"I read and reread that letter. It seemed as if he were there beside me, speaking to me. He seemed to be saying to me : 'Why don't you do what you taught me to do? Carry on, no matter what happens. Hide your private sorrows under a smile and carry on.'

"So, I went back to my work. I stopped being bitter and rebellious. I kept saying to myself : 'It is done. I can't change it. But I can and will carry on as he wished me to do.' I threw all my mind and strength into my work. I wrote letters to soldiers-to other people's boys. I joined an adult-education class at night-seeking out new interests and making new friends. I can hardly believe the change that has come over me. I have ceased mourning over the past that is for ever gone. I am living each day now with joy-just as my nephew would have wanted me to do. I have made peace with life. I have accepted my fate. I am now living a fuller and more complete life than I had ever known."

Elizabeth Connley, out in Portland, Oregon, learned what all of us will have to learn sooner or later : namely, that we must accept and co-operate with the inevitable. "It is so. It cannot be otherwise." That is not an easy lesson to learn. Even kings on their thrones have to keep reminding themselves of it. The late George V had these framed words hanging on the wall of his library in Buckingham Palace : "Teach me neither to cry for the moon nor over spilt milk." The same thought is expressed by Schopenhauer in this way : "A good supply of resignation is of the first importance in providing for the journey of life."

Obviously, circumstances alone do not make us happy or unhappy. It is the way we react to circumstances that determines our feelings. Jesus said that the kingdom of heaven is within you. That is where the kingdom of hell is, too.

We can all endure disaster and tragedy and triumph over them-if we have to. We may not think we can, but we have surprisingly strong inner resources that will see us through if we will only make use of them. We are stronger than we think.

The late Booth Tarkington always said : "I could take anything that life could force upon me except one thing : blindness. I could never endure that."

Then one day, when he was along in his sixties, Tarkington glanced down at the carpet on the floor. The colours were blurred. He couldn't see the pattern. He went to a specialist. He learned the tragic truth : he was losing his sight. One eye was nearly blind; the other would follow. That which he feared most had come upon him.

And how did Tarkington react to this "worst of all disasters "? Did he feel : "This is it! This is the end of my life" ? No, to his amazement, he felt quite gay. He even called upon his humour. Floating "specks" annoyed him; they would swim across his eyes and cut off his vision. Yet when the largest of these specks would swim across his sight, he would say : "Hello! There's Grandfather again! Wonder where he's going on this fine morning!"

How could fate ever conquer a spirit like that? The answer is it couldn't. When total blindness closed in, Tarkington said : "I found I could take the loss of my eyesight, just as a man can take anything else. If I lost all five of my senses, I know I could live on inside my mind. For it is in the mind we see, and in the mind we live, whether we know it or not."

In the hope of restoring his eyesight, Tarkington had to go through more than twelve operations within one year. With local anaesthetic! Did he rail against this? He knew it had to be done. He knew he couldn't escape it, so the only way to lessen his suffering was to take it with grace. He refused a private room at the hospital and went into a ward, where he could be with other people who had troubles, too. He tried to cheer them up. And when he had to submit to repeated operations-fully conscious of what was being done to his eyes-he tried to remember how fortunate he was. "How wonderful!" he said. "How wonderful, that science now has the skill to operate on anything so delicate as the human eye!"

The average man would have been a nervous wreck if he had had to endure more than twelve operations and blindness. Yet Tarkington said : "I would not exchange this experience for a happier one." It taught him acceptance. It taught him that nothing life could bring him was beyond his strength to endure. It taught him, as John Milton discovered, that "It is not miserable to be blind, it is only miserable not to be able to endure blindness."

Margaret Fuller, the famous New England feminist, once offered as her credo : "I accept the Universe!"

When grouchy old Thomas Carlyle heard that in England, he snorted : "By gad, she'd better!" Yes, and by gad, you and I had better accept the inevitable, too!

If we rail and kick against it and grow bitter, we won't change the inevitable; but we will change ourselves. I know. I have tried it.

I once refused to accept an inevitable situation with which I was confronted. I played the fool and railed against it, and rebelled. I turned my nights into hells of insomnia. I brought upon myself everything I didn't want. Finally, after a year of self-torture, I had to accept what I knew from the outset I couldn't possibly alter.

I should have cried out years ago with old Walt Whitman :

Oh, to confront night, storms, hunger,

Ridicule, accident, rebuffs as the trees

and animals do.

I spent twelve years working with cattle; yet I never saw a Jersey cow running a temperature because the pasture was burning up from a lack of rain or because of sleet and cold or because her boy friend was paying too much attention to another heifer. The animals confront night, storms, and hunger calmly; so they never have nervous breakdowns or stomach ulcers; and they never go insane.

Am I advocating that we simply bow down to all the adversities that come our way? Not by a long shot! That is mere fatalism. As long as there is a chance that we can save a situation, let's fight! But when common sense tells us that we are up against something that is so-and cannot be otherwise- then, in the name of our sanity, let's not look before and after and pine for what is not.

The late Dean Hawkes of Columbia University told me that he had taken a Mother Goose rhyme as one of his mottoes :

For every ailment under the sun.

There is a remedy, or there is none;

If there be one, try to find it;

If there be none, never mind it.

While writing this book, I interviewed a number of the leading business men of America; and I was impressed by the fact that they co-operated with the inevitable and led lives singularly free from worry. If they hadn't done that, they would have cracked under the strain. Here are a few examples of what I mean :

J.C. Penney, founder of the nation-wide chain of Penney stores, said to me : "I wouldn't worry if I lost every cent I have because I don't see what is to be gained by worrying. I do the best job I possibly can; and leave the results in the laps of the gods."

Henry Ford told me much the same thing. "When I can't handle events," he said, "I let them handle themselves."

When I asked K.T. Keller, president of the Chrysler Corporation, how he kept from worrying, he said : "When I am up against a tough situation, if I can do anything about it, I do it. If I can't, I just forget it. I never worry about the future, because I know no man living can possibly figure out what is going to happen in the future. There are so many forces that will affect that future! Nobody can tell what prompts those forces-or understand them. So why worry about them?" K. T. Keller would be embarrassed if you told him he is a philosopher. He is just a good business man, yet he has stumbled on the same philosophy that Epictetus taught in Rome nineteen centuries ago. "There is only one way to happiness," Epictetus taught the Romans, "and that is to cease worrying about things which are beyond the power of our will."

Sarah Bernhardt, the "divine Sarah" was an illustrious example of a woman who knew how to co-operate with the inevitable. For half a century, she had been the reigning queen of the theatre on four continents-the best-loved actress on earth. Then when she was seventy-one and broke-she had lost all her money-her physician, Professor Pozzi of Paris, told her he would have to amputate her leg. While crossing the Atlantic, she had fallen on deck during a storm, and injured her leg severely. Phlebitis developed. Her leg shrank. The pain became so intense that the doctor felt her leg had to be amputated. He was almost afraid to tell the stormy, tempestuous "divine Sarah" what had to be done. He fully expected that the terrible news would set off an explosion of hysteria. But he was wrong. Sarah looked at him a moment, and then said quietly : "If it has to be, it has to be." It was fate.

As she was being wheeled away to the operating room, her son stood weeping. She waved to him with a gay gesture and said cheerfully : "Don't go away. I'll be right back."

On the way to the operating room she recited a scene from one of her plays. Someone asked her if she were doing this to cheer herself up. She said : "No, to cheer up the doctors and nurses. It will be a strain on them."

After recovering from the operation, Sarah Bernhardt went on touring the world and enchanting audiences for another seven years.

"When we stop fighting the inevitable," said Elsie Mac-Cormick in a Reader's Digest article, "we release energy which enables us to create a richer life."

No one living has enough emotion and vigour to fight the inevitable and, at the same time, enough left over to create a new life. Choose one or the other. You can either bend with the inevitable sleet-storms of life-or you can resist them and break!

I saw that happen on a farm I own in Missouri. I planted a score of trees on that farm. At first, they grew with astonishing rapidity. Then a sleet-storm encrusted each twig and branch with a heavy coating of ice. Instead of bowing gracefully to their burden, these trees proudly resisted and broke and split under the load-and had to be destroyed. They hadn't learned the wisdom of the forests of the north. I have travelled hundreds of miles through the evergreen forests of Canada, yet I have never seen a spruce or a pine broken by sleet or ice. These evergreen forests know how to bend, how to bow down their branches, how to co-operate with the inevitable.

The masters of jujitsu teach their pupils to "bend like the willow; don't resist like the oak."

Why do you think your automobile tyres stand up on the road and take so much punishment? At first, the manufacturers tried to make a tyre that would resist the shocks of the road. It was soon cut to ribbons. Then they made a tyre that would absorb the shocks of the road. That tyre could "take it" . You and I will last longer, and enjoy smoother riding, if we learn to absorb the shocks and jolts along the rocky road of life.

What will happen to you and me if we resist the shocks of life instead of absorbing them? What will happen if we refuse to "bend like the willow" and insist on resisting like the oak? The answer is easy. We will set up a series of inner conflicts. We will be worried, tense, strained, and neurotic.

If we go still further and reject the harsh world of reality and retreat into a dream world of our own making, we will then be insane.

During the war, millions of frightened soldiers had either to accept the inevitable or break under the strain. To illustrate, let's take the case of William H. Casselius, 7126 76th Street, Glendale, New York. Here is a prize-winning talk he gave before one of my adult-education classes in New York :

"Shortly after I joined the Coast Guard, I was assigned to one of the hottest spots on this side of the Atlantic. I was made a supervisor of explosives. Imagine it. Me! A biscuit salesman becoming a supervisor of explosives! The very thought of finding yourself standing on top of thousands of tons of T.N.T. is enough to chill the marrow in a cracker salesman's bones. I was given only two days of instruction; and what I learned filled me with even more terror. I'll never forget my first assignment. On a dark, cold, foggy day, I was given my orders on the open pier of Caven Point, Bayonne, New Jersey.

"I was assigned to Hold No. 5 on my ship. I had to work down in that hold with five long-shoremen. They had strong backs, but they knew nothing whatever about explosives. And they were loading blockbusters, each one of which contained a ton of T.N.T.-enough explosive to blow that old ship to kingdom come. These blockbusters were being lowered by two cables. I kept saying to myself : Suppose one of those cables slipped-or broke! Oh, boy! Was I scared! I trembled. My mouth was dry. My knees sagged. My heart pounded. But I couldn't run away. That would be desertion. I would be disgraced-my parents would be disgraced-and I might be shot for desertion. I couldn't run. I had to stay. I kept looking at the careless way those longshoremen were handling those blockbusters. The ship might blow up any minute. After an hour or more of this spine-chilling terror, I began to use a little common sense. I gave myself a good talking to. I said : 'Look here! So you are blown up. So what! You will never know the difference! It will be an easy way to die. Much better than dying by cancer. Don't be a fool. You can't expect to live for ever! You've got to do this job-or be shot. So you might as well like it.'

"I talked to myself like that for hours; and I began to feel at ease. Finally, I overcame my worry and fears by forcing myself to accept an inevitable situation.

"I'll never forget that lesson. Every time I am tempted now to worry about something I can't possibly change, I shrug my shoulders and say : 'Forget it.' I find that it works-even for a biscuit salesman." Hooray! Let's give three cheers and one cheer more for the biscuit salesman of the Pinafore.

Outside the crucifixion of Jesus, the most famous death scene in all history was the death of Socrates. Ten thousand centuries from now, men will still be reading and cherishing Plato's im-mortal description of it-one of the most moving and beautiful passages in all literature. Certain men of Athens- jealous and envious of old barefooted Socrates-trumped up charges against him and had him tried and condemned to death. When the friendly jailer gave Socrates the poison cup to drink, the jailer said : "Try to bear lightly what needs must be." Socrates did. He faced death with a calmness and resignation that touched the hem of divinity.

"Try to bear lightly what needs must be." Those words were spoken 399 years before Christ was born; but this worrying old world needs those words today more than ever before : "Try to bear lightly what needs must be."

During the past eight years, I have been reading practically every book and magazine article I could find that dealt even remotely with banishing worry. ... Would you like to know what is the best single bit of advice about worry that I have ever discovered in all that reading? Well, here it is-summed up in twenty-seven words-words that you and I ought to paste on our bathroom mirrors, so that each time we wash our faces we could also wash away all worry from our minds. This priceless prayer was written by Dr. Reinhold Niebuhr, Professor of Applied Christianity, Union Theological Seminary, Broadway and 120th Street, New York.

God grant me the serenity To accept the things I cannot change; The courage to change the things I can; And the wisdom to know the difference.

To break the worry habit before it breaks you, Rule 4 is :

Co-operate with the inevitable.

10   Put a " Stop-Loss " Order on Your Worries

Would you like to know how to make money on the Stock Exchange? Well, so would a mil-lion other people-and if I knew the answer, this book would sell for a fabulous price. However, there's one good idea that some successful operators use. This story was told to me by Charles Roberts, an investment counselor with offices at 17 East 42nd Street, New York.

"I originally came up to New York from Texas with twenty thousand dollars which my friends had given me to invest in the stock market," Charles Roberts told me. "I thought," he continued, "that I knew the ropes in the stock market; but I lost every cent. True, I made a lot of profit on some deals; but I ended up by losing everything.

"I did not mind so much losing my own money," Mr. Roberts explained, "but I felt terrible about having lost my friends' money, even though they could well afford it. I dreaded facing them again after our venture had turned out so unfortunately, but, to my astonishment, they not only were good sports about it, but proved to be incurable optimists.

"I knew I had been trading on a hit-or-miss basis and depending largely on luck and other people's opinions. As H. I. Phillips said, I had been 'playing the stock market by ear'.

"I began to think over my mistakes and I determined that before I went back into the market again, I would try to find out what it was all about. So I sought out and became acquainted with one of the most successful speculators who ever lived : Burton S. Castles. I believed I could learn a great deal from him because he had long enjoyed the reputation of being successful year after year and I knew that such a career was not the result of mere chance or luck.

"He asked me a few questions about how I had traded before and then told me what I believe is the most important principle in trading. He said : 'I put a stop-loss order on every market commitment I make. If I buy a stock at, say, fifty dollars a share, I immediately place a stop-loss order on it at forty-five.' That means that when and if the stock should decline as much as five points below its cost, it would be sold automatically, thereby, limiting the loss to five points.

"'If your commitments are intelligently made in the first place,' the old master continued, 'your profits will average ten, twenty-five, or even fifty points. Consequently, by limiting your losses to five points, you can be wrong more than half of the time and still make plenty of money?'

"I adopted that principle immediately and have used it ever since. It has saved my clients and me many thousands of dollars.

"After a while I realised that the stop-loss principle could be used in other ways besides in the stock market. I began to place a stop-loss order on any and every kind of annoyance and resentment that came to me. It has worked like magic.

"For example, I often have a luncheon date with a friend who is rarely on time. In the old days, he used to keep me stewing around for half my lunch hour before he showed up. Finally, I told him about my stop-loss orders on my worries. I said : 'Bill, my stop-loss order on waiting for you is exactly ten minutes. If you arrive more than ten minutes late, our luncheon engagement will be sold down the river-and I'll be gone.'"

Man alive! How I wish I had had the sense, years ago, to put stop-loss orders on my impatience, on my temper, on my desire for self-justification, on my regrets, and on all my mental and emotional strains. Why didn't I have the horse sense to size up each situation that threatened to destroy my peace of mind and say to myself : "See here, Dale Carnegie, this situation is worth just so much fussing about and no more" ? ... Why didn't I?

However, I must give myself credit for a little sense on one occasion, at least. And it was a serious occasion, too-a crisis in my life-a crisis when I stood watching my dreams and my plans for the future and the work of years vanish into thin air. It happened like this. In my early thirties, I had decided to spend my life writing novels. I was going to be a second Frank Norris or Jack London or Thomas Hardy. I was so in earnest that I spent two years in Europe - where I would live cheaply with dollars during the period of wild, printing-press money that followed the First World War. I spent two years there, writing my magnum opus. I called it The Blizzard.

The title was a natural, for the reception it got among publishers was as cold as any blizzard that ever howled across the plains of the Dakotas. When my literary agent told me it was worthless, that I had no gift, no talent, for fiction, my heart almost stopped. I left his office in a daze.

I couldn't have been more stunned if he had hit me across the head with a club. I was stupefied. I realised that I was standing at the crossroads of life, and had to make a tremendous decision. What should I do? Which way should I turn? Weeks passed before I came out of the daze. At that time, I had never heard of the phrase "put a stop-loss order on your worries". But as I look back now, I can see that I did just that. I wrote off my two years of sweating over that novel for just what they were worth - a noble experiment - and went forward from there. I returned to my work of organising and teaching adult-education classes, and wrote biographies in my spare time - biographies and non-fiction books such as the one you are reading now.

Am I glad now that I made that decision? Glad? Every time I think about it now I feel like dancing in the street for sheer joy! I can honestly say that I have never spent a day or an hour since, lamenting the fact that I am not another Thomas Hardy.

One night a century ago, when a screech owl was screeching in the woods along the shore of Walden Pond, Henry Thoreau dipped his goose quill into his homemade ink and wrote in his diary : "The cost of a thing is the amount of what I call life, which is required to be exchanged for it immediately or in the long run."

To put it another way : we are fools when we overpay for a thing in terms of what it takes out of our very existence.

Yet that is precisely what Gilbert and Sullivan did. They knew how to create gay words and gay music, but they knew distressingly little about how to create gaiety in their own lives. They created some of the loveliest light operas that ever delighted the world : Patience, Pinafore, The Mikado. But they couldn't control their tempers. They embittered their years over nothing more than the price of a carpet! Sullivan ordered a new carpet for the theatre they had bought. When Gilbert saw the bill, he hit the roof. They battled it out in court, and never spoke to one another again as long as they lived. When Sullivan wrote the music for a new production, he mailed it to Gilbert; and when Gilbert wrote the words, he mailed it back to Sullivan. Once they had to take a curtain call together, but they stood on opposite sides of the stage and bowed in different directions, so they wouldn't see one another. They hadn't the sense to put a stop-loss order on their resentments, as Lincoln did.

Once, during the Civil War, when some of Lincoln's friends were denouncing his bitter enemies, Lincoln said : "You have more of a feeling of personal resentment than I have. Perhaps I have too little of it; but I never thought it paid. A man doesn't have the time to spend half his life in quarrels. If any man ceases to attack me, I never remember the past against him."

I wish an old aunt of mine-Aunt Edith-had had Lincoln's forgiving spirit. She and Uncle Frank lived on a mortgaged farm that was infested with cockleburs and cursed with poor soil and ditches. They had tough going-had to squeeze every nickel. But Aunt Edith loved to buy a few curtains and other items to brighten up their bare home. She bought these small luxuries on credit at Dan Eversole's drygoods store in Maryville, Missouri. Uncle Frank worried about their debts. He had a farmer's horror of running up bills, so he secretly told Dan Eversole to stop letting his wife buy on credit. When she heard that, she hit the roof-and she was still hitting the roof about it almost fifty years after it had happened. I have heard her tell the story-not once, but many times. The last time I ever saw her, she was in her late seventies. I said to her; "Aunt Edith, Uncle Frank did wrong to humiliate you; but don't you honestly feel that your complaining about it almost half a century after it happened is infinitely worse than what he did?" (I might as well have said it to the moon.)

Aunt Edith paid dearly for the grudge and bitter memories that she nourished. She paid for them with her own peace of mind.

When Benjamin Franklin was seven years old, he made a mistake that he remembered for seventy years. When he was a lad of seven, he fell in love with a whistle. He was so excited about it that he went into the toyshop, piled all his coppers on the counter, and demanded the whistle without even asking its price. "I then came home," he wrote to a friend seventy years later, "and went whistling all over the house, much pleased with my whistle." But when his older brothers and sisters found out that he had paid far more for his whistle than he should have paid, they gave him the horse laugh; and, as he said : "I cried with vexation."

Years later, when Franklin was a world-famous figure, and Ambassador to France, he still remembered that the fact that he had paid too much for his whistle had caused him "more chagrin than the whistle gave him pleasure."

But the lesson it taught Franklin was cheap in the end. "As I grew up," he said, "and came into the world and observed the actions of men, I thought I met with many, very many, who gave too much for the whistle. In short, I conceive that a great part of the miseries of mankind are brought upon them by the false estimates they have made of the value of things, and by their giving too much for their whistles."

Gilbert and Sullivan paid too much for their whistle. So did Aunt Edith. So did Dale Carnegie-on many occasions. And so did the immortal Leo Tolstoy, author of two of the world's greatest novels, War and Peace and Anna Karenina. According to The Encyclopedia Britannica, Leo Tolstoy was, during the last twenty years of his life, "probably the most venerated man in the whole world." For twenty years before he died-from 1890 to 1910-an unending stream of admirers made pilgrimages to his home in order to catch a glimpse of his face, to hear the sound of his voice, or even touch the hem of his garment. Every sentence he uttered was taken down in a notebook, almost as if it were a "divine revelation" . But when it came to living-to ordinary living-well, Tolstoy had even less sense at seventy than Franklin had at seven! He had no sense at all.

Here's what I mean. Tolstoy married a girl he loved very dearly. In fact, they were so happy together that they used to get on their knees and pray to God to let them continue their lives in such sheer, heavenly ecstasy. But the girl Tolstoy married was jealous by nature. She used to dress herself up as a peasant and spy on his movements, even out in the woods. They had fearful rows. She became so jealous, even of her own children, that she grabbed a gun and shot a hole in her daughter's photograph. She even rolled on the floor with an opium bottle held to her lips, and threatened to commit suicide, while the children huddled in a corner of the room and screamed with terror.

And what did Tolstoy do? Well, I don't blame the man for up and smashing the furniture-he had good provocation. But he did far worse than that. He kept a private diary! Yes, a diary, in which he placed all the blame on his wife! That was his "whistle" ! He was determined to make sure that coming generations would exonerate him and put the blame on his wife. And what did his wife do, in answer to this? Why, she tore pages out of his diary and burned them, of course. She started a diary of her own, in which she made him the villain. She even wrote a novel, entitled Whose Fault? in which she depicted her husband as a household fiend and herself as a martyr.

All to what end? Why did these two people turn the only home they had into what Tolstoy himself called "a lunatic asylum" ? Obviously, there were several reasons. One of those reasons was their burning desire to impress you and me. Yes, we are the posterity whose opinion they were worried about! Do we give a hoot in Hades about which one was to blame? No, we are too concerned with our own problems to waste a minute thinking about the Tolstoy's. What a price these two wretched people paid for their whistle! Fifty years of living in a veritable hell-just because neither of them had the sense to say : "Stop!" Because neither of them had enough judgment of values to say : "Let's put a stop-loss order on this thing instantly. We are squandering our lives. Let's say 'Enough' now!"

Yes, I honestly believe that this is one of the greatest secrets to true peace of mind-a decent sense of values. And I believe we could annihilate fifty per cent of all our worries at once if we would develop a sort of private gold standard-a gold standard of what things are worth to us in terms of our lives.

So, to break the worry habit before it breaks you, here is Rule 5 :

Whenever we are tempted to throw good money after bad in terms of human living, let's stop and ask ourselves these three Questions :

1. How much does this thing I am worrying about really matter to me?
2. At what point shall I set a "stop-loss " order on this worry -and forget it?
3. Exactly how much shall I pay for this whistle? Have I already paid more than it is worth?

11 Don't Try to Saw Sawdust

As I write this sentence, I can look out of my window and see some dinosaur tracks in my garden-dinosaur tracks embedded in shale and stone. I purchased those dinosaur tracks from the Peabody Museum of Yale University; and I have a letter from the curator of the Peabody Museum, saying that those tracks were made 180 million years ago. Even a Mongolian idiot wouldn't dream of trying to go back 180 million years to change those tracks. Yet that would not be any more foolish than worrying because we can't go back and change what happened 180 seconds ago-and a lot of us are doing just that To be sure, we may do something to modify the effects of what happened 180 seconds ago; but we can't possibly change the event that occurred then.

There is only one way on God's green footstool that the past can be constructive; and that is by calmly analysing our past mistakes and profiting by them-and forgetting them.

I know that is true; but have I always had the courage and sense to do it? To answer that question, let me tell you about a fantastic experience I had years ago. I let more than three hundred thousand dollars slip through my fingers without making a penny's profit. It happened like this : I launched a large-scale enterprise in adult education, opened branches in various cities, and spent money lavishly in overhead and advertising. I was so busy with teaching that I had neither the time nor the desire to look after finances. I was too naive to realise that I needed an astute business manager to watch expenses.

Finally, after about a year, I discovered a sobering and shocking truth. I discovered that in spite of our enormous intake, we had not netted any profit whatever. After discovering that, I should have done two things. First, I should have had the sense to do what George Washington Carver, the Negro scientist, did when he lost forty thousand dollars in a bank crash-the savings of a lifetime. When someone asked him if he knew he was bankrupt, he replied : "Yes, I heard." - and went on with his teaching. He wiped the loss out of his mind so completely that he never mentioned it again.

Here is the second thing I should have done : I should have analysed my mistakes and learned a lasting lesson.

But frankly, I didn't do either one of these things. Instead, I went into a tailspin of worry. For months I was in a daze. I lost sleep and I lost weight. Instead of learning a lesson from this enormous mistake, I went right ahead and did the same thing again on a smaller scale!

It is embarrassing for me to admit all this stupidity; but I discovered long ago that "it is easier to teach twenty what were good to be done than to be one of twenty to follow mine own teaching."

How I wish that I had had the privilege of attending the George Washington High School here in New York and studying under Mr. Brandwine-the same teacher who taught Allen Saunders, of 939 Woodycrest Avenue, Bronx, New York!

Mr. Saunders told me that the teacher of his hygiene class, Mr. Brandwine, taught him one of the most valuable lessons he had ever learned. "I was only in my teens," said Allen Saunders as he told me the story, "but I was a worrier even then. I used to stew and fret about the mistakes I had made. If I turned in an examination paper, I used to lie awake and chew my fingernails for fear I hadn't passed. I was always living over the things I had done, and wishing I'd done them differently; thinking over the things I had said, and wishing I'd said them better.

"Then one morning, our class filed into the science laboratory, and there was the teacher, Mr. Brandwine, with a bottle of milk prominently displayed on the edge of the desk. We all sat down, staring at the milk, and wondering what it had to do with the hygiene course he was teaching. Then, all of a sudden, Mr. Brandwine stood up, swept the bottle of milk with a crash into the sink-and shouted : 'Don't cry over spilt milk!'

"He then made us all come to the sink and look at the wreckage. 'Take a good look,' he told us, 'because I want you to remember this lesson the rest of your lives. That milk is gone you can see it's down the drain; and all the fussing and hair-pulling in the world won't bring back a drop of it. With a little thought and prevention, that milk might have been saved. But it's too late now-all we can do is write it off, forget it, and go on to the next thing.'

"That one little demonstration," Allen Saunders told me, "stuck with me long after I'd forgotten my solid geometry and Latin. In fact, it taught me more about practical living than anything else in my four years of high school. It taught me to keep from spilling milk if I could; but to forget it completely, once it was spilled and had gone down the drain."

Some readers are going to snort at the idea of making so much over a hackneyed proverb like "Don't cry over spilt milk." I know it is trite, commonplace, and a platitude. I know you have heard it a thousand times. But I also know that these hackneyed proverbs contain the very essence of the distilled wisdom of all ages. They have come out of the fiery experience of the human race and have been handed down through countless generations. If you were to read everything that has ever been written about worry by the great scholars of all time, you would never read anything more basic or more profound than such hackneyed proverbs as "Don't cross your bridges until you come to them" and "Don't cry over spilt milk." If we only applied those two proverbs-instead of snorting at them-we wouldn't need this book at all. In fact, if we applied most of the old proverbs, we would lead almost perfect lives. However, knowledge isn't power until it is applied; and the purpose of this book is not to tell you something new. The purpose of this book is to remind you of what you already know and to kick you in the shins and inspire you to do something about applying it.

I have always admired a man like the late Fred Fuller Shedd, who had a gift for stating an old truth in a new and picturesque way. He was editor of the Philadelphia Bulletin; and, while addressing a college graduating class, he asked : "How many of you have ever sawed wood? Let's see your hands." Most of them had. Then he inquired : "How many of you have ever sawed sawdust?" No hands went up.

"Of course, you can't saw sawdust!" Mr. Shedd exclaimed. "It's already sawed! And it's the same with the past. When you start worrying about things that are over and done with, you're merely trying to saw sawdust."

When Connie Mack, the grand old man of baseball, was eighty-one years old, I asked him if he had ever worried over games that were lost.

"Oh, yes, I used to," Connie Mack told me. "But I got over that foolishness long years ago. I found out it didn't get me anywhere at all. You can't grind any grain," he said, "with water that has already gone down the creek."

No, you can't grind any grain-and you can't saw any logs with water that has already gone down the creek. But you can saw wrinkles in your face and ulcers in your stomach.

I had dinner with Jack Dempsey last Thanksgiving; and he told me over the turkey and cranberry sauce about the fight in which he lost the heavyweight championship to Tunney Naturally, it was a blow to his ego. "In the midst of that fight," he told me, "I suddenly realised I had become an old man. ... At the end of the tenth round, I was still on my feet, but that was about all. My face was puffed and cut, and my eyes were nearly closed. ... I saw the referee raise Gene Tunney's hand in token of victory. ... I was no longer champion of the world. I started back in the rain-back through the crowd to my dressing-room. As I passed, some people tried to grab my hand. Others had tears in their eyes.

"A year later, I fought Tunney again. But it was no use. I was through for ever. It was hard to keep from worrying about it all, but I said to myself : 'I'm not going to live in the past or cry over spilt milk. I am going to take this blow on the chin and not let it floor me.' "

And that is precisely what Jack Dempsey did. How? By saying to himself over and over : "I won't worry about the past" ? No, that would merely have forced him to think of his past worries. He did it by accepting and writing off his defeat and then concentrating on plans for the future. He did it by running the Jack Dempsey Restaurant on Broadway and the Great Northern Hotel on 57th Street. He did it by promoting prize fights and giving boxing exhibitions. He did it by getting so busy on something constructive that he had neither the time nor the temptation to worry about the past. "I have had a better time during the last ten years," Jack Dempsey said, "than I had when I was champion."

As I read history and biography and observe people under trying circumstances, I am constantly astonished and inspired by some people's ability to write off their worries and tragedies and go on living fairly happy lives.

I once paid a visit to Sing Sing, and the thing that astonished me most was that the prisoners there appeared to be about as happy as the average person on the outside. I commented on it to Lewis E. Lawes-then warden of Sing Sing-and he told me that when criminals first arrive at Sing Sing, they are likely to be resentful and bitter. But after a few months, the majority of the more intelligent ones write off their misfortunes and settle down and accept prison life calmly and make the best of it. Warden Lawes told me about one Sing Sing prisoner- a gardener-who sang as he cultivated the vegetables and flowers inside the prison walls.

That Sing Sing prisoner who sang as he cultivated the flowers showed a lot more sense than most of us do. He knew that

The Moving Finger writes; and, having writ,

Moves on : nor all your Piety nor Wit

Shall lure it back to cancel half a Line,

Nor all your Tears wash out a Word of it.

So why waste the tears? Of course, we have been guilty of blunders and absurdities! And so what? Who hasn't? Even Napoleon lost one-third of all the important battles he fought. Perhaps our batting average is no worse than Napoleon's. Who knows?

And, anyhow, all the king's horses and all the king's men can't put the past together again. So let's remember Rule 7 :

Don't try to saw sawdust.

12   Eight Words That Can Transform Your Life

A Few years ago, I was asked to answer this question on a radio programme : "What is the biggest lesson you have ever learned?"

That was easy : by far the most vital lesson I have ever learned is the importance of what we think. If I knew what you think, I would know what you are. Our thoughts make us what we are. Our mental attitude is the X factor that determines our fate. Emerson said : "A man is what he thinks about all day long." ... How could he possibly be anything else?

I now know with a conviction beyond all doubt that the biggest problem you and I have to deal with-in fact, almost the only problem we have to deal with-is choosing the right thoughts. If we can do that, we will be on the highroad to solving all our problems. The great philosopher who ruled the Roman Empire, Marcus Aurelius, summed it up in eight words-eight words that can determine your destiny : "Our life is what our thoughts make it."

Yes, if we think happy thoughts, we will be happy. If we think miserable thoughts, we will be miserable. If we think fear thoughts, we will be fearful. If we think sickly thoughts, we will probably be ill. If we think failure, we will certainly fail. If we wallow in self-pity, everyone will want to shun us and avoid us. "You are not," said Norman Vincent Peale, "you are not what you think you are; but what you think, you are."

Am I advocating an habitual Pollyanna attitude toward all our problems? No, unfortunately, life isn't so simple as all that. But I am advocating that we assume a positive attitude instead of a negative attitude. In other words, we need to be concerned about our problems, but not worried. What is the difference between concern and worry? Let me illustrate. Every time I cross the traffic-jammed streets of New York, I am concerned about what I am doing-but not worried. Concern means realising what the problems are and calmly taking steps to meet them. Worrying means going around in maddening, futile circles.

A man can be concerned about his serious problems and still walk with his chin up and a carnation in his buttonhole. I have seen Lowell Thomas do just that. I once had the privilege of being associated with Lowell Thomas in presenting his famous films on the Allenby-Lawrence campaigns in World War I. He and his assistants had photographed the war on half a dozen fronts; and, best of all, had brought back a pictorial record of T. E. Lawrence and his colourful Arabian army, and a film record of Allenby's conquest of the Holy Land. His illustrated talks entitled "With Allenby in Palestine and Lawrence in Arabia" were a sensation in London-and around the world. The London opera season was postponed for six weeks so that he could continue telling his tale of high adventure and showing his pictures at Covent Garden Royal Opera House. After his sensational success in London came a triumphant tour of many countries. Then he spent two years preparing a film record of life in India and Afghanistan. After a lot of incredibly bad luck, the impossible happened : he found himself broke in London. I was with him at the time.

I remember we had to eat cheap meals at cheap restaurants. We couldn't have eaten even there if we had not borrowed money from a Scotsman-James McBey, the renowned artist. Here is the point of the story : even when Lowell Thomas was facing huge debts and severe disappointments, he was concerned, but not worried. He knew that if he let his reverses get him down, he would be worthless to everyone, including his creditors. So each morning before he started out, he bought a flower, put it in his buttonhole, and went swinging down Oxford Street with his head high and his step spirited. He thought positive, courageous thoughts and refused to let defeat defeat him. To him, being licked was all part of the game-the useful training you had to expect if you wanted to get to the top.

Our mental attitude has an almost unbelievable effect even on our physical powers. The famous British psychiatrist, J. A. Hadfield, gives a striking illustration of that fact in his splendid book, The Psychology of Power. "I asked three men," he writes, "to submit themselves to test the effect of mental suggestion on their strength, which was measured by gripping a dynamometer." He told them to grip the dynamometer with all their might. He had them do this under three different sets of conditions.

When he tested them under normal waking conditions, their average grip was 101 pounds.

When he tested them after he had hypnotised them and told them that they were very weak, they could grip only 29 pounds -less than a third of their normal strength. (One of these men was a prize fighter; and when he was told under hypnosis that he was weak, he remarked that his arm felt "tiny, just like a baby's" .)

When Captain Hadfield then tested these men a third time, telling them under hypnosis that they were very strong, they were able to grip an average of 142 pounds. When their minds were filled with positive thoughts of strength, they increased their actual physical powers almost five hundred per cent.

Such is the incredible power of our mental attitude.

To illustrate the magic power of thought, let me tell you one of the most astounding stories in the annals of America. I could write a book about it; but let's be brief. On a frosty October night, shortly after the close of the Civil War, a homeless, destitute woman, who was little more than a wanderer on the face of the earth, knocked at the door of "Mother" Webster, the wife of a retired sea captain, living in Amesbury, Massachusetts.

Opening the door, "Mother" Webster saw a frail little creature, "scarcely more than a hundred pounds of frightened skin and bones". The stranger, a Mrs. Glover, explained she was seeking a home where she could think and work out a great problem that absorbed her day and night.

"Why not stay here?" Mrs. Webster replied. "I'm all alone in this big house."

Mrs. Glover might have remained indefinitely with "Mother" Webster, if the latter's son-in-law, Bill Ellis, hadn't come up from New York for a vacation. When he discovered Mrs. Glover's presence, he shouted : "I'll have no vagabonds in this house" ; and he shoved this homeless woman out of the door. A driving rain was falling. She stood shivering in the rain for a few minutes, and then started down the road, looking for shelter.

Here is the astonishing part of the story. That "vagabond" whom Bill Ellis put out of the house was destined to have as much influence on the thinking of the world as any other woman who ever walked this earth. She is now known to millions of devoted followers as Mary Baker Eddy-the founder of Christian Science.

Yet, until this time, she had known little in life except sickness, sorrow, and tragedy. Her first husband had died shortly after their marriage. Her second husband had deserted her and eloped with a married woman. He later died in a poor-house. She had only one child, a son; and she was forced, because of poverty, illness, and jealousy, to give him up when he was four years old. She lost all track of him and never saw him again for thirty-one years.

Because of her own ill health, Mrs. Eddy had been interested for years in what she called "the science of mind healing" . But the dramatic turning point in her life occurred in Lynn, Massachusetts. Walking downtown one cold day, she slipped and fell on the icy pavement-and was knocked unconscious. Her spine was so injured that she was convulsed with spasms. Even the doctor expected her to die. If by some miracle she lived, he declared that she would never walk again.

Lying on what was supposed to be her deathbed, Mary Baker Eddy opened her Bible, and was led, she declared, by divine guidance to read these words from Saint Matthew : "And, behold, they brought to him a man sick of the palsy, lying on a bed : and Jesus ... said unto the sick of the palsy : Son, be of good cheer; thy sins be forgiven thee. ... Arise, take up thy bed, and go unto thine house. And he arose, and departed to his house."

These words of Jesus, she declared, produced within her such a strength, such a faith, such a surge of healing power, that she "immediately got out of bed and walked" .

"That experience," Mrs. Eddy declared, "was the falling apple that led me to the discovery of how to be well myself, and how to make others so. ... I gained the scientific certainty that all causation was Mind, and every effect a mental phenomenon."

Such was the way in which Mary Baker Eddy became the founder and high priestess of a new religion : Christian Science -the only great religious faith ever established by a woman- a religion that has encircled the globe.

You are probably saying to yourself by now : "This man Carnegie is proselytising for Christian Science." No. You are wrong. I am not a Christian Scientist. But the longer I live, the more deeply I am convinced of the tremendous power of thought. As a result of thirty-five years spent in teaching adults, I know men and women can banish worry, fear, and various kind of illness, and can transform their lives by changing their thoughts. I know! I know! ! I know! ! ! I have seen such incredible transformations performed hundreds of times. I have seen them so often that I no longer wonder at them.

For example, one of these transformations happened to one of my students, Frank J. Whaley, of 1469 West Idaho Street, Saint Paul, Minnesota. He had a nervous breakdown. What brought it on? Worry. Frank Whaley tells me : "I worried about everything : I worried because I was too thin; because I thought I was losing my hair; because I feared I would never make enough money to get married; because I felt I would never make a good father; because I feared I was losing the girl I wanted to marry; because I felt I was not living a good life. I worried about the impression I was making on other people. I worried because I thought I had stomach ulcers. I could no longer work; I gave up my job. I built up tension inside me until I was like a boiler without a safety valve. The pressure got so unbearable that something had to give-and it did. If you have never had a nervous breakdown, pray God that you never do, for no pain of the body can exceed the excruciating pain of an agonised mind.

"My breakdown was so severe that I couldn't talk even to my own family. I had no control over my thoughts. I was filled with fear. I would jump at the slightest noise. I avoided everybody. I would break out crying for no apparent reason at all.

"Every day was one of agony. I felt that I was deserted by everybody-even God. I was tempted to jump into the river and end it all.

"I decided instead to take a trip to Florida, hoping that a change of scene would help me. As I stepped on the train, my father handed me a letter and told me not to open it until I reached Florida. I landed in Florida during the height of the tourist season. Since I couldn't get in a hotel, I rented a sleeping room in a garage. I tried to get a job on a tramp freighter out of Miami, but had no luck. So I spent my time at the beach. I was more wretched in Florida than I had been at home; so I opened the envelope to see what Dad had written. His note said : 'Son, you are 1,500 miles from home, and you don't feel any different, do you? I knew you wouldn't, because you took with you the one thing that is the cause of all your trouble, that is, yourself. There is nothing wrong with either your body or your mind. It is not the situations you have met that have thrown you; it is what you think of these situations. As a man thinketh in his heart, so is he. When you realise that, son, come home, for you will be cured.'

"Dad's letter made me angry. I was looking for sympathy, not instruction. I was so mad that I decided then and there that I would never go home. That night as I was walking down one of the side streets of Miami, I came to a church where services were going on. Having no place to go, I drifted in and listened to a sermon on the text : 'He who conquers his spirit is mightier than he who taketh a city.' Sitting in the sanctity of the house of God and hearing the same thoughts that my Dad had written in his letter-all this swept the accumulated litter out of my brain. I was able to think clearly and sensibly for the first time in my life. I realised what a fool I had been. I was shocked to see myself in my true light : here I was, wanting to change the whole world and everyone in it- when the only thing that needed changing was the focus of the lens of the camera which was my mind.

"The next morning I packed and started home. A week later I was back on the job. Four months later I married the girl I had been afraid of losing. We now have a happy family of five children. God has been good to me both materially and mentally. At the time of the breakdown I was a night foreman of a small department handling eighteen people. I am now superintendent of carton manufacture in charge of over four hundred and fifty people. Life is much fuller and friendlier. I believe I appreciate the true values of life now. When moments of uneasiness try to creep in (as they will in everyone's life) I tell myself to get that camera back in focus, and everything is O.K.

"I can honestly say that I am glad I had the breakdown, because I found out the hard way what power our thoughts can have over our mind and our body. Now I can make my thoughts work for me instead of against me. I can see now that Dad was right when he said it wasn't outward situations that had caused all my suffering, but what I thought of those situations. And as soon as I realised that, I was cured-and stayed cured." Such was the experience of Frank J. Whaley.

I am deeply convinced that our peace of mind and the joy we get out of living depends not on where we are, or what we have, or who we are, but solely upon our mental attitude. Outward conditions have very little to do with it. For example, let's take the case of old John Brown, who was hanged for seizing the United States arsenal at Harpers Ferry and trying to incite the slaves to rebellion. He rode away to the gallows, sitting on his coffin. The jailer who rode beside him was nervous and worried. But old John Brown was calm and cool. Looking up at the Blue Ridge mountains of Virginia, he exclaimed : "What a beautiful country! I never had an opportunity to really see it before."

Or take the case of Robert Falcon Scott and his companions- the first Englishman ever to reach the South Pole. Their return trip was probably the cruelest journey ever undertaken by man. Their food was gone-and so was their fuel. They could no longer march because a howling blizzard roared down over the rim of the earth for eleven days and nights-a wind so fierce and sharp that it cut ridges in the polar ice. Scott and his companions knew they were going to die; and they had brought a quantity of opium along for just such an emergency. A big dose of opium, and they could all lie down to pleasant dreams, never to wake again. But they ignored the drug, and died "singing ringing songs of cheer" . We know they did because of a farewell letter found with their frozen bodies by a searching party, eight months later.

Yes, if we cherish creative thoughts of courage and calmness, we can enjoy the scenery while sitting on our coffin, riding to the gallows; or we can fill our tents with "ringing songs of cheer" , while starving and freezing to death.

Milton in his blindness discovered that same truth three hundred years ago :

The mind is its own place, and in itself

Can make a heaven of Hell, a hell of Heaven.

Napoleon and Helen Keller are perfect illustrations of Milton's statement : Napoleon had everything men usually crave-glory, power, riches-yet he said at St. Helena : "I have never known six happy days in my life" ; while Helen Keller- blind, deaf, dumb-declared : "I have found life so beautiful."

If half a century of living has taught me anything at all, it has taught me that "Nothing can bring you peace but yourself."

I am merely trying to repeat what Emerson said so well in the closing words of his essay on "Self-Reliance" : "A political victory, a rise in rents, the recovery of your sick, or the return of your absent friend, or some other quite external event, raises your spirits, and you think good days are preparing for you. Do not believe it. It can never be so. Nothing can bring you peace but yourself."

Epictetus, the great Stoic philosopher, warned that we ought to be more concerned about removing wrong thoughts from the mind than about removing "tumours and abscesses from the body."

Epictetus said that nineteen centuries ago, but modern medicine would back him up. Dr. G. Canby Robinson declared that four out of five patients admitted to Johns Hopkins Hospital were suffering from conditions brought on in part by emotional strains and stresses. This was often true even in cases of organic disturbances. "Eventually," he declared, "these trace back to maladjustments to life and its problems."

Montaigne, the great French philosopher, adopted these seventeen words as the motto of his life : "A man is not hurt so much by what happens, as by his opinion of what happens." And our opinion of what happens is entirely up to us.

What do I mean? Have I the colossal effrontery to tell you to your face-when you are mowed down by troubles, and your nerves are sticking out like wires and curling up at the ends-have I the colossal effrontery to tell you that, under those conditions, you can change your mental attitude by an effort of will? Yes, I mean precisely that! And that is not all. I am going to show you how to do it. It may take a little effort, but the secret is simple.

William James, who has never been topped in his knowledge of practical psychology, once made this observation : "Action seems to follow feeling, but really action and feeling go together; and by regulating the action, which is under the more direct control of the will, we can indirectly regulate the feeling, which is not."

In other words, William James tells us that we cannot instantly change our emotions just by "making up our minds to" -but that we can change our actions. And that when we change our actions, we will automatically change our feelings.

"Thus," he explains, "The sovereign voluntary path to cheerfulness, if your cheerfulness be lost, is to sit up cheerfully and to act and speak as if cheerfulness were already there."

Does that simple trick work? It works like plastic surgery! Try it yourself. Put a big, broad, honest-to-God smile on your face; throw back your shoulders; take a good, deep breath; and sing a snatch of song. If you can't sing, whistle. If you can't whistle, hum. You will quickly discover what William James was talking about-that it is physically impossible to remain blue or depressed while you are acting out the symptoms of being radiantly happy!

This is one of the little basic truths of nature that can easily work miracles in all our lives. I know a woman in California -I won't mention her name-who could wipe out all of her miseries in twenty-fours if only she knew this secret. She's old, and she's a widow-that's sad, I admit-but does she try to act happy? No; if you ask her how she is feeling, she says："Oh, I'm all right" -but the expression on her face and the whine in her voice say："Oh, God, if you only knew the troubles I've seen!" She seems to reproach you for being happy in her presence. Hundreds of women are worse off that she is：her husband left her enough insurance to last the rest of her life, and she has married children to give her a home. But I've rarely seen her smile. She complains that all three of her sons-in-law are stingy and selfish-although she is a guest in their homes for months at a time. And she complains that her daughters never give her presents-although she hoards her own money carefully, "for my old age". She is a blight on herself and her unfortunate family! But does it have to be so? That is the pity of it-she could change herself from a miserable, bitter, and unhappy old woman into an honoured and beloved member of the family-if she wanted to change. And all she would have to do to work this transformation would be to start acting cheerful; start acting as though she had a little love to give away-instead of squandering it all on her own unhappy and embittered self.

I know a man in Indiana-H. J. Englert, of 1335 nth Street, Tell City, Indiana-who is still alive today because he discovered this secret. Ten years ago Mr. Englert had a case of scarlet fever; and when he recovered, he found he had developed nephritis, a kidney disease. He tried all kinds of doctors, "even quacks", he informs me, but nothing could cure him.

Then, a short time ago, he got other complications. His blood pressure soared. He went to a doctor, and was told that his blood pressure was hitting the top at 214. He was told that it was fatal-that the condition was progressive, and he had better put his affairs in order at once.

"I went home," he says, "and made sure that my insurance was all paid up, and then I apologised to my Maker for all my mistakes, and settled down to gloomy meditations.

"I made everyone unhappy. My wife and family were miserable, and I was buried deep in depression myself. However, after a week of wallowing in self-pity, I said to myself："You're acting like a fool! You may not die for a year yet, so why not try to be happy while you're here?'

"I threw back my shoulders, put a smile on my face, and attempted to act as though everything were normal. I admit it was an effort at first-but I forced myself to be pleasant and cheerful; and this not only helped my family, but it also helped me.

"The first thing I knew, I began to feel better-almost as well as I pretended to feel! The improvement went on. And today-months after I was supposed to be in my grave-I am not only happy, well, and alive, but my blood pressure is down! I know one thing for certain：the doctor's prediction would certainly have come true if I had gone on thinking'dying' thoughts of defeat. But I gave my body a chance to heal itself, by nothing in the world but a change of mental attitude!"

Let me ask you a question：If merely acting cheerful and thinking positive thoughts of health and courage can save this man's life, why should you and I tolerate for one minute more our minor glooms and depressions? Why make ourselves, and everyone around us, unhappy and blue, when it is possible for us to start creating happiness by merely acting cheerful?

Years ago, I read a little book that had a lasting and profound effect on my life. It was called As a Man Thinketh (Fowler & Co. Ltd) by James Lane Allen, and here's what it said :

"A man will find that as he alters his thoughts towards things and other people, things and other people will alter towards him. ... Let a man radically alter his thoughts, and he will be astonished at the rapid transformation it will effect in the material conditions of his life. Men do not attract that which they want, but that which they are. ... The divinity that shapes our ends is in ourselves. It is our very self. ... All that a man achieves is the direct result of his own thoughts. ... A man can only rise, conquer and achieve by lifting up his thoughts. He can only remain weak and abject and miserable by refusing to lift up his thoughts."

According to the book of Genesis, the Creator gave man dominion over the whole wide earth. A mighty big present. But I am not interested in any such super-royal prerogatives. All I desire is dominion over myself-dominion over my thoughts; dominion over my fears; dominion over my mind and over my spirit. And the wonderful thing is that I know that I can attain this dominion to an astonishing degree, any time I want to, by merely controlling my actions-which in turn control my reactions.

So let us remember these words of William James : "Much of what we call Evil ... can often be converted into a bracing and tonic good by a simple change of the sufferer's inner attitude from one of fear to one of fight."

Let's fight for our happiness!

Let's fight for our happiness by following a daily programme of cheerful and constructive thinking. Here is such a programme. It is entitled "Just for Today". I found this programme so inspiring that I gave away hundreds of copies. It was written thirty-six years ago by the late Sibyl F. Partridge. If you and I follow it, we will eliminate most of our worries and increase immeasurably our portion of what the French call la joie de vivre.

13   The High Cost of Getting Even

One night, years ago, as I was travelling through Yellowstone Park, I sat with other tourists on bleachers facing a dense growth of pine and spruce. Presently the animal which we had been waiting to see, the terror of the forests, the grizzly bear, strode out into the glare of the lights and began devouring the garbage that had been dumped there from the kitchen of one of the park hotels. A forest ranger, Major Martindale, sat on a horse and talked to the excited tourists about bears. He told us that the grizzly bear can whip any other animal in the Western world, with the possible exception of the buffalo and the Kadiak bear; yet I noticed that night that there was one animal, and only one, that the grizzly permitted to come out of the forest and eat with him under the glare of the lights : a skunk. The grizzly knew that he could liquidate a skunk with one swipe of his mighty paw. Why didn't he do it? Because he had found from experience that it didn't pay.

I found that out, too. As a farm boy, I trapped four-legged skunks along the hedgerows in Missouri; and, as a man, I encountered a few two-legged skunks on the sidewalks of New York. I have found from sad experience that it doesn't pay to stir up either variety.

When we hate our enemies, we are giving them power over us : power over our sleep, our appetites, our blood pressure, our health, and our happiness. Our enemies would dance with joy if only they knew how they were worrying us, lacerating us and getting even with us! Our hate is not hurting them, but our hate is turning our own days and nights into a hellish turmoil.

Who do you suppose said this : "If selfish people try to take advantage of you, cross them off your list, but don't try to get even. When you try to get even, you hurt yourself more than you hurt the other fellow" ? ... Those words sound as if they might have been uttered by some starry-eyed idealist. But they weren't. Those words appeared in a bulletin issued by the Police Department of Milwaukee.

How will trying to get even hurt you? In many ways. According to Life magazine, it may even wreck your health. "The chief personality characteristic of persons with hypertension [high blood pressure] is resentment," said Life. "When resentment is chronic, chronic hypertension and heart trouble follow."

So you see that when Jesus said : "Love your enemies" , He was not only preaching sound ethics. He was also preaching twentieth-century medicine. When He said : "Forgive seventy time seven" , Jesus was telling you and me how to keep from having high blood pressure, heart trouble, stomach ulcers, and many other ailments.

A friend of mine recently had a serious heart attack. Her physician put her to bed and ordered her to refuse to get angry about anything, no matter what happened. Physicians know that if you have a weak heart, a fit of anger can kill you. Did I say can kill you? A fit of anger did kill a restaurant owner in Spokane, Washington, a few years ago. I have in front of me now a letter from Jerry Swartout, chief of the Police Department, Spokane, Washington, saying : "A few years ago, William Falkaber, a man of sixty-eight who owned a cafe here in Spokane, killed himself by flying into a rage because his cook insisted on drinking coffee out of his saucer. The cafe owner was so indignant that he grabbed a revolver and started to chase the cook and fell dead from heart failure-with his hand still gripping the gun. The coroner's report declared that anger had caused the heart failure."

When Jesus said : "Love your enemies" , He was also telling us how to improve our looks. I know women-and so do you-whose faces have been wrinkled and hardened by hate and disfigured by resentment. All the beauty treatments in Christendom won't improve their looks half so much as would a heart full of forgiveness, tenderness, and love.

Hatred destroys our ability to enjoy even our food. The Bible puts it this way "Better is a dinner of herbs where love is, than a stalled ox and hatred therewith."

Wouldn't our enemies rub their hands with glee if they knew that our hate for them was exhausting us, making us tired and nervous, ruining our looks, giving us heart trouble, and probably shortening our lives?

Even if we can't love our enemies, let's at least love ourselves. Let's love ourselves so much that we won't permit our enemies to control our happiness, our health and our looks. As Shakespeare put it :

Heat not a furnace for your foe so hot

That it do singe yourself.

When Jesus said that we should forgive our enemies "seventy times seven" , He was also preaching sound business. For example, I have before me as I write a letter I received from George Rona, Fradegata'n 24, Uppsala, Sweden. For years, George Rona was an attorney in Vienna; but during the Second World War, he fled to Sweden. He had no money, needed work badly. Since he could speak and write several languages, he hoped to get a position as correspondent for some firm engaged in importing or exporting. Most of the firms replied that they had no need of such services because of the war, but they would keep his name on file ... and so on. One man, however, wrote George Rona a letter saying : "What you imagine about my business is not true. You are both wrong and foolish. I do not need any correspondent. Even if I did need one, I wouldn't hire you because you can't even write good Swedish. Your letter is full of mistakes."

When George Rona read that letter, he was as mad as Donald Duck. What did this Swede mean by telling him he couldn't write the language! Why, the letter that this Swede himself had written was full of mistakes! So George Rona wrote a letter that was calculated to burn this man up. Then he paused. He said to himself : "Wait a minute, now. How do I know this man isn't right? I have studied Swedish, but it's not my native language, so maybe I do make mistakes I don't know anything about. If I do, then I certainly have to study harder if I ever hope to get a job. This man has possibly done me a favour, even though he didn't mean to. The mere fact that he expressed himself in disagreeable terms doesn't alter my debt to him. Therefore, I am going to write him and thank him for what he has done."

So George Rona tore up the scorching letter he had already written, and wrote another that said : "It was kind of you to go to the trouble of writing to me, especially when you do not need a correspondent. I am sorry I was mistaken about your firm. The reason that I wrote you was that I made inquiry and your name was given me as a leader in your field. I did not know I had made grammatical errors in my letter. I am sorry and ashamed of myself. I will now apply myself more diligently to the study of the Swedish language and try to correct my mistakes. I want to thank you for helping me get started on the road to self-improvement."

Within a few days, George Rona got a letter from this man, asking Rona to come to see him. Rona went-and got a job. George Rona discovered for himself that "a soft answer turneth away wrath".

We may not be saintly enough to love our enemies, but, for the sake of our own health and happiness, let's at least forgive them and forget them. That is the smart thing to do. "To be wronged or robbed," said Confucius, "is nothing unless you continue to remember it." I once asked General Eisenhower's son, John, if his father ever nourished resentments. "No," he replied, "Dad never wastes a minute thinking about people he doesn't like."

There is an old saying that a man is a fool who can't be angry, but a man is wise who won't be angry.

That was the policy of William J. Gaynor, former Mayor of New York. Bitterly denounced by the yellow press, he was shot by a maniac and almost killed. As he lay in the hospital, fighting for his life, he said : "Every night, I forgive everything and everybody." Is that too idealistic? Too much sweetness and light? If so, let's turn for counsel to the great German philosopher, Schopenhauer, author of Studies in Pessimism.

He regarded life as a futile and painful adventure. Gloom dripped from him as he walked; yet out of the depths of his despair, Schopenhauer cried : "If possible, no animosity should be felt for anyone."

I once asked Bernard Baruch-the man who was the trusted adviser to six Presidents : Wilson, Harding, Coolidge, Hoover, Roosevelt, and Truman-whether he was ever disturbed by the attacks of his enemies. "No man can humiliate me or disturb me," he replied. "I won't let him."

No one can humiliate or disturb you and me, either-unless we let him.

Sticks and stones may break my bones,

But words can never hurt me.

Throughout the ages mankind has burned its candles before those Christlike individuals who bore no malice against their enemies. I have often stood in the Jasper National Park, in Canada, and gazed upon one of the most beautiful mountains in the Western world-a mountain named in honour of Edith Cavell, the British nurse who went to her death like a saint before a German firing squad on October 12, 1915. Her crime? She had hidden and fed and nursed wounded French and English soldiers in her Belgian home, and had helped them escape into Holland. As the English chaplain entered her cell in the military prison in Brussels that October morning, to prepare her for death, Edith Cavell uttered two sentences that have been preserved in bronze and granite : "I realise that patriotism is not enough. I must have no hatred or bitterness toward anyone." Four years later, her body was removed to England and memorial services were held in Westminster Abbey. Today, a granite statue stands opposite the National Portrait Gallery in London-a statue of one of England's immortals. "I realise that patriotism is not enough. I must have no hatred or bitterness toward anyone."

One sure way to forgive and forget our enemies is to become absorbed in some cause infinitely bigger than ourselves. Then the insults and the enmities we encounter won't matter because we will be oblivious of everything but our cause. As an example, let's take an intensely dramatic event that was about to take place in the pine woods of Mississippi back in 1918. A lynching!

Laurence Jones, a coloured teacher and preacher, was about to be lynched. A few years ago, I visited the school that Laurence Jones founded-the Piney Woods Country School-and I spoke before the student body. That school is nationally known today, but the incident I am going to relate occurred long before that. It occurred back in the highly emotional days of the First World War. A rumour had spread through central Mississippi that the Germans were arousing the Negroes and inciting them to rebellion. Laurence Jones, the man who was about to be lynched, was, as I have already said, a Negro himself and was accused of helping to arouse his race to insurrection. A group of white men-pausing outside the church-had heard Laurence Jones shouting to his congregation : "Life is a battle in which every Negro must gird on his armour and fight to survive and succeed."

"Fight!" "Armour!" Enough! Galloping off into the night, these excited young men recruited a mob, returned to the church, put a rope round the preacher, dragged him for a mile up the road, stood him on a heap of faggots, lighted matches, and were ready to hang him and burn him at the same time, when someone shouted : "Let's make the blankety-blank-blank talk before he burns. Speech! Speech!" Laurence Jones, standing on the faggots, spoke with a rope around his neck, spoke for his life and his cause. He had been graduated from the University of Iowa in 1907. His sterling character, his scholarship and his musical ability had made him popular with both the students and the faculty. Upon graduation, he had turned down the offer of a hotel man to set him up in business, and had turned down the offer of a wealthy man to finance his musical education. Why? Because he was on fire with a vision. Reading the story of Booker T. Washington's life, he had been inspired to devote his own life to educating the poverty-stricken, illiterate members of his race. So he went to the most backward belt he could find in the South-a spot twenty-five miles south of Jackson, Mississippi. Pawning his watch for $1.65, he started his school in the open woods with a stump for a desk. Laurence Jones told these angry men who were waiting to lynch him of the struggle he had had to educate these unschooled boys and girls and to train them to be good farmers, mechanics, cooks, housekeepers. He told of the white men who had helped him in his struggle to establish Piney Woods Country School-white men who had given him land, lumber, and pigs, cows and money, to help him carry on his educational work.

When Laurence Jones was asked afterward if he didn't hate the men who had dragged him up the road to hang him and burn him, he replied that he was too busy with his cause to hate-too absorbed in something bigger than himself. "I have no time to quarrel," he said, "no time for regrets, and no man can force me to stoop low enough to hate him."

As Laurence Jones talked with sincere and moving eloquence as he pleaded, not for himself but his cause, the mob began to soften. Finally, an old Confederate veteran in the crowd said : "I believe this boy is telling the truth. I know the white men whose names he has mentioned. He is doing a fine work. We have made a mistake. We ought to help him instead of hang him." The Confederate veteran passed his hat through the crowd and raised a gift of fifty-two dollars and forty cents from the very men who had gathered there to hang the founder of Piney Woods Country School-the man who said : "I have no time to quarrel, no time for regrets, and no man can force me to stoop low enough to hate him."

Epictetus pointed out nineteen centuries ago that we reap what we sow and that somehow fate almost always makes us pay for our malefactions. "In the long run," said Epictetus, "every man will pay the penalty for his own misdeeds. The man who remembers this will be angry with no one, indignant with no one, revile no one, blame no one, offend no one, hate no one."

Probably no other man in American history was ever more denounced and hated and double-crossed than Lincoln. Yet Lincoln, according to Herndon's classic biography, "never judged men by his like or dislike for them. If any given act was to be performed, he could understand that his enemy could do it just as well as anyone. If a man had maligned him or been guilty of personal ill-treatment, and was the fittest man for the place, Lincoln would give him that place, just as soon as he would give it to a friend. ... I do not think he ever removed a man because he was his enemy or because he disliked him."

Lincoln was denounced and insulted by some of the very men he had appointed to positions of high power-men like McClellan, Seward, Stanton, and Chase. Yet Lincoln believed, according to Herndon, his law partner, that "No man was to be eulogised for what he did; or censured for what he did or did not do," because "all of us are the children of conditions, of circumstances, of environment, of education, of acquired habits and of heredity moulding men as they are and will for ever be."

Perhaps Lincoln was right. If you and I had inherited the same physical, mental, and emotional characteristics that our enemies have inherited, and if life had done to us what it has done to them, we would act exactly as they do. We couldn't possibly do anything else. As Clarence Darrow used to say : "To know all is to understand all, and this leaves no room for judgment and condemnation." So instead of hating our enemies, let's pity them and thank God that life has not made us what they are. Instead of heaping condemnation and revenge upon our enemies, let's give them our understanding, our sympathy, our help, our forgiveness, and our prayers."

I was brought up in a family which read the Scriptures or repeated a verse from the Bible each night and then knelt down and said "family prayers" . I can still hear my father, in a lonely Missouri farmhouse, repeating those words of Jesus- words that will continue to be repeated as long as man cherishes his ideals : "Love your enemies, bless them that curse you, do good to them that hate you, and pray for them which despitefully use you, and persecute you."

My father tried to live those words of Jesus; and they gave him an inner peace that the captains and the kings of earth have often sought for in vain.

To cultivate a mental attitude that will bring you peace and happiness, remember that Rule 2 is :

Let's never try to get even with our enemies, because if we do we will hurt ourselves far more than we hurt them. Let's do as General Eisenhower does : let's never waste a minute thinking about people we don't like.

14 If You Do This, You Will Never Worry About Ingratitude

I recently met a business man in Texas who was burned up with indignation. I was warned that he would tell me about it within fifteen minutes after I met him. He did. The incident he was angry about had occurred eleven months previously, but he was still burned up about it. He couldn't speak of anything else. He had given his thirty-four employees ten thousand dollars in Christmas bonuses-approximately three hundred dollars each-and no one had thanked him. "I am sorry," he complained bitterly, "that I ever gave them a penny!"

"An angry man," said Confucius, "is always full of poison." This man was so full of poison that I honestly pitied him. He was about sixty years old. Now, life-insurance companies figure that, on the average, we will live slightly more than two-thirds of the difference between our present age and eighty. So this man-if he was lucky-probably had about fourteen or fifteen years to live. Yet he had already wasted almost one of his few remaining years by his bitterness and resentment over an event that was past and gone. I pitied him.

Instead of wallowing in resentment and self-pity, he might have asked himself why he didn't get any appreciation. Maybe he had underpaid and overworked his employees. Maybe they considered a Christmas bonus not a gift, but something they had earned. Maybe he was so critical and unapproachable that no one dared or cared to thank him. Maybe they felt he gave the bonus because most of the profits were going for taxes, anyway.

On the other hand, maybe the employees were selfish, mean, and ill-mannered. Maybe this.

Maybe that. I don't know any more about it than you do. But I do know what Dr. Samuel John-son said : "Gratitude is a fruit of great cultivation. You do not find it among gross people."

Here is the point I am trying to make : this man made the human and distressing mistake of expecting gratitude. He just didn't know human nature.

If you saved a man's life, would you expect him to be grateful? You might-but Samuel Lei-bowitz, who was a famous criminal lawyer before he became a judge, saved seventy-eight men from going to the electric chair! How many of these men, do you suppose, stopped to thank Samuel Leibowitz, or ever took the trouble to send him a Christmas card? How many? Guess. ... That's right-none.

Christ healed ten lepers in one afternoon-but how many of those lepers even stopped to thank Him? Only one. Look it up in Saint Luke. When Christ turned around to His disciples and asked : "Where are the other nine?" they had all run away. Disappeared without thanks! Let me ask you a question : Why should you and I-or this business man in Texas-expect more thanks for our small favours than was given Jesus Christ?

And when it comes to money matters! Well, that is even more hopeless. Charles Schwab told me that he had once saved a bank cashier who had speculated in the stock market with funds belonging to the bank. Schwab put up the money to save this man from going to the penitentiary. Was the cashier grateful? Oh, yes, for a little while. Then he turned against Schwab and reviled him and denounced him-the very man who had kept him out of jail!

If you gave one of your relatives a million dollars, would you expect him to be grateful? An-drew Carnegie did just that. But if Andrew Carnegie had come back from the grave a little while later, he would have been shocked to find this relative cursing him! Why? Because Old Andy had left 365 million dollars to public charities-and had "cut him off with one measly million" ,as he put it.

That's how it goes. Human nature has always been human nature-and it probably won't change in your lifetime. So why not accept it? Why not be as realistic about it as was old Marcus Aurelius, one of the wisest men who ever ruled the Roman Empire. He wrote in his diary one day : "I am going to meet people today who talk too much-people who are selfish, egotistical, ungrateful. But I won't be surprised or disturbed, for I couldn't imagine a world without such people." That makes sense, doesn't it? If you and I go around grumbling about ingratitude, who is to blame? Is it human nature-or is it our ignorance of human nature? Let's not expect gratitude. Then, if we get some occasionally, it will come as a delightful surprise. If we don't get it, we won't be disturbed.

Here is the first point I am trying to make in this chapter : It is natural for people to forget to be grateful; so, if we go around expecting gratitude, we are headed straight for a lot of heartaches.

I know a woman in New York who is always complaining because she is lonely. Not one of her relatives wants to go near her-and no wonder. If you visit her, she will tell you for hours what she did for her nieces when they were children : she nursed them through the measles and the mumps and the whooping-cough; she boarded them for years; she helped to send one of them through business school, and she made a home for the other until she got married.

Do the nieces come to see her? Oh, yes, now and then, out of a spirit of duty. But they dread these visits. They know they will have to sit and listen for hours to half-veiled reproaches. They will be treated to an endless litany of bitter complaints and self-pitying sighs. And when this woman can no longer bludgeon, browbeat, or bully her nieces into coming to see her, she has one of her "spells" . She develops a heart attack.

Is the heart attack real? Oh, yes. The doctors say she has "a nervous heart" , suffers from pal-pitations. But the doctors also say they can do nothing for her-her trouble is emotional.

What this woman really wants is love and attention. But she calls it "gratitude" . And she will never get gratitude or love, because she demands it. She thinks it's her due.

There are thousands of women like her, women who are ill from "ingratitude" , loneliness, and neglect. They long to be loved; but the only way in this world that they can ever hope to be loved is to stop asking for it and to start pouring out love without hope of return.

Does that sound like sheer, impractical, visionary idealism? It isn't. It is just horse sense. It is a good way for you and me to find the happiness we long for. I know. I have seen it happen right in my own family. My own mother and father gave for the joy of helping others. We were poor-always overwhelmed by debts. Yet, poor as we were, my father and mother always managed to send money every year to an orphans' home-the Christian Home in Council Bluffs, Iowa. Mother and Father never visited that home. Probably no one thanked them for their gifts-except by letter-but they were richly repaid, for they had the joy of helping little children-without wishing for or expecting any gratitude in return.

After I left home, I would always send Father and Mother a cheque at Christmas and urge them to indulge in a few luxuries for themselves. But they rarely did. When I came home a few days before Christmas, Father would tell me of the coal and groceries they had bought for some "widder woman" in town who had a lot of children and no money to buy food and fuel. What joy they got out of these gifts-the joy of giving without accepting anything whatever in return!

I believe my father would almost have qualified for Aristotle's description of the ideal man-the man most worthy of being happy. "The ideal man," said Aristotle, "takes joy in doing favours for others; but he feels ashamed to have others do favours for him. For it is a mark of superiority to confer a kindness; but it is a mark of inferiority to receive it."

Here is the second point I am trying to make in this chapter : If we want to find happiness, let's stop thinking about gratitude or ingratitude and give for the inner joy of giving.

Parents have been tearing their hair about the ingratitude of children for ten thousand years. Even Shakespeare's King Lear cried out : "How sharper than a serpent's tooth it is to have a thankless child!"

But why should children be thankful-unless we train them to be? Ingratitude is natural-like weeds. Gratitude is like a rose. It has to be fed and watered and cultivated and loved and protected.

If our children are ungrateful, who is to blame? Maybe we are. If we have never taught them to express gratitude to others, how can we expect them to be grateful to us?

I know a man in Chicago who has cause to complain of the ingratitude of his stepsons. He slaved in a box factory, seldom earning more than forty dollars a week. He married a widow, and she persuaded him to borrow money and send her two grown sons to college. Out of his salary of forty dollars a week, he had to pay for food, rent, fuel, clothes, and also for the payments on his notes. He did this for four years, working like a coolie, and never complaining.

Did he get any thanks? No; his wife took it all for granted- and so did her sons. They never imagined that they owed their stepfather anything-not even thanks!

Who was to blame? The boys? Yes; but the mother was even more to blame. She thought it was a shame to burden their young lives with "a sense of obligation" . She didn't want her sons to "start out under debt" . So she never dreamed of saying : "What a prince your stepfather is to help you through college!" Instead, she took the attitude : "Oh, that's the least he can do."

She thought she was sparing her sons, but in reality, she was sending them out into life with the dangerous idea that the world owed them a living. And it was a dangerous idea- for one of those sons tried to "borrow" from an employer, and ended up in jail!

We must remember that our children are very much what we make them. For example, my mother's sister-Viola Alexander, of 144 West Minnehala Parkway, Minneapolis -is a shining example of a woman who has never had cause to complain about the "ingratitude" of children. When I was a boy, Aunt Viola took her own mother into her home to love and take care of; and she did the same thing for her husband's mother. I can still close my eyes and see those two old ladies sitting before the fire in Aunt Viola's farmhouse. Were they any "trouble" to Aunt Viola? Oh, often, I suppose. But you would never have guessed it from her attitude. She loved those old ladies-so she pampered them, and spoiled them, and made them feel at home. In addition, Aunt

Viola had six children of her own; but it never occurred to her that she was doing anything especially noble, or deserved any halos for taking these old ladies into her home. To her, it was the natural thing, the right thing, the thing she wanted to do.

Where is Aunt Viola today? Well, she has now been a widow for twenty-odd years, and she has five grown-up children- five separate households-all clamouring to share her, and to have her come and live in their homes! Her children adore her; they never get enough of her. Out of "gratitude"? Nonsense! It is love-sheer love. Those children breathed in warmth and radiant human-kindness all during their childhoods. Is it any wonder that, now that the situation is reversed, they give back love?

So let us remember that to raise grateful children, we have to be grateful. Let us remember "little pitchers have big ears" -and watch what we say. To illustrate-the next time we are tempted to belittle someone's kindness in the presence of our children, let's stop. Let's never say : "Look at these dishcloths Cousin Sue sent for Christmas. She knit them herself. They didn't cost her a cent!" The remark may seem trivial to us-but the children are listening. So, instead, we had better say : "Look at the hours Cousin Sue spent making these for Christmas! Isn't she nice? Let's write her a thank-you note right now." And our children may unconsciously absorb the habit of praise and appreciation.

To avoid resentment and worry over ingratitude, here is Rule 3 :

A. Instead of worrying about ingratitude, let's expect it. Let's remember that Jesus healed ten lepers in one day-and only one thanked Him. Why should we expect more gratitude than Jesus got?

B. Let's remember that the only way to find happiness is not to expect gratitude, but to give for the joy of giving.

C. Let's remember that gratitude is a "cultivated" trait; so if we want our children to be grateful, we must train them to be grateful.

15   Would You Take a Million Dollars for What You Have?

I have known Harold Abbott for years. He lives at 820 South Madison Avenue, Webb City, Missouri. He used to be my lecture manager. One day he and I met in Kansas City and he drove me down to my farm at Belton, Missouri. During that drive, I asked him how he kept from worrying; and he told me an inspiring story that I shall never forget.

"I used to worry a lot," he said, "but one spring day in 1934, I was walking down West Dougherty Street in Webb City when I saw a sight that banished all my worries It all happened in ten seconds, but during those ten seconds I learned more about how to live than I had learned in the previous ten years. For two years I had been running a grocery store in Webb City," Harold Abbott said, as he told me the story. "I had not only lost all my savings, but I had incurred debts that took me seven years to pay back. My grocery store had been closed the previous Saturday; and now I was going to the Merchants and Miners Bank to borrow money so I could go to Kansas City to look for a job. I walked like a beaten man. I had lost all my fight and faith. Then suddenly I saw coming down the street a man who had no legs. He was sitting on a little wooden platform equipped with wheels from roller skates. He propelled himself along the street with a block of wood in each hand. I met him just after he had crossed the street and was starting to lift himself up a few inches over the kerb to the sidewalk. As he tilted his little wooden platform to an angle, his eyes met mine. He greeted me with a grand smile.'Good morning, sir. It is a fine morning, isn't it?' he said with spirit. As I stood looking at him, I realised how rich I was. I had two legs. I could walk. I felt ashamed of my self-pity. I said to myself if he can be happy, cheerful, and confident without legs, I certainly can with legs. I could already feel my chest lifting. I had intended to ask the Merchants and Miners Bank for only one hundred dollars. But now I had courage to ask for two hundred. I had intended to say that I wanted to go to Kansas City to try to get a job. But now I announced confidently that I wanted to go to Kansas City to get a job. I got the loan; and I got the job.

"I now have the following words pasted on my bathroom mirror, and I read them every morning as I shave :

I had the blues because I had no shoes,

Until upon the street, I met a man who had no feet."

I once asked Eddie Rickenbacker what was the biggest lesson he had learned from drifting about with his companions in life rafts for twenty-one days, hopelessly lost in the Pacific. "The biggest lesson I learned from that experience," he said, "was that if you have all the fresh water you want to drink and all the food you want to eat, you ought never to complain about anything."

Time ran an article about a sergeant who had been wounded on Guadalcanal. Hit in the throat by a shell fragment, this sergeant had had seven blood transfusions. Writing a note to his doctor, he asked : "Will I live?" The doctor replied : "Yes." He wrote another note, asking : "Will I be able to talk?" Again the answer was yes. He then wrote another note, saying : "Then what in hell am I worrying about?"

Why don't you stop right now and ask yourself : "What in the hell am I worrying about?" You will probably find that it is comparatively unimportant and insignificant.

About ninety per cent of the things in our lives are right and about ten per cent are wrong. If we want to be happy, all we have to do is to concentrate on the ninety per cent that are right and ignore the ten per cent that are wrong. If we want to be worried and bitter and have stomach ulcers, all we have to do is to concentrate on the ten per cent that are wrong and ignore the ninety per cent that are glorious.

The words "Think and Thank" are inscribed in many of the Cromwellian churches of England. These words ought to be inscribed in our hearts, too : "Think and Thank" . Think of all we have to be grateful for, and thank God for all our boons and bounties.

Jonathan Swift, author of Gulliver's Travels, was the most devastating pessimist in English literature. He was so sorry that he had been born that he wore black and fasted on his birthdays; yet, in his despair, this supreme pessimist of English literature praised the great health-giving powers of cheerfulness and happiness. "The best doctors in the world," he declared, "are Doctor Diet, Doctor Quiet, and Doctor Merryman."

You and I may have the services of "Doctor Merryman" free every hour of the day by keeping our attention fixed on all the incredible riches we possess-riches exceeding by far the fabled treasures of Ali Baba. Would you sell both your eyes for a billion dollars? What would you take for your two legs? Your hands? Your hearing? Your children? Your family? Add up your assets, and you will find that you won't sell what you have for all the gold ever amassed by the Rockefellers, the Fords and the Morgans combined.

But do we appreciate all this? Ah, no. As Schopenhauer said : "We seldom think of what we have but always of what we lack." Yes, the tendency to "seldom think of what we have but always of what we lack" is the greatest tragedy on earth. It has probably caused more misery than all the wars and diseases in history.

It caused John Palmer to turn "from a regular guy into an old grouch" , and almost wrecked his home. I know because he told me so.

Mr. Palmer lives at 30 19th Avenue, Paterson, New Jersey. "Shortly after I returned from the Army," he said, "I started in business for myself. I worked hard day and night. Things were going nicely. Then trouble started. I couldn't get parts and materials. I was afraid I would have to give up my business. I worried so much that I changed from a regular guy into an old grouch. I became so sour and cross that-well, I didn't know it then; but I now realise that I came very near to losing my happy home. Then one day a young, disabled veteran who works for me said : 'Johnny, you ought to be ashamed of yourself. You take on as if you were the only person in the world with troubles. Suppose you do have to shut up shop for a while-so what? You can start up again when things get normal. You've got a lot to be thankful for. Yet you are always growling. Boy, how I wish I were in your shoes I Look at me. I've got only one arm, and half of my face is shot away, and yet I am not complaining. If you don't stop your growling and grumbling, you will lose not only your business, but also your health, your home, and your friends!'

"Those remarks stopped me dead in my tracks. They made me realise how well off I was. I resolved then and there that I would change and be my old self again-and I did."

A friend of mine, Lucile Blake, had to tremble on the edge of tragedy before she learned to be happy about what she had instead of worrying over what she lacked.

I met Lucile years ago, when we were both studying short-story writing in the Columbia University School of Journalism. Nine years ago, she got the shock of her life. She was living then in Tucson, Arizona. She had-well, here is the story as she told it to me :

"I had been living in a whirl : studying the organ at the University of Arizona, conducting a speech clinic in town, and teaching a class in musical appreciation at the Desert Willow Ranch, where I was staying. I was going in for parties, dances, horseback rides under the stars. One morning I collapsed. My heart! 'You will have to lie in bed for a year of complete rest,' the doctor said. He didn't encourage me to believe I would ever be strong again.

"In bed for a year! To be an invalid-perhaps to die! I was terror-stricken! Why did all this have to happen to me? What had I done to deserve it? I wept and wailed. I was bitter and rebellious. But I did go to bed as the doctor advised. A neighbour of mine, Mr. Rudolf, an artist, said to me : 'You think now that spending a year in bed will be a tragedy. But it won't be. You will have time to think and get acquainted with yourself. You will make more spiritual growth in these next few months than you have made during all your previous life.' I became calmer, and tried to develop a new sense of values.

"I read books of inspiration. One day I heard a radio commentator say : 'You can express only what is in your own consciousness.' I had heard words like these many times before, but now they reached down inside me and took root. I resolved to think only the thoughts I wanted to live by : thoughts of joy, happiness, health. I forced myself each morning, as soon as I awoke, to go over all the things I had to be grateful for. No pain. A lovely young daughter. My eyesight. My hearing. Lovely music on the radio. Time to read. Good food. Good friends. I was so cheerful and had so many visitors that the doctor put up a sign saying that only one visitor at a time would be allowed in my cabin-and only at certain hours.

"Nine years have passed since then, and I now lead a full, active life. I am deeply grateful now for that year I spent in bed. It was the most valuable and the happiest year I spent in Arizona. The habit I formed then of counting my blessings each morning still remains with me. It is one of my most precious possessions. I am ashamed to realise that I never really learned to live until I feared I was going to die."

My dear Lucile Blake, you may not realise it, but you learned the same lesson that Dr. Samuel Johnson learned two hundred years ago. "The habit of looking on the best side of every event," said Dr. Johnson, "is worth more than a thousand pounds a year."

Those words were uttered, mind you, not by a professional optimist, but by a man who had known anxiety, rags, and hunger for twenty years-and finally became one of the most eminent writers of his generation and the most celebrated conversationalist of all time.

Logan Pearsall Smith packed a lot of wisdom into a few words when he said : "There are two things to aim at in life : first, to get what you want; and, after that, to enjoy it. Only the wisest of mankind achieve the second."

Would you like to know how to make even dishwashing at the kitchen sink a thrilling experience? If so, read an inspiring book of incredible courage by Borghild Dahl. It is called I Wanted to See.

This book was written by a woman who was practically blind for half a century. "I had only one eye," she writes, "and it was so covered with dense scars that I had to do all my seeing through one small opening in the left of the eye. I could see a book only by holding it up close to my face and by straining my one eye as hard as I could to the left."

But she refused to be pitied, refused to be considered "different" . As a child, she wanted to play hopscotch with other children, but she couldn't see the markings. So after the other children had gone home, she got down on the ground and crawled along with her eyes near to the marks. She memorised every bit of the ground where she and her friends played and soon became an expert at running games. She did her reading at home, holding a book of large print so close to her eyes that her eyelashes brushed the pages. She earned two college degrees : an A B. from the University of Minnesota and a Master of Arts from Columbia University.

She started teaching in the tiny village of Twin Valley, Minnesota, and rose until she became professor of journalism and literature at Augustana College in Sioux Falls, South Dakota. She taught there for thirteen years, lecturing before women's clubs and giving radio talks about books and authors. "In the back of my mind," she writes, "there had always lurked a fear of total blindness. In order to overcome this, I had adopted a cheerful, almost hilarious, attitude towards life."

Then in 1943, when she was fifty-two years old, a miracle happened : an operation at the famous Mayo Clinic. She could now see forty times as well as she had ever been able to see before.

A new and exciting world of loveliness opened before her. She now found it thrilling even to wash dishes in the kitchen sink. "I begin to play with the white fluffy suds in the dish-pan," she writes. "I dip my hands into them and I pick up a ball of tiny soap bubbles. I hold them up against the light, and in each of them I can see the brilliant colours of a miniature rainbow."

As she looked through the window above the kitchen sink, she saw "the flapping grey-black wings of the sparrows flying through the thick, falling snow."

She found such ecstasy looking at the soap bubbles and sparrows that she closed her book with these words : "'Dear Lord,' I whisper, 'Our Father in Heaven, I thank Thee. I thank Thee.'"

Imagine thanking God because you can wash dishes and see rainbows in bubbles and sparrows flying through the snow !

You and I ought to be ashamed of ourselves. All the days of our years we have been living in a fairyland of beauty, but we have been too blind to see, too satiated to enjoy.

If we want to stop worrying and start living. Rule 4 is :

Count your blessings-not your troubles!

16 Find Yourself and Be Yourself: Remember There Is No One Else on Earth Like You

I have a letter from Mrs. Edith Allred, of Mount Airy, North Carolina : "As a child, I was extremely sensitive and shy," she says in her letter. "I was always overweight and my cheeks made me look even fatter than I was. I had an old-fashioned mother who thought it was foolish to make clothes look pretty. She always said : 'Wide will wear while narrow will tear'; and she dressed me accordingly. I never went to parties; never had any fun; and when I went to school, I never joined the other children in outside activities, not even athletics. I was morbidly shy. I felt I was 'different' from everybody else, and entirely undesirable.

"When I grew up, I married a man who was several years my senior. But I didn't change. My in-laws were a poised and self-confident family. They were everything I should have been but simply was not. I tried my best to be like them, but I couldn't. Every attempt they made to draw me out of myself only drove me further into my shell. I became nervous and irritable. I avoided all friends. I got so bad I even dreaded the sound of the doorbell ringing! I was a failure. I knew it; and I was afraid my husband would find it out. So, whenever we were in public, I tried to be gay, and overacted my part. I knew I overacted; and I would be miserable for days afterwards. At last I became so unhappy that I could see no point in prolonging my existence. I began to think of suicide."

What happened to change this unhappy woman's life? Just a chance remark!

"A chance remark," Mrs. Allred continued, "transformed my whole life. My mother-in-law was talking one day of how she brought her children up, and she said : 'No matter what happened, I always insisted on their being themselves.' ... 'On being themselves.' ... That remark is what did it! In a flash, I realised I had brought all this misery on myself by trying to fit myself into a pattern to which I did not conform.

"I changed overnight! I started being myself. I tried to make a study of my own personality. Tried to find out what I was. I studied my strong points. I learned all I could about colours and styles, and dressed in a way that I felt was becoming to me. I reached out to make friends. I joined an organisation-a small one at first-and was petrified with fright when they put me on a programme. But each time I spoke, I gained a little courage. It took a long while-but today I have more happiness than I ever dreamed possible. In rearing my own children, I have always taught them the lesson I had to learn from such bitter experience : No matter what happens, always be yourself!"

This problem of being willing to be yourself is "as old as history," says Dr. James Gordon Gilkey, "and as universal as human life." This problem of being unwilling to be yourself is the hidden spring behind many neuroses and psychoses and complexes. Angelo Patri has written thirteen books and thousands of syndicated newspaper articles on the subject of child training, and he says : "Nobody is so miserable as he who longs to be somebody and something other than the person he is in body and mind."

This craving to be something you are not is especially rampant in Hollywood. Sam Wood, one of Hollywood's best-known directors, says the greatest headache he has with aspiring young actors is exactly this problem : to make them be themselves. They all want to be second-rate Lana Turners, or third-rate Clark Gables. "The public has already had that flavour," Sam Wood keeps telling them; "now it wants something else."

Before he started directing such pictures as Good-bye, Mr. Chips and For Whom the Bell Tolls, Sam Wood spent years in the real-estate business, developing sales personalities. He declares that the same principles apply in the business world as in the world of moving pictures. You won't get anywhere playing the ape. You can't be a parrot. "Experience has taught me," says Sam Wood, "that it is safest to drop, as quickly as possible, people who pretend to be what they aren't."

I recently asked Paul Boynton, employment director for the Socony-Vacuum Oil Company, what is the biggest mistake people make in applying for jobs. He ought to know : he has interviewed more than sixty thousand job seekers; and he has written a book entitled 6 Ways to Get a Job. He replied : "The biggest mistake people make in applying for jobs is in not being themselves. Instead of taking their hair down and being completely frank, they often try to give you the answers they think you want." But it doesn't work, because nobody wants a phony. Nobody ever wants a counterfeit coin.

A certain daughter of a street-car conductor had to learn that lesson the hard way. She longed to be a singer. But her face was her misfortune. She had a large mouth and protruding buck teeth. When she first sang in public-in a New Jersey night-club-she tried to pull down her upper Up to cover her teeth. She tried to act "glamorous" . The result? She made herself ridiculous. She was headed for failure.

However, there was a man in this night-club who heard the girl sing and thought she had talent. "See here," he said bluntly, "I've been watching your performance and I know what it is you're

trying to hide. You're ashamed of your teeth." The girl was embarrassed, but the man continued :
"What of it? Is there any particular crime in having buck teeth? Don't try to hide them! Open
your mouth, and the audience will love you when they see you're not ashamed. Besides," he said
shrewdly, "those teeth you're trying to hide may make your fortune!"

Cass Daley took his advice and forgot about her teeth. From that time on, she thought only
about her audience. She opened her mouth wide and sang with such gusto and enjoyment that she
became a top star in movies and radio. Other comedians are now trying to copy her!

The renowned William James was speaking of men who had never found themselves when he
declared that the average man develops only ten per cent of his latent mental abilities. "Compared
to what we ought to be," he wrote, "we are only half awake. We are making use of only a small
part of our physical and mental resources. Stating the thing broadly, the human individual thus
lives far within his limits. He possesses powers of various sorts which he habitually fails to use."

You and I have such abilities, so let's not waste a second worrying because we are not like
other people. You are something new in this world. Never before, since the beginning of time,
has there ever been anybody exactly like you; and never again throughout all the ages to come
will there ever be anybody exactly like you again. The new science of genetics informs us that
you are what you are largely as a result of twenty-four chromosomes contributed by your father
and twenty-four chromosomes contributed by your mother. These forty-eight chromosomes com-
prise everything that determines what you inherit. In each chromosome there may be, says Amran
Sheinfeld, "anywhere from scores to hundreds of genes -with a single gene, in some cases, able
to change the whole life of an individual." Truly, we are "fearfully and wonderfully" made.

Even after your mother and father met and mated, there was only one chance in 300,000 billion
that the person who is specifically you would be born! In other words, if you had 300,000 billion
brothers and sisters, they might have all been different from you. Is all this guesswork? No. It is a
scientific fact. If you would like to read more about it, go to your public library and borrow a book en-
titled You and Heredity, by Amran Scheinfeld.

I can talk with conviction about this subject of being yourself because I feel deeply about it.
I know what I am talking about. I know from bitter and costly experience. To illustrate : when
I first came to New York from the cornfields of Missouri, I enrolled in the American Academy
of Dramatic Arts. I aspired to be an actor. I had what I thought was a brilliant idea, a short cut to
success, an idea so simple, so foolproof, that I couldn't understand why thousands of ambitious
people hadn't already discovered it. It was this : I would study how the famous actors of that
day-John Drew, Walter Hampden, and Otis Skinner-got their effects. Then I would imitate the
best point of each one of them and make myself into a shining, triumphant combination of all of
them. How silly I How absurd! I had to waste years of my life imitating other people before it
penetrated through my thick Missouri skull that I had to be myself, and that I couldn't possibly
be anyone else.

That distressing experience ought to have taught me a lasting lesson. But it didn't. Not me. I
was too dumb. I had to learn it all over again. Several years later, I set out to write what I hoped
would be the best book on public speaking for business men that had ever been written. I had the
same foolish idea about writing this book that I had formerly had about acting : I was going to
borrow the ideas of a lot of other writers and put them all in one book-a book that would have
everything. So I got scores of books on public speaking and spent a year incorporating their ideas
into my manuscript. But it finally dawned on me once again that I was playing the fool. This
hodgepodge of other men's ideas that I had written was so synthetic, so dull, that no business
man would ever plod through it. So I tossed a year's work into the wastebasket, and started all
over again.

This time I said to myself : "You've got to be Dale Carnegie, with all his faults and limita-
tions. You can't possibly be anybody else." So I quit trying to be a combination of other men,
and rolled up my sleeves and did what I should have done in the first place : I wrote a textbook

on public speaking out of my own experiences, observations, and convictions as a speaker and a teacher of speaking. I learned-for all time, I hope-the lesson that Sir Walter Raleigh learned. (I am not talking about the Sir Walter who threw his coat in the mud for the Queen to step on. I am talking about the Sir Walter Raleigh who was professor of English literature at Oxford back in 1904.) "I can't write a book commensurate with Shakespeare," he said, "but I can write a book by me."

Be yourself. Act on the sage advice that Irving Berlin gave the late George Gershwin. When Berlin and Gershwin first met, Berlin was famous but Gershwin was a struggling young composer working for thirty-five dollars a week in Tin Pan Alley. Berlin, impressed by Gershwin's ability, offered Gershwin a job as his musical secretary at almost three times the salary he was then getting. "But don't take the job," Berlin advised. "If you do, you may develop into a second-rate Berlin. But if you insist on being yourself, some day you'll become a first-rate Gershwin." Gershwin heeded that warning and slowly transformed himself into one of the significant American composer of his generation.

Charlie Chaplin, Will Rogers, Mary Margaret McBride, Gene Autry, and millions of others had to learn the lesson I am trying to hammer home in this chapter. They had to learn the hard way-just as I did.

When Charlie Chaplin first started making films, the director of the pictures insisted on Chaplin's imitating a popular German comedian of that day. Charlie Chaplin got nowhere until he acted himself. Bob Hope had a similar experience : spent years in a singing-and-dancing act-and got nowhere until he began to wisecrack and be himself. Will Rogers twirled a rope in vaudeville for years without saying a word. He got nowhere until he discovered his unique gift for humour and began to talk as he twirled his rope.

When Mary Margaret McBride first went on the air, she tried to be an Irish comedian and failed. When she tried to be just what she was-a plain country girl from Missouri-she became one of the most popular radio stars in New York.

When Gene Autry tried to get rid of his Texas accent and dressed like city boys and claimed he was from New York, people merely laughed behind his back. But when he started twanging his banjo and singing cowboy ballads, Gene Autry started out on a career that made him the world's most popular cowboy both in pictures and on the radio.

You are something new in this world. Be glad of it. Make the most of what nature gave you. In the last analysis, all art is autobiographical. You can sing only what you are. You can paint only what you are. You must be what your experiences, your environment, and your heredity have made you.

For better or for worse, you must cultivate your own little garden. For better or for worse, you must play your own little instrument in the orchestra of life.

As Emerson said in his essay on "Self-Reliance" : "There is a time in every man's education when he arrives at the conviction that envy is ignorance; that imitation is suicide; that he must take himself for better, for worse, as his portion; that though the wide universe is full of good, no kernel of nourishing corn can come to him but through his toil bestowed on that plot of ground which is given him to till. The power which resides in him is new in nature, and none but he knows what that is which he can do, nor does he know until he has tried."

That is the way Emerson said it. But here is the way a poet -the late Douglas Malloch-said it :

If you can't be a pine on the top of the hill.

Be a scrub in the valley-but be

The best little scrub by the side of the rill;

Be a bush, if you can't be a tree.

If you can't be a bush, be a bit of the grass.

And some highway happier make;

If you can't be a muskie, then just be a bass-

But the liveliest bass in the lake!
We can't all be captains, we've got to be crew.
There's something for all of us here.
There's big work to do and there's lesser to do
And the task we must do is the near.
If you can't be a highway, then just be a trail,
If you can't be the sun, be a star;
It isn't by the size that you win or you fail—
Be the best of whatever you are!

cultivate a mental attitude that will bring us peace and freedom from worry, here is Rule 5 :
Let's not imitate others. Let's find ourselves and be ourselves.

17 If You Have a Lemon, Make a Lemonade

While writing this book, I dropped in one day at the University of Chicago and asked the Chancellor, Robert Maynard Hutchins, how he kept from worrying. He replied : "I have always tried to follow a bit of advice given me by the late Julius Rosenwald, President of Sears, Roebuck and Company : 'When you have a lemon, make lemonade.'"

That is what a great educator does. But the fool does the exact opposite. If he finds that life has handed him a lemon, he gives up and says : "I'm beaten. It is fate. I haven't got a chance." Then he proceeds to rail against the world and indulge in an orgy of self-pity. But when the wise man is handed a lemon, he says : "What lesson can I learn from this misfortune? How can I improve my situation? How can I turn this lemon into a lemonade?"

After spending a lifetime studying people and their hidden reserves of power, the great psychologist, Alfred Adler, declared that one of the wonder-filled characteristics of human beings is "their power to turn a minus into a plus."

Here is an interesting and stimulating story of a woman I know who did just that. Her name is Thelma Thompson, and she lives at 100 Morningside Drive, New York City. "During the war," she said, as she told me of her experience, "during the war, my husband was stationed at an Army training camp near the Mojave Desert, in New Mexico. I went to live there in order to be near him. I hated the place. I loathed it. I had never before been so miserable. My husband was ordered out on maneuvers in the Mojave Desert, and I was left in a tiny shack alone. The heat was unbearable-125 degrees in the shade of a cactus. Not a soul to talk to but Mexicans and Indians, and they couldn't speak English. The wind blew incessantly, and all the food I ate, and the very air I breathed, were filled with sand, sand, sand!

"I was so utterly wretched, so sorry for myself, that I wrote to my parents. I told them I was giving up and coming back home. I said I couldn't stand it one minute longer. I would rather be in jail! My father answered my letter with just two lines-two lines that will always sing in my memory-two lines that completely altered my life :

Two men looked out from prison bars,
One saw the mud, the other saw stars.

"I read those two lines over and over. I was ashamed of myself. I made up my mind I would find out what was good in my present situation. I would look for the stars.

"I made friends with the natives, and their reaction amazed me. When I showed interest in their weaving and pottery, they gave me presents of their favourite pieces which they had refused to sell to tourists. I studied the fascinating forms of the cactus and the yuccas and the Joshua trees. I learned about prairie dogs, watched for the desert sunsets, and hunted for seashells that had been left there millions of years ago when the sands of the desert had been an ocean floor.

"What brought about this astonishing change in me? The Mojave Desert hadn't changed. The

Indians hadn't changed. But I had. I had changed my attitude of mind. And by doing so, I transformed a wretched experience into the most exciting adventure of my life. I was stimulated and excited by this new world that I had discovered. I was so excited I wrote a book about it-a novel that was published under the title Bright Ramparts. ... I had looked out of my self-created prison and found the stars."

Thelma Thompson, you discovered an old truth that the Greeks taught five hundred years before Christ was born : "The best things are the most difficult."

Harry Emerson Fosdick repeated it again in the twentieth century : "Happiness is not mostly pleasure; it is mostly victory." Yes, the victory that comes from a sense of achievement, of triumph, of turning our lemons into lemonades.

I once visited a happy farmer down in Florida who turned even a poison lemon into lemonade. When he first got this farm, he was discouraged. The land was so wretched he could neither grow fruit nor raise pigs. Nothing thrived there but scrub oaks and rattlesnakes. Then he got his idea. He would turn his liability into an asset : he would make the most of these rattlesnakes. To everyone's amazement, he started canning rattlesnake meat. When I stopped to visit him a few years ago, I found that tourists were pouring in to see his rattlesnake farm at the rate of twenty thousand a year. His business was thriving. I saw poison from the fangs of his rattlers being shipped to laboratories to make anti-venom toxin; I saw rattlesnake skins being sold at fancy prices to make women's shoes and handbags. I saw canned rattlesnake meat being shipped to customers all over the world. I bought a picture postcard of the place and mailed it at the local post office of the village, which had been re-christened "Rattlesnake, Florida" , in honour of a man who had turned a poison lemon into a sweet lemonade.

As I have travelled up and down and back and forth across America time after time, it has been my privilege to meet dozens of men and women who have demonstrated "their power to turn a minus into a plus" .

The late William Bolitho, author of Twelve Against the Gods, put it like this : "The most important thing in life is not to capitalise on your gains. Any fool can do that. The really important thing is to profit from your losses. That requires intelligence; and it makes the difference between a man of sense and a fool."

Bolitho uttered those words after he had lost a leg in a railway accident. But I know a man who lost both legs and turned his minus into a plus. His name is Ben Fortson. I met him in a hotel elevator in Atlanta, Georgia. As I stepped into the elevator, I noticed this cheerful-looking man, who had both legs missing, sitting in a wheel-chair in a corner of the elevator. When the elevator stopped at his floor, he asked me pleasantly if I would step to one corner, so he could manage his chair better. "So sorry," he said, "to inconvenience you." -and a deep, heart-warming smile lighted his face as he said it.

When I left the elevator and went to my room, I could think of nothing but this cheerful cripple. So I hunted him up and asked him to tell me his story.

"It happened in 1929," he told me with a smile, "I had gone out to cut a load of hickory poles to stake the beans in my garden. I had loaded the poles on my Ford and started back home. Suddenly one pole slipped under the car and jammed the steering apparatus at the very moment I was making a sharp turn. The car shot over an embankment and hurled me against a tree. My spine was hurt. My legs were paralysed.

"I was twenty-four when that happened, and I have never taken a step since."

Twenty-four years old, and sentenced to a wheel-chair for the rest of his life! I asked him how he managed to take it so courageously, and he said : "I didn't." He said he raged and rebelled. He fumed about his fate. But as the years dragged on, he found that his rebellion wasn't getting him anything except bitterness. "I finally realised," he said, "that other people were kind and courteous to me. So the least I could do was to be kind and courteous to them."

I asked if he still felt, after all these years, that his accident had been a terrible misfortune, and he promptly said : "No." He said : "I'm almost glad now that it happened." He told me that after he got over the shock and resentment, he began to live in a different world. He began to read and developed a love for good literature. In fourteen years, he said, he had read at least fourteen hundred books; and those books had opened up new horizons for him and made his life richer than he ever thought possible. He began to listen to good music; and he is now thrilled by great symphonies that would have bored him before. But the biggest change was that he had time to think. "For the first time in my life," he said, "I was able to look at the world and get a real sense of values. I began to realise that most of the things I had been striving for before weren't worthwhile at all."

As a result of his reading, he became interested in politics, studied public questions, made speeches from his wheel-chair! He got to know people and people got to know him. Today Ben Fortson-still in his wheel-chair-is Secretary of State for the State of Georgia!

During the last thirty-five years, I have been conducting adult-education classes in New York City, and I have discovered that one of the major regrets of many adults is that they never went to college. They seem to think that not having a college education is a great handicap. I know that this isn't necessarily true because I have known thousands of successful men who never went beyond high school. So I often tell these students the story of a man I knew who had never finished even grade school. He was brought up in blighting poverty. When his father died, his father's friends had to chip in to pay for the coffin in which he was buried. After his father's death, his mother worked in an umbrella factory ten hours a day and then brought piecework home and worked until eleven o'clock at night.

The boy brought up in these circumstances went in for amateur dramatics put on by a club in his church. He got such a thrill out of acting that he decided to take up public speaking. This led him into politics. By the time he reached thirty, he was elected to the New York State legislature. But he was woefully unprepared for such a responsibility. In fact, he told me that frankly he didn't know what it was all about. He studied the long, complicated bills that he was supposed to vote on-but, as far as he was concerned, those bills might as well have been written in the language of the Choctaw Indians. He was worried and bewildered when he was made a member of the committee on forests before he had ever set foot in a forest. He was worried and bewildered when he was made a member of the State Banking Commission before he had ever had a bank account. He himself told me that he was so discouraged that he would have resigned from the legislature if he hadn't been ashamed to admit defeat to his mother. In despair, he decided to study sixteen hours a day and turn his lemon of ignorance into a lemonade of knowledge. By doing that, he transformed himself from a local politician into a national figure and made himself so outstanding that The New York Times called him "the best-loved citizen of New York" .

I am talking about Al Smith.

Ten years after Al Smith set out on his programme of political self-education, he was the greatest living authority on the government of New York State. He was elected Governor of New York for four terms-a record never attained by any other man. In 1928, he was the Democratic candidate for President. Six great universities-including Columbia and Harvard-conferred honorary degrees upon this man who had never gone beyond grade school.

Al Smith himself told me that none of these things would ever have come to pass if he hadn't worked hard sixteen hours a day to turn his minus into a plus.

...

So to cultivate a mental attitude that will bring us peace and happiness, let's do something about Rule 6 :

When fate hands us a lemon, let's try to make a lemonade.